全国高级技工学校电气自动化设备安装与维修专业教材

PLC应用技术

(三菱　上册)

人力资源和社会保障部教材办公室组织编写

中国劳动社会保障出版社

内容简介

本书为全国高级技工学校电气自动化设备安装与维修专业教材。主要内容包括 PLC 基础知识、基本控制指令应用和步进顺序控制指令应用三大部分，分为初识 PLC、PLC 硬件安装及接线、PLC 软件的安装及使用、三相异步电动机单方向连续运行控制、三相异步电动机正反转控制、三相异步电动机 Y—△降压启动控制、抢答器控制系统、花式喷泉控制系统、送料小车自动往返循环控制、液体混合控制系统、自动门控制系统、十字路口交通灯控制以及机械手物料传送和分拣装置控制系统等 13 个专题任务。

本书由杨杰忠、邹火军主编，林尔付、钟坚副主编，刘东、王立伟、郑欣、零振光、潘协龙、吴昭、吴坤国参加编写；恽琦审稿。

图书在版编目（CIP）数据

PLC 应用技术：三菱．上册/人力资源和社会保障部教材办公室组织编写．—北京：中国劳动社会保障出版社，2012

全国高级技工学校电气自动化设备安装与维修专业教材

ISBN 978-7-5045-9548-5

Ⅰ．①P… Ⅱ．①人… Ⅲ．①可编程序控制器—技工学校—教材 Ⅳ．①TP332．3

中国版本图书馆 CIP 数据核字（2012）第 052946 号

中国劳动社会保障出版社出版发行

（北京市惠新东街 1 号 邮政编码：100029）

出 版 人：张梦欣

*

北京谊兴印刷有限公司印刷装订 新华书店经销

787 毫米×1092 毫米 16 开本 20.25 印张 466 千字

2012 年 4 月第 1 版 2023 年 12 月第 18 次印刷

定价：36.00 元

营销中心电话：400-606-6496

出版社网址：http://www.class.com.cn

http://jg.class.com.cn

前　言

为了更好地适应高级技工学校电气自动化设备安装与维修专业的教学要求，全面提升教学质量，人力资源和社会保障部教材办公室组织有关学校的一线教师和行业、企业专家，在充分调研企业生产和学校教学情况的基础上，吸收和借鉴各地高级技工学校教学改革的成功经验，在原有同类教材的基础上，重新组织编写了高级技工学校电气自动化设备安装与维修专业教材。

本次教材编写工作的目标主要体现在以下几个方面：

第一，完善教材体系，定位科学合理。

针对初中生源和高中生源培养高级工的教学要求，调整和完善了教材体系，使之更符合学校教学需求。同时，根据电气自动化设备安装与维修专业高级工从事相关岗位的实际需要，合理确定学生应具备的能力和知识结构，对教材内容的深度、难度做了适当调整，加强了实践性教学内容，以满足技能型人才培养的要求。

第二，反映技术发展，涵盖职业标准。

根据相关工种及专业领域的最新发展，更新教材内容，在教材中充实新知识、新技术、新材料、新工艺等方面的内容，体现教材的先进性。教材编写以国家职业标准为依据，涵盖相关国家职业标准中、高级的知识和技能要求，并在与教材配套的习题册中增加了相关职业技能考试的练习题。

第三，融入先进理念，引导教学改革。

专业课教材根据一体化教学模式需要编写，将工艺知识与实践操作有机融为一体，构建“做中学，学中做”的学习过程；通用专业知识教材根据所授知识的特点，注意设计各类课堂实验和实践活动，将抽象的理论知识形象化、生动化，引导教师不断创新教学方法，实现教学改革。

第四，精心设计形式，激发学习兴趣。

在教材内容的呈现形式上，较多地利用图片、实物照片和表格等形式将知识点生动地展示出来，力求让学生更直观地理解和掌握所学内容。针对不同的知识点，设计了许多贴近实际的互动栏目，在激发学生学习兴趣和自主学习积极性的同时，使教材“易教易学，易懂易用”。

第五，开发辅助产品，提供教学服务。

根据大多数学校的教学实际，部分教材还配有习题册和教学参考书，以便于教师教学和学生练习使用。此外，教材基本都配有方便教师上课使用的电子教案，并可通过中国劳动社会保障出版社网站（http://www.class.com.cn）免费下载，其中部分教案在教学参考书中还以光盘形式附赠。

本次教材编写工作得到了河北、黑龙江、江苏、山东、河南、广东、广西等省、自治区人力资源和社会保障厅及有关学校的大力支持，在此我们表示诚挚的谢意。

人力资源和社会保障部教材办公室

2011年3月

目　录

课题一

PLC 基础知识

考工要求

行为领域	鉴定范围	鉴定点	重要程度
理论知识	可编程序控制器的基本知识	1. PLC 的基本功能 2. PLC 的特点、分类及型号规格 3. PLC 的选用原则 4. PLC 的组成及工作原理 5. PLC 的硬件系统和软件安装	★★
操作技能	可编程序控制器的选型	1. 能根据控制要求进行 PLC 的选型 2. PLC 的硬件安装与调试 3. PLC 编程软件的安装与使用	★★★

任务1　初识 PLC

学习目标

知识目标：

1. 了解 PLC 产生的背景及 PLC 的特点。
2. 掌握 PLC 的应用及功能。

能力目标：

能根据控制要求进行 PLC 的选型。

工作任务

可编程序控制器（PLC）自 20 世纪 70 年代发明以来，经过了飞速发展，不仅产品的结构、种类得到更新，功能也更加完美和强大。从控制规模来说，由小型机到超大型机品种齐全；从控制能力来说，有各种各样的特殊功能模块单元，用于压力、温度、转速、位移、数模、模数等各式各样的控制场合；从产品配套能力来说，各种人机界面单元、通信单元使应用可编程序控制器的工业配套更加容易。伴随着工业以太网、现场总线的发展，可编程序控制器在工业控制网络的各个层面上也发挥着越来越重要的作用。可编程序控制器在机械制造、石油化工、冶金、汽车、轻工业等领域中已得到广泛的应用。本次任务的主要内容就是了解 PLC 的发展过程、特点、应用及功能等，学会根据工作控制要求进行 PLC 的选型。

任务准备

实施本任务所使用的实训设备及工具材料可参考表 1—1—1。

表 1—1—1　　实训设备及工具材料

序号	分类	名称	型号规格	数量	单位	备注
1	工具	电工常用工具		1	套	
2	仪表	万用表	MF47 型	1	块	
3	设备器材	可编程序控制器	三菱 FX 系列	若干	台	

任务分析

本任务是对 PLC 所作的概述，主要从 PLC 产生的背景、PLC 的应用及功能、PLC 的特点和 PLC 的选用原则等方面进行阐述，通过学习达到初识 PLC 的目的，为后续的学习奠定基础，同时掌握根据控制要求正确选择 PLC 机型的方法。

相关知识

一、PLC 的发展过程

PLC 是可编程序控制器（programmable controller）的简称。实际上可编程序控制器的英文缩写为 PC，为了与个人计算机（personal computer）相区别，人们将最初用于逻辑控制的可编程序控制器（programmable logic controller）称为 PLC。

PLC 是在 20 世纪 70 年代初期问世的。初期的 PLC 主要用于汽车制造业，当时汽车生产流水线控制系统基本上都是由继电器控制装置构成的，汽车的每一次改型都要求重新设计生产流水线继电器控制装置，这样继电器控制装置就需要经常更改设计和安装，为此美国的数字设备公司（DEC）于 1969 年研制出世界上第一台可编程序控制器。此后这项技术迅速发展，并推动世界各国对可编程序控制器的研制和应用。日本、德国等先后研制出自己的可编程序控制器，PLC 的发展过程大致可分为以下几个阶段：

第一阶段，功能简单，主要是逻辑运算、定时和计数功能，没有形成系列。与继电器控制相比，可靠性有一定的提高。CPU 由中小规模集成电路组成，存储器为磁芯存储器。目前已无人问津。

第二阶段，增加了数字运算功能，能完成模拟量控制，开始具备自诊断功能，存储器采用 EPROM。目前此类 PLC 已退出市场。

第三阶段，将微处理器用在 PLC 中，而且向多微处理器发展，使 PLC 的功能和处理速度大大增强，具有通信功能和远程 I/O 能力。这类 PLC 仍在部分使用。

第四阶段，能完成对整个车间的监控，可将多台 PLC 连接起来与大系统连成一体，实现网络资源共享。编程语言除了传统的梯形图、流程图、指令表等，还有用于算术运算的 BASIC 语言以及用于顺序控制的 GRAPH 语言，用于机床控制的数控语言等，是当前自动化控制的主流。

目前，为了适应大中小型企业的不同需要，扩大 PLC 在工业自动化领域的应用范围，PLC 正朝着以下两个方向发展：

（1）低档 PLC 向小型化、简易廉价方向发展，使之能更加广泛地取代继电器控制。

（2）中高档 PLC 向大型、高速、多功能方向发展，使之能取代工业控制机的部分功能，对复杂系统进行综合性自动控制。

PLC 的历史虽只有 40 多年，但其发展极为迅速。为了确定它的性质，国际电工委员会（International Electrical Committee，IEC）对 PLC 作了如下定义：PLC 是一种数字运算操作的电子系统，专为在工业环境下应用而设计。它采用可编程的存储器，用来在其内部存储执行逻辑运算、顺序控制、定时、计数和算术运算等操作指令，并通过数字式或模拟式的输入和输出，控制各种类型的机械或生产过程。PLC 及其相关设备，都应按易于与工业控制系统形成一个整体，易于扩展其功能的原则设计。

二、PLC 的应用领域

PLC 的应用非常广泛，如电梯控制、防盗系统的控制、交通分流信号灯控制、楼宇供水自动控制、消防系统自动控制、供电系统自动控制、喷水池自动控制及各种生产流水线的自动控制等，其应用情况大致可归纳为如下几类。

1. 开关量逻辑控制

这是 PLC 最基本、最广泛的应用领域，取代了传统的继电—接触器控制线路，实现逻辑控制、顺序控制，既可用于单台设备的控制，又可用于多机群控及自动化流水线，如注塑机、印刷机、订书机械、组合机床、磨床、包装生产线、电镀流水线等。

2. 模拟量控制

PLC 利用比例积分导数（proportional integral derivative，PID）算法可实现闭环控制功能。例如温度、速度、压力及流量等的过程量的控制。

3. 运动控制

PLC 可以用于圆周运动或直线运动的定位控制。近年来许多 PLC 厂商在自己的产品中增加了脉冲输出功能，配合原有的高速计数器功能，使 PLC 的定位控制能力大大增强。而且许多 PLC 品牌都具有位置控制模块，可驱动步进电动机或伺服电动机的单轴或多轴位置控制模块，使 PLC 广泛地用于各种机械、机床、机器人、电梯等场合。

4．数据处理

现代 PLC 具有数学运算、数据传送、数据转换、排序、查表、位操作等功能，可以完成数据采集、分析及处理。这些数据除可以与存储在存储器中的参考值比较，完成一定的控制操作外，也可以利用通信功能传送到别的智能装置，或将它们打印制表。数据处理一般用于大型控制系统，如无人控制的柔性制造系统；也可用于过程控制系统，如造纸、冶金、食品工业中的一些大型控制系统。

5．通信及联网

PLC 通信含 PLC 间的通信及 PLC 与其他智能设备之间的通信。随着计算机控制的发展，工厂自动化网络发展很快，各 PLC 厂商都十分重视 PLC 的通信功能，纷纷推出各自的网络系统。新近生产的 PLC 无论是网络接入能力还是通信技术指标都得到了很大加强，这使 PLC 在远程及大型控制系统中的应用能力大大增加。

三、PLC 的特点、性能指标及分类

1．PLC 的特点

（1）高可靠性

高可靠性是 PLC 最突出的特点之一。由于工业生产过程是昼夜连续的，这就对用于工业生产过程的控制器提出了高可靠性的要求。它的平均故障间隔时间为 3 万 ~5 万小时。

（2）灵活性

以往电气工程师必须为每套设备配置专用控制装置，有了 PLC 以后，硬件设备采用相同的 PLC，只需编写不同应用软件程序即可满足不同的控制要求，且可以用一台 PLC 控制几台操作方式完全不同的设备。

（3）便于改进和修正

相对于传统的电气控制线路，PLC 为改进和修订原设计提供了极其方便的手段。以前也许要花费几周时间的设计，改用 PLC 只用几分钟就可以完成。

（4）触点利用率提高

传统电路中一个继电器只能提供几个触点用于连锁，可在 PLC 中一个输入中的开关量或程序中的一个“线圈”可提供给用户所需用的任意个连锁节点，也就是说，节点在程序中可不受限制地使用。

（5）丰富的 I/O 接口

PLC 除了具有计算机的基本部分如 CPU、存储器等以外，还有丰富的 I/O 接口模块。对不同的现场信号都有相应的 I/O 模块与现场器件或设备连接。

（6）模拟调试

PLC 能对所控功能在实验室内进行模拟调试，缩短现场的调试时间，而传统电气线路是无法在实验室进行调试的，只能在现场花费大量时间调试。

（7）对现场进行微观监视

在 PLC 系统中，操作人员能通过显示器观测到所控每个节点的运行情况，随时监视事故发生点。

（8）快速动作

传统继电器触点的响应时间一般需要几百毫秒，而 PLC 里的节点反应很快，内部是微秒级的，外部是毫秒级的。

（9）梯形图及布尔代数并用

PLC 的程序编制可采用电气技术人员熟悉的梯形图方式，也可采用程序员熟悉的布尔代数图形方式。

（10）体积小、质量轻、功耗低

由于 PLC 内部采用半导体集成电路，与传统控制系统相比，其体积小、质量轻、功耗低。

（11）编程简单、使用方便

PLC 采用面向控制过程的方式，目前的 PLC 大多采用梯形图语言编程方式，它继承了传统控制线路的清晰直观感，考虑到大多数电气技术人员的读图习惯及应用微机的水平，很容易被技术人员所接受。

2. 性能指标

（1）硬件指标

硬件指标主要包括环境温度、环境湿度、抗振、抗冲击力、抗噪声干扰、耐压、接地要求和使用环境等。由于 PLC 是专门为适应恶劣的工业环境而设计的，因此，PLC 一般都能满足以上硬件要求。如 PLC 一般在下列条件下工作：温度 0 ~ 55℃，湿度小于 80%。

（2）软件指标

PLC 的软件指标通常从以下几方面进行描述：

1）编程语言。不同机型的 PLC 具有不同的编程语言。常用的编程语言有梯形图、指令表和控制系统流程图 3 种。

2）用户存储器容量和类型。用户存储器用来存储用户通过编程器输入的程序。其存储容量通常以字或步为单位计算，例如 FX2 的存储容量为 2 k 步。常用的用户程序存储器类型有 RAM、EEPROM 和 EPROM 3 种。

3）I/O 总数。PLC 有开关量和模拟量两种输入、输出。对开关量输入/输出（I/O）总数，通常用最大 I/O 点数表示；对模拟量的 I/O 总数，通常用最大 I/O 通道数表示。

4）指令数。用来表示 PLC 的功能。一般指令数越多，其功能越强。

5）软元件的种类和点数。指辅助继电器、定时器、计数器、状态、数据寄存器和各种特殊继电器等。

6）扫描速度。以 μs/步表示。例如，0.48 μs/步表示扫描一步用户程序所需要的时间为 0.48 μs。PLC 的扫描速度越快，其输出对输入的响应越快。

7）其他指标。如 PLC 的运行方式、输入/输出方式、自诊断功能、通信联网功能、远程监控等。

3. PLC 的分类

（1）按结构形式分类

PLC 按结构形式可分为整体式和模块式两种。

1）整体式。整体式 PLC 是将电源、中央处理器、输入/输出部件等集中配置在一起，有的甚至全部安装在一块印制电路板上。整体式 PLC 结构紧凑、体积小、质量轻、价格低、I/O 点数固定、使用不灵活。小型 PLC 常使用这种结构。

2）模块式。模块式 PLC 是把 PLC 的各部分以模块形式分开，如电源模块、CPU 模块、输入模块、输出模块等。把这些模块插入机架底板上，组装在一个机架内。这种结构配置灵活、装配方便、便于扩展。一般中型和大型 PLC 常采用这种结构。

（2）按输入输出点数和存储容量分类

按输入输出点数和存储容量来分，PLC 大致可分为大型、中型、小型 3 种。

1）小型 PLC。小型 PLC 的输入输出点数在 256 点以下，单 CPU、8 位或 16 位处理器，用户程序存储容量在 4 KB 以下。目前，常见的小型 PLC 有美国通用电气（GE）公司的 GE－I 型，美国德州仪器公司的 TI 100 型，日本三菱电气公司的 F 型、F1 型、F2 型，日本立石公司（欧姆龙）的 C20、C40 型，德国西门子公司的 S7－200 型，日本东芝公司的 EX20 型、EX40 型，中外合资无锡华光电子工业有限公司的 SR－20/21 型等。

2）中型 PLC。中型 PLC 的输入输出点数为 256～2 048 点，双 CPU，用户程序存储容量一般为 2～10 KB。目前，常见的中型 PLC 有美国通用电气（GE）公司的 GE－Ⅲ型，德国西门子公司的 S7－300 型、SU－5 型、SU－6 型，日本立石公司（欧姆龙）的 C500 型，中外合资无锡华光电子工业有限公司的 SR－400 型等。

3）大型 PLC。大型 PLC 的输入输出点数在 2 048 点以上，多 CPU、16 位或 32 位处理器，用户程序存储容量达 10 KB 以上。目前常见的大型 PLC 如美国通用电气（GE）公司的 GE－Ⅳ型，德国西门子公司的 S7－400 型，日本立石公司（欧姆龙）的 C2000 型，日本三菱电气公司的 K3 等。

（3）按功能分类

按 PLC 功能的强弱来分，PLC 一般可分为低档机、中档机和高档机 3 种。其功能如下：

1）低档 PLC 具有逻辑运算、定时、计数等功能。有的还增设模拟量处理、算术运算、数据传送等功能。

2）中档 PLC 除具有低档机的功能外，还具有较强的模拟量输入输出、算术运算、数据传送等功能，可完成既有开关量又有模拟量控制的任务。

3）高档 PLC 增设了带符号算术运算及矩阵运算等功能，使运算能力更强，还具有模拟调节、联网通信、监视、记录和打印等功能，使 PLC 的功能更多更强。高档 PLC 能进行远程控制、构成分布式控制系统，建立整个工厂的自动化网络体系。

四、三菱 FX 系列 PLC 的特点与规格

1．三菱 FX 系列 PLC 的型号意义

FX 系列 PLC 的型号表示方法如图 1—1—1 所示。

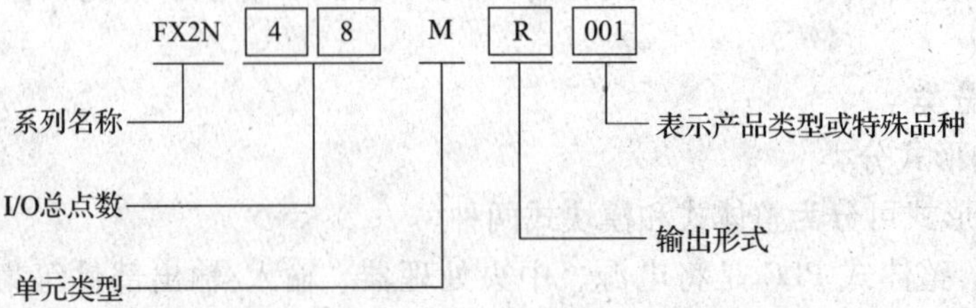

图 1—1—1　FX 系列 PLC 的型号表示方法

型号含义说明：

（1）系列名称

FX 系列的名称常用的有 1S、1N、2N、3U 和 3G 等，因此目前常用的 FX 系列的型号有 FX1S 系列、FX1N 系列、FX2N 系列、FX2NC 系列、FX3U 系列和 FX3G 系列等。

（2）单元类型

FX 系列的单元类型一般有 4 种，其表示方法如下：

1）M 表示基本单元。

2）E 表示输入、输出混合扩展单元及扩展模块。

3）EX 表示输入专用扩展模块。

4）EY 表示输出专用扩展模块。

（3）输出形式

PLC 的输出形式一般分为 3 种。其中 R 表示继电器输出，T 表示晶体管输出，S 表示晶闸管输出。这三种输出方式结构如图 1—1—2 所示。其输出方式的性能比较见表 1—1—2。

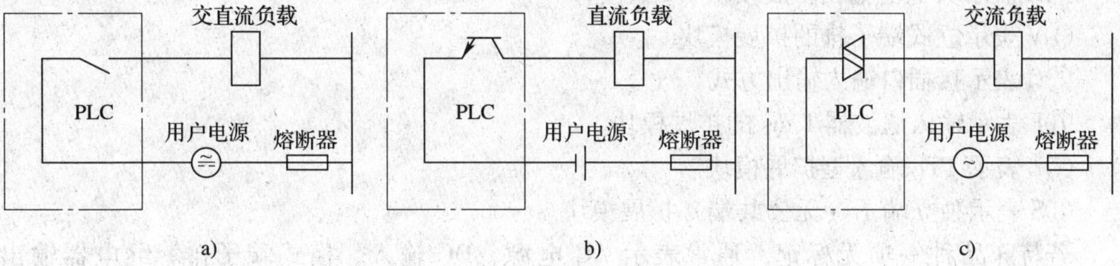

图 1—1—2 PLC 三种输出形式的电路结构图
a）继电器输出 b）晶体管输出 c）晶闸管输出

表 1—1—2 3 种输出方式的性能比较

项目		继电器输出方式	晶体管输出方式	晶闸管输出方式
外部电源		AC250 V，DC30 V 以下	DC5～30 V	AC85～242 V
最大负载	电阻负载	2A/1 点	0.5 A/1 点 0.8 A/1 点	0.3 A/1 点 0.8 A/1 点
	感性负载	80 V·A	12 W/DC24 V	15 V·A/AC100 V
	灯负载	100 W	1.5 W/DC24 V	30 W
开路漏电流		—	0.1 mA/DC24 V	1 mA/AC100 V 或 2.4 mA/DC24 V
响应时间		约 10 ms	0.2 ms 以下	1 ms 以下
电路隔离		继电器隔离	光耦合器隔离	光敏晶体管隔离
动作显示		继电器通电时 LED 灯亮	光耦驱动时 LED 灯亮	光敏晶体管驱动时 LED 灯亮

提示

（1）继电器输出的 PLC 可以直接驱动 2 A 以内的负载，一般的电磁阀、继电器都用继电器输出型。当电磁阀线圈的负载电流超过 2 A 时，可通过中间继电器进行过渡控制。

（2）晶体管输出的 PLC 只能驱动 0.5 A 以内的负载，但是其响应速度快，一般用来输出高速脉冲，可以控制高速电磁阀、步进及伺服电动机等。

（4）产品类型或特殊品种

1）产品类型。PLC 的产品类型一般分为两种，其中 001 表示标准产品，ES/UL 表示欧规产品。目前，国内销售的 PLC 一般都为标准版的 PLC。

2）特殊品种。PLC 的特殊品种代号共有 8 种，其文字代号及含义如下：

①D 表示 DC 电源，DC 输入。

②A1 表示 AC 电源，AC 输入（AC100 ~ 120 V）或 AC 输入模块。

③H 表示大电流输出扩展模块（1 A/点）。

④V 表示立式端子排的扩展模块。

⑤C 表示接插口输入输出方式。

⑥F 表示输入滤波器 1 ms 的扩展模块。

⑦L 表示 TTL 输入型扩展模块。

⑧S 表示独立端子（无公共端）扩展模块。

若特殊品种一项无标记，通常表示 AC 电源、DC 输入、横式端子排。继电器输出：2 A/点；晶体管输出：0.5 A/点；晶闸管输出：0.3 A/点。

例如：型号“FX2N－64MR”表示该 PLC 为 FX2N 系列、AC 电源、DC 输入的基本单元、I/O 总点数为 64 点、继电器输出方式。

型号“FX2N－48MRD”表示该 PLC 为 FX2N 系列、I/O 总点数为 64 点、DC 电源、DC 输入的基本单元、继电器输出方式。

型号“FX－4EYSH”表示该 PLC 为 FX 系列、输入点数为 0、输出点数为 4、晶闸管输出的大电流输出扩展模块。

提示

PLC 在选用时应根据不同的要求选用不同的输出方式。若需要大电流输出，则应选继电器输出方式或晶闸管输出方式；若电路需要快速通断或需要频繁动作，则应选用晶体管输出方式或晶闸管输出方式。

2. FX 系列常用 CPU 的性能

FX 系列常用 CPU 的性能见表 1—1—3。

表1—1—3　　FX系列常用CPU的性能

CPU性能 \ FX系列	FX1S	FX1N	FX2N	FX3U
运算控制方式	存储程序反复运算（专用LST），有中断指令			
输入/输出控制方式	批处理方式（执行END时），有I/O刷新指令			
编程语言	梯形图+步进梯形图+SFC			
程序内存	内置2 000步 EEPROM	内置8 000步 EEPROM	内置2 000步 RAM	内置64 000步RAM
可选存储器	FX1N-EEPROM-8L		RAM8K EEPROM4-16K	FX3U-PLROM-64L FX3U-PLROM-16
指令种类	顺控指令27种，步进梯形图指令2种			顺控指令29种
	应用指令85种	应用指令89种	应用指令128种	应用指令209种
运算处理速度	基本指令0.55~0.7 μs，应用指令1 007 μs		基本指令0.08 μs	基本指令0.065 μs
扩展功能	无	有	有	有
输入输出点数	30点以下	128点以下	256点以下	384点以下

3. FX系列的扩展模块

FX系列PLC的扩展模块主要有扩展I/O模块（输入扩展模块、输出扩展模块）和扩展I/O（混合模块）。图1—1—3所示就是常见的FX2N系列PLC的输入扩展模块、输出扩展模块和混合模块的外形图。

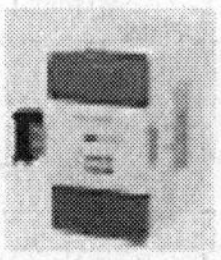
FX2N-8EX

a)

FX2N-16EYR

b)

FX2N-48ER-D

c)

图1—1—3　FX2N系列PLC的扩展模块外形图

a）输入扩展模块　b）输出扩展模块　c）混合模块

（1）FX系列扩展I/O模块

FX系列扩展I/O模块包括输入扩展模块和输出扩展模块，常用的FX系列扩展I/O模块见表1—1—4。

表 1—1—4　　常用的 FX 系列扩展 I/O 模块

型号	I/O 总数	输入		输出		可连接的 PLC		
		数目	类型	数目	类型	FX1S	FX1N	FX2N
FX0N－8EX	8	8	漏型	—	—		√	√
FX0N－16EX	16	16	漏型	—	—		√	√
FX2N－16EX	16	16	漏型	—	—		√	√
FX0N－8EYR	8	—	—	8	继电器		√	√
FX0N－8EYT		—	—		晶体管		√	√
FX0N－16EYR	16	—	—	16	继电器		√	√
FX0N－16EYT		—	—		晶体管		√	√
FX2N－16EYR	16	—	—	16	继电器		√	√
FX2N－16EYT		—	—		晶体管		√	√

（2）FX 系列扩展 I/O 混合模块

FX 系列扩展 I/O 混合模块是既含输入扩展又含输出扩展的模块，常用的 FX 系列扩展 I/O 混合模块见表 1—1—5。

表 1—1—5　　FX 系列扩展 I/O（混合模块）

型号	I/O 总数	输入		输出		可连接的 PLC		
		数目	类型	数目	类型	FX1S	FX1N	FX2N
FX2N－32ER	32	16	漏型	16	继电器		√	√
FX2N－32ET					晶体管			
FX0N－40ER	40	24	漏型	16	继电器		√	
FX0N－40ET					晶体管			
FX2N－48ER	48	24	漏型	24	继电器		√	√
FX2N－48ET					晶体管			
FX2N－40ER－D	40	24	漏型	16	继电器		√	
FX2N－48ER－D	48	24	漏型	16	继电器			√
FX2N－48ER－D					晶体管			
FX0N－8ER	8	4	漏型	4	继电器		√	√

4. FX 系列特殊功能模块

常用的 FX 系列特殊功能模块见表 1—1—6。

表 1—1—6　　FX 系列特殊功能模块

模块类型	模块型号	模块类型	模块型号	模块类型	模块型号
模拟量模块	FX0N－3A	高速计数模块	FX2N－1HC	通信接口模块	FX1N－232－BD
	FX2N－2AD	脉冲输出模块	FX2N－1PG		FX2N－232－BD
	FX2N－4AD		FX2N－10PG		FX1N－422－BD

续表

模块类型	模块型号	模块类型	模块型号	模块类型	模块型号
模拟量模块	FX2N－8AD	定位控制模块	FX2N－10GM	通信接口模块	FX1N－485－BD
	FX2N－2DA		FX2N－20GM		FX2N－422－BD
	FX2N－4DA	CCLINK 主站模块	FX2N－16CCL－M		FX2N－485－BD
温度模块	FX2N－4AD－PT	CCLINK 接口模块	FX2N－32CCL		FX0N－485－ADP
	FX2N－4AD－TC				FX2N－485－ADP

五、PLC 的选择原则

自从 PLC 技术在工业领域中得到广泛应用以来，PLC 产品的种类越来越多，而且功能也日趋完善。当前工业领域中应用的 PLC 既有从美国、日本、德国等国家进口的，也有国内厂家组装或自行开发的，已达几十个系列、上百种型号。由于 PLC 品种繁多，其结构形式、性能、容量、指令系统、编程方式、价格和适用场合等都有不同。因此，合理选择 PLC，对于提高 PLC 控制系统的经济技术指标有着重要意义。本教材主要从 PLC 机型、容量、I/O 模块、电源模块等部件的选择来介绍小型 PLC 选型的一般原则。

1. PLC 的机型选择

选择 PLC 机型的基本原则是在能够满足控制要求及保证运行可靠、维护方便的前提下，力争最佳的性价比。

（1）结构形式的选择

在系统工艺过程较为固定的小型控制系统中，常采用 I/O 点的平均价格较便宜的整体式 PLC；在较复杂系统和环境差（维修量大）的场合，常采用模块式 PLC，因为模块式 PLC 扩展灵活方便，I/O 点数、输入点数与输出点数的比例、I/O 模块的种类等方面选择余地大，并且在维修时只需要更换模块，判断故障的范围也很方便。

（2）安装方式的选择

按照 PLC 的不同安装方式，控制系统分为集中式、远程 I/O 式和多台 PLC 联网的分布式。在集中式控制系统中，无须设置驱动远程 I/O 硬件，控制系统反应快，成本低。远程 I/O 式适用于大型控制系统，因为远程 I/O 可以分别安装在 I/O 装置附近，I/O 连线比集中式短，控制系统的装置分布范围很大，但需要增设驱动器和远程 I/O 电源。多台 PLC 联网的分布式可以选用小型 PLC，但必须附加通信模块，适用于多台设备分别独立控制且又存在相互联系的控制系统。

（3）功能要求的选择

1）对于只有开关量控制的设备，具有逻辑运算、定时、计数等功能的一般小型（低档）PLC 即可满足其控制要求。

2）对于以开关量控制为主，带少量模拟量控制的系统，可以选择带 A/D 和 D/A 转换模块、能够实现加减算术运算、数据传送的增强型低档 PLC。

3）对于控制较复杂，要求具有 PID 运算、闭环控制、通信联网等功能的系统，可以根据控制规模大小及复杂程度，选用中档或高档 PLC，但价格一般较贵。

（4）响应速度的选择

PLC 的扫描工作方式所引起的响应延迟可达 2 ~ 3 个扫描周期。在一般应用场合中，PLC 响应速度都可以满足要求。但对于某些特殊场合，则要求考虑 PLC 的响应速度。可以选用扫描速度高的 PLC，或选用具有高速 I/O 处理功能指令的 PLC，或选用具有快速响应模块和中断输入模块的 PLC 等，来减少 PLC 的 I/O 响应的延迟时间。

（5）系统可靠性的选择

对于一般的系统，PLC 的可靠性均能满足。对可靠性要求很高的系统，应考虑是否采用冗余控制系统或热备用系统。

（6）机型统一的选择

对于一个企业应尽可能使用机型统一的 PLC。这是从以下三方面进行考虑的：

1）使用同一机型的 PLC，其模块可互相备用，便于备品、备件的采购和管理。

2）同一机型的 PLC 功能和编程方法相同，有利于技术力量的培训和技术水平的提高。

3）同一机型的 PLC，其外围设备通用，资源可共享，易于联网通信，配上位计算机后易于形成一个多级分布式控制系统。

2. PLC 的容量选择

PLC 的容量选择包括 I/O 点数和用户程序存储容量两方面的参数选择。

（1）I/O 点数的选择

由于 PLC 平均 I/O 点的价格还比较高，因此，应该在满足控制要求和留有一定备用量的前提下力争少使用 I/O 点数。一般情况下 I/O 点数是根据被控对象的输入、输出信号的实际个数，再加上 10% ~15% 的备用量来确定的。在不同机型的 PLC 中，输入与输出点数的比例不同，在选择时应保证输入、输出点都够用，且节余还不能很多。因此，往往选择较少点数的主机加扩展模块，可以比直接选择较多点数的主机更经济。

（2）用户程序存储容量的选择

用户程序存储容量是指 PLC 用于存储用户程序的存储器容量，其大小由用户程序的长短决定。用户程序存储容量一般可按下式进行估算，再按实际需要留适当的余量（20% ~ 30%）来选择：

存储容量 = 开关量 I/O 点总数 ×10 + 模拟量通道数 ×100

提示

绝大部分 PLC 均能满足上式要求。但值得注意的是：当控制较复杂、数据处理量大时，可能出现存储容量不够的问题，这时应特殊对待。

3. I/O 模块的选择

一般情况下 I/O 模块的价格占 PLC 价格的一半以上。不同的 I/O 模块，其电路及功能不同，所以 I/O 模块将直接影响 PLC 的应用范围和价格。在此仅介绍有关开关量 I/O 模块的选择。

（1）开关量输入模块的选择

PLC 输入模块的作用是用来检测、接收现场输入设备的信号，并将输入的信号转换为PLC 内部接收的低电压信号。

1）输入信号的类型选择。常用开关量输入模块的信号类型有 3 种：直流输入、交流输入和交流/直流输入，在进行选择时应根据现场的输入信号和周围环境来考虑。直流输入模块具有延迟时间短，可以直接与接近开关、光电开关等电子输入设备连接的特点；交流输入模块具有接触可靠，适用于有油雾、粉尘的恶劣环境的特点。

2）输入信号电压等级的选择。PLC 的开关量输入模块输入信号的电压等级有：直流 5 V、12 V、24 V、48 V、60 V 等，交流 110 V、220 V 等。在选择时应根据现场输入设备与输入模块之间的距离来考虑。一般 5 V、12 V、24 V 用于传输距离较近的场合。距离较远的应选择电压等级较高的模块。

3）输入接线方式的选择。PLC 的开关量输入模块的接线方式有汇点式输入和分组式输入两种，如图 1—1—4 所示。汇点式输入模块的所有输入点使用一个公共端 COM；而分组式输入模块是将输入点分成若干组，每一组使用一个公共端 COM，各组之间是分隔的。分组式输入的每点平均价格比汇点式输入高。并且还要考虑同时接通的输入点个数。对于选用高密度的输入模块（如 32 点、48 点等），还应考虑该模块同时接通的点数一般不要超过输入点数的 60%。

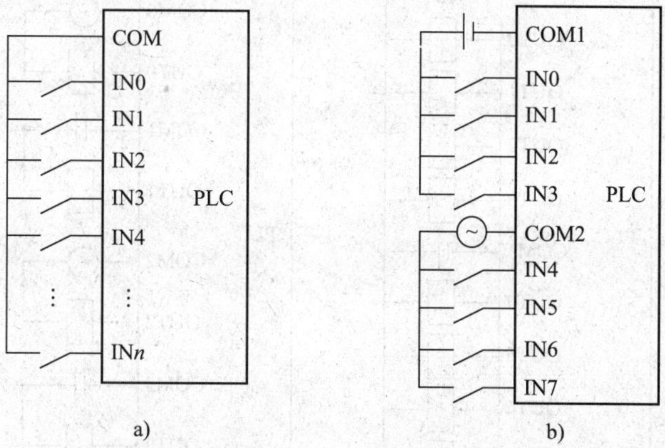

图 1—1—4 开关量输入模块的接线方式

a）汇点式输入 b）分组式输入

提示

对于三菱 PLC 而言，图 1—1—4 中的输入点一般采用 X 来表示，如图中的 IN0 对应的是 X0，IN1 对应的是 X1，其他输入点也一样。

4）输入门槛电平高低的选择。从提高系统可靠性角度来看，必须考虑输入门槛电平的大小。门槛电平越高，抗干扰能力越强，传输距离也越远。

（2）开关量输出模块的选择

输出模块的作用是将 PLC 内部低电压信号转换成外部输出设备所需的驱动信号。在进行选择时，应主要考虑负载电压的种类和大小、系统对延迟时间的要求、负载状态变化是否频繁等。

1）输出方式的选择。开关量输出模块的输出方式有继电器输出、晶闸管输出和晶体管输出。继电器输出具有价格便宜，既可驱动交流负载又可驱动直流负载，适用的电压范围较宽和导通压降小，承受瞬时过电压和过电流的能力较强的优点。但由于它属于有触点元件，所以其动作速度较慢、使用寿命较短、可靠性较差，所以只适用于不频繁通断的场合。对于驱动感性负载，其触点的动作频率不得超过 1 Hz。双向晶闸管输出或晶体管输出适用于频繁通断的负载，它们属于无触点元件。双向晶闸管输出只能用于交流负载，而晶体管输出只能用于直流负载。

2）输出接线方式的选择。PLC 的输出接线方式一般有分组式输出和分隔式输出两种，如图 1—1—5 所示。分组式输出是几个输出点为一组，使用一个公共端并且各组之间是分隔的，可以分别使用不同的电源。分隔式输出的每一个输出点有一个公共端，各输出点之间相互隔离，每个输出点可使用不同的电源。主要根据系统负载的电源种类的多少而定。一般整体式 PLC 既有分组式输出，也有分隔式输出。

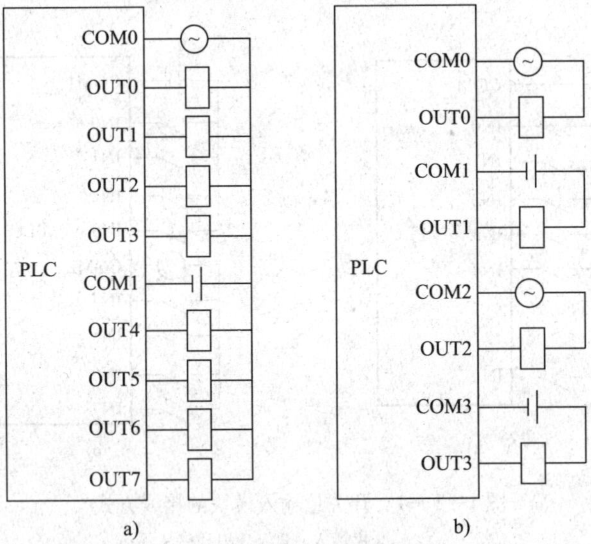

图 1—1—5　开关量输出模块的接线方式

a）分组式输出　b）分隔式输出

提示

对于三菱 PLC 而言，图 1—1—5 中的输出点一般采用 Y 来表示，如图中的 OUT0 对应的是 Y0，OUT1 对应的是 Y1，其他输出点也一样。

3）输出电流的选择。输出模块的输出电流（驱动能力）必须大于负载的额定电流。用户应根据实际负载电流的大小选择输出模块的输出电流。如果实际负载电流较大，输出模块无法直接驱动，可增加中间放大环节。

4. 电源模块及其他外设的选择

（1）电源模块的选择

电源模块的选择较为简单，只需考虑电源的额定输出电流即可。电源模块的额定输出电流必须大于 CPU 模块、I/O 模块及其他模块的总消耗电流。电源模块的选择仅对于模块式结构的 PLC 而言，对于整体式 PLC 不存在电源模块的选择。

（2）编程器的选择

简易编程器适用于小型控制系统或不需要在线编程的系统。功能强、编程方便的智能编程器适用于由中、高档 PLC 构成的复杂系统或需要在线编程的 PLC 系统，但智能编程器价格较贵。如果有现成的个人计算机，可以选用 PLC 的编程软件包，在个人计算机上实现编程器的功能。

（3）写入器的选择

由于干扰、锂电池电压变化等原因，RAM 中的用户程序可能会受到破坏，可以使用 EPROM 写入器将用户程序固化在 EPROM 中。当前使用的一些 PLC 或编程器本身具有 EPROM 写入器功能。

任务实施

现有一套电气控制设备，需要用到一台 PLC 的小单机。其主要控制一些继电器、接触器、电磁阀等开关量信号，并通过一些按钮、行程开关、接近开关、光电开关等开关量输入信号。无其他特殊功能要求。统计后，输入信号需要 18 个，输出信号需要 20 个，试根据要求选择性价比较高的三菱 PLC。

1. 分析 CPU 功能进行选型

通过对控制要求分析，本控制系统只需简单的开关量控制，并且 I/O 点数较少，因此三菱 FX 系列的 PLC 都能满足其控制要求，所以，可从性价比较高的 FX1S 系列开始选型。

2. 分析 I/O 点数进行选型

从控制要求分析可知，此设备控制要求所需的 I/O 点数为 38 个点，超过了 30 点。从表 1—1—3 中可知 FX1S 系列的 PLC 最大 I/O 点数为 30，并且该系列的 PLC 不能扩展，满足不了控制需要，因此，可排除 FX1S 系列的 PLC。

3. 分析价格进行选型

由于 FX0N 系列的 PLC 已停产，而 FX2N 系列较贵，因此选择 FX1N 系列性价比较高。

4. 确定 PLC 的型号规格

从 FX1N 系列的 PLC 来看，主要有以下两款型号的 PLC 能满足上述选择要求。

（1）FX1N－40MR 的 PLC（输入 24 点，输出 16 点）

由于该型号 PLC 的输入点数是 24 点，而控制要求需要 18 点，因此，可满足选择要求，并留有一定的余量。但控制要求需要 20 个输出点，而该型号 PLC 的输出点只有 16 点，满足不了要求。若要选择该型号的 PLC，则可以增加扩展模块，从表 1—1—4 的 FX 系列控制I/O

模块中可知，只要增加一个 FX0N－8EYR 的 8 点扩展输出模块，这样输出点数（16 点＋8 点＝24 点）就能满足要求。

（2）FX1N－60MR 的 PLC（输入 36 点，输出 24 点）

若选择该型号的 PLC，则 I/O 点数完全可以满足要求，且 I/O 点数剩余许多。

从对上述两款 FX1N 系列的 PLC 进行分析可知，若选用 FX1N－40MR 的 PLC 需增加 1 个 FX2N－8EYR 模块，而 FX1N－60MR 的 PLC 可以直接选用。如此就只需比较两者的价格即可确定所选用 PLC 的型号。若 FX1N－40MR 的 PLC 的价格为 2 000 元，FX2N－8EYR 模块为 500 元；若 FX1N－60MR 的 PLC 的价格也是 2 500 元，则应选择性价比较高的FX1N－60MR 的 PLC。这是因为它们虽然在价格和输出点数上一样，但 FX1N－60MR 的 PLC 的输入点数为 36 点，比 FX1N－40MR PLC 的输入点数多，可满足以后设备改造时增加点数的需要。

操作提示

进行 PLC 选型的过程中，时常会遇到一些问题。

问题：在进行 PLC 选型时，只注重 I/O 点数的选择而忽视了存储容量的选择。

后果及原因：由于用户程序所需的存储容量大小不仅与 PLC 系统的功能有关，而且还与功能实现的方法、程序编写水平有关。一个有经验的程序员和一个初学者，在完成同一复杂功能时，其程序量可能相差 25% 之多，所以对于初学者而言，在估算存储容量时应多留余量。

预防措施：PLC 的 I/O 点数的多少，在很大程度上反映了 PLC 系统的功能要求，因此可在 I/O 点数确定的基础上，按下式估算存储容量后，再加 20%～30% 的余量。

存储容量（字节）＝开关量 I/O 点总数×10＋模拟量通道数×100

任务测评

对任务实施的完成情况进行检查，并将结果填入表 1—1—7 所示任务测评表内。

表 1—1—7　　　　任务测评表

序号	主要内容	考核要求	评分标准	配分	扣分	得分
1	PLC 的选型	1. 能根据控制要求，分析 CPU 功能正确选型 2. 能根据控制要求，分析 I/O 点数正确选型 3. 能根据控制要求，分析价格正确选型 4. 能根据控制要求，确定 PLC 的型号规格	1. 不能通过分析 CPU 功能正确选型扣 20 分 2. 不能通过分析 I/O 点数正确选型扣 20 分 3. 不能通过分析价格正确选型扣 10 分 4. 不能根据控制要求，确定 PLC 的型号规格扣 60 分	90		

续表

序号	主要内容	考核要求	评分标准	配分	扣分	得分
2	安全文明生产	劳动保护用品穿戴整齐；电工工具佩戴齐全；遵守操作规程；讲文明礼貌；操作结束要清理现场	1. 操作中，违反安全文明生产考核要求的任何一项扣5分，扣完为止 2. 当发现学生有重大事故隐患时，要立即予以制止，并每次扣安全文明生产总分5分	10		
合计				100		
开始时间：			结束时间：			

知识拓展

一、各类常用 PLC 简介

随着 PLC 市场的不断扩大，PLC 生产已经发展成为一个庞大的产业，主要厂商集中在一些欧美国家及日本。美国与欧洲一些国家的 PLC 是在相互隔离的情况下独立研究开发的，产品有比较大的差异；日本则是从美国引进的，对美国的 PLC 产品有一定的继承性。另外，日本的主推产品定位在小型 PLC，而欧美则以大中型 PLC 为主。

1. 美国的 PLC 产品

美国有 100 多家 PLC 厂商，著名的有 A－B 公司、通用电气（GE）公司、莫迪康（MODICON）公司、德州仪器（TI）公司、西屋电器公司等。其中 A－B 公司是美国最大的 PLC 制造商，产品约占美国 PLC 市场的一半。A－B 公司的产品规格齐全、种类丰富，其主推的产品为大、中机型的 PLC－5 系列。该系列采用模块式结构，CPU 模块为中型的 PLC 有 PLC－5/10、PLC－5/12、PLC－5/14、PLC－5/25，CPU 模块为大型的 PLC 有 PLC－5/11、PLC－5/20、PLC－5/30、PLC－5/40、PLC－5/60。A－B 公司的小型机产品有 SLC－500 系列等。图 1—1—6 所示是美国罗克韦尔公司生产的 A－B 系列 PLC。

图 1—1—6 美国罗克韦尔公司生产的 A－B 系列 PLC

GE 公司的代表产品是 GE－Ⅰ、GE－Ⅲ、GE－Ⅵ等系列，分别为小型机、中型机及大型机，GE－Ⅵ/P 最多可配置 4 000 个 I/O 点。德州仪器（TI）公司的小型机产品有 510、520 等，中型机有 5TI 等，大型 PLC 产品有 PM550、PM530、PM560、PM565 等系列。莫迪康（MODICON）公司生产 M84 系列小型机、M484 系列中型机、M584 系列大型机等产品。M884 是增强型中型机，具有小型机的结构和大型机的控制功能。图 1—1—7 所示是美国 GE 公司生产的 PLC 代表产品。

图 1—1—7　美国 CE 公司生产的 PLC 代表产品

2. 欧洲的 PLC 产品

德国的西门子（SIEMENS）公司、AEG 公司和法国的 TE 公司是欧洲著名的 PLC 制造商。德国的西门子公司的电子产品以性能精良而久负盛名。在大、中型 PLC 产品领域与美国的 A－B 公司齐名。

西门子 PLC 的主要产品有 S5 及 S7 系列，其中 S7 系列是近年来开发的代替 S5 的新产品，如图 1—1—8 所示。S7 系列包括 S7－200、S7－300 和 S7－400 系列产品。其中 S7－200 是微型机，S7－300 是中、小型机，S7－400 是大型机。S7 系列机性价比比较高，近年来在中国市场的份额有不断上升之势。

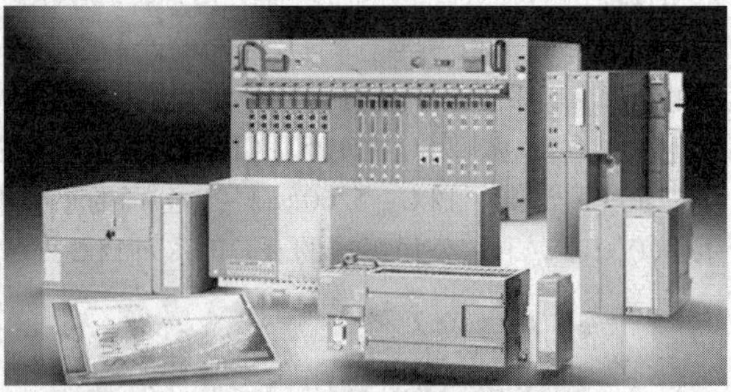

图 1—1—8　西门子公司的 S7 系列 PLC

3. 日本的 PLC 产品

日本的 PLC 产品在小型机领域颇具盛名。某些用欧美中型或大型机才能实现的控制，日本小型机就可以解决。日本有许多 PLC 制造商，如三菱、欧姆龙、松下、富士、日立、东芝等。在世界小型机市场上，日本产品约占 70% 的份额。

（1）三菱公司的 PLC 产品

三菱公司的 PLC 是较早进入中国市场的产品。其小型机 F1/F2 系列是 F 系列的升级产品，早期在我国的销量也不少。F1/F2 系列加强了指令系统，增加了特殊功能单元和通信功能，比F系列有了更强的控制能力。继F1/F2系列之后，20世纪80年代末三菱公司又推出了FX系列，在容量、速度、特殊功能、网络功能等方面都有了全面的加强。FX2系列是在90年代推出的高功能整体式小型机，它配有各种通信适配器和特殊功能单元。FX2N系列是近几年推出的高功能整体式小型机，它是FX2系列的换代产品。近年来三菱公司还不断推出了满足不同要求的微型机PLC，如FX0S、FX1S、FX0N、FX1N、FX2N等系列的产品；目前FX系列新推出的FX3U和FX3G系列的两款PLC，其容量更大，控制功能更强，如图1—1—9所示。本书主要以FX2N系列机型为例介绍PLC的应用技术。

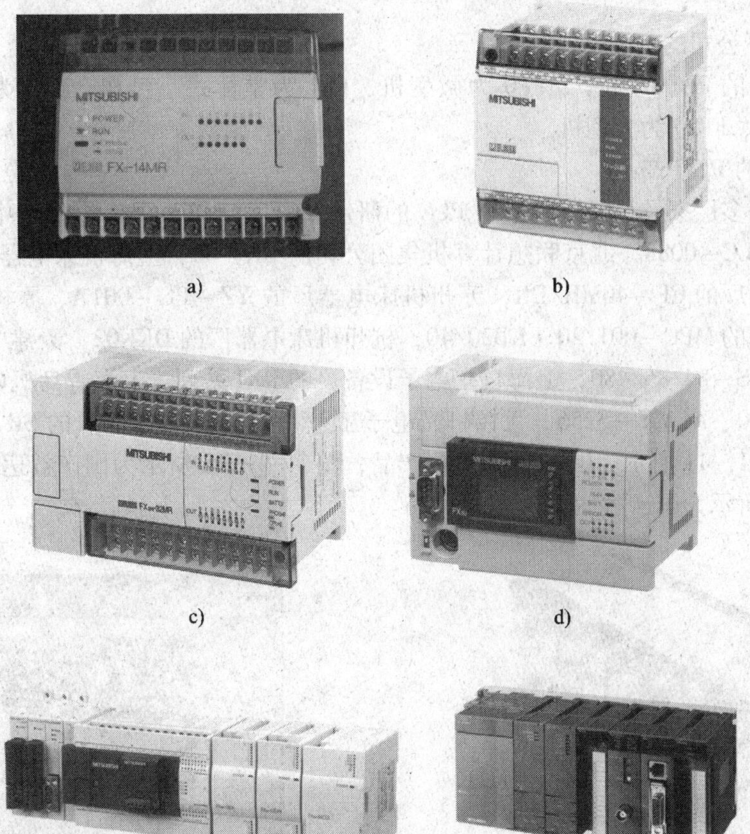

图1—1—9　三菱系列PLC产品

a）FX0系列　b）FX1N系列　c）FX2N系列　d）FX3U系列　e）FX3G系列　f）Q系列

（2）欧姆龙公司的产品

欧姆龙（OMRON）公司的产品，大、中、小、微型规格齐全。微型机以SP系列为代表，小型机有P型、H型、CPM1A、CPM2A系列及CPM1C、CQM1系列等。中型机有C200H、C200HS、C200HX、C200HG、C200HE及CSI等系列。图1—1—10所示就是欧姆龙C200hw系列的PLC。

图 1—1—10　欧姆龙 C200hw 系列的 PLC

（3）松下公司的产品

松下公司的 PLC 产品中，FP0 为微型机，FP1 为整体式小型机，FP3 为中型机，FP5、FP10、FP10S、FP20 为大型机。

4. 我国的 PLC 产品

我国有许多厂家及科研院所从事 PLC 的研制及开发工作，主要产品有中国科学院自动化研究所的 PLC－0088，北京联想计算机集团公司的 GK－40，上海机床电器厂的 CKY－40，上海起重电器厂的 CF－40MR/ER，苏州机床电器厂的 YZ－PC－001A，原机电部北京工业自动化研究所的 MPC－001/20、KB20/40，杭州机床电器厂的 DKK02，天津中环自动化仪表公司的 DJK－S－84/86/480，上海自立电子设备厂的 KKI 系列，上海香岛机电制造有限公司的 ACMY－S80、ACMY－S256，无锡华光电子工业有限公司（合资）的 SR－10、SR－10/20 等。图 1—1—11 所示为国产三洋 PLC 产品，图 1—1—12 所示为国产益达有壳 PLC 产品，图 1—1—13 所示为国产益达无壳 PLC 产品。

图 1—1—11　国产三洋 PLC 产品

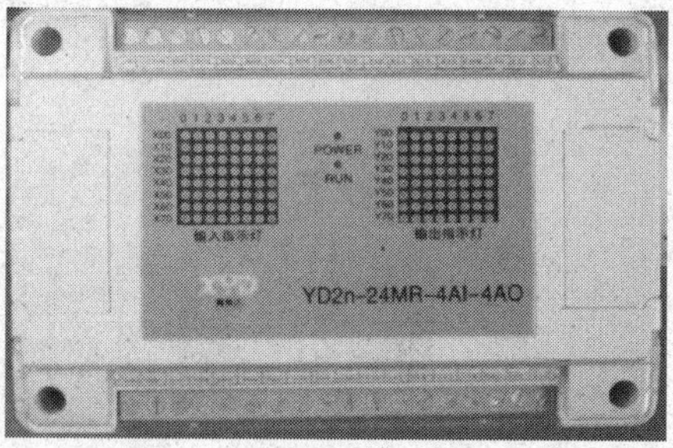

图 1—1—12　国产益达有壳 PLC 产品

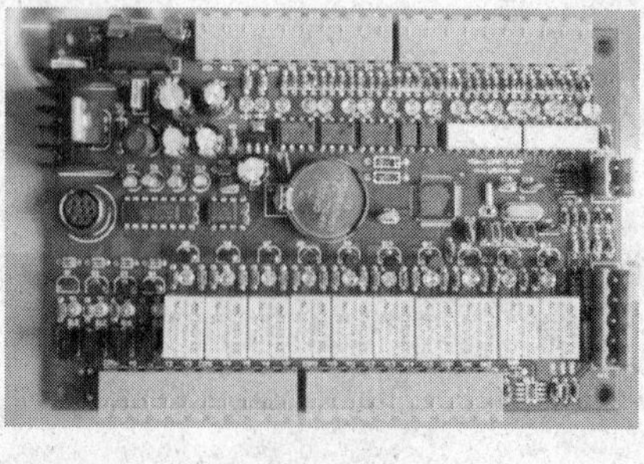

图 1—1—13　国产益达无壳 PLC 产品

近年来，国产 PLC 的产品占据了部分小型 PLC 市场，国产 PLC 的特点及优势如下：

（1）绝大多数是小型机，主要控制小规模的设备系统。

（2）国产 PLC 价格非常低廉，比国外产品便宜 1/3 以上。

（3）PLC 功能及稳定性相当成熟，一般小型设备的功能都能满足。

（4）国产 PLC 推广较晚，最近几年发展较快，很多国产的小型设备中使用较多，作为性价比较高的小型机，发展潜力很大。

（5）其编程软件与国外某些品牌非常类似，虽然形式上稍有不同，但是学过国外 PLC 的技术人员只需简单看一下相关手册就能使用。

二、系统采用 PLC 控制的一般条件

PLC 是将传统的继电器控制技术、微型计算机技术和通信技术相融合，专为工业控制而设计的专用控制器，是计算机化的高科技产品，其价格相对比较高（至少在数千元以上）。所以在确定控制系统方案时，应先考虑是否有必要采用 PLC 控制。如果控制系统很简单，所需 I/O 点数较少；或者虽然控制系统需要 I/O 点数较多，但控制要求并不复杂，各部分的相互联系很少，这些情况都没有使用 PLC 的必要。在遇到下列几种情况时，可考虑使用 PLC：

1. 系统的控制要求复杂，所需的 I/O 点数较多。如使用继电器控制，则需要大量的中间继电器、时间继电器等器件。

2. 系统对可靠性的要求特别高，继电器控制不能达到要求。

3. 系统加工产品种类和工艺流程经常变化，因此，需要经常修改系统参数，改变控制电路结构，使控制系统功能有扩充的可能。

4. 由一台 PLC 控制多台设备的系统。

5. 需要与其他设备实现通信或联网的系统。

在新设计的较复杂的机械设备中，使用 PLC 控制将比使用继电器控制节省大量的元器件，能减少控制柜内部的接线或安装工作量，减小控制柜或控制箱的体积，在价格上也往往比继电器控制更便宜。

巩固与提高

一、填空题（请将正确的答案填在横线空白处）

1. PLC 是一种________操作的电子系统，专为在工业环境下应用而设计。它可采用可编程的存储器，用来在其内部存储执行逻辑运算、________、定时、计数和算术运算等操作指令，并通过________式或________式的输入和输出，控制各种类型的机械或生产过程。

2. 选择 PLC 包括 PLC 的________、________、________、电源的选择。

3. PLC 的容量选择包括________和用户程序________两方面参数的选择。

4. PLC 的机型选择包括________的选择、________的选择、________的选择、________的要求、________的要求、________。

5. PLC 的输出形式一般分为________________形式、________形式和________形式等 3 种。

二、选择题（将正确答案的序号填入括号内）

1.（　　）不属于 PLC 的输出方式。

A. 继电器输出　B. 普通晶闸管输出　C. 双向晶闸管输出　D. 晶体管输出

2. 可编程序控制器电柜内的温度不能超出（　　）℃的范围。

A. -5~50　B. 0~50　C. 0~55　D. 5~55

3. 继电器输出的 PLC 可以直接驱动（　　）A 以内的负载，一般的电磁阀、继电器都用继电器输出型。

A. 0.5　B. 1　C. 2　D. 5

4. 晶体管输出的 PLC 只能驱动（　　）A 以内的负载，但是其响应速度快，一般用来输出高速脉冲，可以控制高速电磁阀、步进及伺服电动机等。

A. 0.5　B. 1　C. 2　D. 5

5. F-20MT 可编程序控制器表示（　　）类型。

A. 继电器输出　B. 晶闸管输出　C. 晶体管输出　D. 单晶体管输出

三、判断题（在下列括号内，正确的打"√"，错误的打"×"）

1. 继电器输出具有价格便宜，可驱动交流负载，适用的电压大小范围较宽和导通压降小，但承受瞬时过电压和过电流的能力较差的特点。（　　）

2. 从提高系统的可靠性角度看，必须考虑输入门槛电平的大小。门槛电平越高，抗干扰能力越强，传输距离也越远。（　　）

3. 双向晶闸管输出只能用于交流负载，而晶体管输出只能用于直流负载。（　　）

4. 双向晶闸管输出或晶体管输出适用于不频繁通断的负载，它们属于无触点元件。（　　）

四、简答题

1. 系统采用 PLC 控制的一般条件是什么?

2. 简述 PLC 具有的功能。

任务2　PLC 硬件安装及接线

学习目标

知识目标：

1. 了解 PLC 的组成及工作原理。

2. 了解 PLC 控制系统与继电—接触器逻辑控制系统的区别。

能力目标：

掌握 PLC 输入、输出端子的接线原理及注意事项。

工作任务

PLC 的种类虽然繁多、性能各异，但在硬件组成原理上，几乎都具有相同或类似的结构。本次任务的主要内容是：通过本任务的学习，了解 PLC 的硬件组成及工作原理，同时掌握三菱 PLC 输入、输出端子的接线原理及注意事项。

任务准备

实施本任务所使用的实训设备及工具材料可参考表 1—2—1。

表 1—2—1　　实训设备及工具材料

序号	分类	名称	型号规格	数量	单位	备注
1	工具	电工常用工具		1	套	
2	仪表	万用表	MF47 型	1	块	
3	设备器材	编程计算机①		1	台	
4		接口单元②		1	套	
5		通信电缆③		1	条	
6		可编程序控制器	FX2N－48MR　FX2N－48MT	各 1	台	
7		编程软件包	GX Developer Ver. 8	1	个	
8		安装配电盘	600 mm × 900 mm	1	块	
9		导轨	C45	0. 3	m	
10		低压断路器	Multi9 C65N D20	1	只	
11		熔断器	RT28－32	6	只	
12		按钮	LA4－3H	1	只	
13		接近开关	NPN 型	1	只	
14		接触器	CJ10－10 或 CJT1－10	1	只	
15		电磁阀	DC24	1	只	
16		接线端子	D－20	20	只	
17	消耗材料	铜塑线	BV1/1. 37 mm^2	10	m	主电路
18		铜塑线	BV1/1. 13 mm^2	15	m	控制电路
19		软线	BVR7/0. 75 mm^2	10	m	

续表

序号	分类	名称	型号规格	数量	单位	备注
20	消耗材料	紧固件	M4×20 mm 螺杆	若干	只	
21			M4×12 mm 螺杆	若干	只	
22			ϕ4 mm 平垫圈	若干	只	
23			ϕ4 mm 弹簧垫圈及 M4 螺母	若干	只	
24		号码管		若干	m	
25		号码笔		1	支	

注：①本书若非特殊说明，均要求机型：IBM PC/AT（兼容）；CPU：486 以上；内存：8 M 或更高（推荐 16 M 以上）；显示器：分辨率为 800×600 像素，16 色或更高。

②可采用 FX－232AWC 型 RS－232/RS－422 转换器（便携式）或 FX－232AW 型 RS－232C/RS－422 转换器（内置式），以及其他指定的转换器。

③可采用 FX－422CAB 型 RS－422 缆线（用于 FX2、FX2C 型 PLC，0.3 m）或 FX－422CAB－150 型 RS－422 缆线（用于 FX2、FX2C 型 PLC，1.5 m），以及其他指定的缆线。

任务分析

本任务主要介绍三菱 FX 系列 PLC 硬件组成及系统特性、硬件的安装和使用，通过学习熟悉 PLC 的系统特性及工作原理，同时掌握 PLC 硬件的安装方法、步骤和使用方法，为后续的编程控制学习奠定基础。

相关知识

PLC 是微机技术和控制技术相结合的产物，是一种以微处理器为核心的用于控制的特殊计算机，因此 PLC 的基本组成和一般的微机系统类似，都是由硬件和软件两大部分组成。PLC 的种类虽然繁多、性能各异，但在硬件组成原理上，几乎所有的 PLC 都具有相同或相似的结构。

一、PLC 的硬件组成

PLC 的硬件组成主要由中央处理器（CPU）、存储器、输入单元、输出单元、通信接口、扩展接口及电源等组成。其中，CPU 是 PLC 的核心，输入单元与输出单元是连接现场输入/输出设备与 CPU 之间的接口电路，通信接口用于与编程器、上位计算机等外设连接。

对于整体式的 PLC，所有的部件都装在同一机壳内，其组成框图如图 1—2—1 所示。而对于模块式的 PLC，它的各部件独立封装成模块，各模块通过总线连接，安装在机架或导轨上，其组成框图如图 1—2—2 所示。无论是哪种结构类型的 PLC，都可根据用户需要进行配置与组合。

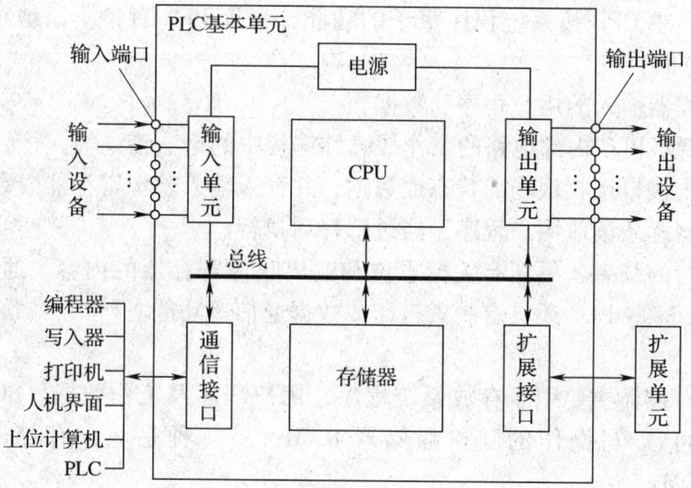

图 1—2—1　整体式 PLC 的组成框图

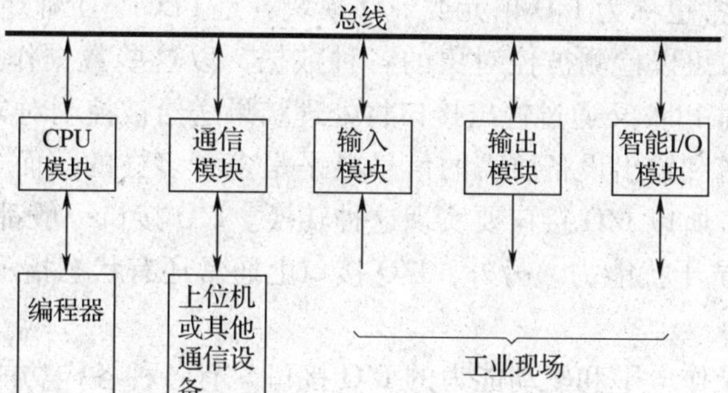

图 1—2—2　模块式 PLC 的组成框图

提示

尽管整体式与模块式 PLC 的结构不太一样，但它们各部分的功能作用相同。

1. 中央处理器（CPU）

CPU 是 PLC 的核心，在 PLC 中所配置的 CPU 随机型不同而不同。常用的 CPU 共有三类：通用微处理器（如 Z80、8086、80286 等）、单片微处理器（如 8031、8096 等）和位片式微处理器（如 AMD29W 等）。小型 PLC 大多采用 8 位通用微处理器和单片微处理器，中型 PLC 大多采用 16 位通用微处理器或单片微处理器，大型 PLC 大多采用高速位片式微处理器。

对于双 CPU 系统，一般一片为字处理器，多采用 8 位或 16 位处理器；另一片为位处理器，采用由各厂家设计制造的专用芯片。字处理器为主处理器，用于执行编程器接口功能，监视内部定时器，监视扫描周期，处理字节指令以及对系统总线和位处理器进行控制等。位处理器为从处理器，主要用于处理位操作指令和实现 PLC 编程语言向机器语言的转换。采用位处理器提高了 PLC 的速度，使 PLC 更好地满足实时控制要求。

总之，在 PLC 中 CPU 按系统程序赋予的功能，指挥 PLC 有条不紊地工作，归纳起来，主要包括以下几方面：

（1）接收编程器输入的用户程序和数据。

（2）诊断电源、PLC 内部电路的工作故障和编程中的语法错误等。

（3）通过输入接口接收现场的状态或数据，并存入输入映像寄存器或数据寄存器中。

（4）从存储器逐条读取用户程序，经过解释后执行。

（5）根据执行的结果，更新有关标志位和输出映像寄存器的内容，通过输出单元实现输出控制。另外，有些 PLC 还具有制表打印或数据通信等功能。

2. 存储器

在 PLC 中，存储器主要用于存放系统程序、用户程序及工作数据。PLC 的存储器主要有两种：一种是可读/写操作的随机存储器 RAM，另一种是只读存储器 ROM、PROM、EPROM 和 EEPROM。

3. 输入/输出单元

输入/输出单元通常也称为 I/O 单元或 I/O 模块，是 PLC 与工业生产现场之间的连接部件。PLC 通过输入接口可以检测被控对象的各种数据，以这些数据作为 PLC 对被控制对象进行控制的依据；同时 PLC 又通过输出接口将处理结果送给被控制对象，以实现控制目的。

由于外部输入设备和输出设备所需的信号电平是多种多样的，而 PLC 内部 CPU 的处理信息只能是标准电平，所以 I/O 接口要实现这种转换。I/O 接口一般都具有光电隔离和滤波功能，以提高 PLC 的抗干扰能力。另外，I/O 接口上通常还有状态指示，工作状况直观，便于维护。

PLC 提供了多种操作电平和驱动能力的 I/O 接口，有各种各样功能的 I/O 接口供用户选择。I/O 接口的主要类型有：数字量（开关量）输入、数字量（开关量）输出、模拟量输入、模拟量输出等。

（1）数字量（开关量）输入接口

常用的开关量输入接口按其使用的电源不同分为 3 种类型：直流输入接口、交流输入接口和交/直流输入接口，其基本原理电路图如图 1—2—3 所示。

（2）数字量（开关量）输出接口

常用的开关量输出接口按输出开关器件不同分为三种类型：继电器输出、晶体管输出和双向晶闸管输出，其基本原理电路图如图 1—2—4 所示。

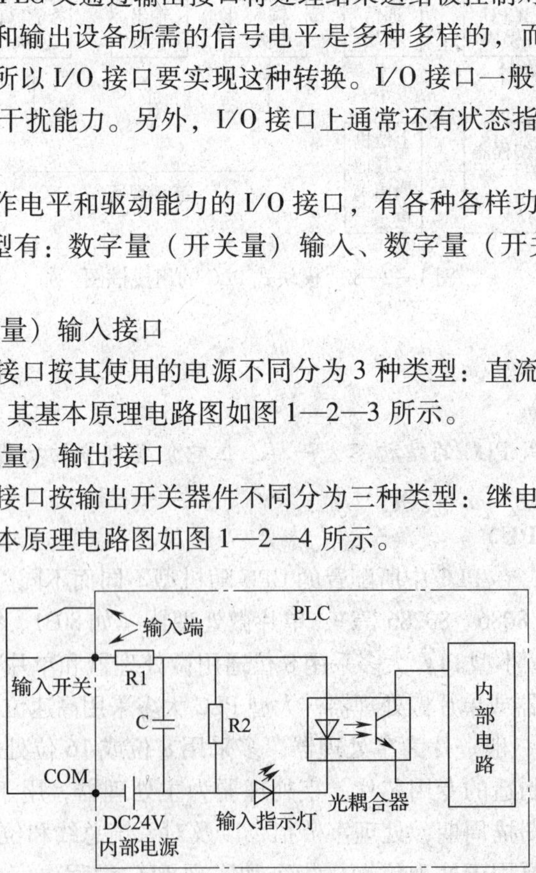

a)

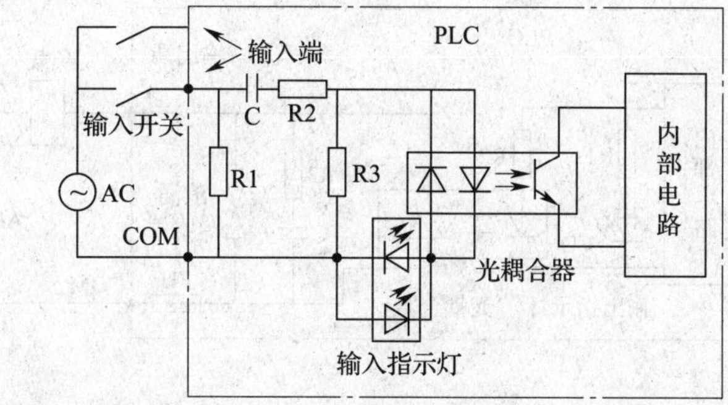

b)

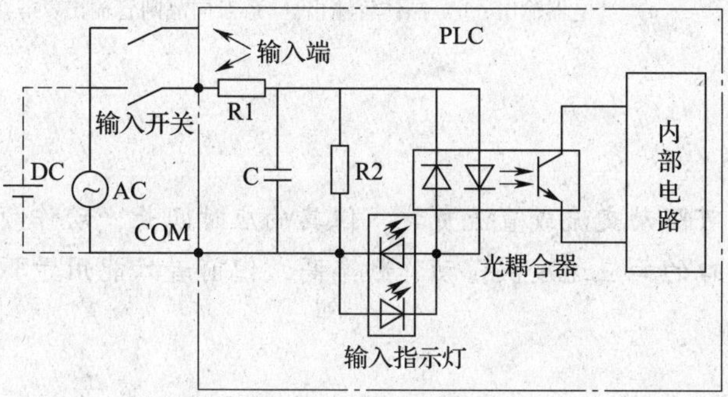

c)

图 1—2—3　开关量输入接口

a）直流输入　b）交流输入　c）交/直流输入

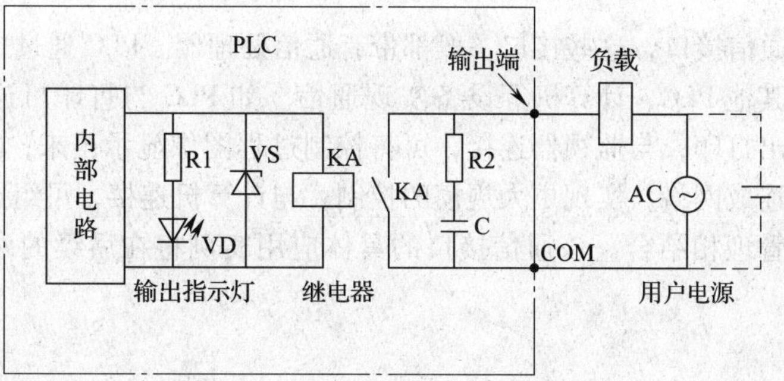

a)

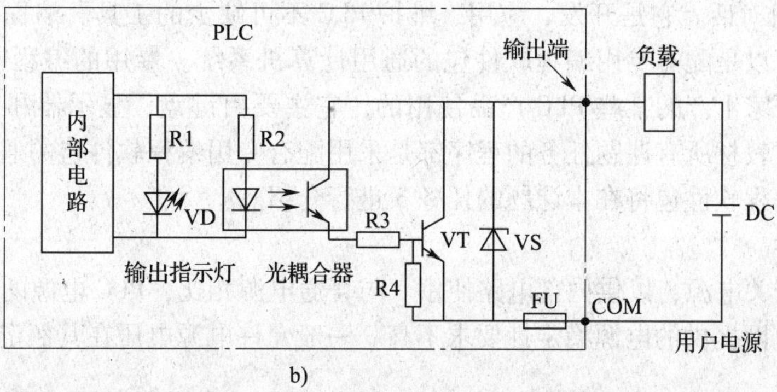

b)

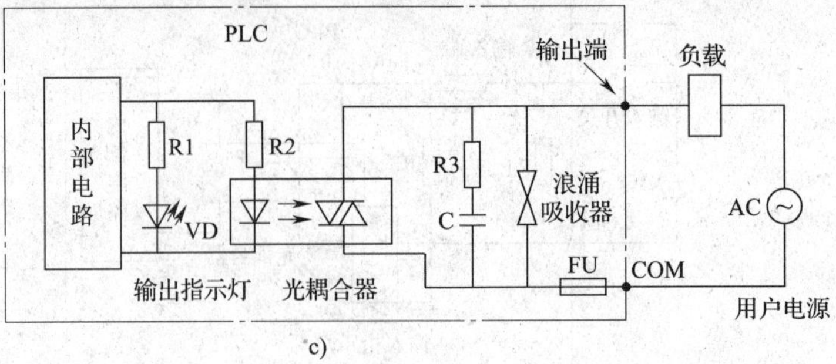

c)

图 1—2—4　开关量输出接口

a）继电器输出　b）晶体管输出　c）双向晶闸管输出

提示

继电器输出接口可驱动交流或直流负载，但其响应时间长，动作频率低；而晶体管输出和双向晶闸管输出接口的响应速度快，动作频率高，但前者只能用于驱动直流负载，后者只能用于驱动交流负载。

PLC 的 I/O 接口所能接受的输入信号个数和输出信号个数称为 PLC 输入/输出（I/O）点数。I/O 点数是选择 PLC 的重要依据之一。当系统的 I/O 点数不够时，可通过 PLC 的 I/O 扩展接口对系统进行扩展。

4. 通信接口

PLC 配有各种通信接口，这些接口一般都带有通信处理器。PLC 通过这些通信接口可与监视器、打印机、其他 PLC、计算机等设备实现通信。如 PLC 与打印机连接，可将过程信息、系统参数等输出打印；与监视器连接，可将控制过程图像显示出来；与其他 PLC 连接，可组成多机系统或连成网络，实现更大规模的控制；与计算机连接，可组成多级分布式控制系统，实现控制与管理相结合。该通信接口的具体应用实例将在后续的课题任务中进行介绍，在此不再赘述。

5. 编程装置

编程装置的作用是编辑、调试、输入用户程序，也可在线监控 PLC 内部状态和参数，与 PLC 进行人机对话。它是开发、应用、维护 PLC 不可缺少的工具。编程装置可以是专用的编程器，也可以是配有专用编程软件包的通用计算机系统。专用的编程器是由 PLC 厂家生产，专供该厂家生产的某些 PLC 产品使用的，它主要由键盘、显示器和外存储器接插件等部件组成。本教材所有课题任务的程序都是采用配有专用编程软件包的通用计算机系统进行编程的，该编程软件包将在本课题的任务 3 进行介绍。

6. 电源

PLC 配有开关电源，以供内部电路使用。与普通电源相比，PLC 电源的稳定性好、抗干扰能力强。对电网提供的电源稳定性要求不高。一般允许电源电压在其额定值 ±15% 的范围内波动。

提示

许多 PLC 还向外提供直流 24 V 稳压电源，用于给外部传感器供电。

7. 其他外围设备

除了以上所述的部件和设备外，PLC 还有许多外围设备，如 EPROM 写入器、外存储器、人/机接口装置等。这将在此后的应用中再作介绍，在此不再赘述。

二、PLC 的软件组成

PLC 的软件由系统监控程序和用户程序组成。

1. 系统监控程序

系统监控程序是每一台 PLC 必须包括的部分，它是由 PLC 制造厂商设计编写的，并存入 PLC 的系统存储器中，用户不能直接读写、更改。系统监控程序分成系统管理程序、用户指令解释程序、标准程序模块和系统调用子程序模块。

2. 用户程序

用户程序是 PLC 的使用者利用 PLC 的编程语言，根据控制要求编制的程序。它是用梯形图或某种 PLC 指令的助记符编制而成的，可以是梯形图、指令表、高级语言、汇编语言等，其助记符形式随 PLC 型号的不同而略有不同。下面简要介绍几种常见的 PLC 编程语言，详细内容将在后续的课题任务中介绍。

（1）梯形图（ladder diagram）

梯形图基本上沿用电气控制图的形式，采用的符号也大致相同。如图 1—2—5a 所示，梯形图的两侧平行竖线为母线，其间由许多触点和编程线圈组成逻辑行。应用梯形图进行编程时，只要按梯形图逻辑行顺序输入计算机中，计算机就可自动将梯形图转换成 PLC 能接受的机器语言，存入并执行。

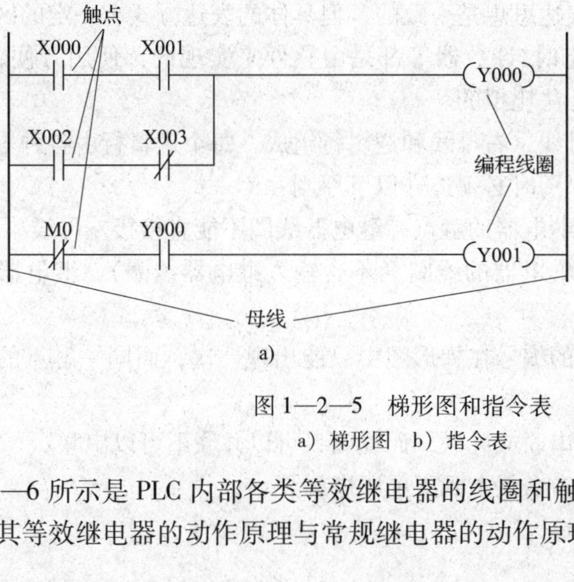

a)

0	LD	X000
1	AND	X001
2	LD	X002
3	ANI	X003
4	ORB	
5	OUT	Y000
6	LDI	M0
7	AND	Y000
8	OUT	Y001

b)

图 1—2—5　梯形图和指令表

a）梯形图　b）指令表

图 1—2—6 所示是 PLC 内部各类等效继电器的线圈和触点与继电器线圈和触点图形符号的比较，其等效继电器的动作原理与常规继电器的动作原理完全一致。

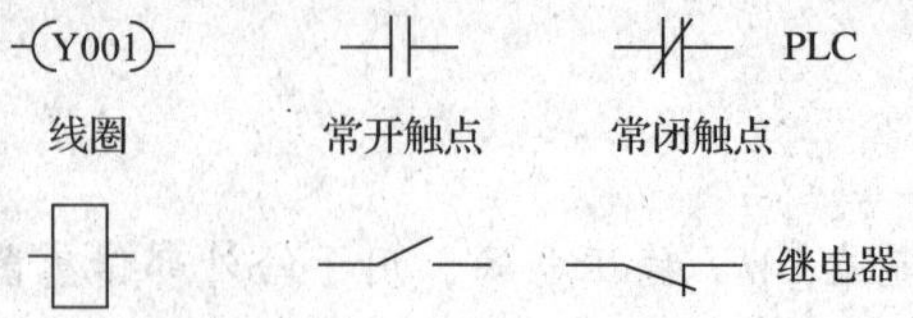

图 1—2—6　PLC 内部各类等效继电器的线圈和触点与继电器线圈和触点的图形符号

用 PLC 内部各类等效继电器的线圈和触点的图形符号按照一定的原理构成的图形称为梯形图。

从图 1—2—6 中可以看出梯形图其实是从继电器控制电路图变化过来的，因此梯形图形式上与继电器控制电路图很相似，读图方法和习惯也相同。梯形图是用图形符号在图中的相互关系来表示控制逻辑的编程语言，并且梯形图通过连线，将许多功能强大的 PLC 指令的图形符号连在一起，以表达所调用的 PLC 指令及其前后顺序关系，是目前最常用的一种可编程控制器程序设计语言。

图 1—2—7 所示是传统的继电器控制电路和所对应的 PLC 梯形图。

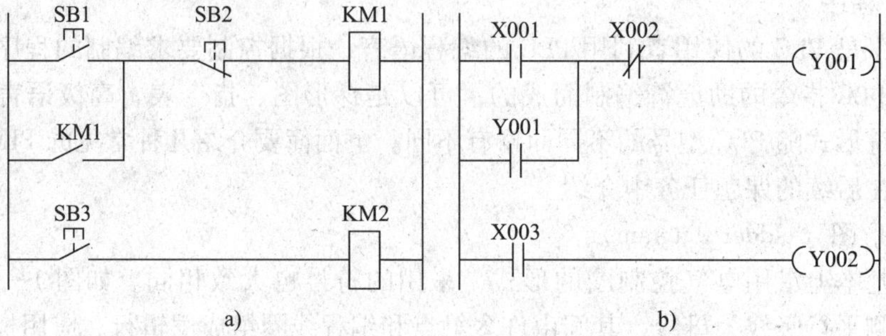

图 1—2—7　传统的继电器控制电路与 PLC 梯形图

a）继电器控制电路图　b）PLC 梯形图

从图中可看出，两种图所表达思想是一致的，但具体的表达方式有一定的区别。PLC 的梯形图使用的是内部继电器，定时/计数器等都是由软件来实现的，使用方便，修改灵活，是原继电器控制线路硬接线所无法比拟的。

在所有梯形图中，都由左母线、右母线和逻辑行组成，每个逻辑行由各种等效继电器的触点串并联和线圈组成。画梯形图时必须遵守以下原则：

1）左母线只能直接接各类继电器的触点，继电器线圈不能直接接左母线。

2）右母线只能直接接各类继电器的线圈（不含输入继电器线圈），继电器的触点不能直接接右母线。

3）一般情况下，同一线圈的编号在梯形图中只能出现一次，而同一触点的编号在梯形图中可以重复出现。

4）梯形图中触点可以任意串联或并联，而线圈只可以并联不可以串联。

5）梯形图应该按照从左到右、从上到下的顺序画。

（2）指令表（instruction list）

指令表类似于计算机汇编语言的形式，用指令的助记符进行编程。它通过编程器按照指令表的指令顺序逐条写入 PLC 并可直接运行。指令表的助记符比较直观易懂，编程也简单，便于工程人员掌握，因此得到了广泛的应用。但要注意，不同厂家制造的 PLC 所使用的指令助记符有所不同，即对同一梯形图来说，用指令助记符写成的语句表也不同。如图 1—2—5a所示的梯形图所对应的指令表如图 1—2—5b 所示。

语句是指令语句表编程语言的基本单元，每个控制功能由一个或多个语句组成的程序来执行。每条语句规定可编程序控制器中 CPU 如何动作。PLC 的指令有基本指令和功能指令之分。指令语句表和梯形图之间存在唯一对应关系，如图 1—2—7 所示的梯形图对应的指令语句表如下：

步序	助记符	操作元件
0	LD	X001
1	OR	Y001
2	ANI	X002
3	OUT	Y001
4	LD	X003
5	OUT	Y002
6	END	

上面所给出的每一条指令都属于基本指令。基本指令一般由助记符和操作元件组成，助记符是每一条基本指令的符号（如 LD、OR、ANI、OUT 和 END），它表明了操作功能；操作元件是基本指令的操作对象（如 X000、X001、Y000 简写成 X0、X1、Y0）。某些基本指令仅由助记符组成，如 END 指令。

三、PLC 的工作原理

PLC 用户程序的执行采用的是循环扫描工作方式。即 PLC 对用户程序逐条顺序执行，直至程序结束，然后再从头开始扫描，周而复始，直至停止执行用户程序。PLC 有两种基本的工作模式，即运行（RUN）模式和停止（STOP）模式，如图 1—2—8 所示。

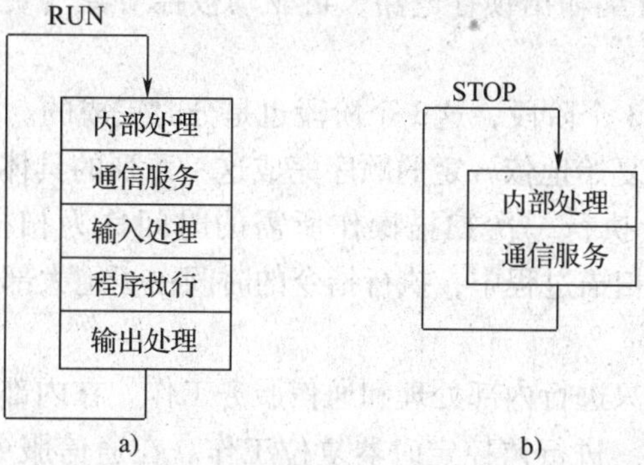

图 1—2—8　PLC 基本的工作模式
a）运行模式　b）停止模式

1. 运行模式

在运行模式下 PLC 对用户程序的循环扫描过程一般分为 3 个阶段进行，即输入采样阶段、程序执行阶段和输出刷新阶段，如图 1—2—9 所示。

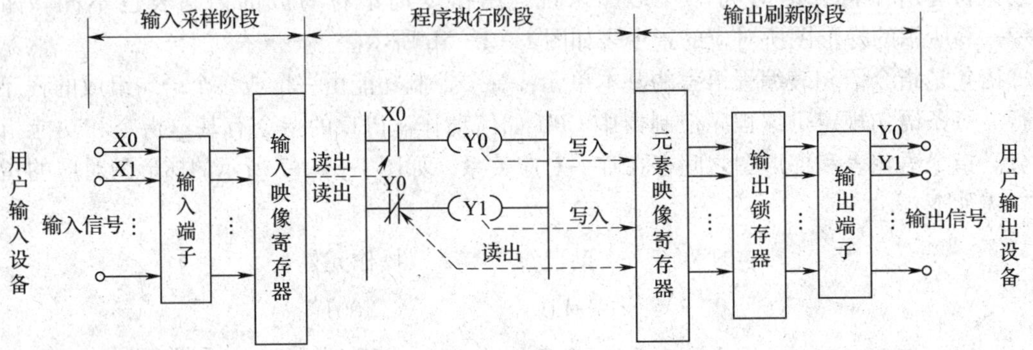

图 1—2—9　PLC 执行程序过程示意图

（1）输入采样阶段

PLC 在此阶段，以扫描方式顺序读入所有输入端子的状态即接通/断开（ON 或 OFF），并将其状态存入输入映像寄存器。接着转入程序执行阶段，在程序执行期间，即使输入状态发生变化，输入映像寄存器内容也不会变化，输入状态的变化只能在下一个扫描周期的输入采样阶段才被读入刷新。

（2）程序执行阶段

在程序执行阶段，PLC 对程序按顺序进行扫描。如果程序用梯形图表示，则总是按先上后下、从左向右的顺序进行扫描。每扫描一条指令时，所需的输入状态或其他元素的状态分别由输入映像寄存器和元素映像寄存器中读出，然后进行逻辑运算，并将运算结果写入元素映像寄存器中。也就是说程序执行过程中，元素映像寄存器内元素的状态可以被后面将要执行的程序所应用，它所寄存的内容也会随程序执行的进程而变化。

（3）输出刷新阶段

输出刷新阶段又称输出处理阶段。在此阶段，PLC 将元素映像寄存器中所有输出继电器的状态即接通/断开，转存到输出锁存电路，再驱动被控对象（负载），这就是 PLC 的实际输出。

PLC 重复地执行上述 3 个阶段，这 3 个阶段也是分时完成的。为了连续地完成 PLC 所承担的工作，系统必须周而复始地依一定的顺序完成这一系列的具体工作。这种工作方式称为循环扫描工作方式。PLC 执行一次扫描操作所需的时间称为扫描周期，其典型值为 1 ~ 100 ms。一般来说，一个扫描过程中，执行指令的时间占了绝大部分。

2. 停止模式

在停止模式下，PLC 只进行内部处理和通信服务工作。在内部处理阶段，PLC 检查 CPU 模块内部的硬件是否正常，进行监控定时器复位工作。在通信服务阶段 PLC 与其他带 CPU 的智能装置通信。

由于 PLC 采用循环扫描工作方式，即对信息采用串行处理方式，这必然带来了输入/输出的响应滞后问题。

输入/输出滞后时间又称为系统响应时间，是指从 PLC 外部输入信号发生变化的时刻起至它控制的有关外部输出信号发生变化的时刻止的时间间隔。它由输入电路的滤波时间、输出模块的滞后时间和扫描工作方式产生的滞后时间三部分组成。

（1）输入模块的 RC 滤波电路用来滤除由输入端引入的干扰噪声，消除因外接输入触点动作时产生抖动引起的不良影响。滤波时间常数决定了输入滤波时间的长短，其典型值为 10 ms。

（2）输出模块的滞后时间与模块开关元件的类型有关，继电器型为 10 ms；晶体管型一般小于 1 ms；双向晶闸管型在负载通电时的滞后时间约为 1 ms；负载由通电到断电时的最大滞后时间约为 10 ms。

（3）由扫描工作方式产生的滞后时间最多可达两个多扫描周期。

输入/输出滞后时间对于一般工业设备是完全允许的，但对于某些需要输出对输入做出快速响应的工业现场，可以采用快速响应模块、高速计数器模块以及中断处理等措施来尽量减少响应时间。

四、PLC 控制系统与继电—接触器逻辑控制系统的比较

1. 组成的器件不同

继电—接触器逻辑控制系统是由许多硬件继电器和接触器组成的，而 PLC 则是由许多“软继电器”组成的。传统的继电—接触器控制系统本来有很强的抗干扰能力，但其用了大量的机械触点，因物理性能疲劳、尘埃的隔离性及电弧的影响，系统可靠性大大降低。如图 1—2—10 所示的继电—接触器逻辑控制系统实现电动机的单方向连续运行，就是通过接触器 KM 的一副辅助常开触点实现自保的，一旦触点变形或受尘埃的隔离及电弧的影响，造成接触不良，将会影响电动机的正常运行。而 PLC 采用无机械触点的逻辑运算微电子技术，复杂的控制由 PLC 内部运算器完成，故使用寿命长、可靠性高。

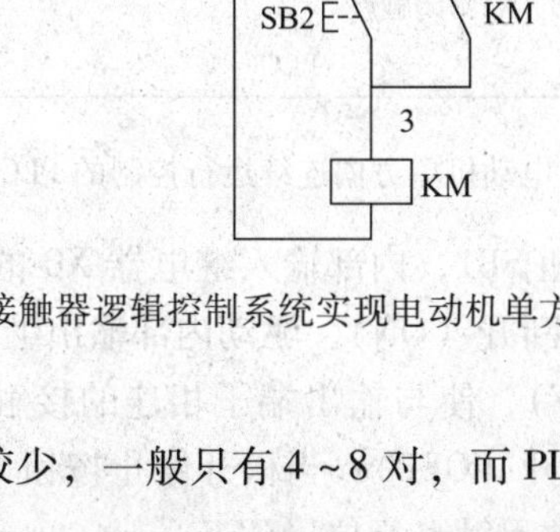

图 1—2—10 继电—接触器逻辑控制系统实现电动机单方向连续运行控制线路

2. 触点的数量不同

继电器和接触器的触点数较少，一般只有 4 ~ 8 对，而 PLC 内部的“软继电器”可供编程的触点数有无限对。

3. 控制方式不同

从图 1—2—10 中可知，其逻辑控制系统是通过元件之间的硬件接线来实现的，当按下启动按钮 SB2 后，SB2 的常开触点闭合，使接触器 KM 线圈获电，铁心吸合，KM 辅助常开触点闭合，松开启动按钮 SB2，接触器 KM 线圈通过自己的辅助常开触点实现自锁；当按下停止按钮 SB1 时，SB1 常闭触点切断接触器 KM 线圈回路，接触器 KM 线圈失电，铁心释放，KM 辅助常开触点复位断开，松开停止按钮 SB1 后，接触器 KM 线圈处于断电状态。从整个控制过程可以看到接触器 KM 的控制功能就固定在线路中。在这种控制系统中，要实现不同的控制要求必须通过改变控制电路的接线，才能实现功能的转换。如想将本线路的控制功能改成断续（点动）控制，必须将 KM 辅助常开触点和与其连接的 2 号线、3 号线拆除，才可实现。

PLC 控制系统与继电—接触器逻辑控制系统有着本质的区别，它是通过软件编程来实现控制功能的，即它通过输入端子接收外部输入信号，接内部输入继电器；输出继电器的触点接到 PLC 的输出端子上，由事先编好的程序（梯形图）驱动，通过输出继电器触点的通断，实现对负载的功能控制。

图 1—2—11 所示是图 1—2—10 所示的电动机单方向连续运行控制的 PLC 等效控制系统框图。从图中可以看出，当按下启动按钮 SB2 后，内部输入继电器 X1 的等效线圈接通（ON），在程序（梯形图）中的 X1 的常开触点接通（ON），驱动内部输出继电器 Y0 工作，与输出端子相连的 Y0 常开触点接通（ON），使与输出端子相连的接触器 KM 获电动作；与此同时在程序（梯形图）中的 Y0 常开触点接通（ON）；当松开启动按钮 SB2 后，内部输入继电器 X1 的等效线圈失电（OFF），内部输出继电器 Y0 通过自己的常开触点保持得电，保证接触器 KM 线圈继续保持得电，起到类似接触器自锁的作用。

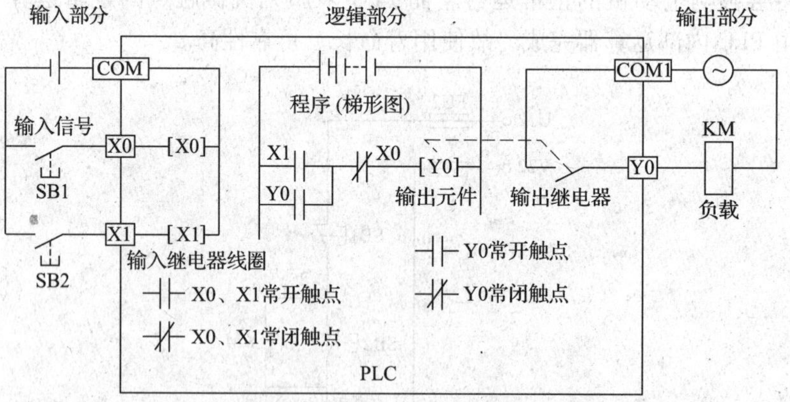

图 1—2—11　电动机单方向连续运行控制的 PLC 控制系统框图

需要停止时，按下停止按钮 SB1，内部输入继电器 X0 的等效线圈接通（ON），在程序（梯形图）中的 X0 的常闭触点断开（ON），驱动内部输出继电器 Y0 停止工作，与输出端子相连的 Y0 常开触点断开（OFF），使与输出端子相连的接触器 KM 失电；与此同时在程序（梯形图）中的 Y0 常开触点断开（OFF）；当松开停止按钮 SB1 后，内部输入继电器 X0 的等效线圈失电（OFF），X0 的常闭触点复位（OFF）。

从上述控制过程中，可以看到 PLC 控制系统实现电动机单方向连续运行，主要是通过 PLC 的程序（梯形图）来驱动，如想将本线路的控制功能改成断续（点动）控制，只需修改原来的程序，不用改变外部接线即可实现；如去掉原程序（梯形图）中并联的 Y0 常开触点程序（OR Y0）就可实现。因此，PLC 控制系统具有只要改变控制程序，就可改变功能控制的灵活特点。

4. 工作方式不同

在继电—接触器逻辑控制系统中，当电源接通时，线路中各继电器都处于受制约状态。在 PLC 中，各“软继电器”都处于周期性循环扫描接通中，每个“软继电器”受制约接通的时间是短暂的。

任务实施

一、FX2N 系列 PLC 硬件的识别与安装

PLC 应安装在环境温度为 0 ~ 55℃，相对湿度小于 89% 大于 35%、无尘埃和油烟、无腐蚀性及可燃性气体的场合中。

PLC 的安装固定常有两种方式：一是直接利用机箱上的安装孔，用螺钉将机箱固定在控制柜的背板或面板上；二是利用 DIN 导轨安装，需要先将 DIN 导轨固定好，再将 PLC 及各种扩展单元卡在 DIN 导轨上。图 1—2—12 所示为 FX2N 机及扩展设备在 DIN 导轨上的安装情况。

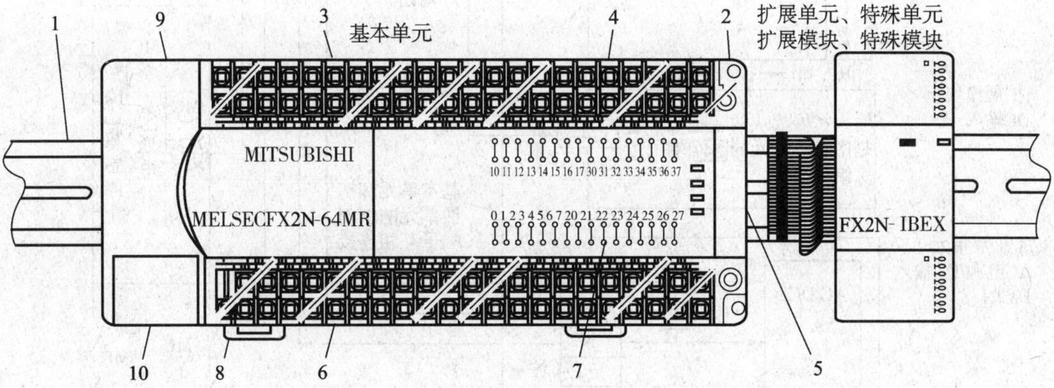

图 1—2—12　FX2N 机及扩展设备在 DIN 导轨上的安装

1—35 mm 宽的 DIN 导轨　2—安装孔（32 点以下 2 个，以上 4 个）　3—电源、辅助电源输入信号用装卸式端子台　4—输入口指示灯　5—扩展单元、特殊单元、特殊模块接线插座盖板　6—输出用装卸式端子台　7—输出口指示灯　8—DIN 导轨装卸卡子　9—面板盖　10—外转设备接线插座盖板

提示

安装时还要注意在 PLC 周围留足散热及接线的空间。

二、FX2N 系列 PLC 的接线

PLC 在工作前必须正确地接入控制系统，与 PLC 连接的主要有 PLC 的电源接线，输入、输出器件的接线，通信线和接地线等。

1. 电源接入及端子排列

PLC 基本单元的供电通常有两种情况：一是直接使用工频交流电，通过交流输入端子连接，对电压的要求比较宽松，100～250 V 均可使用。二是采用外部直流开关电源供电，一般配有直流 24 V 输入端子。采用交流供电的 PLC，机内自带直流 24 V 内部电源，为输入器件及扩展模块供电。FX2N 系列 PLC 大多采用 AC 电源，DC 输入形式。图 1—2—13 所示为 FX2N－48M 的 AC 电源、DC 输入型机电源接线原理图。图 1—2—14 所示为其基本单元外形图，基本单元外形由内部电源、内部 CPU、内部输入输出接口及程序存储器（RAM）组成，其中外形指示灯共有 5 个，分别为 POWER——电源指示灯、RUN——运行指示灯、BATT. V——电池电压下降指示灯、PROG－E——程序出错指示闪烁灯及 CPU－E——CPU 出错指示灯。图 1—2—15 所示为 FX2N－48M 的输入端子排及电源接线图，上部端子排中标有 L 及 N 的接线位为交流电源相线及中线的接入点。

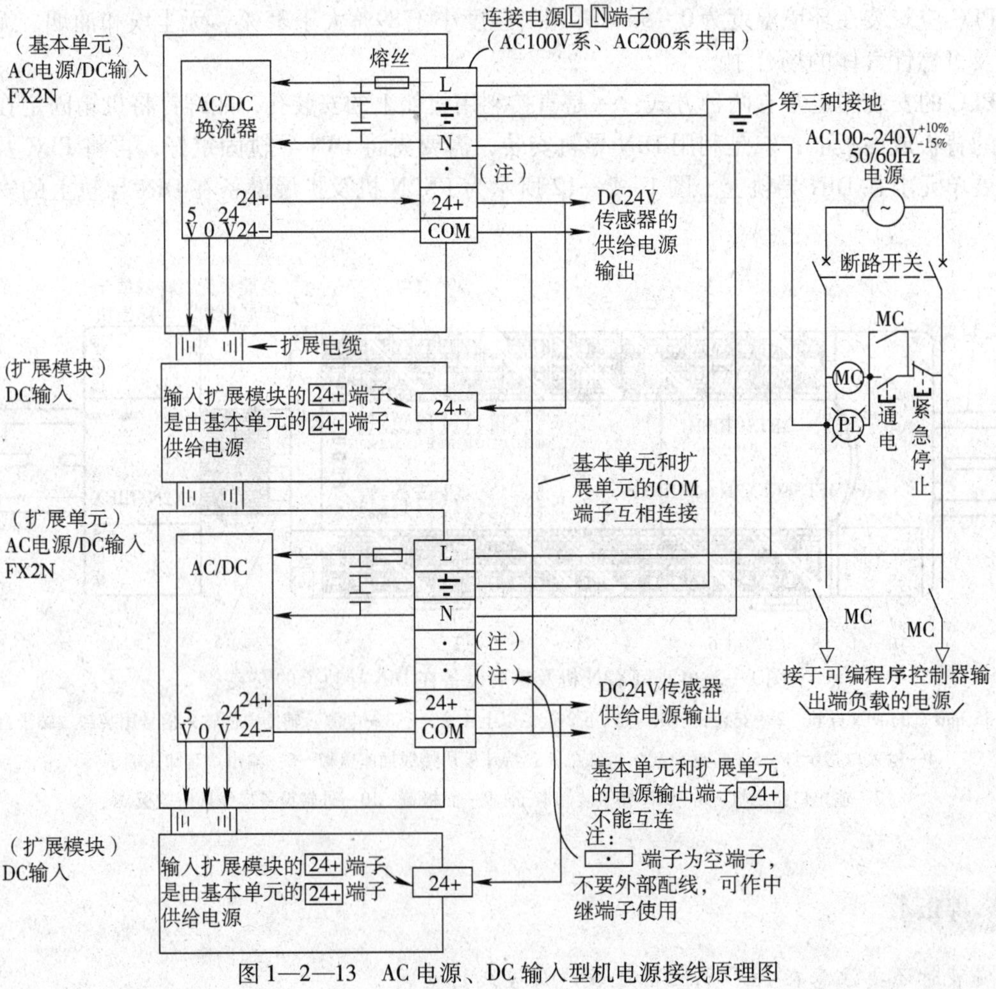

图 1—2—13　AC 电源、DC 输入型机电源接线原理图

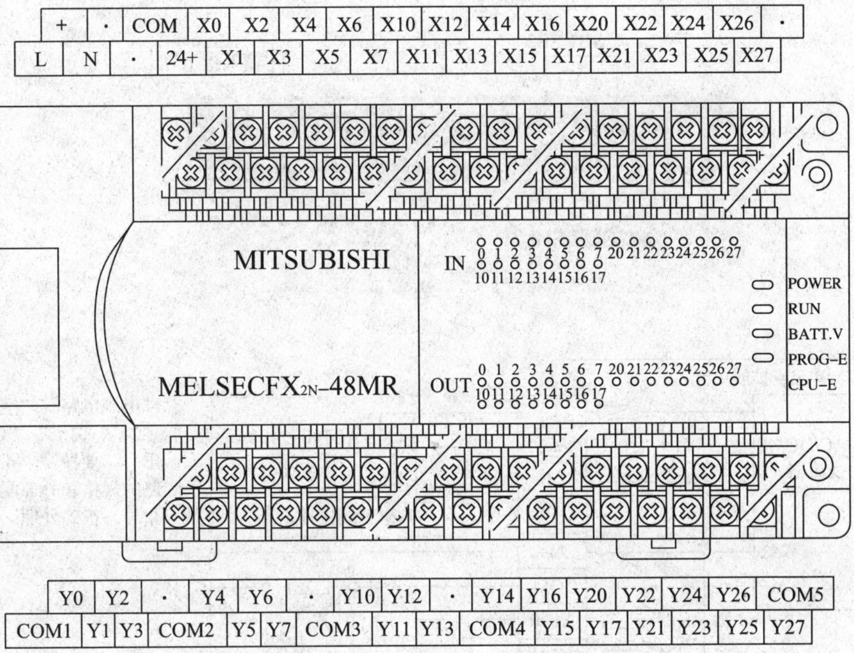

图 1—2—14　FX2N－48M 的基本单元外形图

图 1—2—15　FX2N－48M 的输入端子排及电源接线

2. 输入口器件的接入

PLC 的输入口连接输入信号，器件主要有开关、按钮及各种传感器，这些都是触点类型的器件。在接入 PLC 时，每个触点的两个接头分别连接一个输入点及输入公共端。由图 1—2—14 可知 PLC 的开关量输入接线点都是螺钉接入方式，每一位信号占用一个螺钉。图 1—2—14 中上部为输入端子，COM 端为公共端，输入公共端在某些 PLC 中是分组隔离的，在 FX2N 机中是连通的。开关、按钮等器件都是无源器件，PLC 内部电源能为每个输入点提供大约 7 mA 的工作电流，这也就限制了线路的长度。有源传感器在接入时必须注意与机内电源的极性配合。模拟量信号的输入须采用专用的模拟量工作单元。图 1—2—16 所示为输入器件接线图。

3. 输出口器件的接入

PLC 输出口上连接的器件主要是继电器、接触器、电磁阀等线圈。这些器件均采用 PLC 机外的专用电源供电，PLC 内部不过是提供一组开关接点。接入时线圈的一端接输出点螺

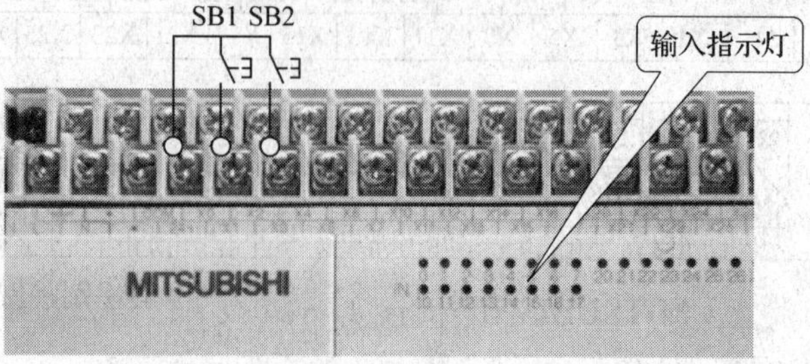

a)

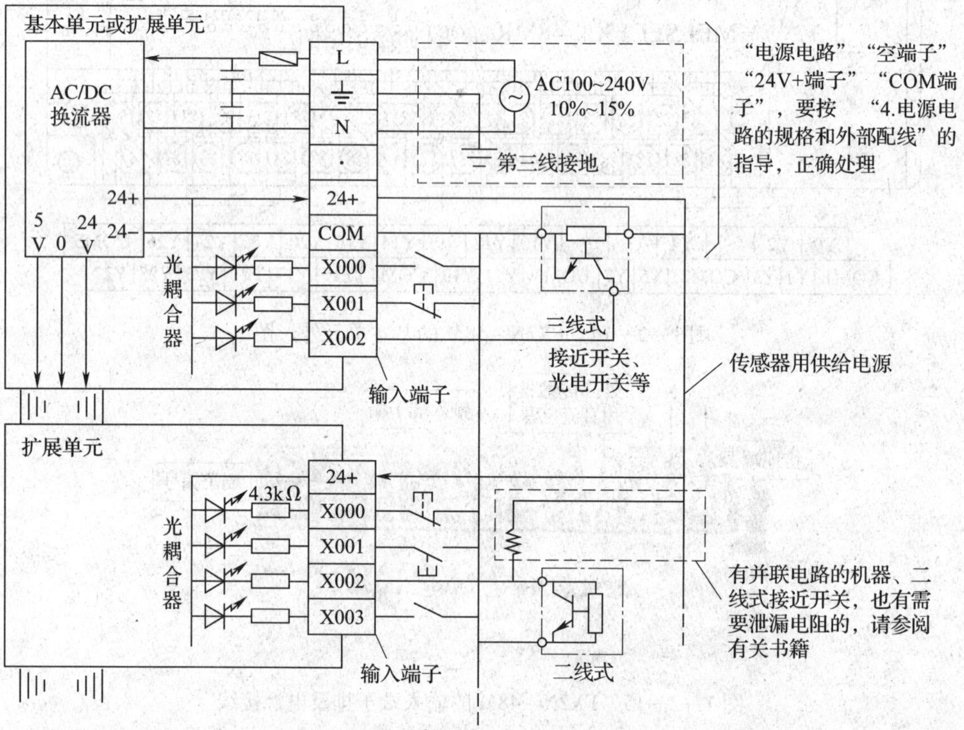

b)

图 1—2—16 输入器件接线图

a）实物接线图 b）接线原理图

钉，一端经电源接输出公共端。如图 1—2—14 所示中下部为输出端子，由于输出口连接线圈种类多，所需的电源种类及电压不同，输出口公共端常为许多组，而且组间是隔离的。图 1—2—17 所示为 FX2N－48M 的输出端子排及电源和继电器线圈接线图。PLC 输出口的电流定额一般为 2 A，大电流的执行器件必须配装中间继电器。图 1—2—18 所示为输出器件为继电器时的接线图。

三、FX2N 系列 PLC 硬件的接线练习

将事先编好的程序，分别下载到继电器输出型和晶体管输出型的 PLC 中，进行不同类型 PLC 的输入端和输出端的接线训练。

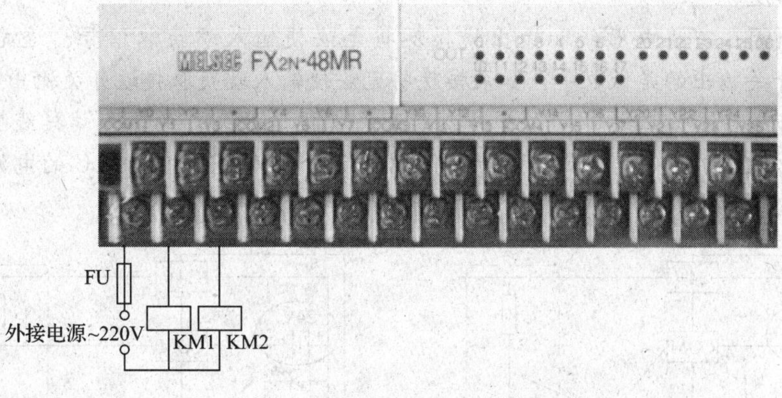

图 1—2—17　FX2N－48M 的输出端子排及电源和继电器线圈接线

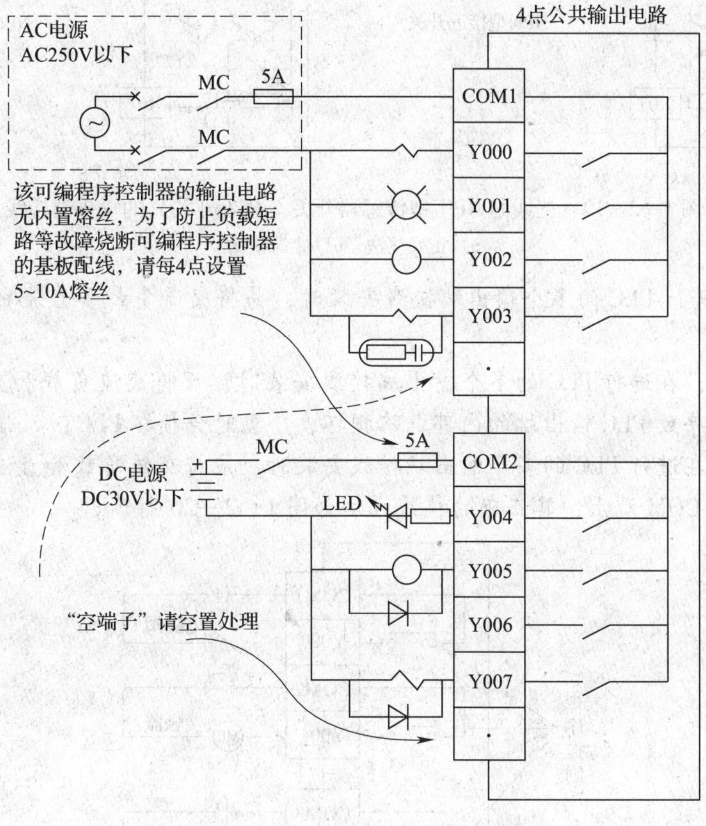

图 1—2—18　输出器件为继电器时的接线图

操作提示

在进行 PLC 输入、输出器件的安装和使用过程中，时常会遇到如下问题：

问题 1：在进行三线制 NPN 型传感器开关（接近开关）的输入端接线安装时，将电源线和输出线接反。

后果及原因：若将电源线和输出线接反将无法使输入端获取信号，这是因为三线制 NPN 型接近开关输出的是低电平，如果接反将无法使输入端获取接近开关输出的输入信号。

预防措施：在进行三线制 NPN 型传感器开关（接近开关）的输入端接线安装时，需将接近开关输出低电平的一端接到 PLC 的输入端，另外两端分别接到 PLC 的电源上，其接线方法如图 1—2—19 所示。

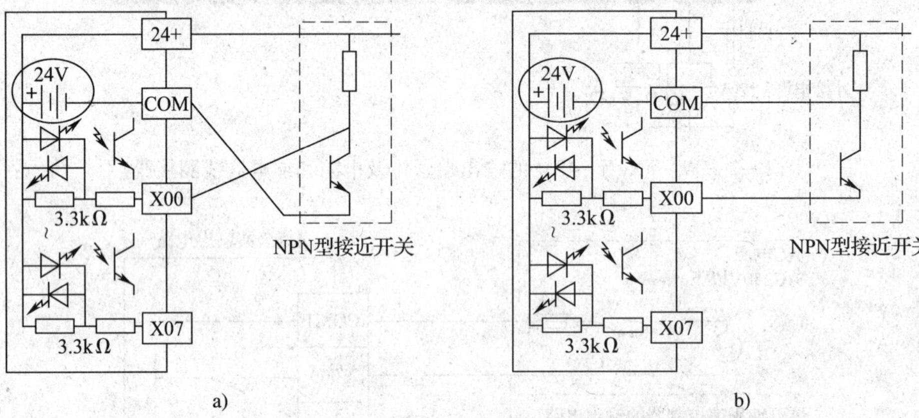

图 1—2—19　三线制 NPN 型传感器开关（接近开关）的输入端接线

a）正确接法　b）错误接法

问题 2：在进行 PLC 的多个输出端接线安装时，易将交流负载和直流负载的 COM 端混淆共用。

后果及原因：在进行 PLC 的多个输出端接线安装时，误将交流负载和直流负载的 COM 端混淆共用，将导致 PLC 输出端的内部电路损坏，严重时会损坏 PLC。

预防措施：在进行 PLC 的多个输出端接线安装时，应将交流负载和直流负载区分开来，分别接到不同的 COM 端上，其正确的接线方法如图 1—2—20 所示。

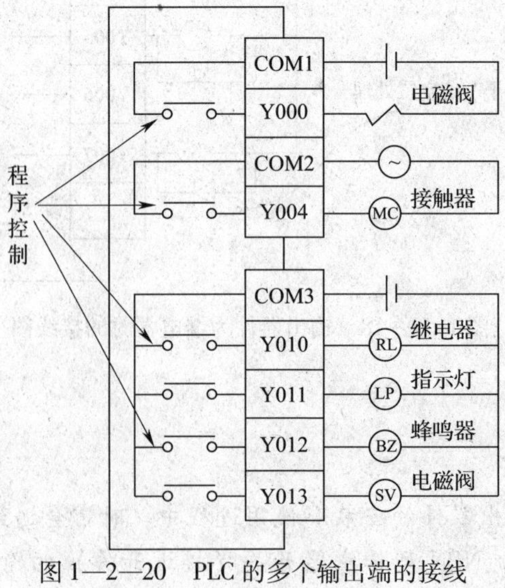

图 1—2—20　PLC 的多个输出端的接线

问题3：在进行晶体管输出型PLC的输出端接线安装时，易将交流电源接入或将直流电源的极性接反。

后果及原因：若误将交流电源接入，将导致PLC输出端的内部电路损坏，严重时会损坏PLC。若将直流电源的极性接反，将导致直流负载无法被驱动。

预防措施：在进行晶体管输出型PLC的输出端接线安装时，直流电源的极性不能接反，并且只能驱动直流负载，其正确的接线方法如图1—2—21所示。

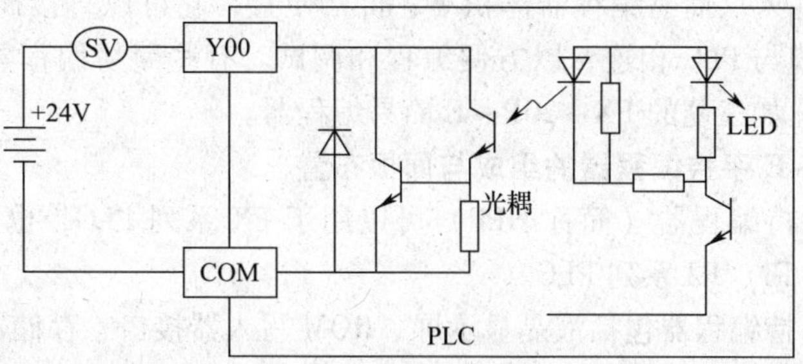

图1—2—21 晶体管输出型PLC的输出端接线图

任务测评

对任务实施的完成情况进行检查，并将结果填入表1—2—2内。

表1—2—2 **任务测评表**

序号	主要内容	考核要求	评分标准	配分	扣分	得分
1	绘制PLC接线图	能正确绘制PLC的I/O接线图	1. 接线图绘制正确，每错一项扣10分 2. 图形符号和文字符号表述正确，每错一项扣1分	40		
2	根据接线图进行线路安装	熟练正确地进行PLC输入、输出端的接线，并进行模拟调试	1. 不会接线的扣50分 2. 接线正确，每接错一根线扣10分 3. 仿真试车不成功扣30分	50		
3	安全文明生产	劳动保护用品穿戴整齐；电工工具佩戴齐全；遵守操作规程；讲文明礼貌；操作结束要清理现场	1. 操作中，违反安全文明生产考核要求的任何一项扣5分，扣完为止 2. 当发现学生有重大事故隐患时，要立即予以制止，并每次扣5分，扣完为止	10		
合计						
开始时间：			结束时间：			

知识拓展

FX－20P－E 手持编程器的介绍

简易编程器只能联机编程，而且不能直接输入和编辑梯形图程序，需将梯形图程序转化成指令表程序才能输入。简易编程器体积小、价格便宜，它可以直接插在 PLC 的编程插座上，或者用专用电缆与 PLC 相连，以方便编程和调试。有些简易编程器带有存储盒，可以用来存储用户程序，如三菱的 FX－20P－E 简易编程器。

一、FX－20P－E 手持编程器的组成与面板布置

FX－20P－E 手持编程器（简称 HPP）可以用于 FX 系列 PLC，也可通过转换器 FX－20P－E－FKIT 用于 F1、F2 系列 PLC。

FX－20P－E 手持编程器包括液晶显示屏、ROM 写入器接口、存储器卡盒接口及由功能键、指令键、元件符号键和数字键等组成的键盘，如图 1—2—22 所示。

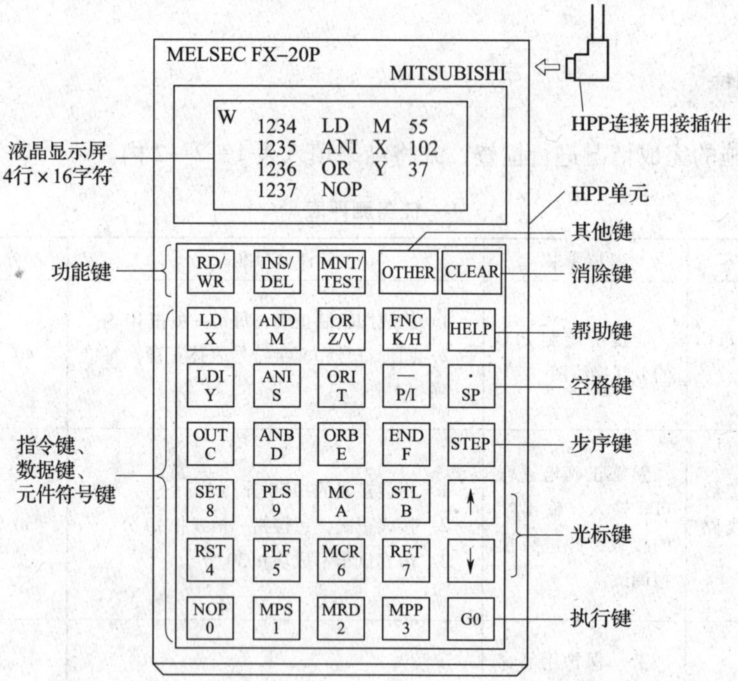

图 1—2—22　FX－20P－E 手持编程器面板布置图

1. 液晶显示屏

FX－20P－E 手持编程器的液晶显示屏只能同时显示 4 行，每行 16 个字符，在编程操作时，显示屏显示的内容包括地址、数据、工作方式、指令执行情况和系统工作状态等，如图 1—2—23 所示。

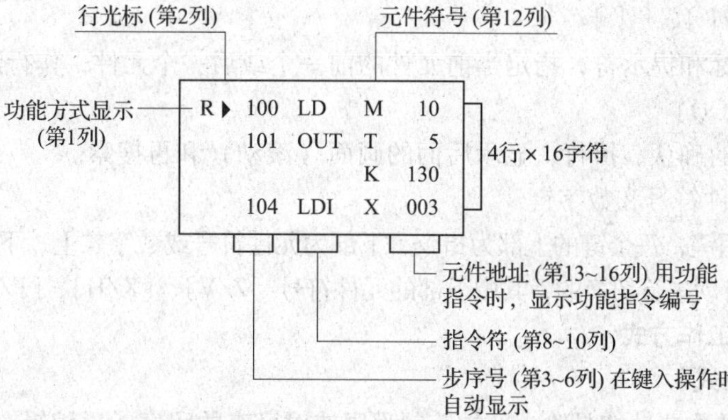

图 1—2—23 液晶显示屏

液晶显示屏左上角的黑三角提示符是功能方式说明，介绍如下：

R（Read）：读出；W（Write）：写入；I（Insert）：插入；D（Delete）：删除；M（Monitor）：监视；T（Test）：测试。

2. 键盘

FX－20P－E 手持编程器的键盘由 35 个按键组成，有单功能键和双功能键，主要包括功能键、指令键、元件符号键和数字键。值得注意的是，在使用双功能键时键盘中都有一个选择键。

（1）功能键

〔RD/WR〕，读出/写入；〔INS/DEL〕，插入/删除；〔MNT/TEST〕，监视/测试。

提示

各功能键交替起作用：按一次时选择第一个功能；再按一次时，选择第二个功能。

（2）其他键〔OTHER〕

在任何状态下按此键，显示方式菜单。安装 ROM 写入模块时，在脱机方式菜单上进行项目选择。

（3）清除键〔CLEAR〕

如在〔GO〕键之前（确认前）按此键，则清除键入的数据。此键也可以用于清除显示屏上的出错信息或恢复原有的画面。

（4）帮助键〔HELP〕

显示应用指令一览表。在监视时，进行十进制数和十六进制数的转换。

（5）空格键〔SP〕

在输入时，用此键指定元件符号和常数。

（6）步序键〔STEP〕

用此键设定步序号。

（7）光标键〔↑〕、〔↓〕

用此键移动光标和提示符，指定当前元件的前一个或后一个元件，作行滚动。

（8）执行键〔GO〕

此键用于指令的确认、执行，显示后面的画面（滚动）和再搜索。

（9）指令、元件符号和数字键

这些键都是复用键，每个键的上部为指令，下部为元件符号或数字。上、下部的功能是根据当前所执行的操作自动进行切换的，其中下部的元件符号〔Z/V〕、〔K/H〕、〔P/I〕交替起作用。

二、编程器的工作方式

1. 编程工作方式

编程工作方式的主要功能是输入新的控制程序或对已有的程序予以编辑。FX－20P－E 手持编程器具有在线（ONLINE，或称联机）编程和离线（OFFLINE，或称脱机）编程两种方式。在线编程时编程器与 PLC 直接相连，编程器直接对 PLC 用户程序存储器进行读写操作。若 PLC 内装有 EEPROM 卡盒，程序写入该卡盒，若没有 EEPROM 卡盒，程序写入 PLC 内的 RAM 中。在离线编程时，编制的程序先写入编程器内的 RAM 中，以后再成批传入 PLC 的存储器。

2. 监控工作方式

监控工作方式可以对运行中的控制器的工作状态进行监视和跟踪。FX－20P－E 手持编程器的监视功能是通过编程器的显示屏监视和确认在联机工作方式下 PLC 的动作和控制状态。它包括元件的监视、通/断检查和动作状态的监视等内容。

三、编程器的使用方法

1. 清除用户程序存储器内容

编程器设置在编程位置时，先清除程序存储器的内容，全部程序被清除后，编程器上显示变为空。

2. 程序写入

将用户程序写到基本单元里去。

3. 用步序号读出程序

先指定步序，然后按下操作键 Instr，再顺序按 STEP（＋）键。

4. 程序查找

程序查找可以使用户快捷、准确地查找程序中的指定器件和常数。

5. 修改程序

先利用程序查找功能，确定并读出要修改的指令，然后写出新的指令。

6. 删除和插入程序

先利用程序查找功能确定并读出要删除的某条指令，然后按 Delete 键，随删除指令之后步序将自动加 1。

用同样的方法在程序中插入一条指令，可查找并读出紧接在要插入指令后的那条指令。然后键入要插入的指令并按下 Ins 键，指令步序号随着新的指令送入之后自动加 1。

7. 检查程序

程序写好后要进行检查，如果有错误则要进行修改。其操作有语法检查、线路检查、求和效验检查和双线圈检查等。

巩固与提高

一、填空题（请将正确的答案填在横线空白处）

1．常用的开关量输入模块的信号类型有________输入、________输入和________输入3种。

2．PLC 的开关量输入模块的接线方式有________式输入和________式输入两种。

3．开关量输出模块的输出方式有________输出、________输出和________输出。

4．PLC 的输出接线方式有________式输出型和________式输出型两种。

5．按结构形式分类，PLC 可分为________式和________式两种。

6．可编程序控制器系统也称为“软接线”程序控制系统，由________和________两大部分组成。

7．每一次扫描所用的时间称为________。每一次扫描有 3 个阶段，分别为________、________、________。

8．PLC 工作方式选择开关有________________和________两挡。

9．状态指示栏分为________、________、________三部分。

二、判断题（在下列括号内，正确的打“√”，错误的打“×”）

1．PLC 是专门用来完成逻辑运算的控制器。（　　）

2．PLC 的输出形式是继电器接点输出式。（　　）

3．当 I/O 点数不够时，可通过 PLC 的 I/O 扩展接口对系统进行任意扩展。（　　）

4．PLC 上接线端子的数量一般少于 I/O 点的数量。（　　）

5．PLC 地址单元一般占用两个字节。（　　）

6．由于 PLC 执行指令的速度很快，因此通常用执行 1 000 步指令所需要的时间来衡量 PLC 的速度。（　　）

7．由于 PLC 电源的好坏直接影响 PLC 的功能和可靠性，因此目前大部分 PLC 采用开关式稳压电源供电。（　　）

8．PLC 中软元件的接点数量不受限制。（　　）

9．PLC 可以向扩展模块提供 24 V 直流电源。（　　）

10．PLC 的自检过程是在每次开机通电时完成的。（　　）

11．PLC 中的输出继电器触点只能用于驱动外部负载，不可以在程序内使用。（　　）

12．PLC 晶体管输出接口响应速度快、动作频率高，但只能用于驱动直流负载。（　　）

三、选择题（将正确答案的序号填入括号内）

1．PLC 内部有许多辅助继电器，其作用相当于继电—接触器控制系统中的（　　）。

A．接触器　　B．中间继电器　　C．时间继电器　　D．热继电器

2．PLC 输出电路组成时，（　　）。

A．直流感性负载，须并联整流二极管

B．直流感性负载，须并联浪涌二极管

C. 直流感性负载，须串联整流二极管
D. 直流感性负载，须串联浪涌二极管

3. 国内外各 PLC 生产厂家都把（　　）作为第一用户编程语言。
A. 梯形图　B. 指令表　C. 逻辑功能图　D. C 语言

4. 输入采样阶段，PLC 的中央处理器对各输入端进行扫描，将输入信号送入（　　）。
A. 累加器　B. 指针寄存器　C. 状态寄存器　D. 存储器

5. 一般而言，PLC 的交流 AC 输入电源电压范围是（　　）V。
A. 24　B. 86 ~ 264　C. 220 ~ 380　D. 24 ~ 220

6. 下面（　　）不是 PLC 常用的分类方式。
A. I/O 点数　B. 结构形式　C. PLC 功能　D. PLC 体积

7. PLC 的输入模块一般使用（　　）来隔离内部电路和外部电路。
A. 光电耦合器　B. 继电器　C. 传感器　D. 电磁耦合器

8. PLC 的工作方式是（　　）。
A. 等待工作方式　B. 中断工作方式
C. 扫描工作方式　D. 循环扫描工作方式

9. PLC 中输出继电器的常开触点的数量是（　　）个。
A. 6　B. 24　C. 100　D. 无数

10. 影响 PLC 扫描周期长短的因素大致是（　　）。
A. 输入接口响应的速度　B. 用户程序长短和 CPU 执行指令的速度
C. 输出接口响应的速度　D. I/O 的点数

11. 下列不属于 PLC 硬件系统组成的是（　　）。
A. 用户程序　B. 输入输出接口　C. 中央处理单元　D. 通信接口

12. 如果系统负载变化频繁，则最好选用（　　）型输出的 PLC。
A. 晶体管输出接口　B. 双向晶闸管输出接口
C. 继电器输出接口　D. 任意接口

13. PLC 程序执行时的结果保存在（　　）。
A. 输出继电器　B. 元件映像寄存器　C. 输出锁存器　D. 通用寄存器

14. PLC 工作环境的空气相对湿度一般要小于（　　）。
A. 60%　B. 80%　C. 85%　D. 90%

15. 若系统输出的变化不是很频繁，建议优先选用（　　）型输出 PLC。
A. 晶体管输出接口　B. 双向晶闸管输出接口
C. 继电器输出接口　D. 任意接口

16. PLC 输入器件提供的信号不包括（　　）。
A. 模拟信号　B. 数字信号　C. 开关信号　D. 离散信号

17. PLC 输出方式为晶体管型时，它适用于（　　）负载。
A. 感性　B. 交流　C. 直流　D. 交直流

18. PLC 的（　　）要永久保存在 PLC 之中，用户不能改变。
A. 用户程序　B. 系统程序　C. 软件程序　D. 仿真程序

任务3 PLC 软件的安装及使用

学习目标

知识目标：

1. 了解 GX Developer 编程软件和仿真软件的主要功能。
2. 熟悉 GX Developer 编程软件和仿真软件的画面。

能力目标：

1. 掌握微机环境下安装 GX Developer 编程软件和仿真软件的方法和步骤。
2. 能使用 GX Developer 编程软件进行简单编程，并用微型计算机对 PLC 进行调试和监控。

工作任务

常用的编程语言有梯形图、指令表、控制系统流程图 3 种。三菱 FX 系列的 PLC 也不例外，其编程的主要手段有手持式简易编程器、便携式图形编程器和微型计算机等。三菱 FX 系列 PLC 还有一些编程开发软件，如 GX 开发器。它涵盖所有三菱 PLC 设备的软件包，使用该软件可以为 FX、A 等系列 PLC 生成程序。GX Developer 编程软件包是一个专门用来开发 FX 系列 PLC 程序的软件包，它可用梯形图、指令表和顺序功能图来写入和编辑程序，并能进行各种编程方式的互换，它运用于 Windows 操作系统，便于操作和维护，具有较强的兼容性。本次任务的主要内容是 GX Developer 编程软件包的安装和使用。

任务准备

实施本任务所使用的实训设备及工具材料可参考表 1—3—1。

表 1—3—1　　实训设备及工具材料

序号	分类	名称	型号规格	数量	单位	备注
1	工具	电工常用工具		1	套	
2	仪表	万用表	MF47 型	1	块	
3	设备器材	编程计算机		1	台	
4		接口单元		1	套	

续表

序号	分类	名称	型号规格	数量	单位	备注
5	设备器材	通信电缆		1	条	
6		可编程序控制器	FX2N－48MR	1	台	
7		编程软件包	GX Developer Ver. 8	1	个	
8		安装配电盘	600 mm×900 mm	1	块	
9		导轨	C45	0. 3	m	
10		低压断路器	Multi9 C65N D20	2	只	
11		熔断器	RT28－32	6	只	
12		按钮	LA4－3H	1	只	
13		接触器	CJ10－10 或 CJT1－10	1	只	
14		接线端子	D－20	20	只	
15	消耗材料	铜塑线	BV1/1. 37 mm^2	10	m	主电路
16		铜塑线	BV1/1. 13 mm^2	15	m	控制电路
17		软线	BVR7/0. 75 mm^2	10	m	
18		紧固件	M4×20 mm 螺杆	若干	只	
19			M4×12 mm 螺杆	若干	只	
20			ϕ4 mm 平垫圈	若干	只	
21			ϕ4 mm 弹簧垫圈及 M4 螺母	若干	只	
22		号码管		若干	m	
23		号码笔		1	支	

任务分析

本任务主要介绍三菱 GX Developer Ver. 8 中文编程软件及仿真软件的安装和使用，通过学习熟悉编程软件和仿真软件的主要功能，掌握编程软件和仿真软件的安装方法、步骤及使用方法，为后续的编程学习奠定基础。

相关知识

三菱 GX Developer Ver. 8 编程软件是三菱公司设计的在 Windows 环境下使用的 PLC 编程软件，它能够完成 Q 系列、QnA 系列、A 系列（包括运动 CPU）、FX 系列 PLC 梯形图、指令表、SFC 等的编程，支持当前所有三菱系列 PLC 的软件编程。该软件简单易学，具有丰富的工具箱和直观形象的视窗界面。编程时，既可用键盘操作，也可以用鼠标操作；操作时可联机编程；该软件还可以对以太网、MELSECNET/10（H）、CC－Link 等网络进行参数设定，具有完善的诊断功能，能方便地实现网络监控，程序的上传、下载不仅可通过 CPU 模块直接连接完成，还可以通过网络系统［如以太网、MELSECNET/10（H）、CC－Link、电话线等］完成。下面以三菱 FX 系列（FX2N）PLC 为例，介绍该软件的主要功能及使用方法。

一、GX Developer Ver. 8 编程软件的主要功能

GX Developer Ver. 8 编程软件的功能十分强大，集成了项目管理、程序键入、编译链接、模拟仿真和程序调试等功能，其主要功能如下：

1. 在 GX Developer Ver. 8 编程软件中，可通过线路符号、列表语言及 SFC 符号来创建 PLC 程序，建立注释数据及设置寄存器数据。

2. 创建 PLC 程序以及将其存储为文件，用打印机打印。

3. 创建的 PLC 程序具有可在串行系统中与 PLC 进行通信、文件传送、操作监控以及各种测试功能。

4. 创建的 PLC 程序可脱离 PLC 进行仿真调试。

二、GX Developer Ver. 8 编程软件的操作界面

GX Developer Ver. 8 编程软件打开后，会出现如图 1—3—1 所示的操作界面。其操作界面主要由项目标题栏（状态栏）、下拉菜单（主菜单栏）、快捷工具栏、编辑窗口、管理窗口等部分组成。在调试模式下，还可打开远程运行窗口、数据监视窗口等。

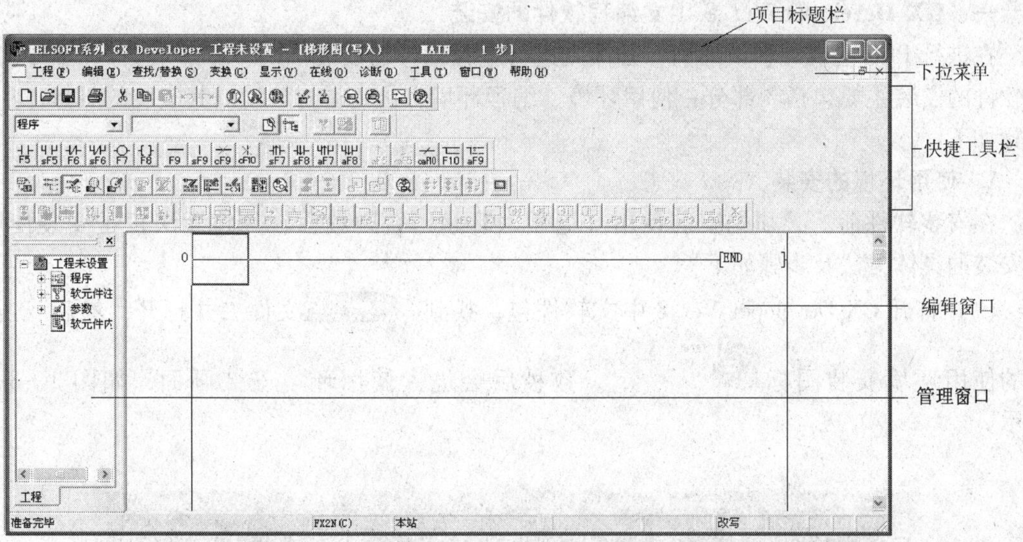

图 1—3—1 GX Developer Ver. 8 编程软件操作界面

1. 项目标题栏（状态栏）

项目标题栏（状态栏）主要显示工程名称、文件路径、编辑模式、程序步数以及 PLC 类型和当前操作状态等。

2. 下拉菜单（主菜单栏）

GX Developer Ver. 8 编程软件的下拉菜单（主菜单栏）包含工程、编辑、查找/替换、变换、显示、在线、诊断、工具、窗口、帮助等 10 个下拉菜单，每个菜单又有若干个菜单项。许多基本相同菜单项的使用方法和目前文本编辑软件的同名菜单项的使用方法基本相同，多数使用者一般很少直接使用菜单项，而是使用快捷工具。常用的菜单项都有相应的快捷按钮，GX Developer Ver. 8 编程软件的快捷键直接显示在相应菜单项的右边。

3. 快捷工具栏

GX Developer Ver. 8 编程软件共有 8 个快捷工具栏，即标准、数据切换、梯形图标记、

程序、注释、软元件内存、SFC、SFC 符号工具栏。以鼠标选取〔显示〕菜单下的〔工具条〕命令，即可打开这些工具栏，常用的有标准、梯形图标记、程序工具栏，将鼠标停留在快捷按钮上片刻，即可获得该按钮的提示信息。

4. 编辑窗口

PLC 程序是在编辑窗口进行输入和编辑的，其使用方法和众多的编辑软件相似。具体的使用方法将在各任务控制的编程设计中再进行详细的介绍。

5. 管理窗口

管理窗口是软件的工程参数列表窗口，主要包括显示程序、编程元件的注释、参数和编程元件内存等内容，可实现这些项目的数据设定、管理、修改等功能。

任务实施

一、GX Developer Ver. 8 中文编程软件的安装

在进行 PLC 上机编程设计前，必须先进行编程软件的安装。GX Developer Ver. 8 中文编程软件的安装主要包括 3 部分：使用环境、编程环境和仿真运行环境。其安装的具体方法和步骤如下：

1. 使用环境的安装

在安装软件前，必须先安装使用（通用）环境，否则编程软件将无法正常安装使用。其安装的具体方法及步骤如下：

（1）打开 GX Developer Ver. 8 中文软件包，找到 EnvMEL 文件夹并打开，然后双击其中的使用环境安装图标 

，数秒后会进入使用环境安装画面，如图 1—3—2 所示。

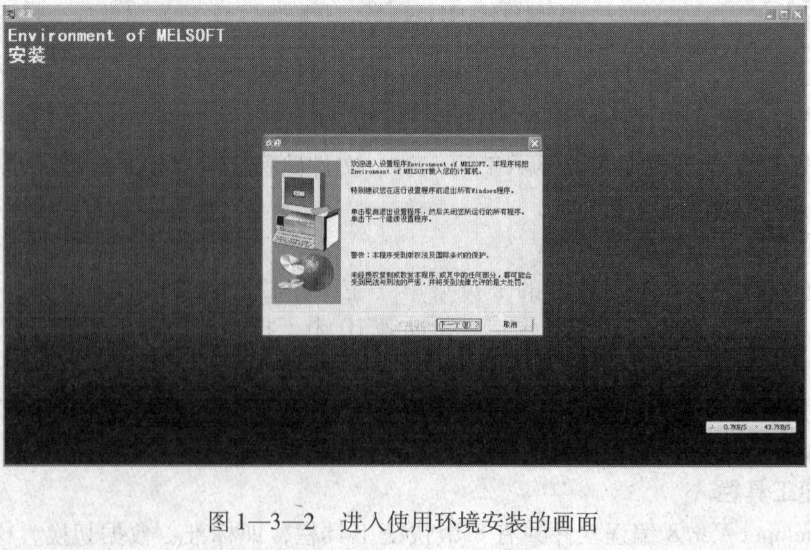

图 1—3—2　进入使用环境安装的画面

（2）按照安装提示依次单击画面里的“下一个（N）>”按钮即可完成使用环境的安装。

2. 编程软件的安装

安装好使用环境后就可以实施软件安装了。在安装软件的过程中，要求输入一个序列号，并对一些选项进行选择。具体方法及步骤如下：

（1）打开 GX Developer Ver. 8 中文软件包中的“记事本”文档，复制安装序列号，以备安装使用。

（2）双击 GX Developer Ver. 8 中文软件包中的软件安装图标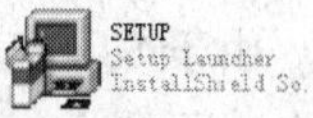

，进入软件安装画面，然后进行一步一步的安装，进入输入用户信息画面，如图 1—3—3 所示。

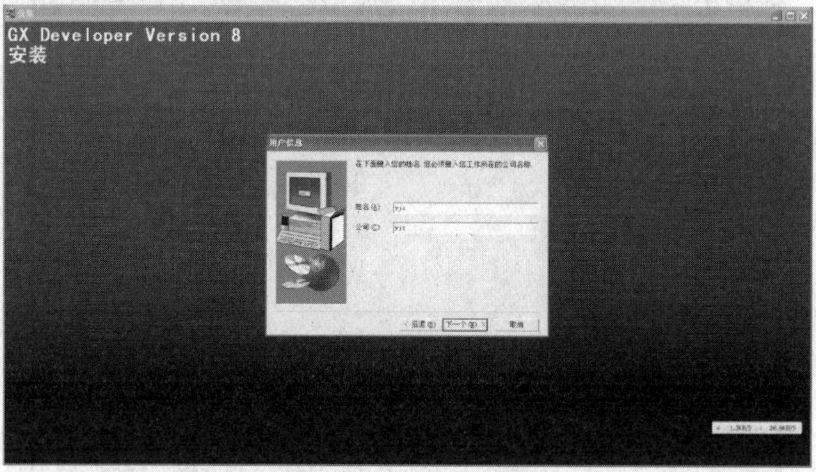

图 1—3—3　输入用户信息画面

（3）单击图 1—3—3 所示对话框里的“下一个（N）>”按钮，会出现如图 1—3—4 所示的“注册确认”对话框，单击“是（Y）”按钮，将出现“输入产品序列号”对话框，输入之前复制的产品序列号，如图 1—3—5 所示。

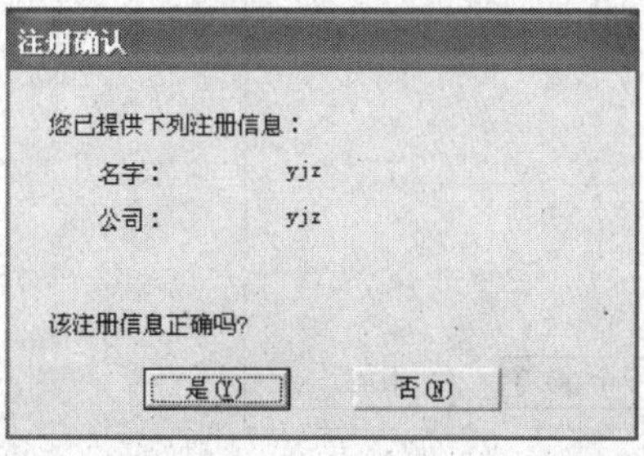

图 1—3—4　“注册确认”对话框

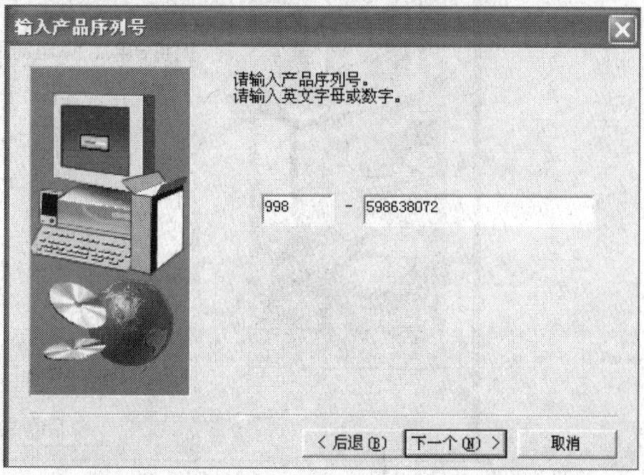

图 1—3—5　“输入产品序列号”对话框

提示

在输入各种注册信息后，输入序列号。不同软件的序列号可能会不相同，序列号可以在下载后的压缩包里得到。

（4）单击图 1—3—5 中的“下一个（N）＞”按钮，会出现如图 1—3—6 所示的“选择部件”对话框。由于 ST 语言是在 IEC61131－3 规范中规定的结构化文本语言，在此也可不作选择，直接单击“下一个（N）＞”按钮，会出现如图 1—3—7 所示的监视专用选择画面。

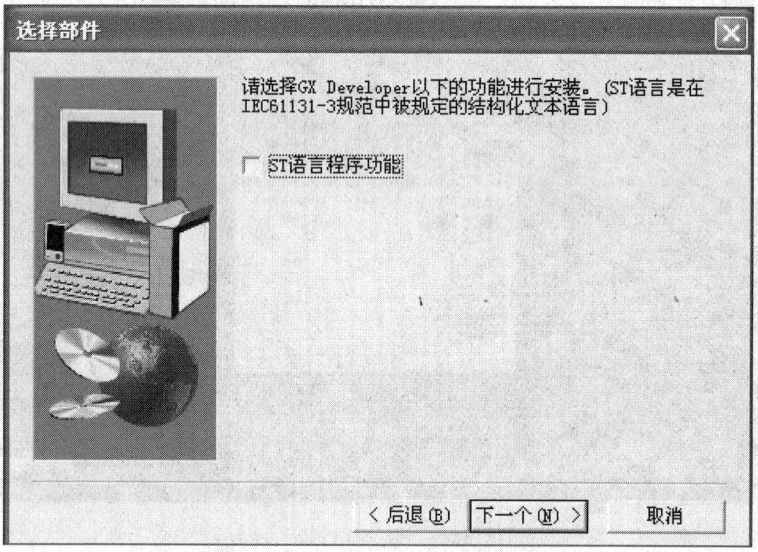

图 1—3—6　ST 语言选择画面

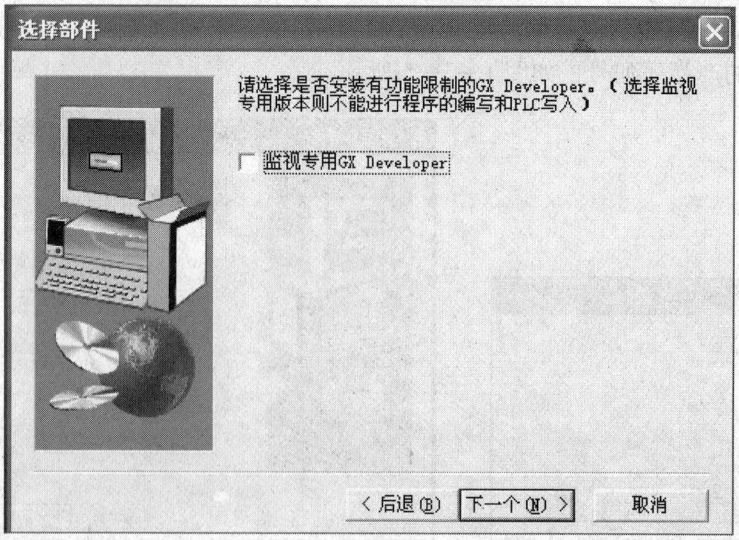

图 1—3—7　监视专用选择画面

提示

特别注意：安装选项中，每一个步骤都要仔细看，有的选项选择后反而不利，如在“监视专用”选项中千万注意这里不能选择，否则软件只能做监视用，将造成无法编程。这个地方也是软件安装过程中出现问题最多的地方。

（5）当所有安装选项的选择部件确认完毕后，就会进入如图 1—3—8 所示的等待安装过程，直至出现如图 1—3—9 所示的产品安装完毕画面，软件才算安装完毕，然后单击“确定”图标，结束编程软件的安装。

图 1—3—8　软件等待安装过程画面

图 1—3—9　产品安装完毕画面

二、GX－Simulator6 中文仿真软件的安装

编程软件安装完毕后，即可进行仿真软件的安装。安装仿真软件的目的是在没有 PLC 的情况下，通过仿真软件对编写完的程序进行模拟测试。其安装方法及步骤如下：

1. 使用环境的安装

与编程软件的安装一样，在安装仿真软件时，也应首先进行使用环境的安装，否则将会造成仿真软件不能使用。其安装方法如下：

打开 GX－Simulator6 中文软件包，找到

文件夹并打开，然后双击其中的使用环境安装图标

，首先出现如图 1—3—10 所示的画面，数秒后会出现如图 1—3—11 所示的仿真软件使用环境安装完毕画面，单击“确定”按钮，即可完成仿真软件使用环境的安装。

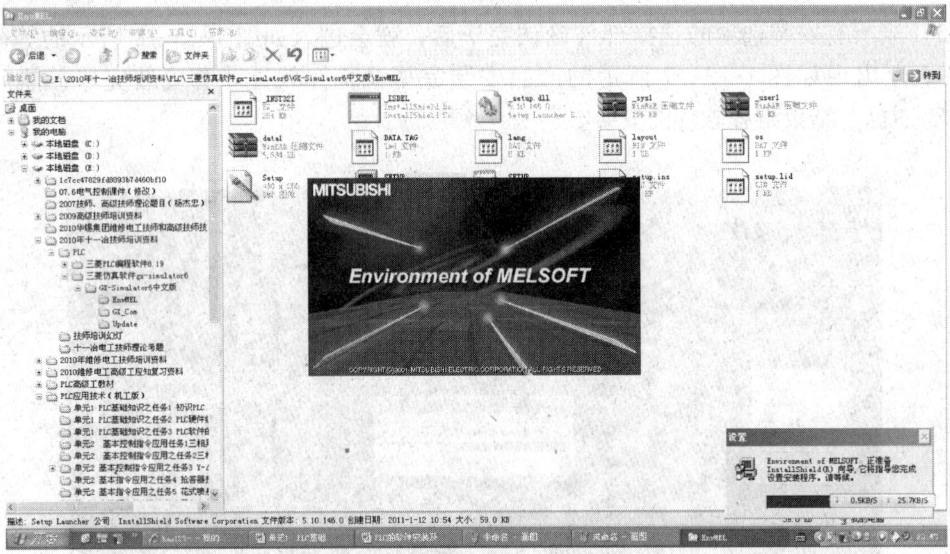

图 1—3—10　进入仿真软件使用环境安装的画面

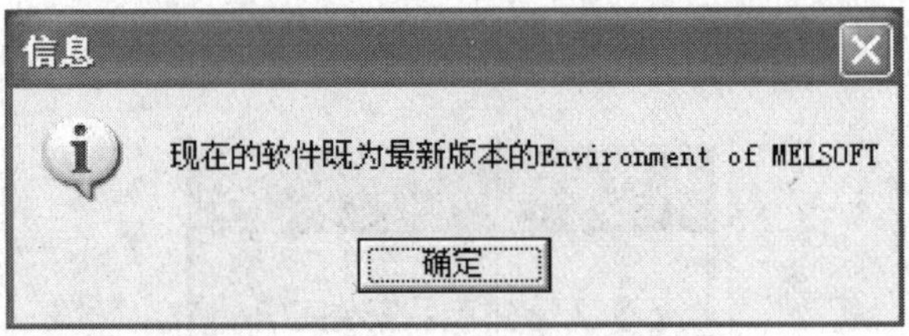

图 1—3—11　仿真软件使用环境安装完毕画面

2. 仿真软件的安装

（1）打开 GX－Simulator6 中文软件包中的“记事本”文档，复制安装序列号，以备安装使用。

（2）双击 GX－Simulator6 中文软件包中的软件安装图标

，进入软件安装画面，然后按照安装提示进行一步步安装，直至进入 SWnD5－LLT 程序设置安装画面，如图 1—3—12 所示。

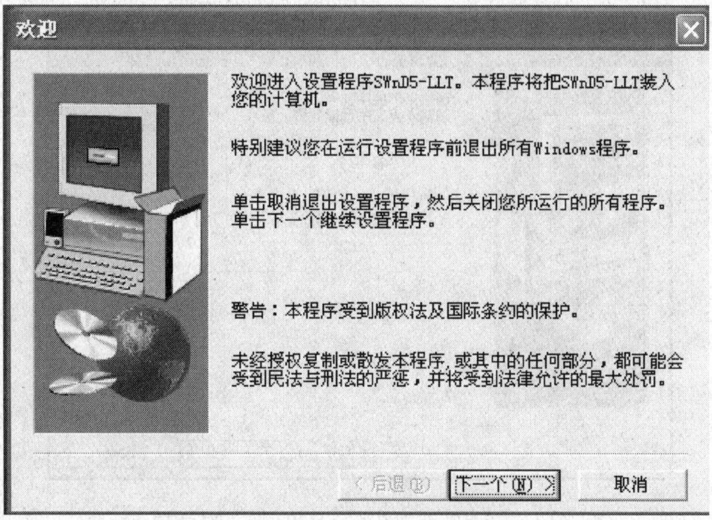

图 1—3—12 SWnD5 - LLT 程序设置安装画面

提示

特别注意：在安装的时候，最好把其他应用程序关掉，包括杀毒软件、防火墙、IE、办公软件。因为这些软件可能会调用系统的其他文件，影响安装的正常进行。图 1—3—13 所示就是未关掉其他应用程序会出现的画面，只要单击“确定”按钮即可。

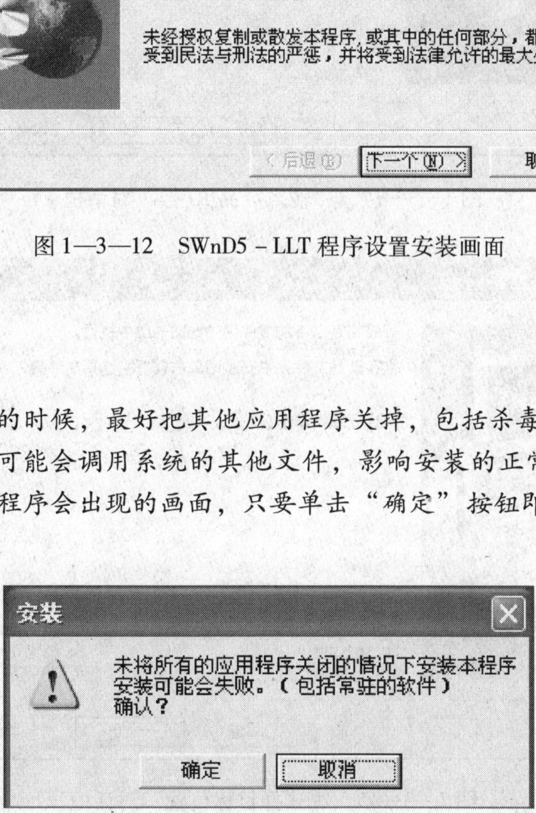

图 1—3—13 未关掉其他应用程序软件安装时会出现的画面

（3）单击图 1—3—12 中的“下一个（N）>”按钮，会出现图 1—3—3 所示“用户信息”画面，输入用户信息，并单击对话框里的“下一个（N）>”按钮，会出现如图 1—3—4所示的“注册确认”对话框，单击“是（Y）”按钮，将出现“输入产品 ID 号”对话框，输入之前复制的产品序列号，如图 1—3—14 所示。

（4）单击“输入产品 ID 号”对话框里的“下一个（N）>”按钮，会出现如图 1—3—15 所示的选择目标位置画面。然后单击对话框里的“下一个（N）>”按钮，会出现类似图 1—3—8 的软件等待安装过程画面，数秒后软件安装完毕，会弹出类似图 1—3—9 的软件安装完毕的画面，此时只要单击“确定”按钮即可完成仿真运行软件的安装。

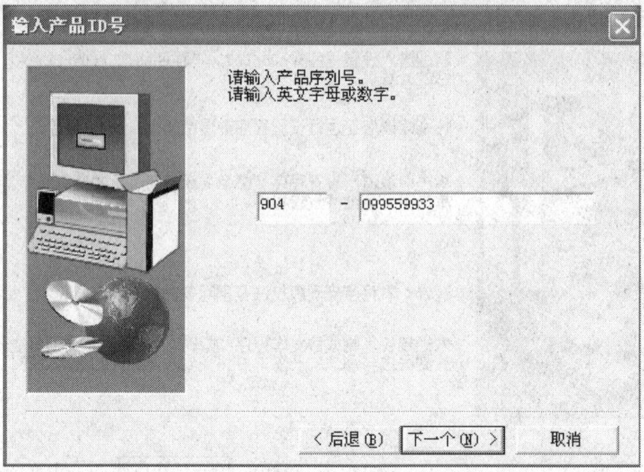

图 1—3—14　“输入产品 ID 号”对话框

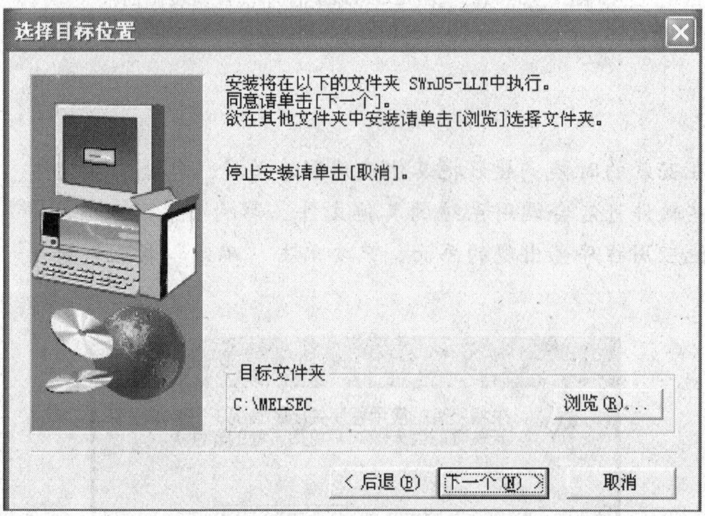

图 1—3—15　“选择目标位置”对话框

三、软件的测试

软件安装完毕后，应对程序进行检测。打开程序，测试程序是否正常，如果程序不正常，有可能是因为操作系统的 DLL 文件或者其他系统文件丢失，一般程序会提示是因为少了哪一个文件而造成的。在这样的情况下，有两种可能：一是软件本身有问题；二是安装过程有问题。后者通过重装就能解决。具体测试过程如下：

1. 系统的启动与退出

（1）系统启动

要想启动 GX Developer 软件，可用鼠标单击桌面的“开始”→“程序”→“MELSOFT 应用程序”→“GX Developer”选项，如图 1—3—16 所示。然后单击

选项，就会打开 GX Developer 窗口，如图 1—3—17 所示。

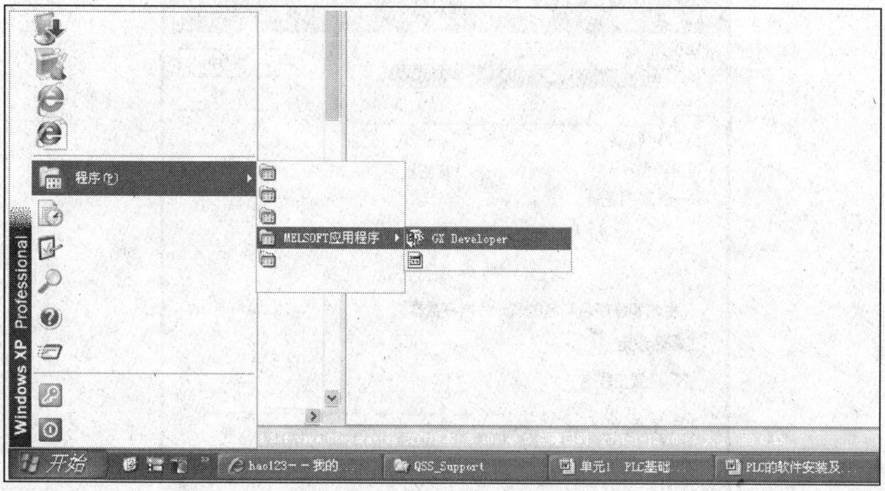

图 1—3—16 系统启动画面

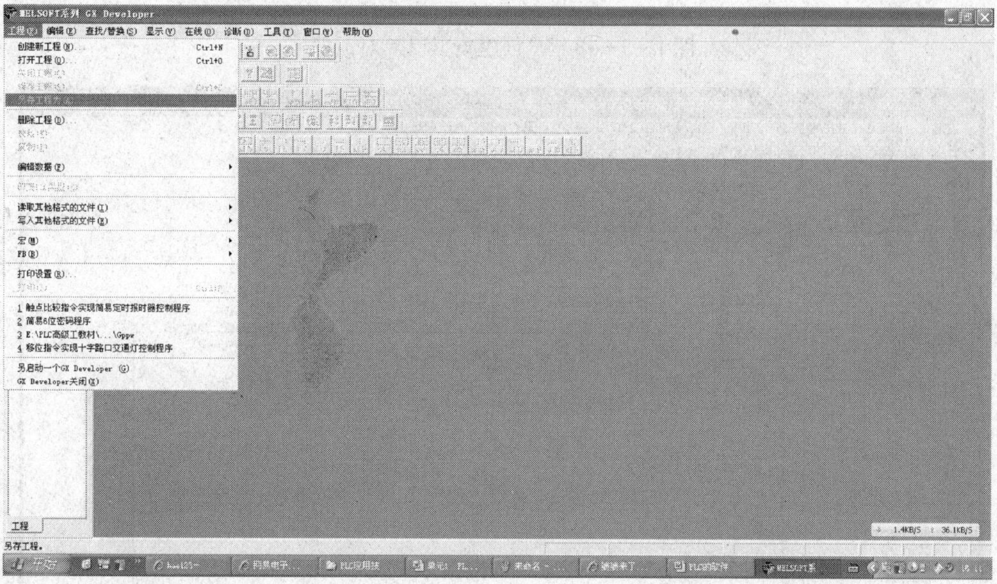

图 1—3—17 打开的 GX Developer 窗口

（2）系统的退出

执行“工程”→“关闭”命令，即可退出 GX Developer 系统。

2．文件的管理

（1）创建新工程

在图 1—3—17 的 GX Developer 窗口中，选择“工程”→“创建新工程”菜单项，或者按“Ctrl + N”组合键，在出现的创建新工程对话框的 PLC 系列中选择“FXCPU”，PLC 类型选择 FX2N（C），程序类型选择“梯形图逻辑”，如图 1—3—18 所示。单击“确定”按钮，可显示如图 1—3—19 所示的编程窗口；单击“取消”按钮，则不建新工程。

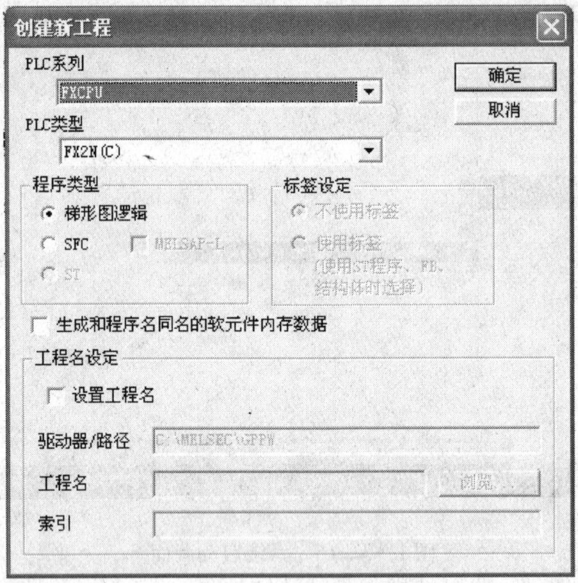

图 1—3—18 “创建新工程”对话框

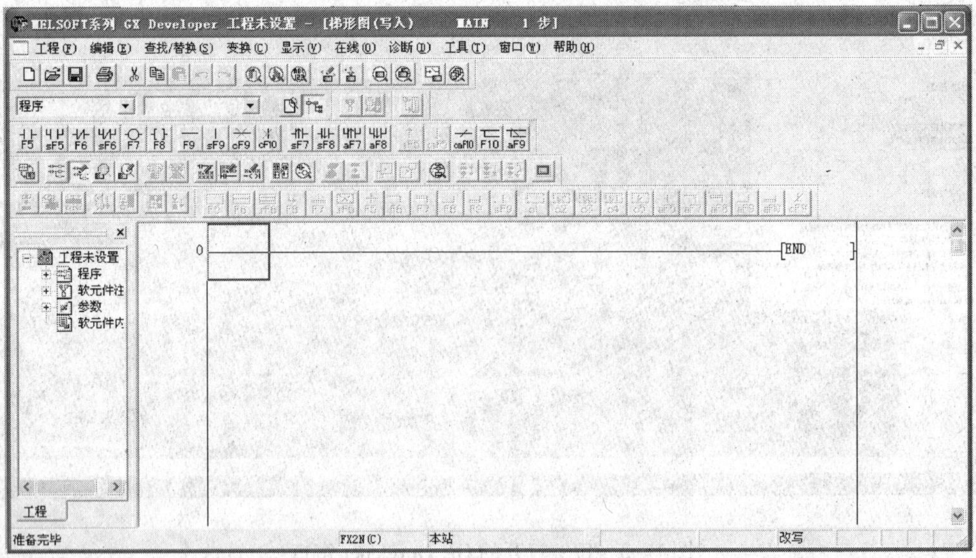

图 1—3—19 创建新工程对话框

提示

在创建工程名时，一定要弄清图 1—3—18 中各选项的内容。

1）PLC 系列。有 QCPU（Q 模式）系列、QCPU（A 模式）系列、QnA 系列、ACPU 系列、运动控制 CPU（SCPU）和 FXCPU 系列。

2）PLC 类型。根据所选择的 PLC 系列，确定相应的 PLC 类型。

3）程序类型。可选“梯形图逻辑”或“SFC”，当在 QCPU（Q 模式）中选择 SFC 时，MELSAP－L 也可选择。

4）标签设定。当无须制作标签程序时，选择“不使用标签”；制作标签程序时，选择“使用标签”。

5）生成和程序同名的软元件内存数据。新建工程时，生成和程序同名的软元件内存数据。

6）设置工程名。工程名用做保存新建的数据，在生成工程前设定工程名，单击复选框选中；另外，工程名可于生成工程前或生成后设定，但是生成工程后设定工程名时，需要在“另存工程为…”设定。

7）驱动器/路径。在生成工程前设定工程名时可设定。

8）工程名。在生成工程前设定工程名时可设定。

9）确定。所有设定完毕后单击本按钮。

另外，新建工程时还应注意以下几点：

1）新建工程后，各个数据及数据名的表示为：程序——MAIN；注释——COMMENT（通用注释）；参数——PLC 参数、网络参数（限于 A 系列，QnA/Q 系列）。

2）当生成复数的程序或同时启动复数的 GX Developer 时，计算机的资源可能不够用而导致画面的表示不正常；此时应重新启动 GX Developer 或者关闭其他的应用程序。

（2）打开工程

打开工程就是读取已保存的工程文件，其操作步骤如下：

执行“工程”→“打开工程”命令或按“Ctrl＋O”组合键，在如图 1—3—20 所示的“打开工程”对话框中，选择所存工程驱动器/路径和工程名，单击“打开”按钮，进入编辑窗口；单击“取消”按钮，重新选择。

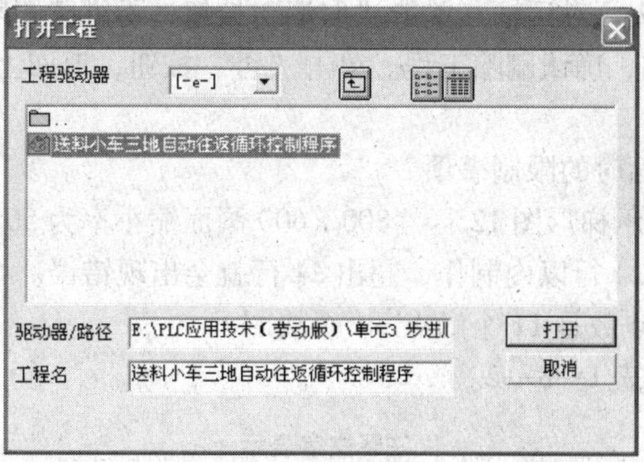

图 1—3—20 “打开工程”对话框

在图 1—3—20 中，选择“送料小车三地自动往返循环控制程序”工程，单击打开后得到梯形图编辑窗口，这样即可编辑程序或与 PLC 进行通信等操作。

（3）文件的保存和关闭

保存当前 PLC 程序、注释数据以及其他在同一文件名下的数据，操作方法为：执行

“工程”→“保存工程”命令或按“Ctrl + S”组合键。

将已处于打开状态的 PLC 程序关闭，操作方法是执行“工程”→“关闭工程”命令即可。

提示

1）在关闭工程时应注意：在未设定工程名或者正在编辑时选择“关闭工程”，将会弹出一个询问是否保存工程对话框，如图 1—3—21 所示。如果希望保存当前工程应单击“是”按钮，否则应单击“否”按钮，如果需继续编辑工程应单击“取消”按钮。

2）当未指定驱动器/路径名（空白）就保存工程时，GX Developer 可自动在默认值设定的驱动器/路径中保存工程。

图 1—3—21　关闭工程时的询问保存对话框

（4）删除工程

将已保存在计算机中的工程文件删除，操作步骤如下：

1）执行“工程”→“删除工程”命令，弹出“删除工程”对话框。

2）单击将要删除的文件名，按 Enter 键，或者单击“删除”按钮；或者双击要删除的文件名，弹出“删除确认”对话框。单击“取消”按钮，不继续删除操作。

3）单击“是”按钮，确认删除工程。单击“否”按钮，返回上一对话框。

3. 编程操作

（1）梯形图表示画面时的限制事项

1）在 1 个画面上表示梯形图 12 行（800 × 600 画面缩小率为 50%）。

2）1 个梯形图块在 24 行以内制作，超出 24 行就会出现错误。

3）1 个梯形图的触点数是 11 个触点 + 1 个线圈。

4）注释文字表示见表 1—3—2。

表 1—3—2　　注释文字表示

注释文字	输入文字数	梯形图画面表示文字数
软元件注释	半角 32 字符（全角 16 文字）	8 文字 ×4 行
说明	半角 64 字符（全角 32 文字）	设定的文字部分全部表示
注解	半角 32 字符（全角 16 文字）	
机器名	半角 8 字符（全角 4 文字）	

（2）梯形图编辑画面时的限制事项

1）1 个梯形图块的最大编辑行数是 24 行。

2）总梯形图块的最大行数为 48 行。

3）数据的最大剪切行数是 48 行，块单位最大量是 124 KB 步。

4）数据的最大复制行数是 48 行，块单位最大量是 124 KB 步。

5）读取模式的剪切、复制、粘贴等编辑不能进行。

6）主控操作（MC）的记号不能进行编辑，读取模式、监视模式时表示 MC 记号（写入模式时 MC 记号不表示）。

7）1 个梯形图块的步数必须在 4 K 步以内，梯形图块中的 NOP 指令也包括在步数内，梯形图块和梯形图块间的 NOP 指令没有关系。

（3）输入梯形图程序

输入如图 1—3—22 所示的梯形图程序，操作方法及步骤如下：

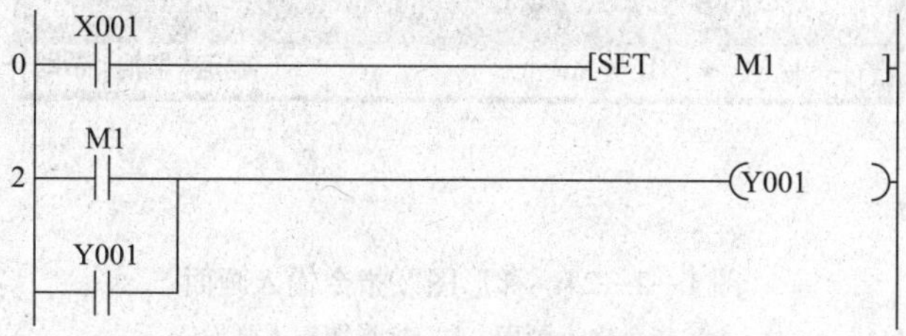

图 1—3—22　输入的梯形图示例

1）新建一个工程，在菜单栏中执行“编辑”→“写入模式”命令，如图 1—3—23 所示。在光标框内直接输入指令或单击 F5 图标（或按快捷键 F5），就会弹出“梯形图输入”对话框。然后在对话框的文本输入框中输入“LD X1”指令（LD 与 X1 之间需空格，如图 1—3—24a 所示），或在有梯形图标记“┤ ├”的文本框中输入“X1”，如图 1—3—24b 所示；最后单击“确定”按钮或按 Enter 键，就会出现如图 1—3—25 所示的画面。

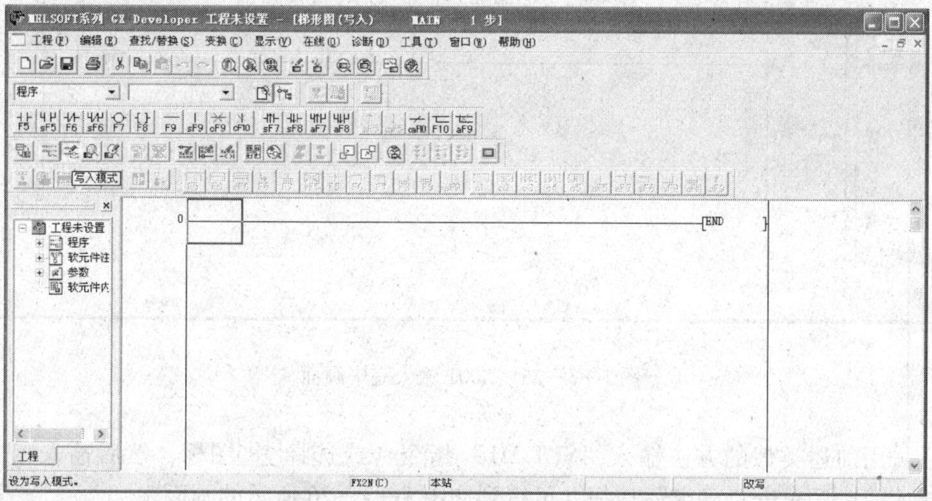

图 1—3—23　进入梯形图程序输入画面

提示

工具栏中各元件的符号中都标注了对应的快捷键，如 ┤├ F5 表示“┤ ├”的快捷键为 F5。

a)

b)

图 1—3—24　梯形图及指令输入画面

a）指令输入画面　b）梯形图输入画面

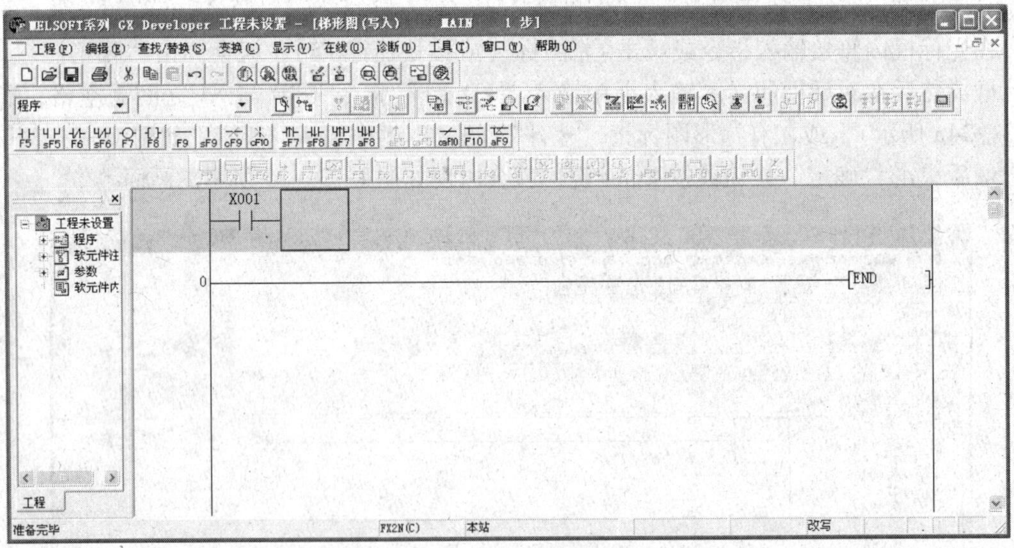

图 1—3—25　X001 输入完毕画面

2）采用前述类似的方法输入“SET M1”指令（或选择 {} F8 图标，然后输入相应的指令），输入完毕后单击“确定”按钮，可得到如图 1—3—26 所示的画面。

3）再用上述类似的方法输入“LD M1”和“OUT Y1”指令，如图 1—3—27 所示。

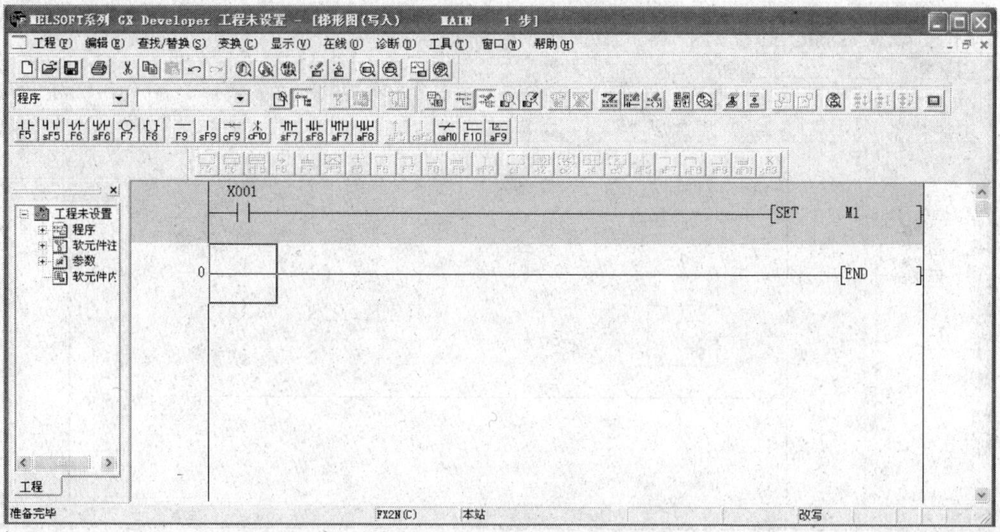

图 1—3—26 “SET M1”输入完毕画面

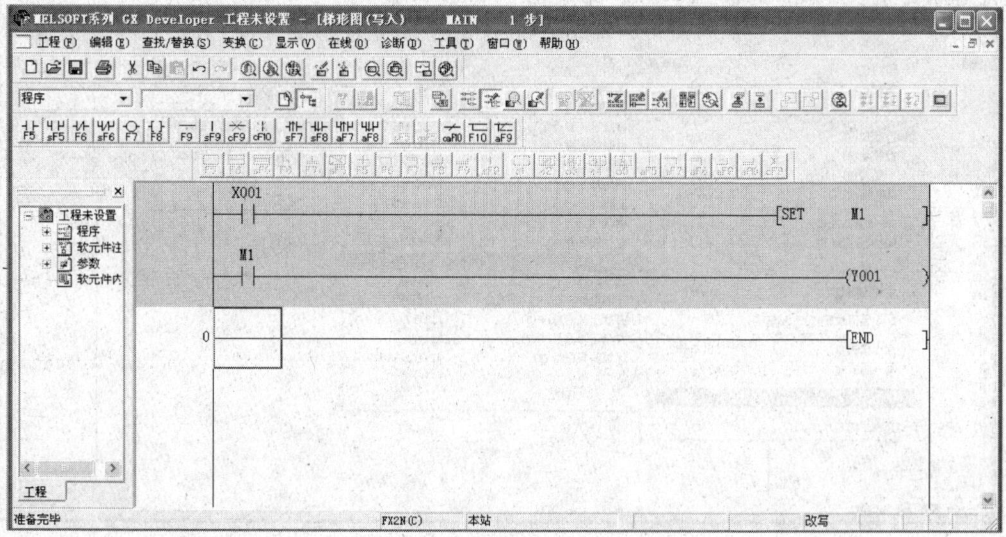

图 1—3—27 “LD M1”和“OUT Y1”指令输入完毕画面

4）在图 1—3—27 的光标框处直接输入“OR Y1”或单击相应的工具图标  并输入指令，单击“确定”按钮后程序窗口中显示已输入完毕的梯形图，如图 1—3—28 所示。至此，已完成程序的创建。

（4）编辑操作

梯形图输入完毕后，可通过执行“编辑”菜单栏中的指令，对输入的程序进行修改和检查，如图 1—3—29 所示。

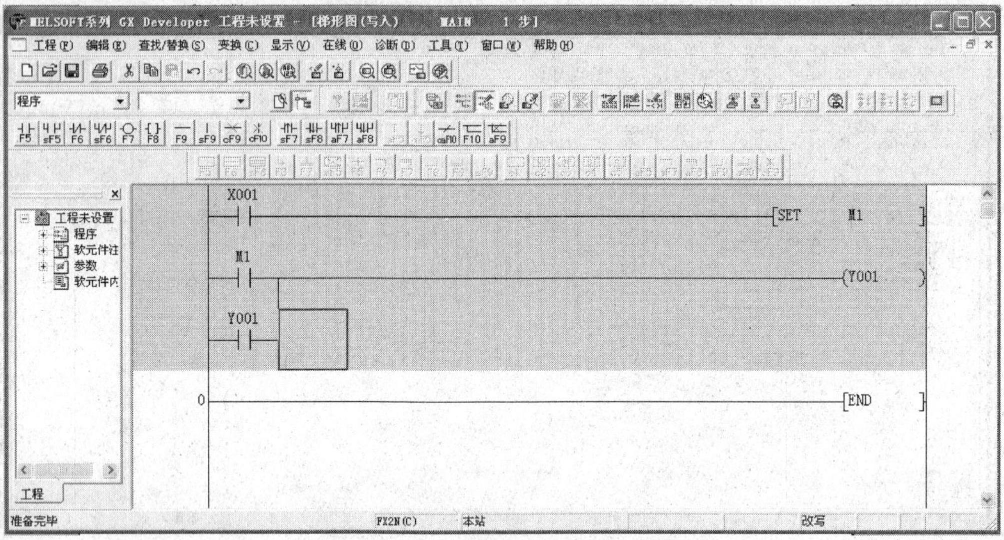

图 1—3—28　梯形图输入完毕画面

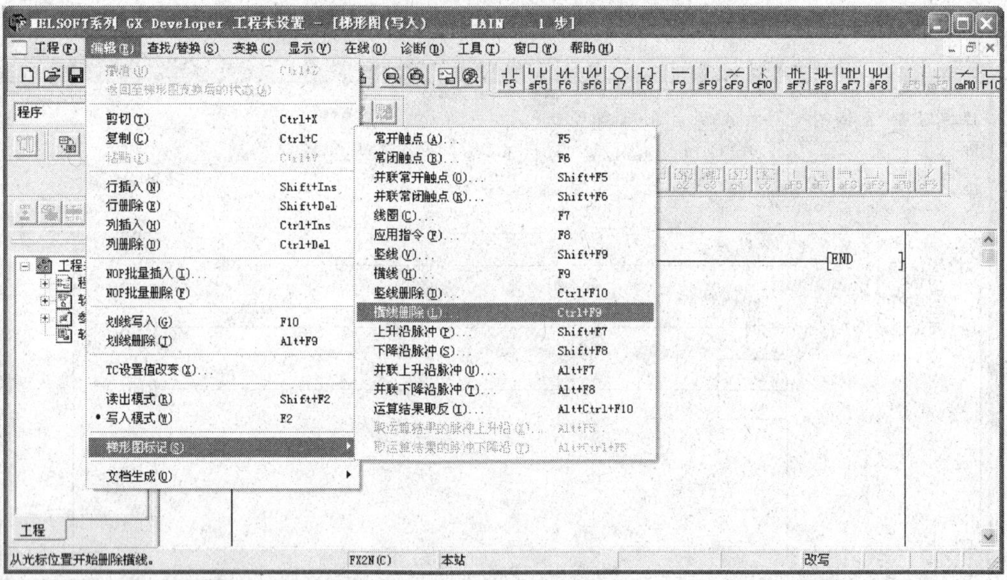

图 1—3—29　编辑操作

（5）梯形图的转换及保存操作

编辑好的程序先通过执行“变换”→“变换”命令或按 F4 快捷键变换后，才能保存，如图 1—3—30 所示。在变换过程中显示梯形图变换信息，如果在不完成变换的情况下关闭梯形图窗口，新创建的梯形图将不被保存。图 1—3—31 所示是本示例程序变换后的画面。

（6）程序调试及运行

1）程序的检查。执行“诊断”→“PLC 诊断”命令进行程序检查，如图 1—3—32 所示。

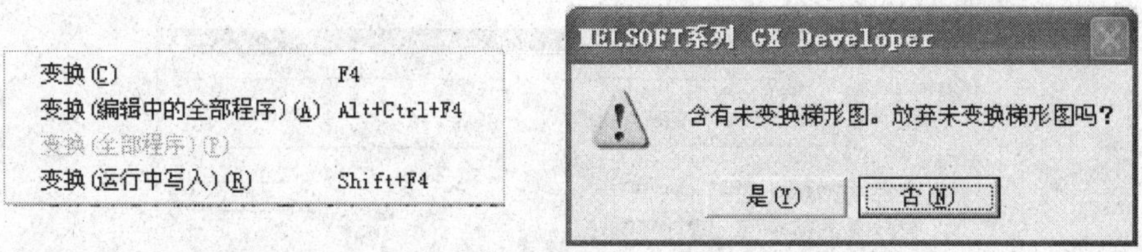

图 1—3—30　变换操作

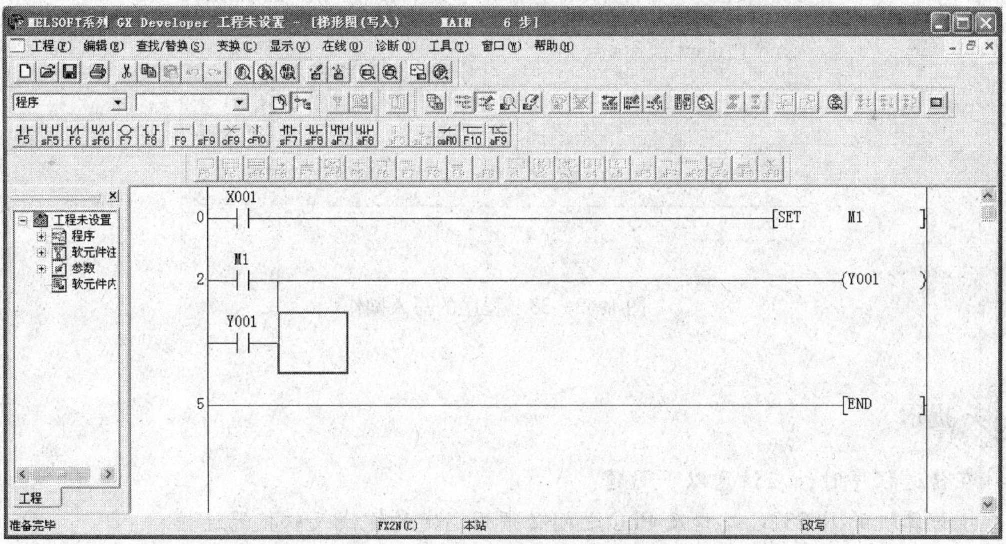

图 1—3—31　变换后的梯形图画面

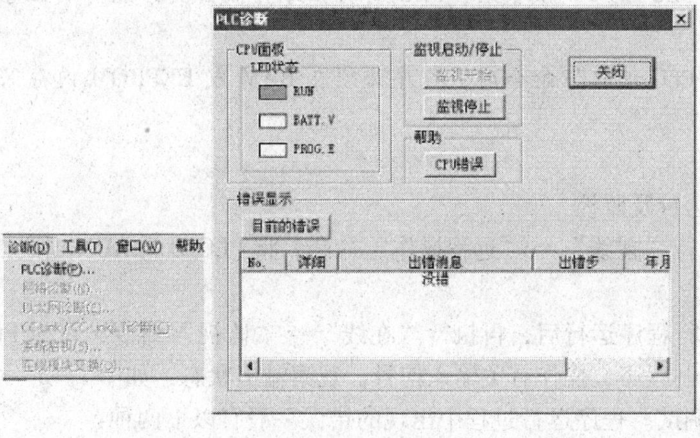

图 1—3—32　诊断操作

2）程序的写入。PLC 在 STOP 模式下，执行“在线”→“PLC 写入”命令，出现“PLC 写入”对话框，如图 1—3—33 所示，单击“参数＋程序”按钮，再单击“执行”按钮，完成后将程序写入 PLC。

3）程序的读取。PLC 在 STOP 模式下，执行“在线”→“PLC 读取”命令，将 PLC 的程序发送到计算机中。

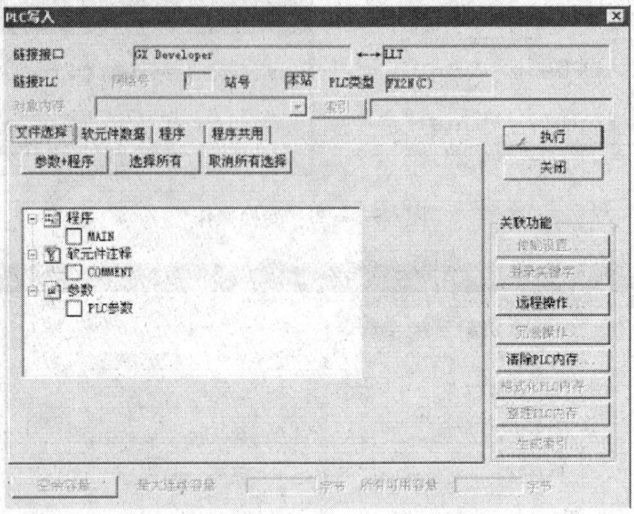

图 1—3—33　程序的写入操作

提示

在传送程序时，应注意以下问题：

①计算机的 RS232C 端口及 PLC 之间必须用指定的缆线及转换器连接。

②PLC 必须在 STOP 模式下，才能执行程序传送。

③执行完“PLC 写入”命令后，PLC 中的程序将被丢失，原有的程序将被读入的程序所替代。

④在执行“PLC 读取”命令时，程序必须在 RAM 或 EEPROM 内存保护关断的情况下读取。

4）程序的运行及监控

①运行。执行“在线”→“远程操作”命令，将 PLC 设为 RUN 模式，程序运行，如图 1—3—34 所示。

②监控。执行程序运行后，再执行“在线”→“监视”命令，可对 PLC 的运行过程进行监控。结合控制程序，操作有关输入信号，观察输出状态，如图 1—3—35 所示。

5）程序的调试。程序运行过程中出现的错误一般有以下两种：

①一般错误。运行的结果与设计的要求不一致，需要修改程序。先执行“在线”→“远程操作”命令，将 PLC 设为 STOP 模式，再执行“编辑”→“写入模式”命令，再从程序读取开始执行（输入正确的程序），直到程序正确。

②致命错误。PLC 停止运行，PLC 上的 ERROR 指示灯亮，需要修改程序。先执行“在线”→“清除 PLC 内存”命令，如图 1—3—36 所示，将 PLC 内的错误程序全部清除后，再从程序读取开始执行（输入正确的程序），直到程序正确。

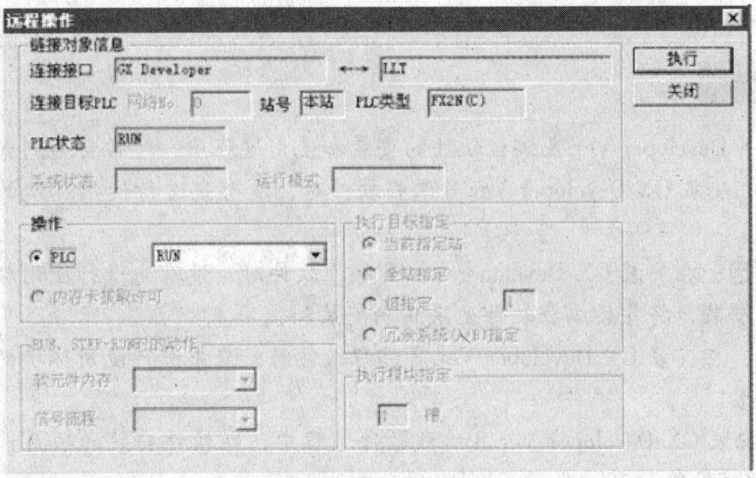

图 1—3—34　运行操作

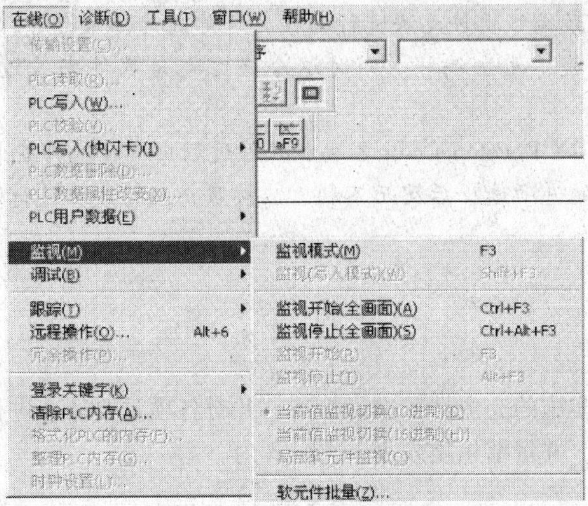

图 1—3—35　监控操作

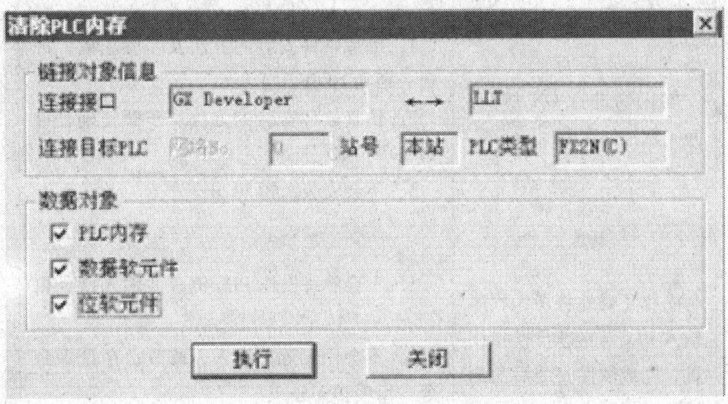

图 1—3—36　清除 PLC 内存操作

操作提示

在进行 GX Developer Ver. 8 编程软件的安装和使用过程中，时常会遇到如下问题：

问题 1：在安装 GX Developer Ver. 8 编程软件时，没有先进行使用环境的安装而直接进行软件的安装。

后果及原因：在安装 GX Developer Ver. 8 编程软件时，没有先进行使用环境的安装就直接进行软件的安装，将导致编程软件无法正确安装和使用。

预防措施：在安装 GX Developer Ver. 8 编程软件时，应先进行使用环境的安装，然后再进行软件的安装。

问题 2：安装 GX Developer Ver. 8 编程软件过程中，在软件安装的项目选择时，错误勾选"ST 语言程序功能"和"监视 GX Develop"选项。

后果及原因：在软件安装的项目选择时，错误勾选"ST 语言程序功能"和"监视 GX Develop"选项，将导致编程软件无法进行编程。这是因为如果选中"监视专用"选项，会导致软件只能用于监视，无法编程。同时这个地方也是软件安装过程中出现问题最多的地方。

预防措施：安装 GX Developer Ver. 8 编程软件过程中，在软件安装的项目选择时，每一个步骤要仔细看，有的选项选择后反而不利，应按照正确的方法进行选择。

任务测评

教师对学生任务实施的完成情况进行检查，并对各项重要环节进行赋值评分，同时对学生综合能力进行评价，并将结果填入表 1—3—3 内。

表 1—3—3　　任务测评表

序号	主要内容	考核要求	评分标准	配分	扣分	得分
1	软件安装	能正确进行 GX Developer 软件的安装	1. 编程软件安装的方法及步骤正确，每错一项扣 10 分 2. 仿真软件安装的方法及步骤正确，每错一项扣 10 分 3. 不会安装，扣 50 分	50		
2	程序输入及仿真调试	熟练正确地将所编程序输入 PLC，并进行模拟调试，完成软件安装后的测试	1. 不会熟练操作 PLC 键盘并输入指令扣 2 分 2. 不会用删除、插入、修改、存盘等命令，每项扣 2 分 3. 仿真试车不成功扣 30 分	40		

续表

序号	主要内容	考核要求	评分标准	配分	扣分	得分
3	安全文明生产	劳保用品穿戴整齐；电工工具佩戴齐全；遵守操作规程；讲文明礼貌；操作结束要清理现场	1. 操作中违反安全文明生产考核要求的任何一项扣 5 分，扣完为止 2. 当发现学生有重大事故隐患时，要立即予以制止，并每次扣 5 分，扣完为止	10		
合　计						
开始时间：			结束时间：			

知识拓展

三菱可编程序控制器系列软件介绍

三菱 PLC 软件种类较多，应用非常广泛，除了上述介绍的目前最新版本的 GX Developer Ver. 8 编程软件外，还有以下几种常用的软件，在此只做简单介绍。

1. FXGP – WIN – C 软件

FXGP – WIN – C 软件主要适用于三菱 FX 系列 PLC 程序设计软件（不含 FX3U），支持梯形图、指令表、SFC 语言程序设计，可进行程序的线上更改、监控及调试，具有异地读写 PLC 程序功能。

2. GX Explorer 软件

GX Explorer 软件是三菱全系列 PLC 维护工具，提供 PLC 维护的必要功能。类似 Windows 操作，通过拖动进行程序的上传/下载，可以同时打开几个窗口监控多个 CPU 系统的资料，配合 GX RemoteService – I 使用网际网络维护功能。

3. GX RemoteService I 软件

GX RemoteService I 软件是三菱全系列 PLC 远程访问工具，安装在服务器上，通过网际网络/局域网连接 PLC 和客户。将 PLC 的状态发 e – mail 给手机或计算机，可以通过网际网络浏览器对软组件进行监控/测试。在客户机上，可使用 GX Explorer 软件通过网际网络/局域网进入 PLC。

4. GX Converter 软件

GX Converter 软件用于将 GX Developer 的资料转换成 Word 或 Excel 资料，使文件的创建简单化。把 Excel 资料（CSV 格式）或文本资料（TXT 文件）用于 GPPW，把 GPPW 程序表和软组件注释转换为 Excel 资料（CSV 格式）或文本资料（TXT 文件）。

5. MX Component 软件

MX Component 支持个人计算机与可编程序控制器之间的所有通信路径，支持 Visual C + + 、Visual Basic 和 Access Excel 的 VBA、VBScript。不用考虑各种通信协议的不同，只需经简单处理即可实现通信。不用连接 PLC，可和 GX Simulator 同时使用，实现仿真调试。

6. MX Sheet 软件

MX Sheet 是一种软件包，它使用 Excel，不用程序设计，只要进行简单设置，即可运行可编程序控制器系统的监视、记录、警报信息的采集、设置值的更改操作。将可编程序控制器的软组件资料存储在 Excel 上，能够容易地收集和分析现场的品质、温度、实验结果等的资料。Excel 上显示可编程序控制器内软组件的实时状态。将可编程序控制器内的位信息作为警报信息存储在 Excel 中，保存故障发生的历史记录。自动保存按照指定时刻或可编程序控制器发出触发条件在 Excel 上显示出来的资料，可用来实现日报和实验结果表的制作和存储的自动化。

巩固与提高

一、填空题（请将正确的答案填在横线空白处）

1. 不同机型的 PLC 具有不同的编程语言。常用的编程语言有________和________及控制系统________等 3 种。

2. GX Developer 编程软件包是一个专门用来开发 FX 系列 PLC 程序的软件包，它可用________、________和________来写入和编辑程序，并能进行各种编程方式的互换，它用于________操作系统，这对于调试操作和维护操作来说可以提高工作效率，并具有较强的兼容性。

3. GX Developer Ver. 8 编程软件的操作界面主要由项目标题栏（状态栏）、下拉菜单（主菜单栏）、________栏、________________、管理窗口等部分组成。

4. 项目标题栏（状态栏）主要显示________、文件路径、编辑模式、程序步数以及________类型和当前操作状态等。

5. GX Developer Ver. 8 共有 8 个快捷工具栏，即标准、数据切换、梯形图标记、________、注释、________、SFC、SFC 符号工具栏。

6. 管理窗口是软件的________列表窗口，主要包括显示程序、编程元件的注释、参数和编程元件内存等内容，可实现这些项目的________设定、管理、修改等功能。

二、判断题（在下列括号内，正确的打“√”，错误的打“×”）

1. 在 GX Developer Ver. 8 编程软件中，可通过线路符号、列表语言及 SFC 符号来创建 PLC 程序，建立注释数据及设置寄存器数据。（　）

2. 在安装软件前，必须先安装使用（通用）环境，不安装环境的话，编程软件是无法正常安装使用的。（　）

3. 当未指定驱动器/路径名（空白）就保存工程时，GX Developer 可自动在默认值设定的驱动器/路径中保存工程。（　）

4. GX Developer Ver. 8 中文编程软件的安装主要包括 3 部分：使用环境、编程环境和仿真运行环境。（　）

课题二

基本控制指令应用

考工要求

行为领域	鉴定范围	鉴定点	重要程度
理论知识	可编程控制系统读图分析与程序编制及调试	1. 基本指令表 2. 可编程序控制器编程技巧 3. 用编程软件对程序进行监控与调试的方法 4. 程序错误的纠正步骤与方法	★★
操作技能	可编程控制系统读图分析与程序编制及调试	1. 能使用基本指令编写程序 2. 能用可编程序控制器控制程序改造原来由继电器组成的控制电路 3. 能使用编程软件来模拟现场信号进行基本指令为主的程序调试	★★★

任务1　三相异步电动机单方向连续运行控制

学习目标

知识目标：

1. 掌握 LD、LDI、OR、ORI、AND、ANI、OUT、END 等基本驱动指令和编程元件（X、Y）的功能及应用。

2. 掌握梯形图的编程原则。

能力目标：

1. 能根据控制要求，灵活运用经验法，按照梯形图的设计原则，将三相异步电动机单方向连续运行控制的继电控制电路转换成梯形图。

2. 能利用三菱 GX Developer 编程软件，正确输入梯形图，并通过仿真软件采用逻辑梯形图测试的方法，进行模拟仿真运行；并能将仿真成功后的程序下载写入到事先接好外部接线的 PLC 中，完成控制系统的调试。

工作任务

图 2—1—1 所示是采用继电—接触器逻辑控制系统实现电动机单方向连续运行控制的线路。从图中可知其逻辑控制系统是通过元件之间的硬件接线来实现的，当按下启动按钮 SB2 后，SB2 的常开触点闭合，使接触器 KM 线圈获电，铁心吸合，KM 辅助常开触点闭合，松开启动按钮 SB2，接触器 KM 线圈通过自己的辅助常开触点实现自锁，三相异步电动机 M 连续运转；当按下停止按钮 SB1 时，SB1 常闭触点切断接触器 KM 线圈回路，接触器 KM 线圈失电，铁心释放，KM 辅助常开触点复位断开，松开停止按钮 SB1 后，接触器 KM 线圈处于断电状态，三相异步电动机 M 停止运转。

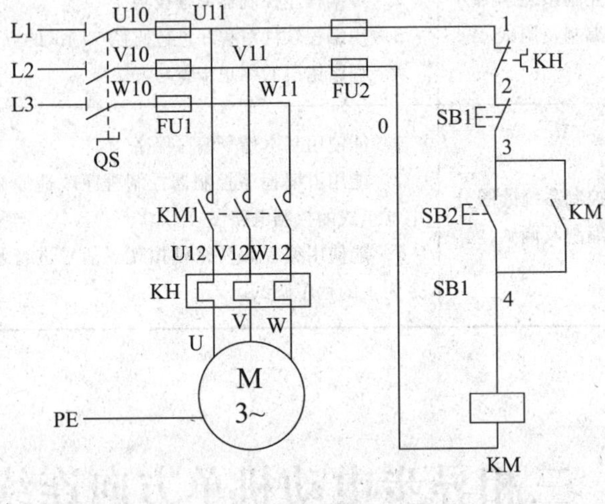

图 2—1—1　继电—接触器逻辑控制系统实现电动机单方向连续运行控制的线路

本次任务的主要内容是：用 PLC 控制系统来实现如图 2—1—1 所示的三相异步电动机单方向连续运行的控制，其控制时序图如图 2—1—2 所示。

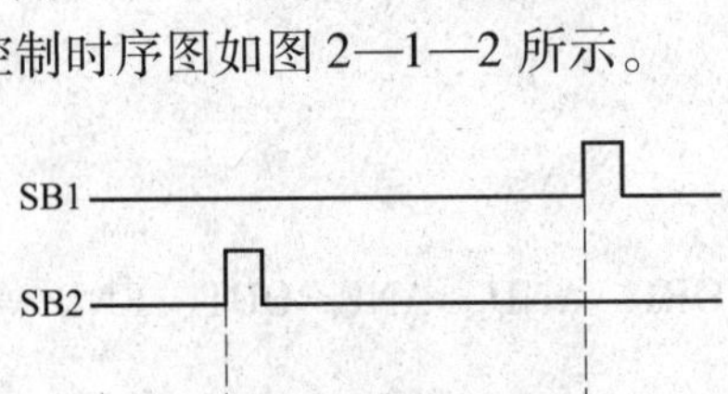

图 2—1—2　控制时序图

任务要求如下：

(1) 能够通过启停按钮实现三相异步电动机的单方向连续运行的启停控制。

（2）具有短路保护和过载保护等必要的保护措施。

（3）利用 PLC 的基本指令来实现上述控制。

任务准备

实施本任务所使用的实训设备及工具材料可参考表 2—1—1。

表 2—1—1　　实训设备及工具材料

序号	分类	名称	型号规格	数量	单位	备注
1	工具	电工常用工具		1	套	
2	仪表	万用表	MF47 型	1	块	
3	设备器材	编程计算机		1	台	
4		接口单元		1	套	
5		通信电缆		1	条	
6		可编程序控制器	FX2N－48MR	1	台	
7		安装配电盘	600 mm×900 mm	1	块	
8		导轨	C45	0.3	m	
9		低压断路器	Multi9 C65N D20	1	只	
10		熔断器	RT28－32	6	只	
11		按钮	LA4－2H	1	只	
12		接触器	CJ10－10 或 CJT1－10	1	只	
13		接线端子	D－20	20	只	
14	消耗材料	铜塑线	BV1/1.37 mm^2	10	m	主电路
15		铜塑线	BV1/1.13 mm^2	15	m	控制电路
16		软线	BVR7/0.75 mm^2	10	m	
17		紧固件	M4×20 mm 螺杆	若干	只	
18			M4×12 mm 螺杆	若干	只	
19			ϕ4 mm 平垫圈	若干	只	
20			ϕ4 mm 弹簧垫圈及 M4 螺母	若干	只	
21		号码管		若干	m	
22		号码笔		1	支	

任务分析

通过课题一的学习可以知道，PLC 控制系统与继电—接触器逻辑控制系统有着本质的区别，它是通过软件编程来实现控制功能的，即它通过输入端子接收外部输入信号，接内部输入继电器；输出继电器的触点接到 PLC 的输出端子上，由事先编好的程序（梯形图）驱动，通过输出继电器触点的通断，实现对负载的功能控制。因此在本次任务学习时，应先了解 PLC 的基本驱动指令和编程元件的功能及应用，以及 PLC 的软件系统及梯形图的编程原则。然后根据控制要求，灵活运用经验法，按照梯形图的设计原则，将三相异步电动机单方向连续运行控制的继电控制电路转换成梯形图。同时利用三菱 GX Developer 编程软件，采用梯形图输入法，向计算机中输入梯形图，并通过仿真软件采用逻辑梯形图测试的方法，进行模拟仿真运行；最后将仿真成功后的程序下载，写入事先接好外部接线的 PLC 中，完成控制系统的调试。

相关知识

一、编程元件（X、Y）

1. 输入继电器（X）

输入继电器（X）与输入端相连，它是专门用来接受 PLC 外部开关信号的元件。PLC 通过输入接口将外部输入信号状态（接通时为“1”，断开时为“0”）读入并存储在输入映像寄存器中。其特点如下：

（1）输入继电器必须由外部信号驱动，不能用程序驱动，所以在程序中不可能出现其线圈。由于输入继电器反映输入映像寄存器中的状态，所以其触点的使用次数不限，即各点输入继电器都有任意对常开及常闭触点供编程使用。

（2）FX 系列 PLC 的输入继电器采用 X 和八进制共同组成编号，如 X000 ~ X007、X010 ~ X017 等。FX2N 型 PLC 的输入继电器编号范围为 X000 ~ X267（184 点）。

提示

PLC 的基本单元输入继电器的编号是固定的，扩展单元和扩展模块是由与基本单元最靠近的位置开始，顺序进行编号。例如，基本单元 FX2N－64M 的输入继电器编号为 X000 ~ X037（32 点），如果接有扩展单元或扩展模块，则扩展的输入继电器从 X040 开始编号。

2. 输出继电器（Y）

输出继电器是用来将 PLC 内部信号输出传送给外部负载（用户输出设备）。输出继电器线圈是由 PLC 内部程序的指令驱动，其线圈状态传送给输出单元，再由输出单元对应的硬触点来驱动外部负载。其特点如下：

（1）每个输出继电器在输出单元中都对应有唯一一个常开硬触点，但在程序中供编程用的输出继电器，不管是常开触点还是常闭触点，都是软触点，所以可以使用无数次，即各点输出继电器都有一个线圈及任意对常开及常闭触点供编程使用。

（2）FX 系列 PLC 的输出继电器采用 Y 和八进制共同组成编号，如 Y000 ~ Y007、Y010 ~ Y017 等。FX2N 编号范围为 Y000 ~ Y267（184 点）。

提示

与输入继电器一样，基本单元的输出继电器的编号是固定的，扩展单元和扩展模块的编号也是由与基本单元最靠近的位置开始，顺序进行编号。在实际使用中，输入、输出继电器的数量要视具体系统的配置情况而定。

二、基本指令（LD、LDI、OR、ORI、AND、ANI、OUT、END）

1. 基本指令的助记符及功能

基本指令的助记符及功能见表 2—1—2。

表 2—1—2　　基本指令的助记符及功能

指令助记符、名称	功能	可作用的软元件	程序步
LD（取指令）	常开触点逻辑运算开始	X、Y、M、S、T、C	1
LDI（取反指令）	常闭触点逻辑运算开始	X、Y、M、S、T、C	1
AND（与指令）	串联一常开触头	X、Y、M、S、T、C	1
ANI（与非指令）	串联一常闭触头	X、Y、M、S、T、C	1
OR（或指令）	并联一常开触头	X、Y、M、S、T、C	1
ORI（或非指令）	并联一常闭触头	X、Y、M、S、T、C	1
OUT（输出指令）	驱动线圈的输出	Y、M、S、T、C	Y、M：1 步 特殊 M：2 步 T：3 步 C：3 ~5 步
END（结束指令）	程序结束指令，表示程序结束，返回起始地址		1

2. 编程实例

LD、LDI、OR、ORI、AND、ANI、OUT、END 等基本指令在编程应用时的梯形图、指令表和时序图见表 2—1—3。

表 2—1—3　　基本指令在编程应用时的梯形图、指令表和时序图

梯形图	指令表	时序图
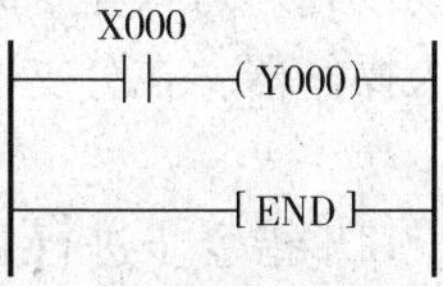	LD　X000 OUT　Y000 END	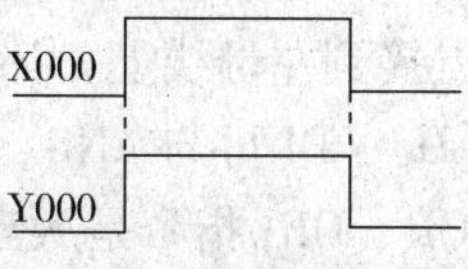

续表

梯形图	指令表	时序图
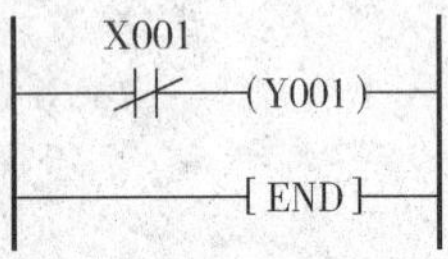	LDI X001 OUT Y001 END	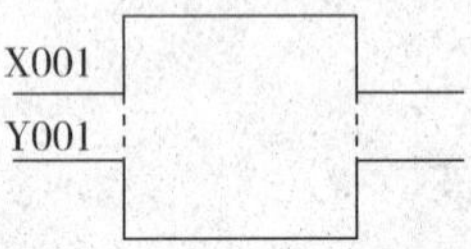
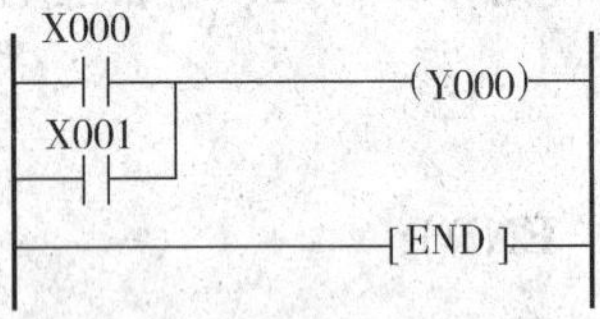	LD X000 OR X001 OUT Y000 END	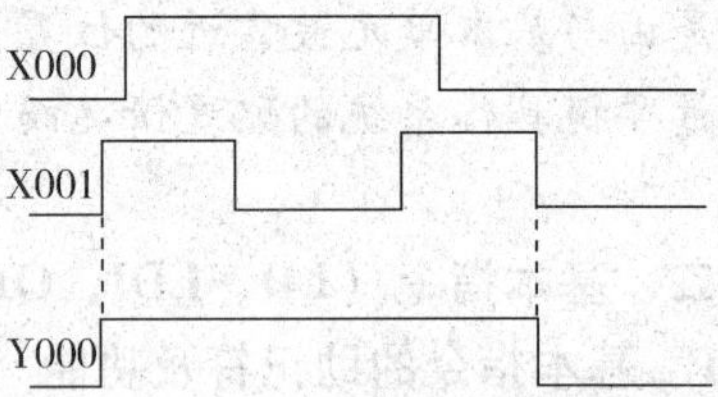
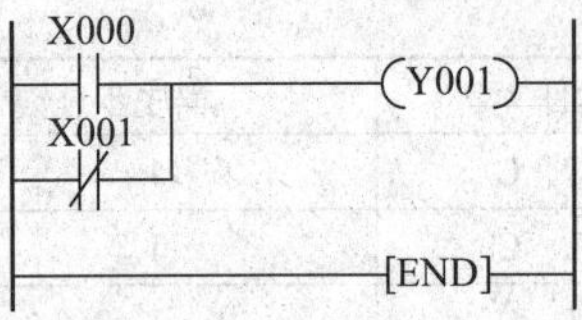	LD X000 ORI X001 OUT Y001 END	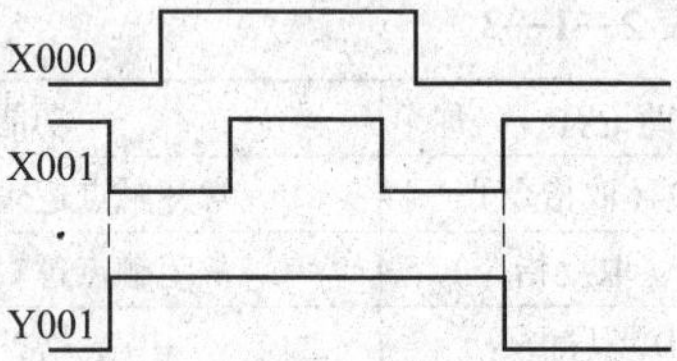
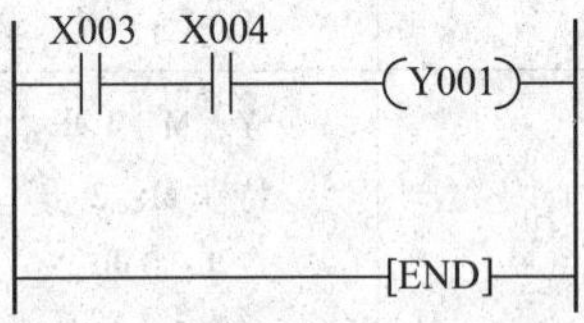	LD X003 AND X004 OUT Y001 END	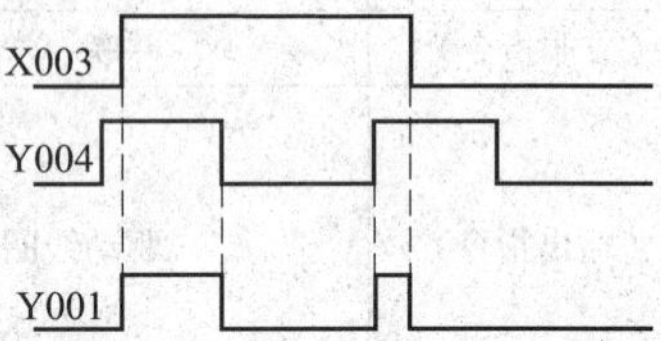
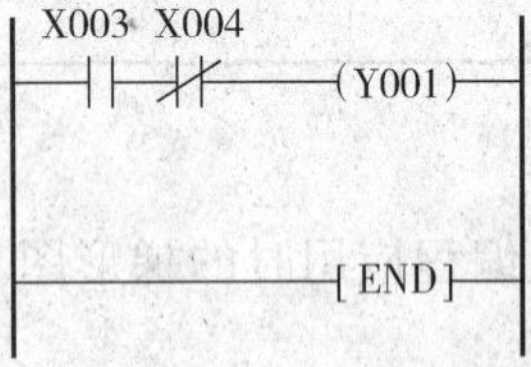	LD X003 ANI X004 OUT Y001 END	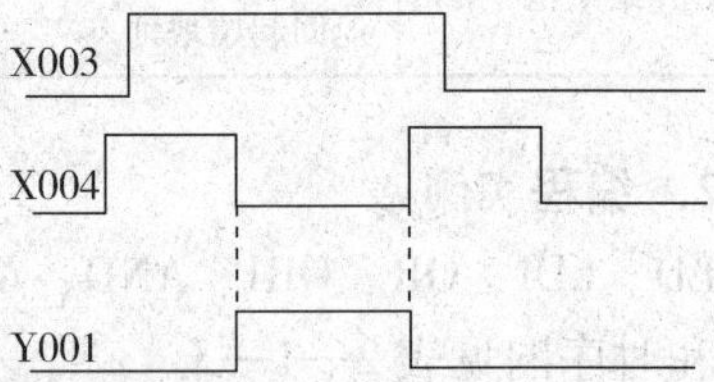

3. 指令功能的说明

（1）LD、LDI 分别是取常开和常闭触点，LD 指令是将常开触点接到左母线上，LDI 是将常闭触点接到左母线上，都是将指定操作元件中的内容取出并送入操作器。在分支电路的起点处，LD、LDI 可与 ANB、ORB 指令组合使用。

（2）OR、ORI 指令是从当前步开始，将一个触点与前面的 LD、LDI 指令步进行并联连接。也就是说，从当前步开始，将常开触点或常闭触点接到左母线。OR 用于常开触点的并联，ORI 则用于常闭触点的并联；都是把指定操作元件中的内容和原来保存在操作器里的内容进行逻辑“或”，并将这一逻辑运算的结果存入操作器。对于两个或两个以上触点的并联连接，将用到后面任务介绍的 ORB 指令。

（3）AND、ANI 指令可进行 1 个触点的串联连接。串联触点的数量不受限制，可多次使用。

（4）OUT 指令是对输出继电器、辅助继电器、状态继电器、定时器、计数器等线圈的驱动指令，但不能用于输入继电器。这些线圈均接于右母线。另外，OUT 指令还可对并联线圈作多次驱动。

三、梯形图的特点及编程原则

梯形图与继电器控制电路图很接近，在结构形式、元件符号及逻辑控制功能方面是类似的，但梯形图具有自己的特点及设计原则。

1．梯形图的特点

（1）在梯形图中，所有触点都应按从上到下、从左到右的顺序排列，并且触点只允许画在左水平方向（主控触点除外）。每个继电器线圈为一个逻辑行，即一层阶梯。每个逻辑行开始于左母线，然后是触点的连接，最后终止于继电器线圈。母线与线圈之间一定要有触点，而线圈与右母线之间不能存在任何触点。

（2）在梯形图中，每个继电器均为存储器中的一位，称为软继电器。当存储器状态为“1”时，表示该继电器得电，其常开触点闭合或常闭触点断开。

（3）在梯形图中，两端的母线并非实际电源的两端，而是概念电流，概念电流只能从左到右流动。

（4）在梯形图中，某个继电器线圈编号只能出现一次，而继电器触点可以无限次使用，如果同一继电器线圈重复使用两次，PLC 将视其为语法错误。

（5）在梯形图中，前面每个继电器线圈为一个逻辑执行结果，并立刻被后面的逻辑操作使用。

（6）在梯形图中，输入继电器没有线圈，只有触点，其他继电器既有线圈又有触点。

2．梯形图编程的设计规则

（1）触点不能接在线圈的右边，如图 2—1—3a 所示；线圈也不能直接与左母线连接，必须通过触点来连接，如图 2—1—3b 所示。

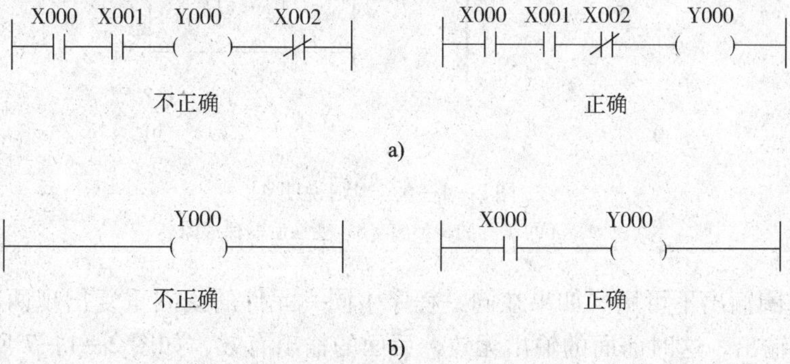

图 2—1—3　规则说明 1

（2）在每一个逻辑行上，当几条支路并联时，串联触点多的应安排在上，如图 2—1—4a 所示；几条支路串联时，并联触点多的应安排在左边，如图 2—1—4b 所示。这样可以减少编程指令。

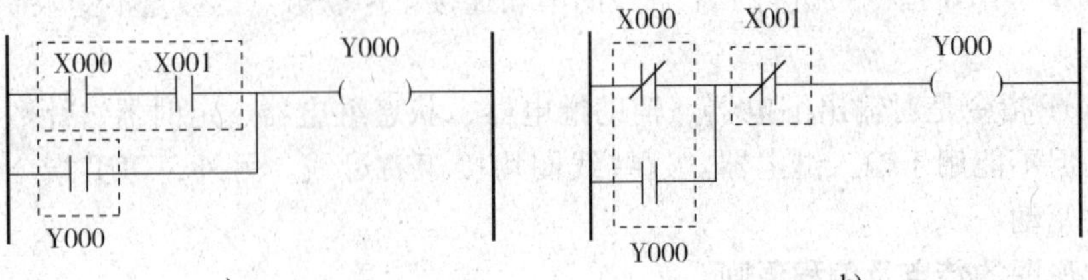

a)　　b)

图 2—1—4　规则说明 2

（3）梯形图的触点应画在水平支路上，而不应画在垂直支路上，如图 2—1—5 所示。

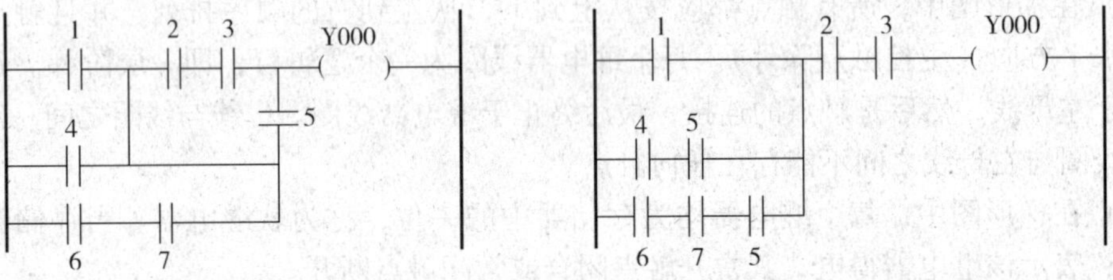

a)　　b)

图 2—1—5　规则说明 3

a）不正确的画法　b）正确的画法

（4）遇到不可编程的梯形图时，可根据信号单向自左至右、自上而下流动的原则对原梯形图进行重新编排，以便于正确应用 PLC 基本编程指令进行编程，如图 2—1—6 所示。

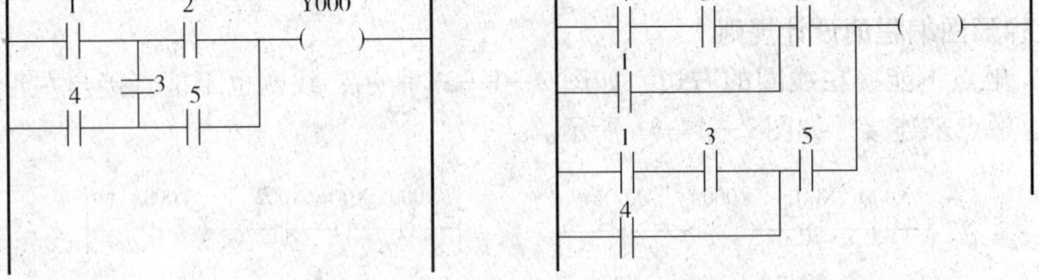

a)　　b)

图 2—1—6　规则说明 4

a）不可编程的梯形图　b）变换后的梯形图

（5）双线圈输出不可用。如果在同一程序中同一元件的线圈重复出现两次或两次以上，则称为双线圈输出，这时前面的输出无效，后面的输出有效，如图 2—1—7 所示。一般不应出现双线圈输出。

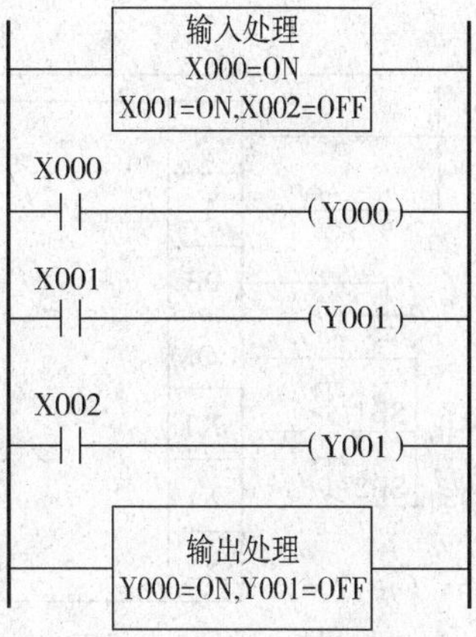

图 2—1—7　规则说明 5

任务实施

一、分配输入点和输出点，写出 I/O 通道地址分配表

根据本任务控制要求，可确定 PLC 需要 2 个输入点，1 个输出点，其 I/O 通道地址分配见表 2—1—4。

表 2—1—4　　**I/O 通道地址分配表**

输　入			输　出		
元件代号	作用	输入继电器	元件代号	作用	输出继电器
SB1	停止按钮	X000	KM	正转控制	Y000
SB2	启动按钮	X001			

二、画出 PLC 接线图（I/O 接线图）

PLC 接线图如图 2—1—8 所示。

三、程序设计

根据 I/O 通道地址分配表及任务控制要求分析，画出本任务控制的梯形图，并写出指令语句表。

编程思路：当按下启动按钮 SB2 时，输入继电器 X001 接通，输出继电器 Y000 置 1，交流接触器 KM 线圈得电，这时电动机连续运行。此时即便按钮 SB2 被松开，输出继电器 Y000 仍保持接通状态，这就是继电器逻辑控制中所说的自锁或自保持功能；当按下停止按钮 SB1 时，输出继电器 Y000 置 0，电动机停止运行。从以上分析可知满足电动机连续运行控制要求，需要用到启动和复位控制程序。可以通过下面的设计程序来实现 PLC 控制电动机单方向连续运行电路的要求。其梯形图及指令表如图 2—1—9 所示。

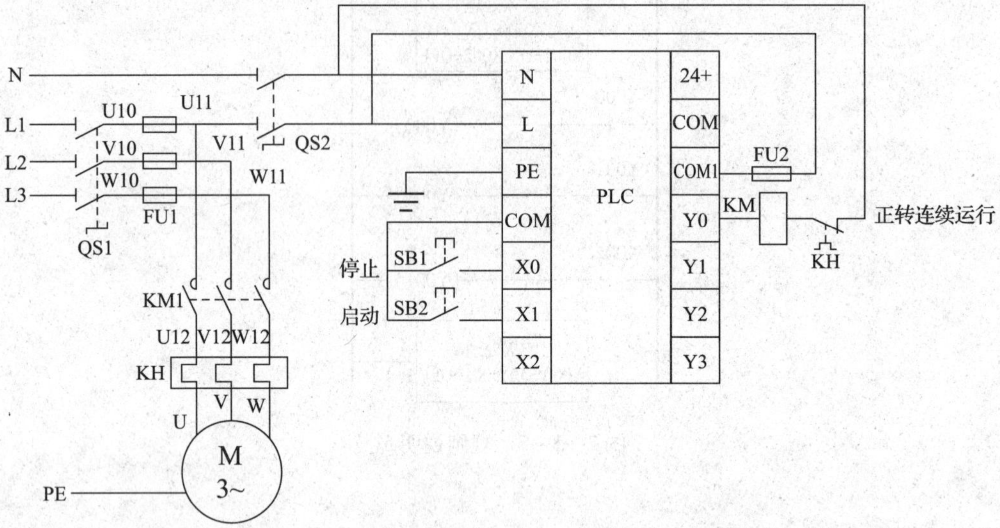

图 2—1—8 PLC 接线图

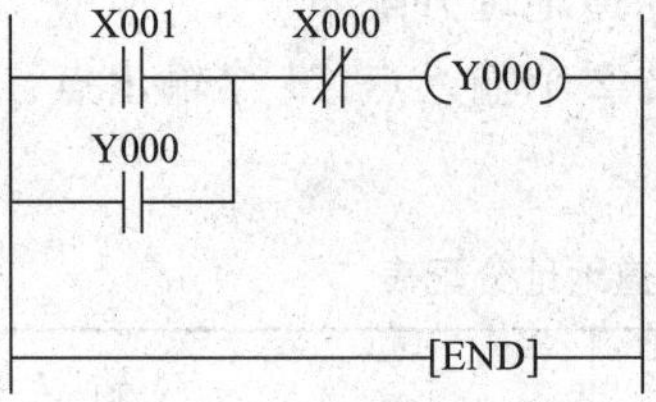

a)

LD	X001
OR	Y000
ANI	X000
OUT	Y000
END	

b)

图 2—1—9 PLC 控制电动机单方向连续运行梯形图及指令表

a）梯形图 b）指令表

如图 2—1—9 所示的电路又称为启—保—停电路，它是梯形图中最基本的电路之一。启—保—停电路在梯形图中的应用极为广泛，其最主要的特点是具有记忆功能。

四、程序输入及仿真运行

1. 程序输入

（1）启动编程软件

执行“开始”→“程序”→“MELSOFT 应用程序”→“GX Developer”命令，打开程序主界面，如图 2—1—10 所示。单击“显示”按钮，打开“状态条”。

（2）工程名的建立

1）单击程序主界面中的“新建工程名”图标 🗋，弹出如图 2—1—11 所示的“创建新工程”对话框。设置 PLC 系列为“FXCPU”，PLC 类型为“FX2N（C）”，程序类型为“梯形图路径”；勾选“设置工程名”复选框，将工程命名为“三相异步电动机单方向连续运行”；然后单击“浏览”按钮，设置“驱动器/路径”为“E：\ 教材 \ PLC 教材”。

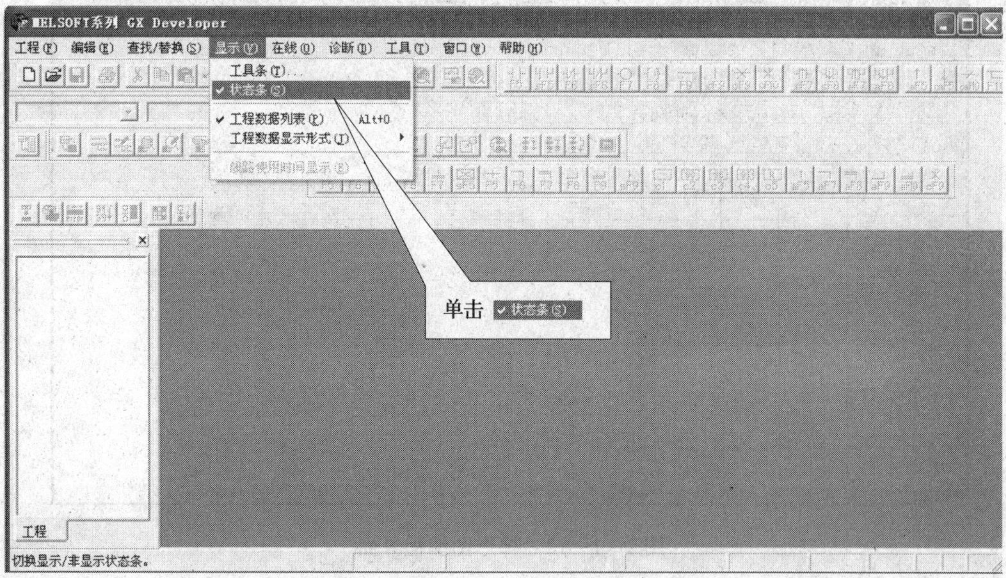

图 2—1—10 程序主界面

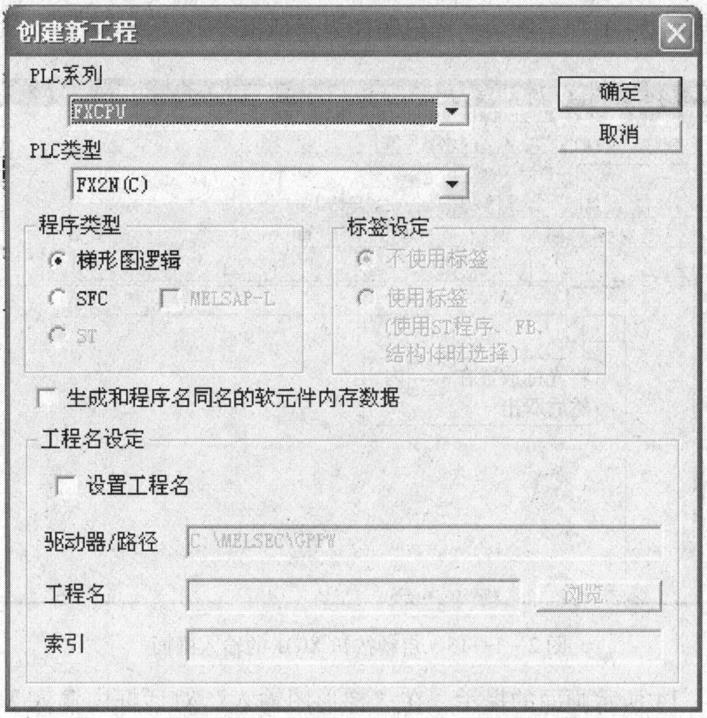

图 2—1—11 “创建新工程”对话框

2）设置完成后，单击“确定”按钮即可进入图 2—1—12 所示的梯形图编程界面。

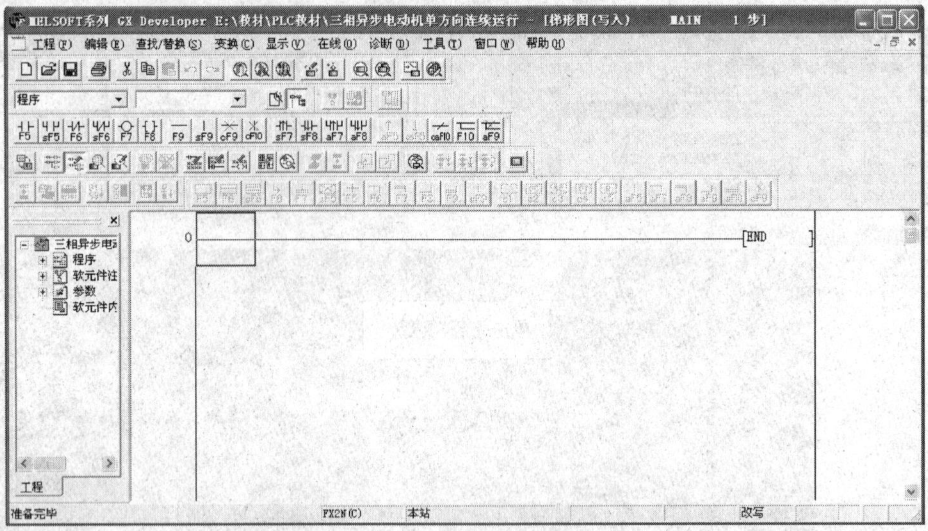

图 2—1—12　梯形图编程界面

（3）程序输入

将图 2—1—9 所示梯形图按下列步骤输入计算机中。

1）启动按钮 X001 的输入。将光标移至如图 2—1—13 所示的梯形图编程界面的框内，然后双击，弹出如图 2—1—14 所示的梯形图输入对话框。

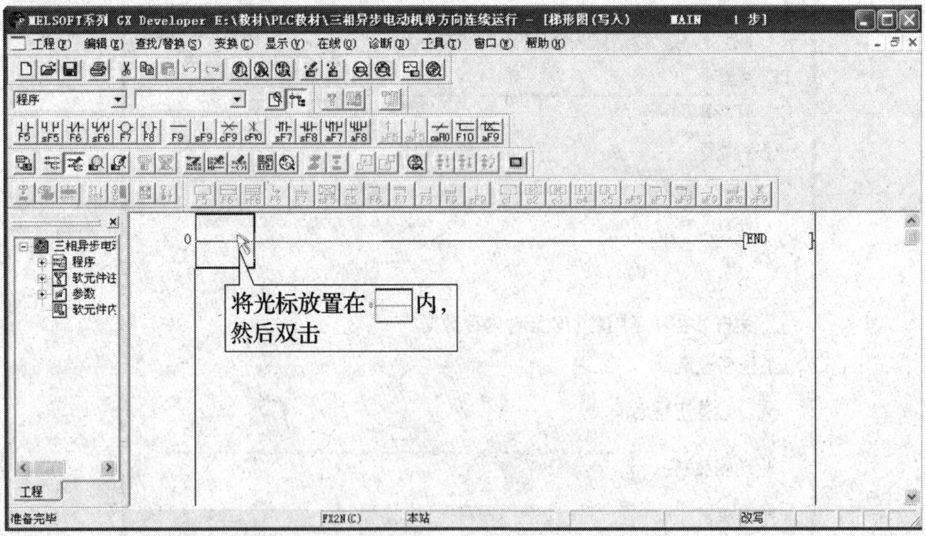

图 2—1—13　启动按钮 X001 的输入画面

按照图 2—1—14 所示画面的提示，在“梯形图输入”对话框内输入 X001 的常开触点和编号，然后单击“确定”按钮即可完成启动按钮 X001 的输入。

2）停止按钮 X000 的输入如图 2—1—15 所示。

3）输出继电器 Y000 线圈的输入如图 2—1—16 所示。

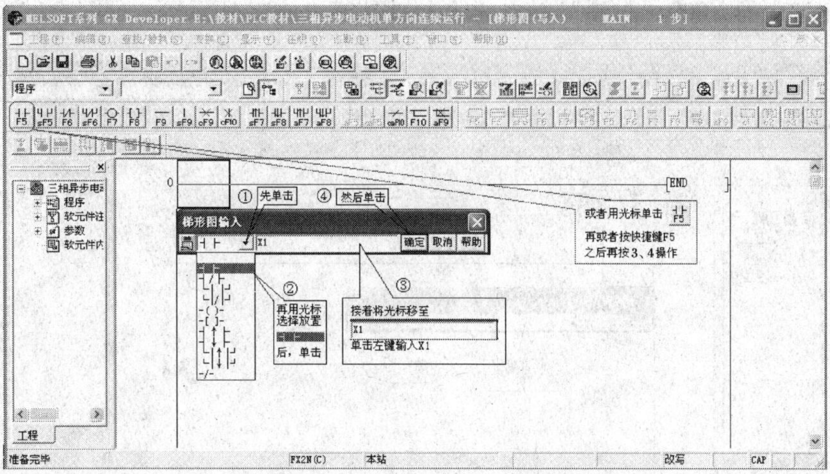

图 2—1—14　启动按钮 X001 的输入画面

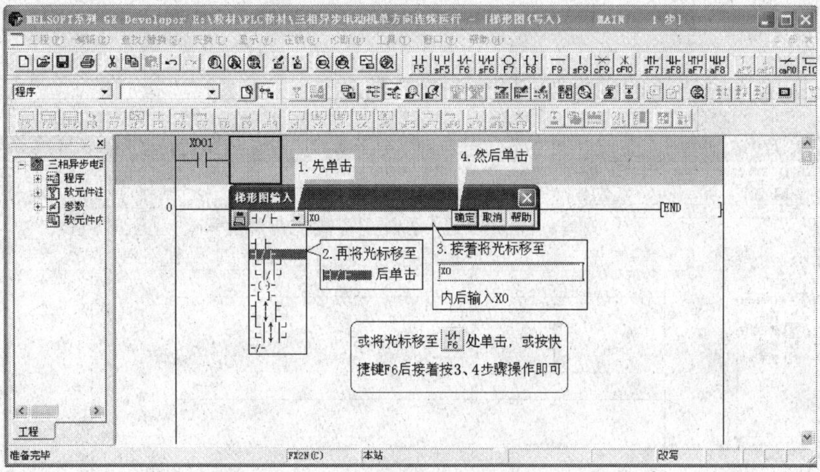

图 2—1—15　停止按钮 X000 的输入画面

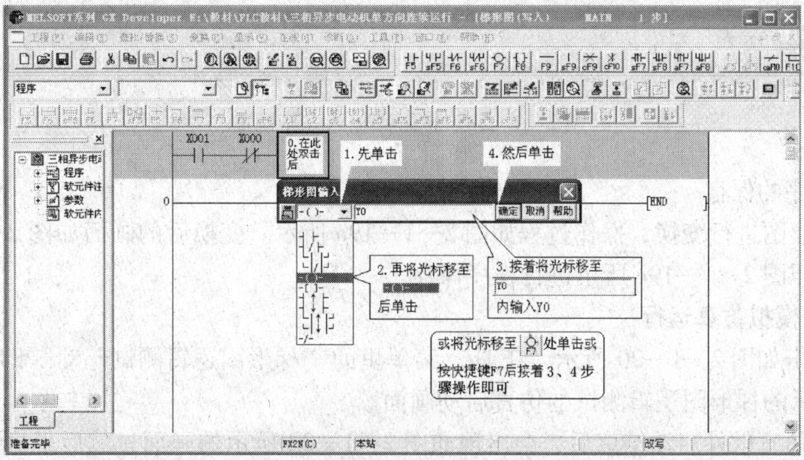

图 2—1—16　输出继电器 Y000 线圈的输入画面

4）输出继电器 Y000“自锁”触点的输入如图 2—1—17 所示。

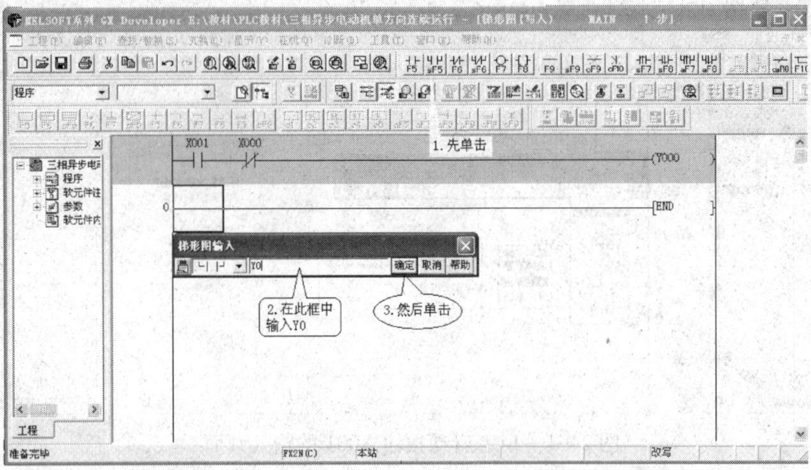

图 2—1—17 输出继电器 Y000“自锁”触点输入画面

5）梯形图输入完毕后的画面如图 2—1—18 所示。

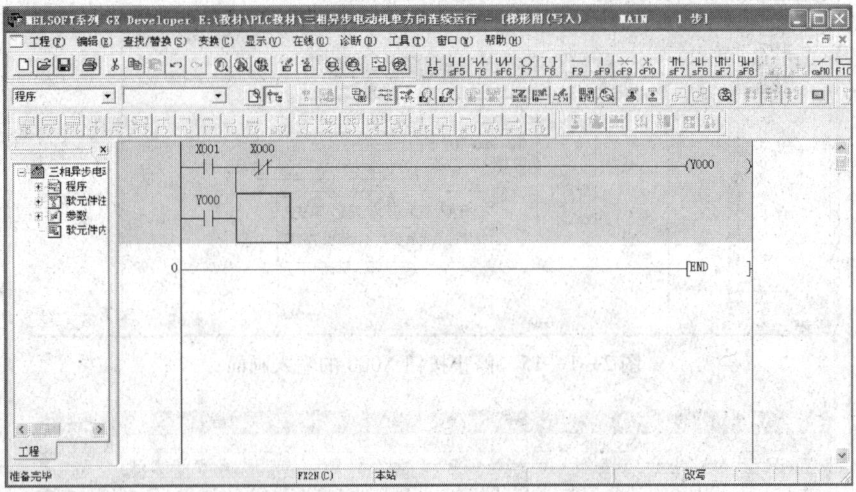

图 2—1—18 梯形图输入完毕画面

（4）程序的保存

先将梯形图进行变换，操作过程如图 2—1—19a 所示。变换后的画面如图 2—1—19b 所示，然后按照图 2—1—19c 所示进行程序保存。

2. 程序模拟仿真运行

（1）单击如图 2—1—20 所示“工具”菜单里的“梯形图逻辑测试起动”即可进入如图 2—1—21所示的梯形图逻辑测试的仿真启动画面。

（2）当仿真软件启动结束后，会出现如图 2—1—22 所示的画面，然后根据图中的提示进行仿真操作。

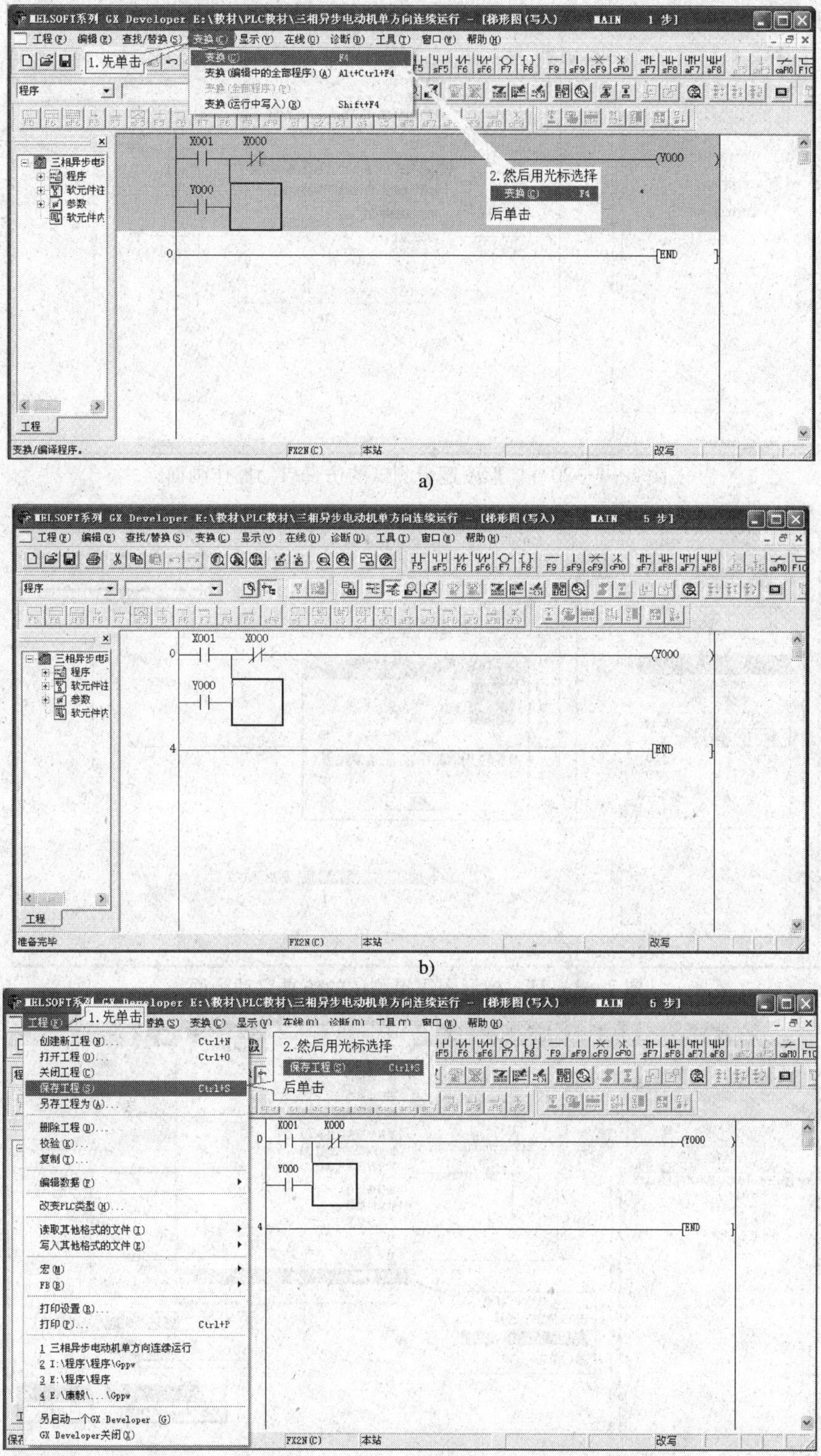

a)　b)　c)

图 2—1—19　梯形图程序保存画面

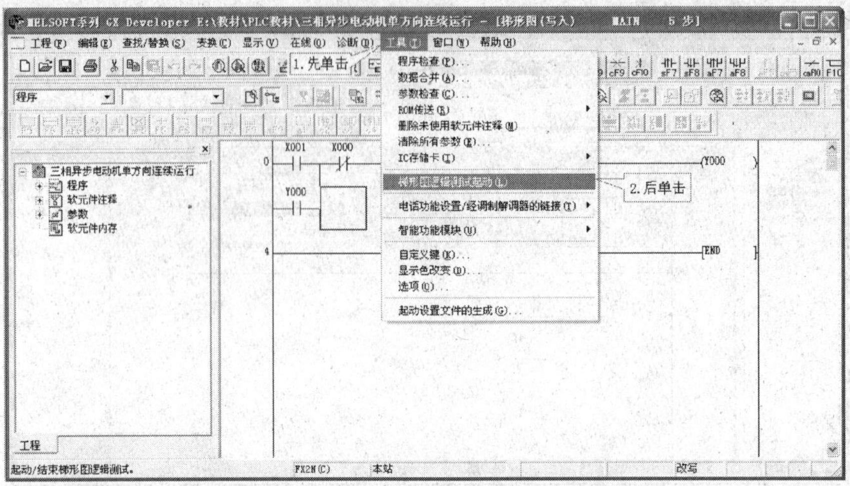

图 2—1—20　梯形图逻辑测试的仿真启动操作画面

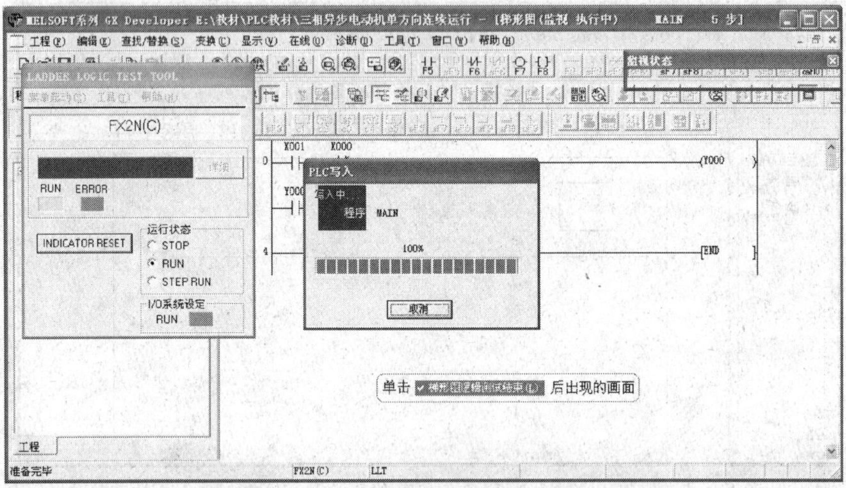

图 2—1—21　梯形图逻辑测试的仿真启动画面

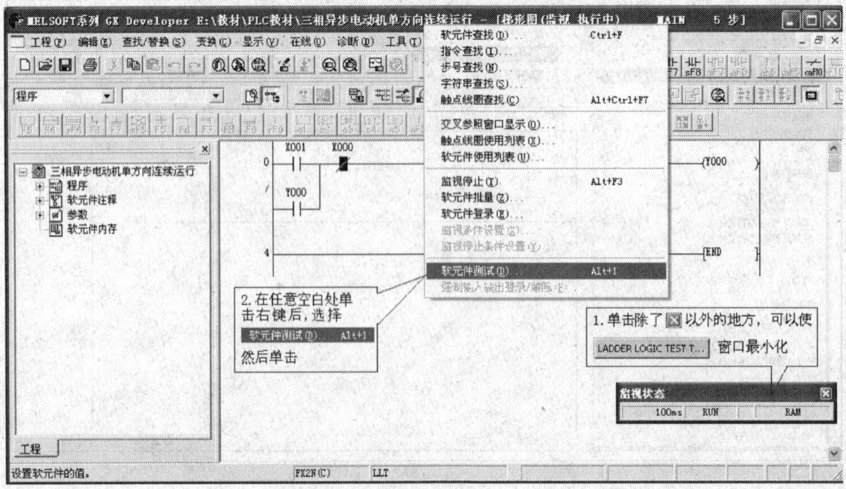

图 2—1—22　梯形图逻辑测试软元件测试启动画面

（3）单击如图 2—1—22 所示画面中的“软元件测试（D）”，会弹出如图 2—1—23 所示的“软元件测试”对话框。然后按照图中的提示将对话框下拉，以便在仿真测试过程中能观察到梯形图仿真时的触点和线圈通断电情况。

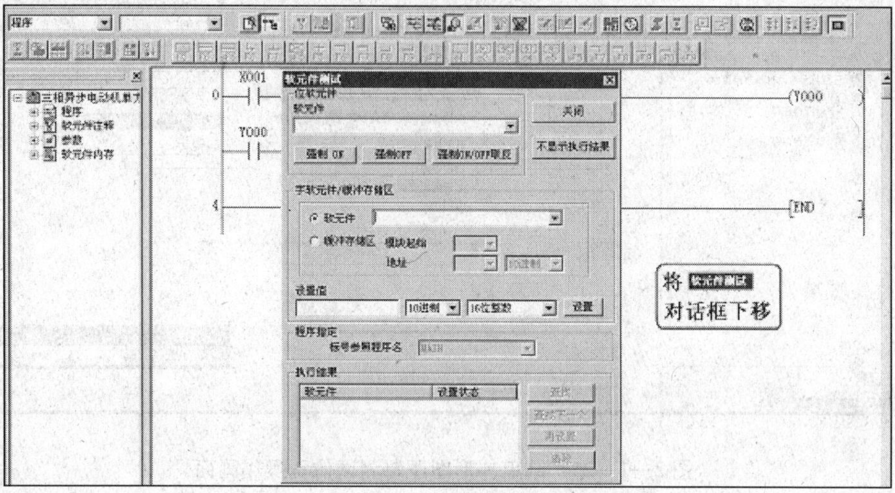

图 2—1—23　“软元件测试”对话框

（4）按照如图 2—1—24 所示的梯形图逻辑测试仿真操作画面进行操作，并观察显示器里梯形图中的软元件的通断电情况是否与任务控制要求相符。

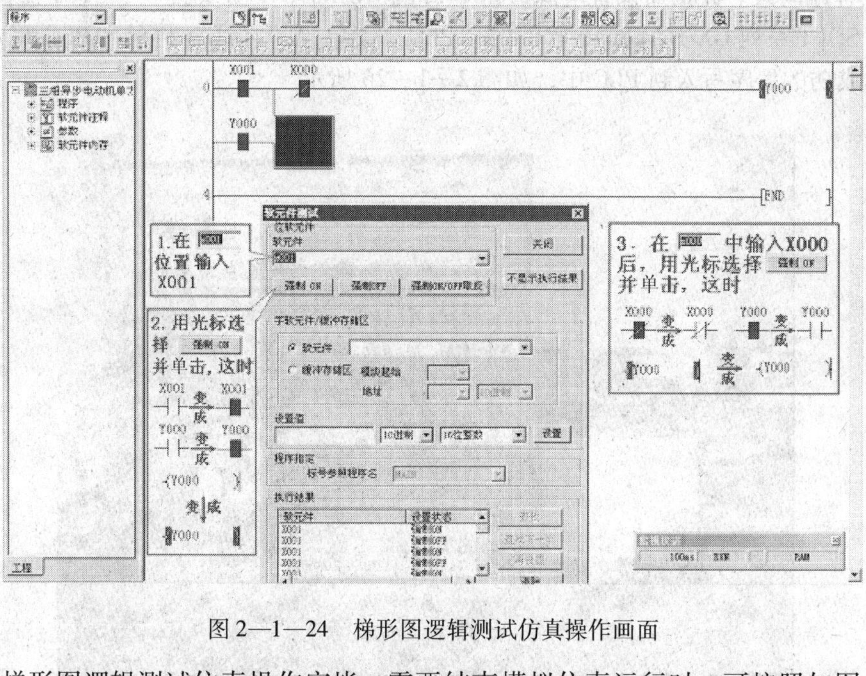

图 2—1—24　梯形图逻辑测试仿真操作画面

（5）梯形图逻辑测试仿真操作完毕，需要结束模拟仿真运行时，可按照如图 2—1—25 所示操作提示结束测试。

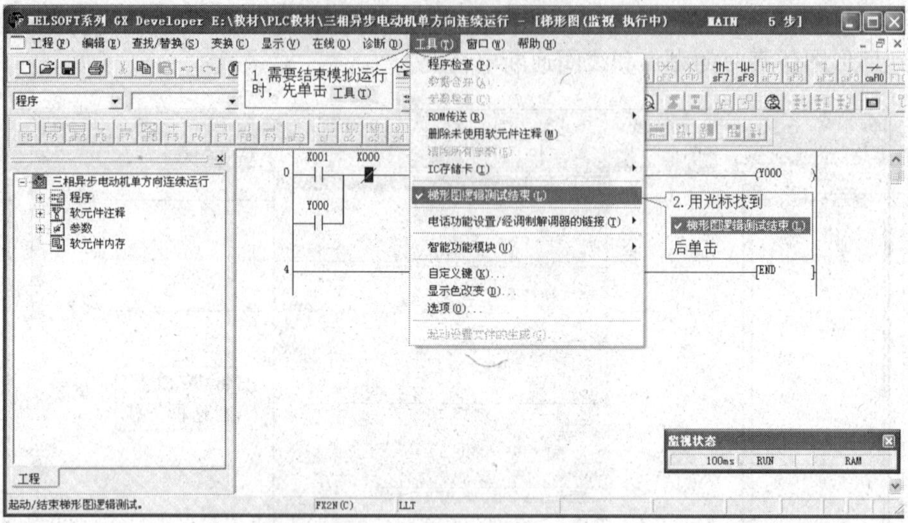

图 2—1—25　结束梯形图逻辑测试仿真操作画面

3. 程序下载

（1）PLC 与计算机连接。使用专用通信电缆 RS－232/RS422 转换器将 PLC 的编程接口与计算机的 COM1 串口连接。

（2）程序写入。先接通系统电源，将 PLC 的 RUN/STOP 开关拨到“STOP”位置，然后通过 MELSOFT 系列 GX Developer 软件的“PLC”菜单中“在线”栏的“PLC 写入”，就可以把仿真成功的程序写入到 PLC 中，如图 2—1—26 所示。

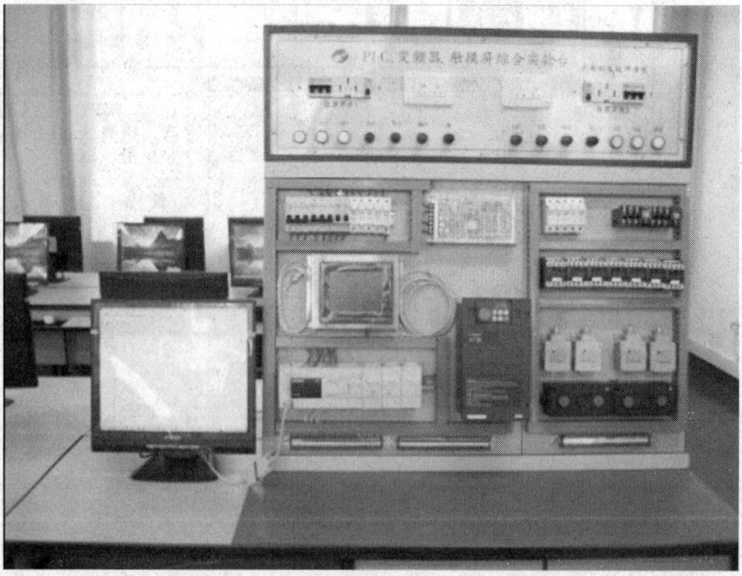

图 2—1—26　PLC 与计算机联机

五、线路安装与调试

1. 绘制电气安装接线图

根据如图 2—1—8 所示的 PLC 接线图（I/O 接线图），画出三相异步电动机单方向连续运行 PLC 控制系统的接线图，如图 2—1—27 所示。

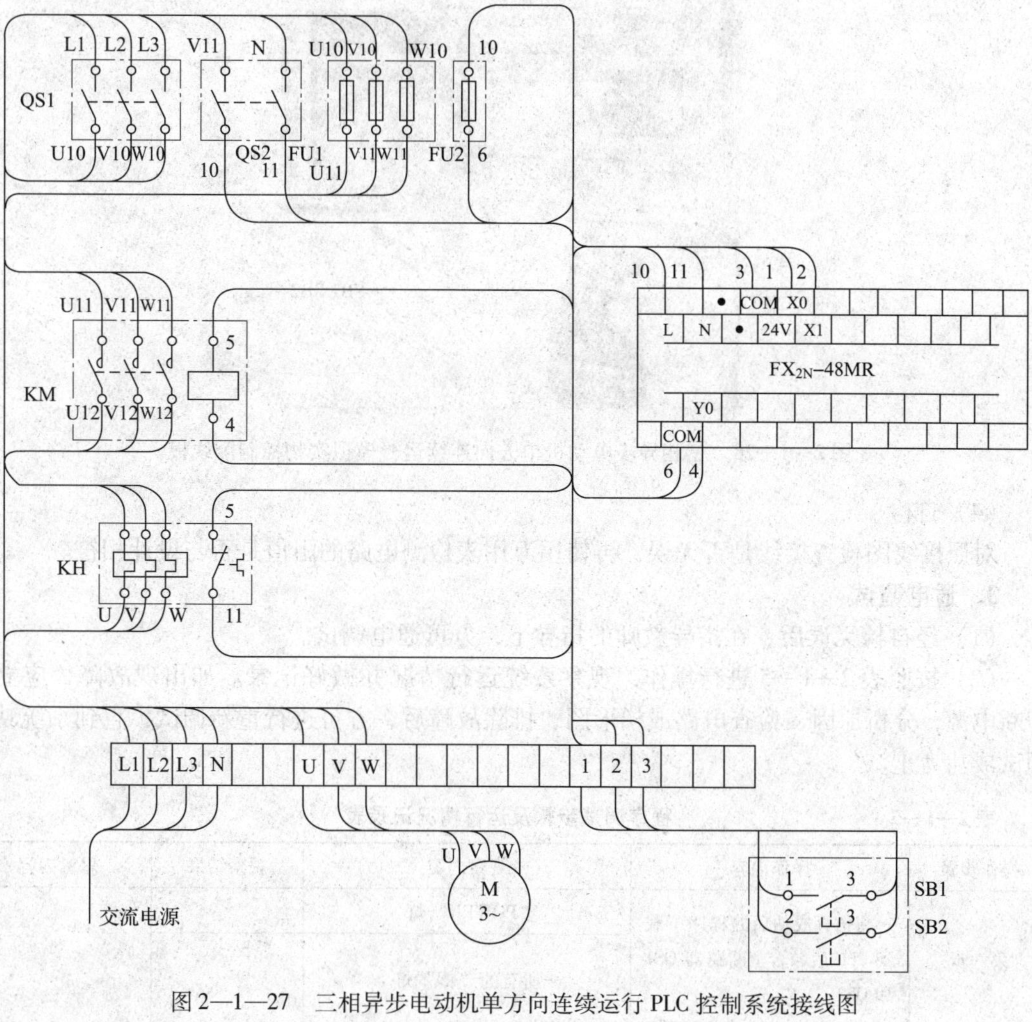

图 2—1—27　三相异步电动机单方向连续运行 PLC 控制系统接线图

2. 安装电路

根据接线图，在如图 2—1—28 所示的模拟实物控制配线板上进行元件及线路的安装。

（1）检查元器件

根据表 2—1—1 配齐元器件，检查元器件的规格是否符合要求，并用万用表检测元器件是否完好。

（2）固定元器件

固定好本任务所需元器件。

（3）配线安装

根据配线原则和工艺要求，进行配线安装。

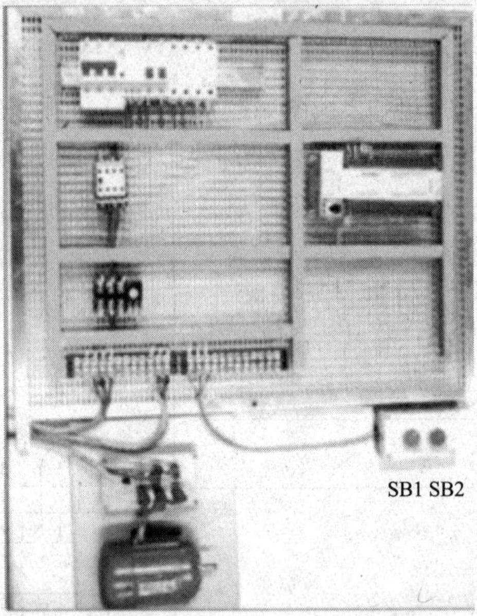

图 2—1—28　三相异步电动机单方向连续运行模拟实物控制配线板

（4）自检

对照接线图检查接线是否无误，再使用万用表检测电路的阻值是否与设计相符。

3. 通电调试

（1）经自检无误后，在指导教师的指导下，方可通电调试。

（2）按照表 2—1—5 进行操作，观察系统运行情况并做好记录。如出现故障，应立即切断电源，分析原因、检查电路或梯形图，排除故障后，方可进行重新调试，直到系统功能调试成功为止。

表 2—1—5　　程序调试步骤及运行情况记录表

操作步骤	操作内容	观察内容	观察结果	思考内容
第一步	将仿真成功后的程序下载到 PLC 后，合上断路器 QS1 和 QS2	“POWER”灯		理解 PLC 的工作过程
		所有的“IN”灯		
第二步	将 RUN/STOP 开关拨到“RUN”位置	“RUN”灯		
第三步	按下 SB2	接触器 KM		
第四步	按下 SB1			
第五步	将 RUN/STOP 开关拨到“STOP”位置	“RUN”灯		
第六步	重复第三和第四步	接触器 KM		
第七步	断开 QS1 和 QS2			

提示

调试过程中，可通过计算机上的 MELSOFT 系列 GX Developer 软件中的“监控/测试”监视程序的运行情况。

操作提示

在进行三相异步电动机单方向连续运行控制的梯形图程序设计、上机编程、模拟仿真及线路安装与调试的过程中，时常会遇到如下问题：

问题1：在设计 PLC 的 I/O 接线图时，将停止按钮 SB1 采用常闭触点（或常开触点），而在梯形图设计时仍然继续对应地采用 X000 的常闭触点（或常开触点）。

后果及原因：在 PLC 控制系统中，当 PLC 外部输入端子的停止按钮采用常闭触点时，在程序中的梯形图里应采用常开触点，而不能采用与之相对应的常闭触点。这是因为一旦 PLC 控制系统接通电源，系统内的直流 24 V 的开关电源会通过 PLC 外部的停止按钮常闭触点构成回路，使输入继电器 X000 得电，此时梯形图中的 X000 常闭触点处于断开状态（置“0”），断开了输出继电器 Y000 线圈回路，造成当按下启动按钮 SB2 即 X001 置“1”时，无法使输出继电器 Y000 线圈得电，不能驱动 PLC 外部输出端子上的接触器 KM 动作，电动机无法启动。同理，如果当 PLC 外部输入端子的停止按钮采用常开触点时，在程序中的梯形图里也采用常开触点的话，输出继电器 Y000 线圈永远处于断电状态，无法进行启动控制。

预防措施：在 PLC 控制系统中，当 PLC 外部输入端子的停止按钮采用常闭触点时，在程序中的梯形图里应采用常开触点；而当 PLC 外部输入端子的停止按钮采用常开触点时，在程序中的梯形图里则应采用常闭触点。

问题2：在进行编程时，容易忘记对“PLC 系列”和“PLC 类型”的选择。

后果及原因：在开始进行 PLC 梯形图上机编程前，应先进行与实际 PLC 型号相符的“PLC 系列”和“PLC 类型”的选择，否则当编完程序后，会造成程序无法下载写入到 PLC 系统中。

预防措施：在进行 PLC 的梯形图编程时，应先根据实际的 PLC 型号，在编程软件中对“PLC 系列”和“PLC 类型”进行选择，并建立工程名，然后进行梯形图的输入、保存、模拟仿真，当程序仿真成功后，再将程序写入 PLC 中，最后安装接线，检查线路无误后进行通电调试。

问题3：在进行 PLC 控制系统的接线时，误将输入端子与输出端子接反。

后果及原因：在进行 PLC 控制系统的接线时，误将输入端子与输出端子接反，会损坏 PLC 的内部。这是因为 PLC 的输入端子采用的是直流 24 V 电源，如果误当输出端子来接，就会通入 220 V 的交流电源，导致 PLC 损坏。

预防措施：在进行 PLC 控制系统的接线时，一定要严格按照 PLC 接线图进行安装接线，接完线后应先进行自检，然后通过教师的检查和指导方可通电调试。

任务测评

对任务实施的完成情况进行检查，并填写任务测评表，见表 2—1—6。

表 2—1—6　　　　　　任务测评表

序号	主要内容	考核要求	评分标准	配分	扣分	得分
1	电路设计	根据任务，设计电路电气原理图，列出 PLC 控制 I/O（输入/输出）口元件地址分配表，根据加工工艺，设计梯形图及 PLC 控制 I/O（输入/输出）口接线图	1．电气控制原理设计功能不全，每缺一项功能扣 5 分 2．电气控制原理设计错误，扣 20 分 3．输入输出地址遗漏或错误，每处扣 5 分 4．梯形图表达不正确或画法不规范每处扣 1 分 5．接线图表达不正确或画法不规范每处扣 2 分	70		
2	程序输入及仿真调试	熟练正确地将所编程序输入 PLC；按照被控设备的动作要求进行模拟调试，达到设计要求	1．不会熟练操作 PLC 键盘输入指令扣 2 分 2．不会用删除、插入、修改、存盘等命令，每项扣 2 分 3．仿真试车不成功扣 50 分			
3	安装与接线	按 PLC 控制 I/O（输入/输出）口接线图在模拟配线板正确安装，元件在配线板上布置要合理，安装要准确紧固，配线导线要紧固、美观，导线要进走线槽，导线要有端子标号	1．试机运行不正常扣 20 分 2．损坏元件扣 5 分 3．试机运行正常，但不按电气原理图接线，扣 5 分 4．布线不进走线槽，不美观，主电路、控制电路每根扣 1 分 5．接点松动、露铜过长、反圈、压绝缘层，标记线号不清楚、遗漏或误标，引出端无别径压端子，每处扣 1 分 6．损伤导线绝缘或线芯，每根扣 1 分 7．不按 PLC 控制 I/O（输入/输出）口接线图接线，每处扣 5 分	20		
4	安全文明生产	劳动保护用品穿戴整齐；电工工具佩戴齐全；遵守操作规程；尊重考评员，讲文明礼貌；考试结束要清理现场	1．考试中，违反安全文明生产考核要求的每一项扣 2 分，扣完为止 2．当考评员发现考生有重大事故隐患时，要立即予以制止，并每次扣 5 分，扣完为止	10		
合　计				100		
开始时间：			结束时间：			

知识拓展

一、自保持与消除指令（SET、RST）

当有些线圈在运算过程中要一直保持置位时，要用到自保持置位指令 SET 和复位指令 RST。自保持与消除指令也称置位与复位指令，其指令的助记符和功能见表 2—1—7。

表 2—1—7　　置位与复位指令的助记符及功能

指令助记符、名称	功能	可作用的软元件	程序步
SET（置位）	保持动作	Y、M、S	Y、M：1 步 S、特殊 M：2 步 C：2 步 D、V、Z：3 步
RST（复位）	清除动作保持，寄存器清零	Y、M、S、C、D、V、Z	

关于指令功能的说明如下：

（1）当控制触点接通时，SET 使作用的元件置位，RST 使作用的元件复位。

（2）对同一软元件，可以多次使用 SET、RST 指令，使用顺序也可随意。但最后执行的指令有效。

（3）对计数器 C、数据寄存器 D 和变址寄存器 V、Z 的寄存内容清零，可以用 RST 指令。对积算定时器的当前值或触点复位，也可用 RST 指令。

二、利用置位/复位指令实现本任务的控制

利用置位/复位指令实现本任务控制的梯形图及指令表如图 2—1—29 所示。

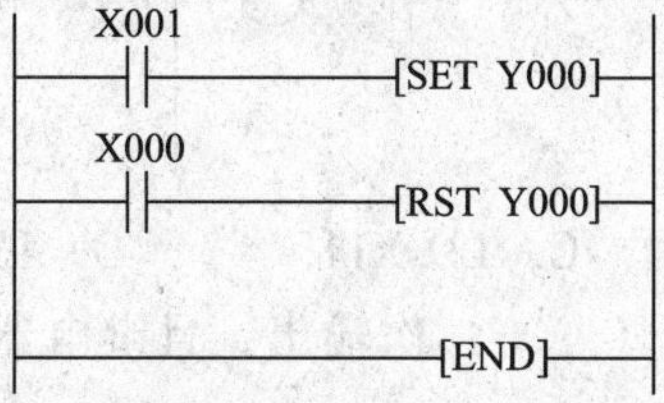

a)

```
LD      X001
SET     Y000
LD      X000
RST     Y000
END
```

b)

图 2—1—29　置位/复位指令实现三相异步电动机单方向连续运行

a）梯形图　b）指令表

提示

如图 2—1—29 所示的置位/复位电路与如图 2—1—9 所示的启—保—停电路的功能完全相同。该电路的记忆作用是通过置位、复位指令实现的。置位/复位电路也是梯形图中的基本电路之一。

巩固与提高

一、填空题（请将正确的答案填在横线空白处）

1. 梯形图编程语言是在________________原理图的基础上演变而来的一种__________语言。

2. 梯形图两侧的垂直公共线称为________，左侧母线对应于继电—接触器控制系统中的________，右侧母线对应于继电—接触器控制系统中的________。

3. 对于并联电路，串联触点多的支路排在__________；对于串联电路，并联触点多的支路排在__________。

4. 写出下列指令的功能：

LD ______________________　　OUT ______________________

OR ______________________　　ANI ______________________

二、选择题（将正确答案的序号填入括号内）

1. 根据控制梯形图下列指令正确的是（　　）。

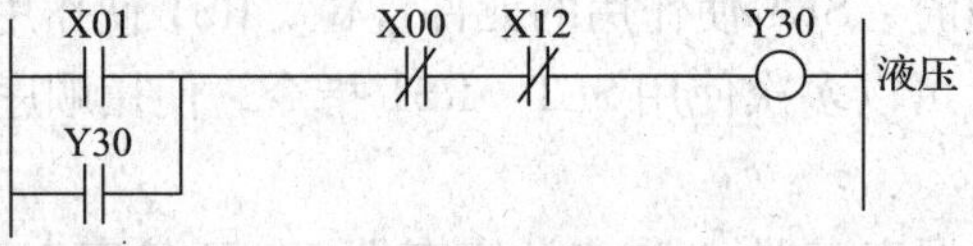

A. AND X00　　B. LD X12　　C. ANI X12　　D. LDI X12

2. 根据控制梯形图下列指令正确的是（　　）。

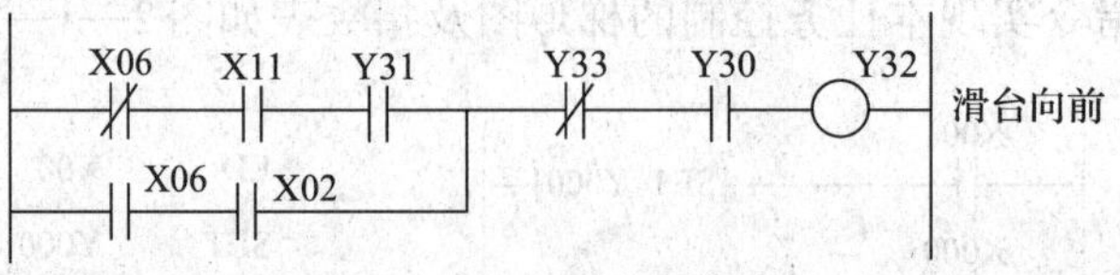

A. ANI X11　　B. AND X11　　C. LD X11　　D. LDI X11

3. 在一个程序中，同一地址号的线圈（　　）次输出，且继电器线圈不能串联只能并联。

A. 只能有一　　B. 只能有二　　C. 只能有三　　D. 无限

4. F 系列可编程序控制器常开触点用（　　）指令。

A. LD　　B. LDI　　C. OR　　D. ORI

5. F 系列可编程序控制器中的 ANI 指令用于（　　）。

A. 常闭触点的串联　　B. 常闭触点的并联

C. 常开触点的串联　　D. 常开触点的并联

6. RST 指令不能用于（　　）的复位。

A. 输入继电器　　B. 计数器　　C. 辅助继电器　　D. 定时器

7. F 系列可编程序控制器输出继电器用（　　）表示。

A. X　　B. Y　　C. T　　D. C

三、判断题（在下列括号内，正确的打“√”，错误的打“×”）

1. F 系列可编程序控制器地址是按十进制编制的。（　）
2. F 系列可编程序控制器中的 OR 指令用于常闭触点的并联。（　）
3. LDI 和 LD 分别取常开和常闭触点，且都是从输入公共线开始。（　）

四、技能题

1. 题目：设计两地控制电动机单方向连续运行的 PLC 控制系统。

2. 考核要求

（1）根据控制功能用 PLC 进行控制线路的设计，并且进行安装与调试。

（2）电路设计。根据任务，设计主电路电路图，列出 PLC 控制 I/O（输入/输出）口元件地址分配表，根据加工工艺，设计梯形图及 PLC 控制 I/O（输入/输出）口接线图，并仿真运行。

（3）安装与接线

1）将熔断器、接触器、继电器、PLC 装在一块配线板上，将转换开关、按钮等装在另一块配线板上。

2）按 PLC 控制 I/O（输入/输出）口接线图在模拟配线板上正确安装，元件在配线板上布置要合理，安装要准确、紧固，配线导线要紧固、美观，导线要进走线槽，导线要有端子标号。

（4）PLC 键盘操作。熟练操作键盘，能正确地将所编程序输入 PLC；按照被控设备的动作要求进行模拟调试，达到设计要求。

（5）通电实验。正确使用电工工具及万用表进行仔细检查，通电实验时要注意人身和设备安全。

（6）考核时间分配

1）设计梯形图及 PLC 控制 I/O（输入/输出）口接线图及上机编程时间为 90 min。

2）安装接线时间为 60 min。

3）试机时间为 5 min。

3. 评分标准（参照表 2—1—6）。

任务2　三相异步电动机正反转控制

学习目标

知识目标：

1. 掌握 ORB、ANB、MPS、MRD、MPP 等基本驱动指令的功能及应用。
2. 掌握梯形图的编程原则。

能力目标：

1. 能根据控制要求，灵活运用经验法，利用基本指令或多重输出指令实现三相异步电动机正反转控制的梯形图程序设计。

2. 能利用三菱 GX Developer 编程软件，采用指令语句表输入法输入指令，并通过仿真软件采用逻辑梯形图测试的方法，进行仿真。能将仿真成功后的程序下载写入事先接好外部接线的 PLC 中，完成控制系统的调试。

工作任务

图 2—2—1 所示是复合连锁接触器控制三相异步电动机正反转控制电路。本任务内容就是：用 PLC 控制系统来实现如图 2—2—1 所示的三相交流异步电动机的正反转控制，其控制时序图如图 2—2—2 所示。

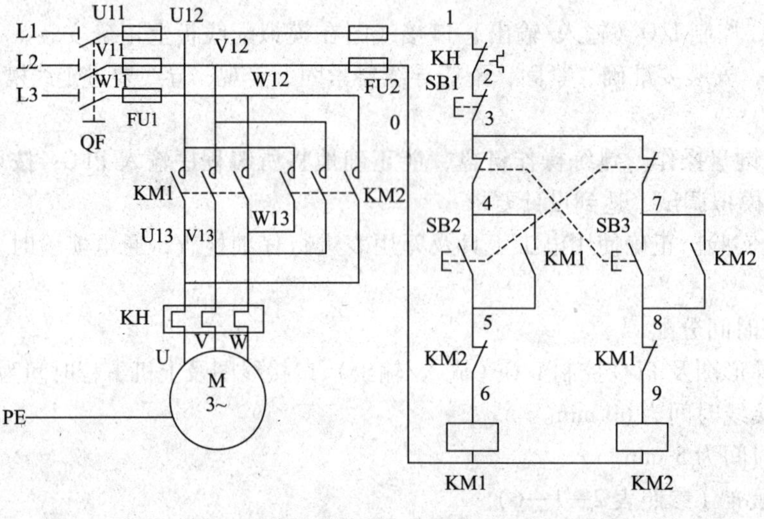

图 2—2—1　复合连锁接触器控制三相异步电动机正反转控制电路

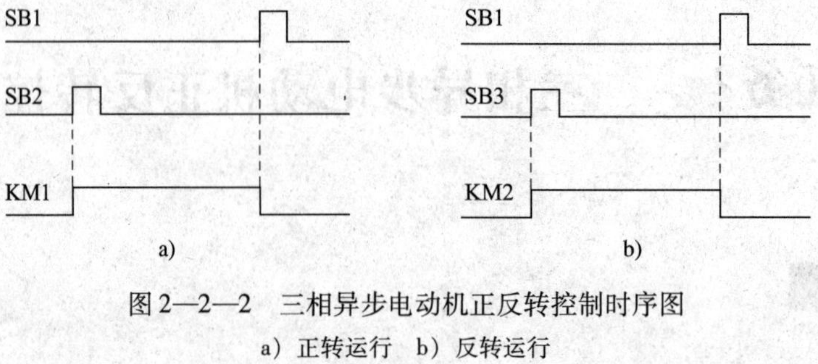

图 2—2—2　三相异步电动机正反转控制时序图

a）正转运行　b）反转运行

任务要求如下：

（1）能够用按钮控制三相交流异步电动机的正反转启动和停止。

（2）具有短路保护和过载保护等必要的连锁保护措施。

（3）利用 PLC 基本指令中的块及多重输出指令来实现上述控制。

任务准备

实施本次任务教学所使用的实训设备及工具材料可参考表 2—2—1。

表 2—2—1　　实训设备及工具材料

序号	分类	名称	型号规格	数量	单位	备注
1	工具	电工常用工具		1	套	
2	仪表	万用表	MF47 型	1	块	
3	设备器材	编程计算机		1	台	
4		接口单元		1	套	
5		通信电缆		1	条	
6		可编程序控制器	FX2N－48MR	1	台	
7		安装配电盘	600×900 mm	1	块	
8		导轨	C45	0.3	m	
9		低压断路器	Multi9 C65N D20	2	只	
10		熔断器	RT28－32	6	只	
11		按钮	LA4－3H	1	只	
12		接触器	CJ10－10 或 CJT1－10	2	只	
13		接线端子	D－20	20	只	
14		三相异步电动机	自定	1	台	
15	消耗材料	铜塑线	BV1/1.37 mm^2	10	m	主电路
16		铜塑线	BV1/1.13 mm^2	15	m	控制电路
17		软线	BVR7/0.75 mm^2	10	m	
18		紧固件	M4×20 螺杆	若干	只	
19			M4×12 螺杆	若干	只	
20			ϕ4 mm 平垫圈	若干	只	
21			ϕ4 mm 弹簧垫圈及 M4 螺母	若干	只	
22		号码管		若干	m	
23		号码笔		1	支	

任务分析

通过对如图2—2—1所示的继电器控制线路图和如图2—2—2所示的控制时序图的分析，可知三相异步电动机的正反转控制原理为：启动时，先合上总电源开关QF，按下正转启动按钮SB2，接触器KM1线圈得电，其辅助常开触点闭合自锁，辅助常闭触点断开连锁，主触点闭合，电动机正转运行。当需要反转时，只需按下反转启动按钮SB3，接触器KM1线圈断电，KM1触点复位断开正向电源，接触器KM2线圈得电，其辅助常开触点闭合自锁，辅助常闭触点断开连锁，主触点闭合，电动机反转运行。按下SB1，电动机停止运转。SB1为总停止按钮。

在本次任务学习时，应先了解实现本次任务PLC控制的基本逻辑指令的功能及应用，以及PLC的软件系统及梯形图的编程原则。然后根据控制要求，按照梯形图的设计原则，将三相异步电动机正反转运行的继电控制电路转换成梯形图，并进行仿真调试。

相关知识

基本指令（ORB、ANB、MPS、MRD、MPP）

1. 电路块的并联与串联连接指令（ORB、ANB）

（1）指令的助记符和功能

电路块的并联与串联连接指令的助记符和功能见表2—2—2。

表2—2—2　　ORB和ANB指令的助记符及功能

指令助记符、名称	功能	可作用的软元件	程序步
ORB（电路块或）	串联电路的并联连接	无	1
ANB（电路块与）	并联电路的串联连接	无	1

（2）编程实例

ORB指令和ANB指令编程应用时的梯形图及指令表见表2—2—3。

表2—2—3　　ORB指令和ANB编程应用时的梯形图及指令表

梯形图	指令表1	指令表2
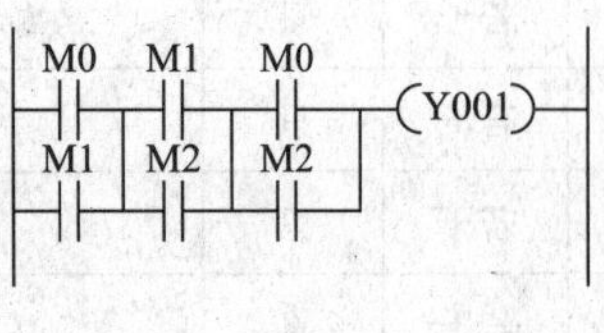	LD　M0 OR　M1 LD　M1 OR　M2 ANB LD　M0 OR　M2 ANB OUT　Y001	LD　M0 OR　M1 LD　M1 OR　M2 LD　M0 OR　M2 ANB ANB OUT　Y001

续表

梯形图	指令表 1	指令表 2
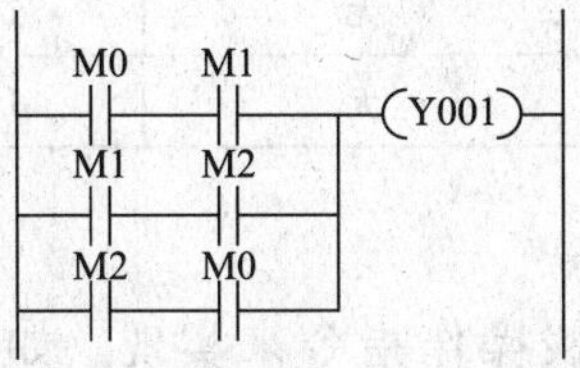	LD　M0 AND　M1 LD　M1 AND　M2 ORB LD　M2 AND　M0 ORB OUT　Y001	LD　M0 AND　M1 LD　M1 AND　M2 LD　M2 AND　M0 ORB ORB OUT　Y001
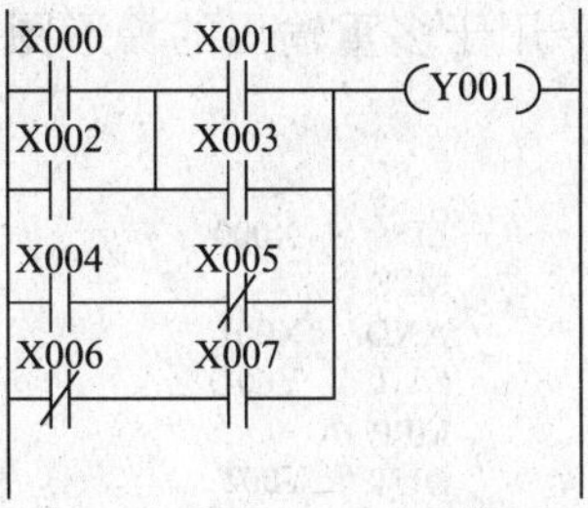	LD　X000 OR　X002 LD　X001　　分支的起点 OR　X003 ANB　　与前面的电路块串联连接 LD　X004　　分支的起点 ANI　X005 ORB　　与前面的电路块并联连接 LDI　X006　　分支的起点 AND　X007 ORB　　与前面的电路块并联连接 OUT　Y001	

（3）关于指令功能的说明

1）2 个或 2 个以上触点串联连接的电路块称为串联电路块。将串联电路块作并联连接时，分支开始用 LD、LDI 指令，分支结束用 ORB 指令。

2）由一个或多个触点的串联电路形成的并联分支电路称为并联电路块，并联电路块在串联连接时，要使用 ANB 指令。此电路块的起始要用 LD、LDI 指令，分支结束用 ANB 指令。

3）多个串联电路块作并联连接，或多个并联电路作串联连接时，电路块数没有限制。

4）在使用 ORB 指令编程时，也可把所需要并联的回路连贯地写出，而在这些回路的末尾连续使用与支路个数相同的 ORB 指令，这时的指令最多使用 7 次。

5）在使用 ANB 指令编程时，也可把需要串联的回路连贯地写出，而在这些回路的末尾连续使用与回路个数相同的 ANB 指令，这时的指令最多使用 7 次。

2. 多重输出指令（MPS、MRD、MPP）

多重输出是指从某一点经串联触点驱动线圈之后，再由这一点驱动另一线圈，或再经串联触点驱动另一线圈的输出方式。多重输出指令（MPS、MRD、MPP）也称栈操作指令。

（1）指令的助记符和功能

多重输出指令的助记符和功能见表 2—2—4。

表 2—2—4　　多重输出指令的助记符及功能

指令助记符、名称	功能	可作用的软元件	程序步
MPS（进栈）	记忆到 MPS 指令为止的状态	无	1
MRD（读栈）	读出到 MPS 指令为止的状态	无	1
MPP（出栈）	读出到 MPS 指令为止的状态并清除该状态	无	1

（2）编程实例

在编程时，需要将中间运算结果存储时，就可以通过栈操作指令来实现。如三菱 FX2N 的 PLC 就提供了 11 个存储中间运算结果的栈存储器，使用一次 MPS 指令，当时的逻辑运算结果压入栈的第一层，栈中原来的数据依次向下一层推移；当使用 MRD 指令时，栈内的数据不会发生变化（即不上移或下移），而是将栈的最上层数据读出；当执行 MPP 指令时，将栈的最上层数据读出，同时该数据从栈中消失，而栈中其他层的数据向上移动一层，因此也称为弹栈。图 2—2—3 所示是栈操作指令用于多重输出的梯形图的情况分析。

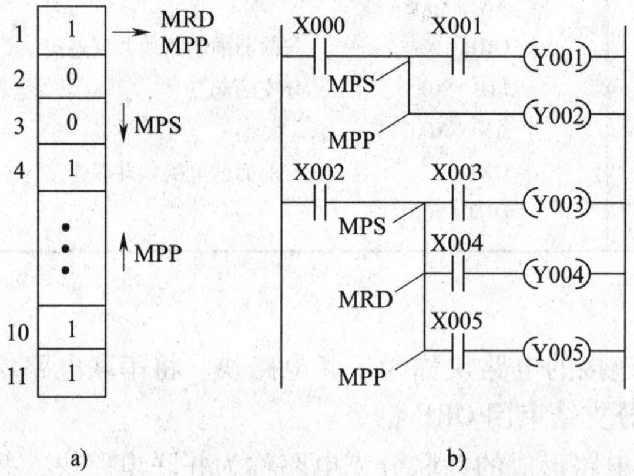


```
LD    X000
MPS
AND   X001
OUT   Y001
MPP
OUT   Y002
LD    X002
MPS
AND   X003
OUT   Y003
MRD
AND   X004
OUT   Y004
MPP
AND   X005
OUT   Y005
```

c)

图 2—2—3　栈操作指令用于多重输出的梯形图的情况分析
a）栈存储器　b）梯形图　c）指令表

编程实例一：一层堆栈编程，如图 2—2—4 所示。

编程实例二：二层堆栈编程，如图 2—2—5 所示。

（3）关于指令功能的说明

1）MPS 指令用于分支的开始处，MRD 指令用于分支的中间处，MPP 指令用于分支的结束处。

2）MPS、MRD 和 MPP 指令均为不带操作元件指令，其中 MPS 和 MPP 指令必须配对使用。

3）由于三菱 FX2N 的 PLC 就提供了 11 个栈存储器，因此 MPS 和 MPP 指令连续使用的次数不得超过 11 次。

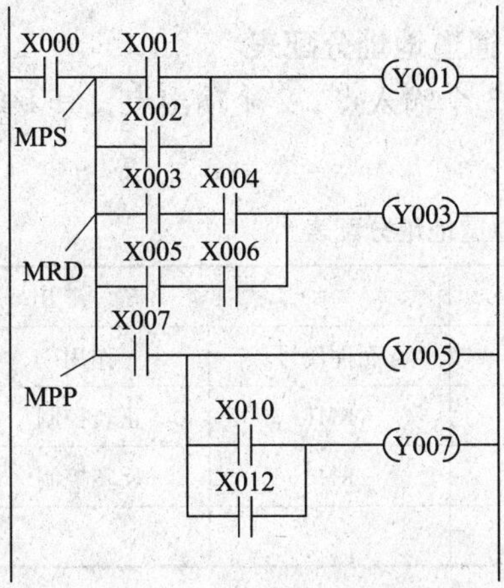


```
LD    X000
MPS
LD    X001
OR    X002
ANB
OUT   Y001
MRD
LD    X003
AND   X004
LD    X005
AND   X006
ORB
ANB
OUT   Y003
MPP
LD    X007
OUT   Y005
LD    X010
OR    X012
ANB
OUT   Y007
```

a)　　b)

图 2—2—4　一层堆栈编程

a）梯形图　b）指令表

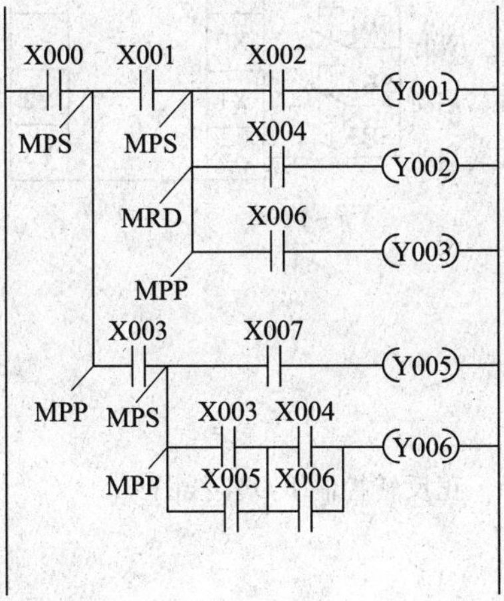


```
LD    X000
MPS
AND   X001
MPS
AND   X002
OUT   Y001
MRD
AND   X004
OUT   Y002
MPP
AND   X006
OUT   Y003
MPP
AND   X003
MPS
AND   X007
OUT   Y005
MPP
LD    X003
OR    X005
LD    X004
OR    X006
ANB
ANB
OUT   Y006
```

a)　　b)

图 2—2—5　二层堆栈编程

a）梯形图　b）指令表

任务实施

一、分配输入点和输出点，写出 I/O 通道地址分配表

根据任务控制要求，可确定 PLC 需要 3 个输入点，2 个输出点，其 I/O 通道分配表见表 2—2—5。

表 2—2—5　　I/O 通道地址分配表

输入			输出		
元件代号	作用	输入继电器	元件代号	作用	输出继电器
SB1	停止按钮	X000	KM1	正转控制	Y000
SB2	正转按钮	X001	KM2	反转控制	Y001
SB3	反转按钮	X002			

二、画出 PLC 接线图（I/O 接线图）

PLC 接线图如图 2—2—6 所示。

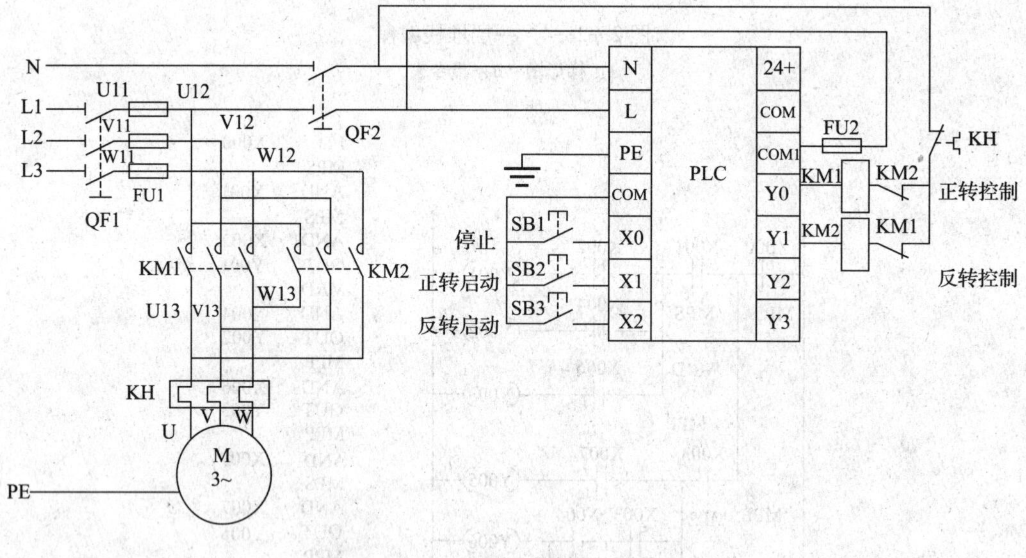

图 2—2—6　正反转控制 I/O 接线图

提示

在设计正反转控制 I/O 接线图时，由于 PLC 的扫描周期和接触器的动作时间不匹配，只在梯形图中加入“软继电器”的互锁会造成 Y000 虽然断开，可能接触器 KM1 还未断开，在没有外部硬件连锁的情况下，接触器 KM2 会得电动作，主触点闭合，会引起主电路电源

相间短路；同理，在实际控制过程中，当接触器 KM1 或接触器 KM2 任何一个接触器的主触点熔焊时，由于没有外部硬件的连锁，只在梯形图中加入“软继电器”的互锁还会造成主电路电源相间短路。

三、程序设计

根据 I/O 通道地址分配表及图 2—2—2 所示的控制时序图可知，当按下正转启动按钮 SB2 时，输入继电器 X001 接通，输出继电器 Y000 置 1，接触器 KM1 线圈得电并自保，主触点闭合，电动机正转连续运行。若按下停止按钮 SB1 时，输入继电器 X000 接通，输出继电器 Y000 置 0，接触器 KM1 线圈断电，主触点断开，电动机停止运行；当按下反转启动按钮 SB3 时，输入继电器 X002 接通，输出继电器 Y001 置 1，接触器 KM2 线圈得电并自保，主触点闭合，电动机反转连续运行。若按下停止按钮 SB1 时，输入继电器 X000 接通，输出继电器 Y000 置 0，接触器 KM2 线圈断电，主触点断开，电动机停止运行。从图 2—2—1 所示的继电器控制电路可知不但正反转按钮实现了互锁，而且正反转接触器之间也实现了连锁。结合以上的编程分析及所学的启—保—停基本编程环节和栈操作指令，可以通过下面两种方案来实现 PLC 控制电动机正反转连续运行电路的要求。

设计方案一：直接用启—保—停基本编程环节进行设计。

启—保—停基本编程环节实现电动机正反转运行控制的梯形图如图 2—2—7 所示。

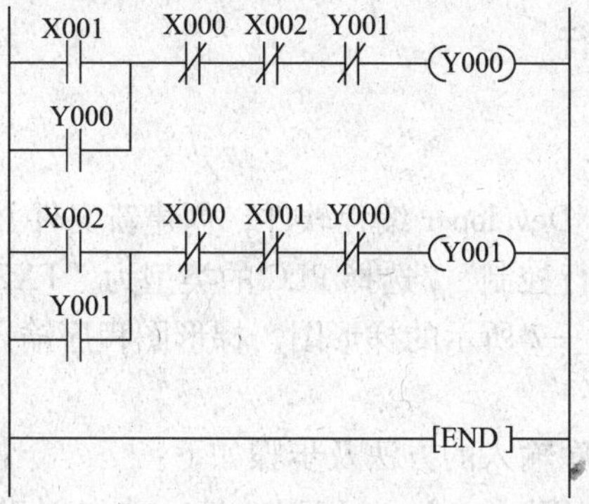

图 2—2—7　利用启—保—停基本编程环节设计的电动机正反转运行控制的梯形图

提示

此设计方案通过在正转运行支路中串入 X002 和 Y001 的常闭触点，在反转运行支路中串入 X001 和 Y000 的常闭触点来实现按钮和接触器的互锁。

设计方案二：利用栈操作指令进行设计。

利用栈操作指令进行设计实现电动机正反转运行控制的梯形图及指令表如图 2—2—8 所示。

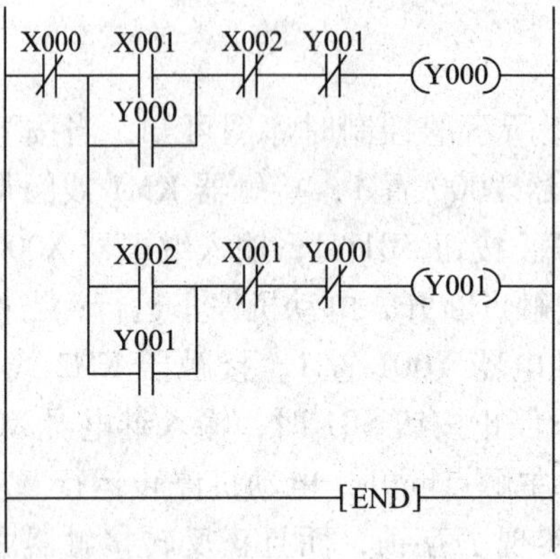

a)

0	LDI	X000
1	MPS	
2	LD	X001
3	OR	Y000
4	ANB	
5	ANI	X002
6	ANI	Y001
7	OUT	Y000
8	MPP	
9	LD	X002
10	OR	Y001
11	ANB	
12	ANI	X001
13	ANI	Y000
14	OUT	Y001
15	END	

b)

图 2—2—8　栈操作指令实现电动机正反转运行控制

a）梯形图　b）指令表

四、程序输入及仿真运行

1. 程序输入

（1）梯形图输入法

启动 MELSOFT 系列 GX Developer 编程软件，创建新文件并命名为“启—保—停基本编程环节实现电动机正反转运行控制”，选择 PLC 的类型为“FX2N”，运用上一个任务所学的梯形图输入法，输入图 2—2—7 所示的梯形图，梯形图程序输入过程在此不再赘述。

（2）指令输入法

采用指令输入法进行程序输入的方法及步骤如下：

1）启动 MELSOFT 系列 GX Developer 编程软件，首先创建新文件并命名为“栈指令实现电动机正反转运行控制”，选择 PLC 的类型为“FX2N”。先进入如图 2—2—9 所示梯形图编程画面，然后单击左下角工具栏中的“梯形图/列表显示切换”图标 ，进入如图 2—2—10所示的指令表编程画面。

2）指令表的输入。在图 2—2—10 所示的指令表编程画面中，依次输入如图 2—2—8b 所示的指令表。指令输入的方法是：先利用计算机键盘键入 LDI 指令，此时会出现如图 2—2—11所示的“列表输入”对话框，接着按空格键，并输入 X000，最后单击列表输入框内的“确定”按钮或按 Enter 键，会出现如图 2—2—12 所示的画面。

运用上述指令输入法依次将图 2—2—8b 所示指令表中的指令输入完毕后，将得到如图 2—2—13 所示的画面。再次单击左下角工具栏中的“梯形图/列表显示切换”图标，会返回梯形图编程画面，画面中会自动出现如图 2—2—14 所示的栈操作指令实现的三相异步电动机正反转控制的梯形图。

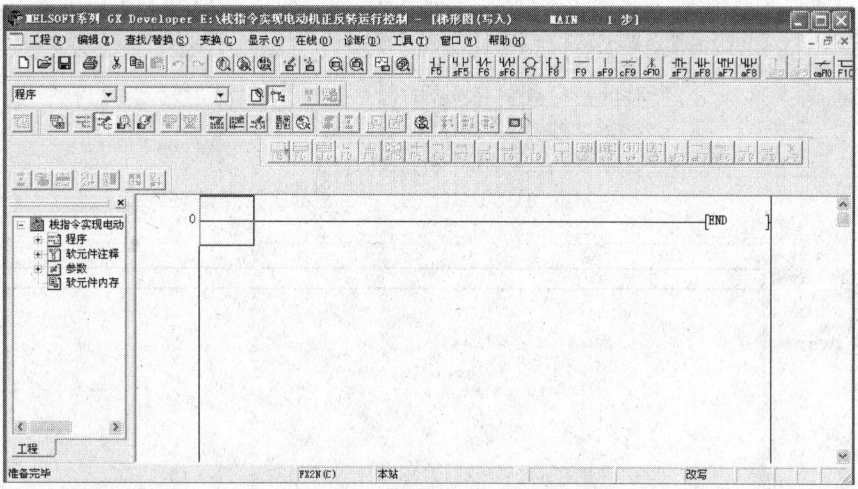

图 2—2—9　梯形图编程画面

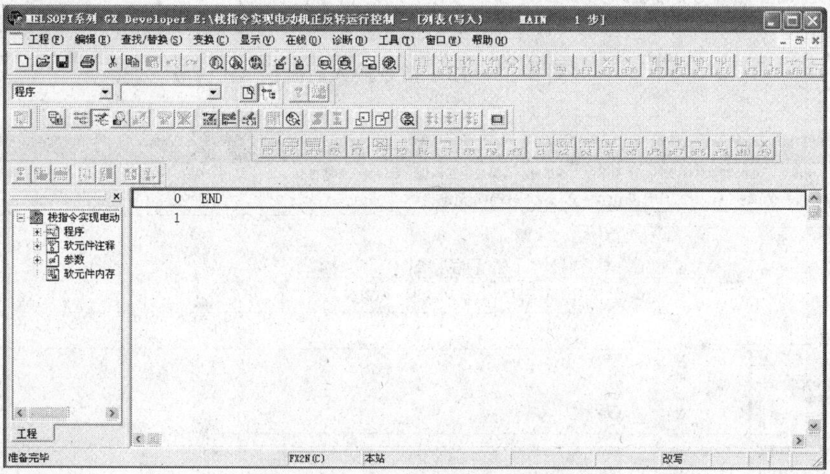

图 2—2—10　指令表编程画面

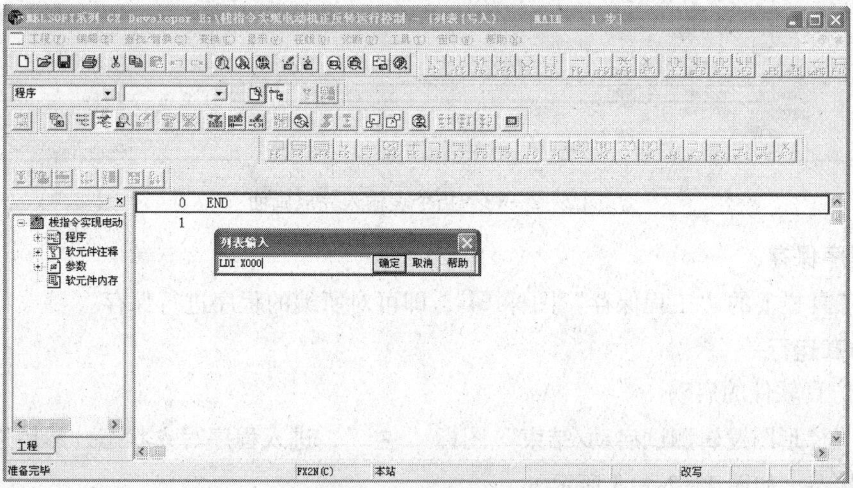

图 2—2—11　“列表输入”对话框

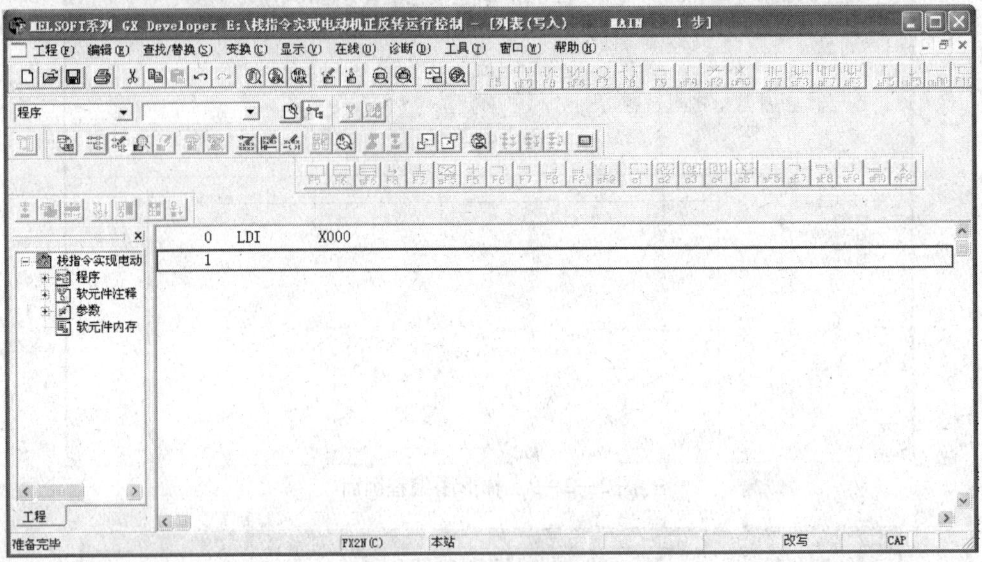

图 2—2—12　指令输入后画面

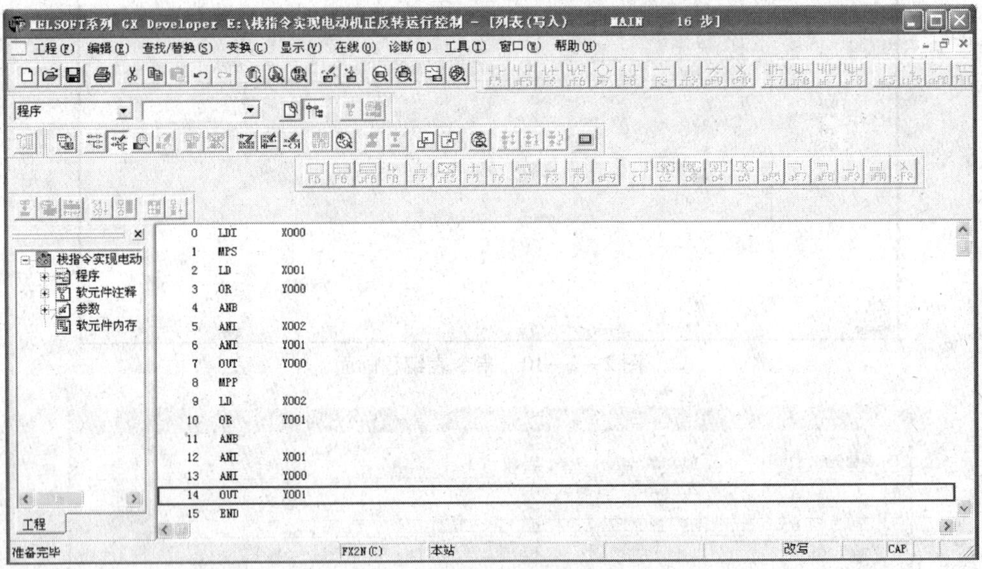

图 2—2—13　指令表输入完成画面

2．程序保存

单击工具栏上的“工程保存”图标，即可对所编的程序进行保存。

3．仿真运行

（1）仿真软件的启动

单击“梯形图逻辑测试启动/结束”图标“”，进入程序写入状态，然后进入梯形图逻辑测试状态，如图 2—2—15 所示。

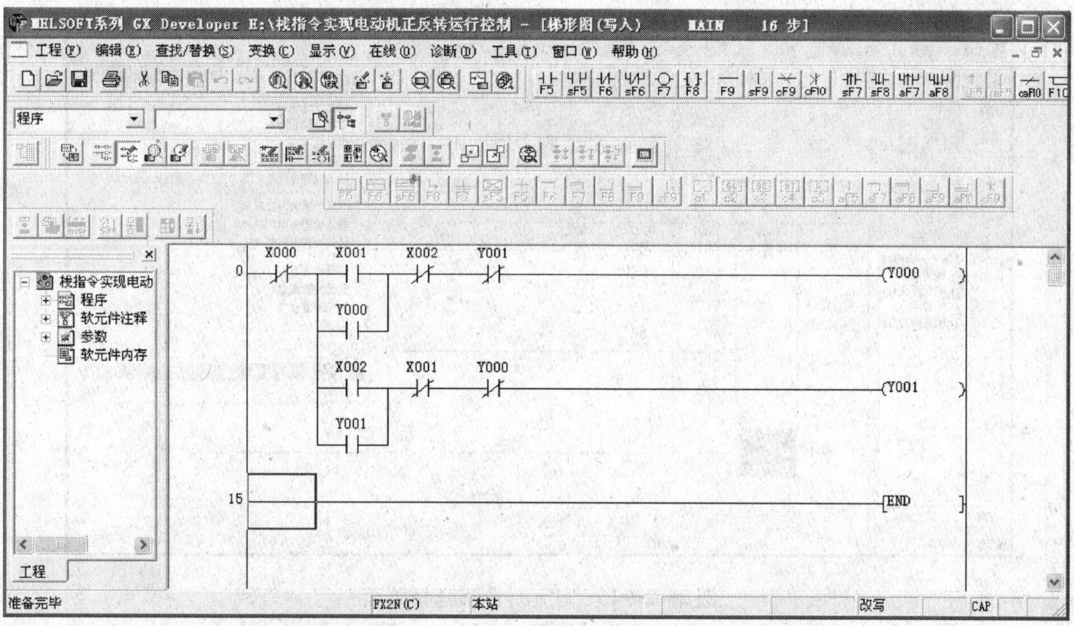

图 2—2—14　由指令表输入画面切换到的梯形图编程画面

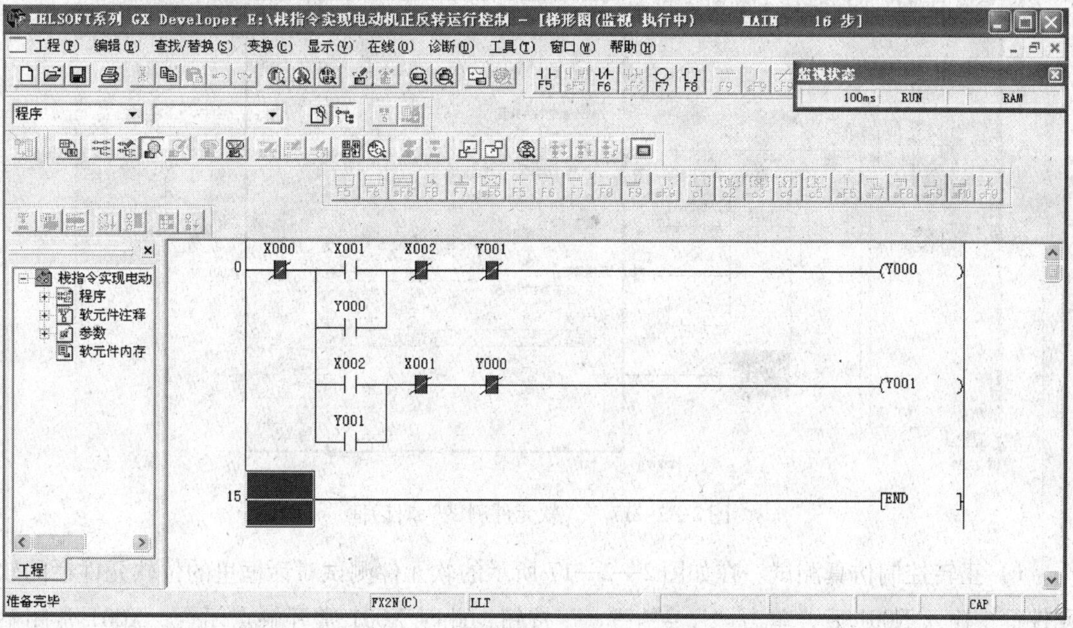

图 2—2—15　梯形图逻辑测试状态画面

（2）软元件测试

将鼠标移至显示屏画面任意一个空白处，然后单击右键，会出现如图 2—2—16 所示的画面，选择并单击对话框中的“软元件测试”选项，将出现如图 2—2—17 所示的画面。

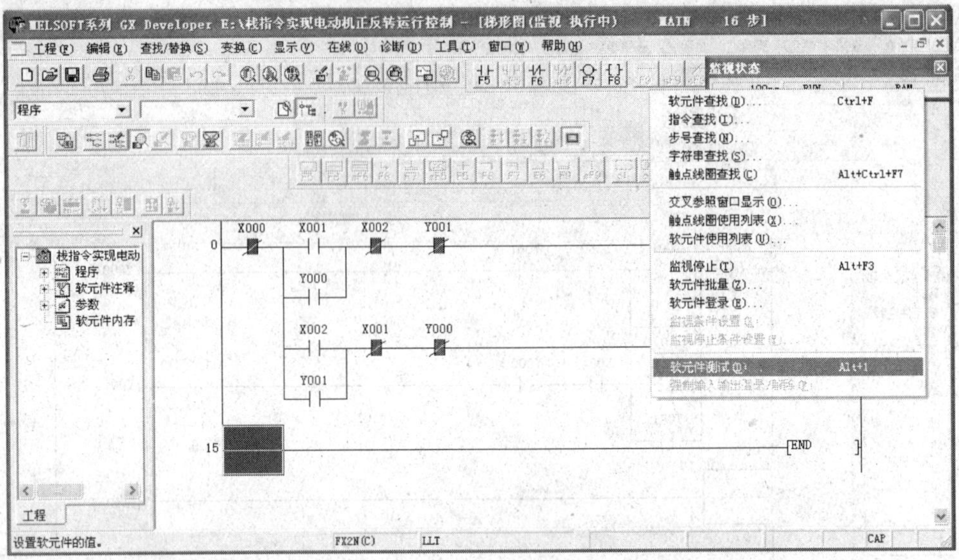

图 2—2—16　软元件测试选择画面

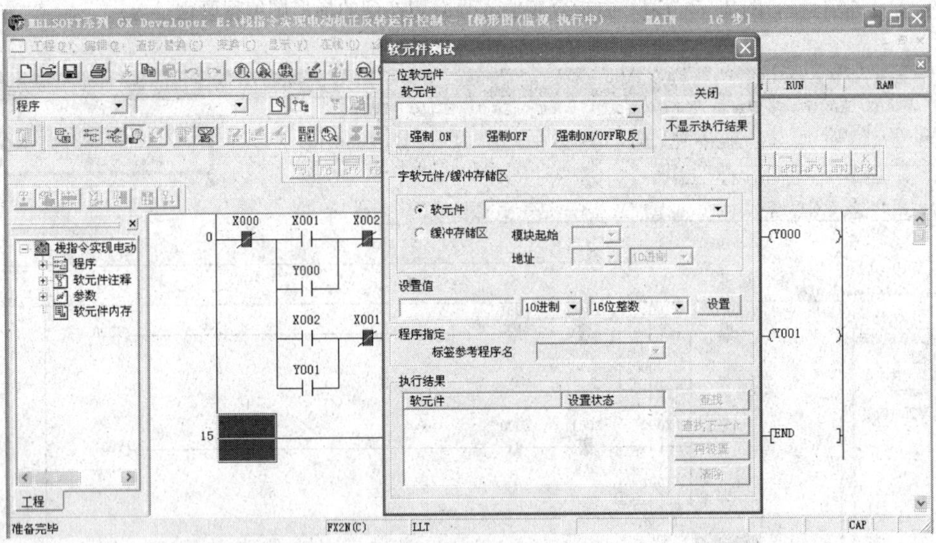

图 2—2—17　“软元件测试”对话框

1）正转控制仿真测试。在如图 2—2—17 所示的软元件测试对话框里的位软元件栏的软元件框中输入 X001 后，单击“强制 ON”按钮，此时 X001 常开触点闭合，X001 常闭触点断开，然后再单击“强制OFF”按钮，此时 X001 常开触点和常闭触点复位，相当于在 PLC 输入端，按下正转启动按钮 SB2，给 PLC 输入正转启动信号，此时输出继电器 Y000 线圈得电，Y000 常开触点接通自保，Y000 常闭触点断开互锁，同时 PLC 输出端的 Y000 接线柱有信号输出，如果在 Y000 端子上接有接触器 KM1 的话，接触器 KM1 线圈将得电，如图 2—2—18 所示。

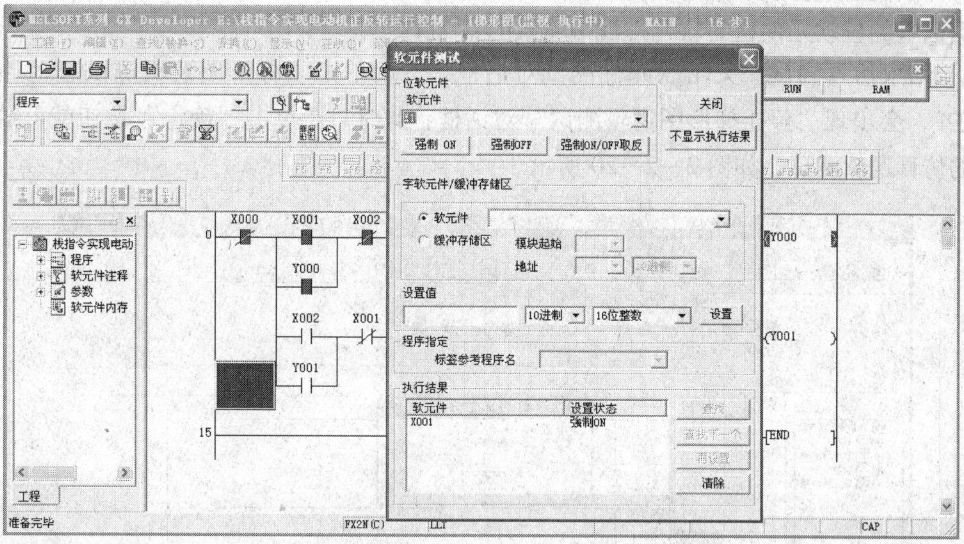

图 2—2—18　正转控制仿真测试

2）停止控制仿真测试。在软元件测试对话框里的位软元件栏的软元件框中输入 X000 后，单击"强制 ON"按钮，此时 X000 常闭触点断开，相当于在 PLC 输入端按下停止按钮 SB1，给 PLC 输入停止信号，此时输出继电器 Y000 线圈失电，Y000 常开触点断开，Y000 常闭触点复位闭合，同时 PLC 输出端的 Y000 接线柱输出信号中断，如果在 Y000 端子上接有接触器 KM1 的话，接触器 KM1 线圈将断电得电，然后再单击"强制OFF"按钮，此时 X000 常闭触点复位，为反转启动或下一次启动做准备，如图 2—2—19 所示。

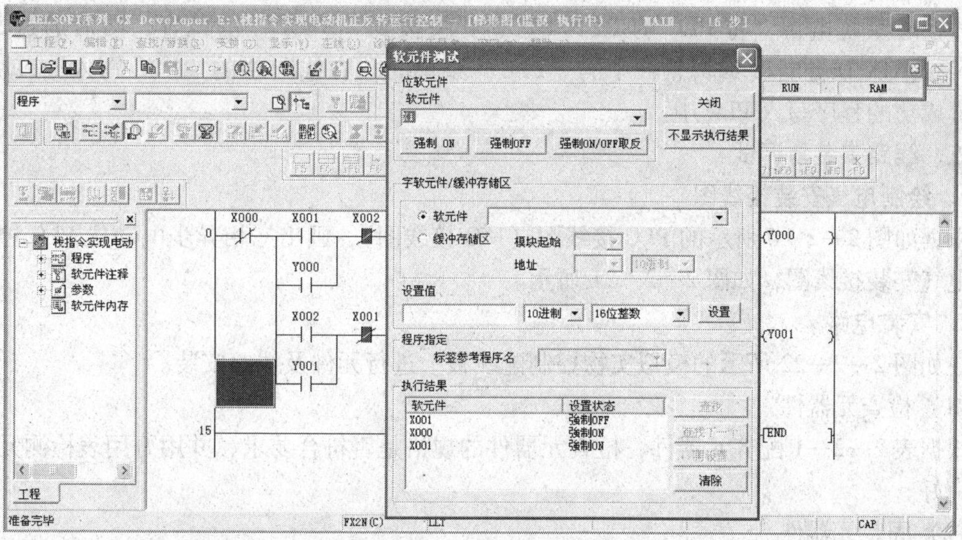

图 2—2—19　停止控制仿真测试

3）反转控制仿真测试。其仿真测试的方法同正转控制仿真测试方法一样，只是在软元件对话框里的位软元件栏的软元件框中输入的是 X002。

4）结束仿真测试。关闭软元件测试对话框，然后单击“梯形图逻辑测试起动/结束”按钮，会出现“停止梯形图逻辑测试”对话框，此时只要单击“确定”按钮就可结束梯形图的仿真逻辑测试，如图 2—2—20 所示。

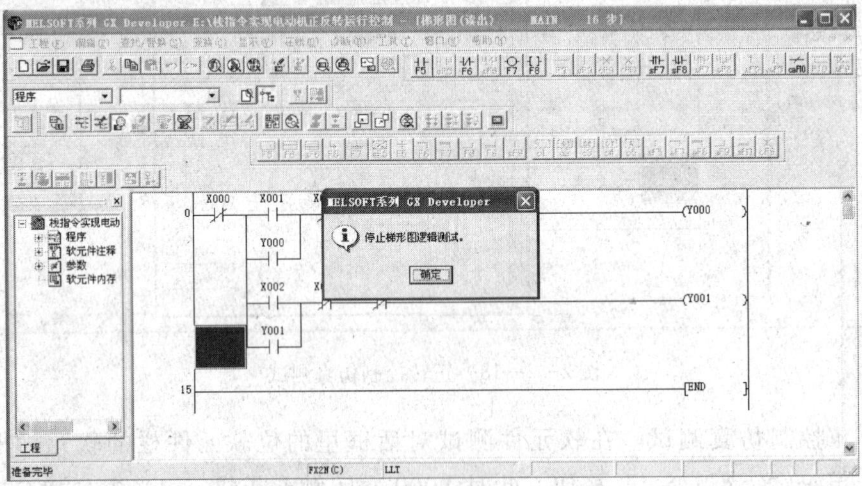

图 2—2—20　结束梯形图逻辑测试

4. 程序下载

（1）PLC 与计算机连接

使用专用通信电缆 RS－232/RS422 转换器将 PLC 的编程接口与计算机的 COM1 串口连接。

（2）程序写入

先接通系统电源，将 PLC 的 RUN/STOP 开关拨到“STOP”的位置，然后通过 MELSOFT 系列 GX Developer 编辑软件中的“PLC”菜单的“在线”栏的“PLC 写入”，就可以把仿真成功的程序写入 PLC 中。

五、线路安装与调试

1. 绘制电气安装接线图

根据如图 2—2—6 所示的 PLC 接线图（I/O 接线图），画出三相异步电动机 PLC 控制系统的电气安装接线图，如图 2—2—21 所示。

2. 安装电路

在如图 2—2—22 所示的模拟实物控制配线板上进行元件及线路安装。

（1）检查元器件

根据表 2—2—1 配齐元器件，检查元器件的规格是否符合要求，并用万用表检测元器件是否完好。

（2）固定元器件

固定好本任务控制所需元器件。

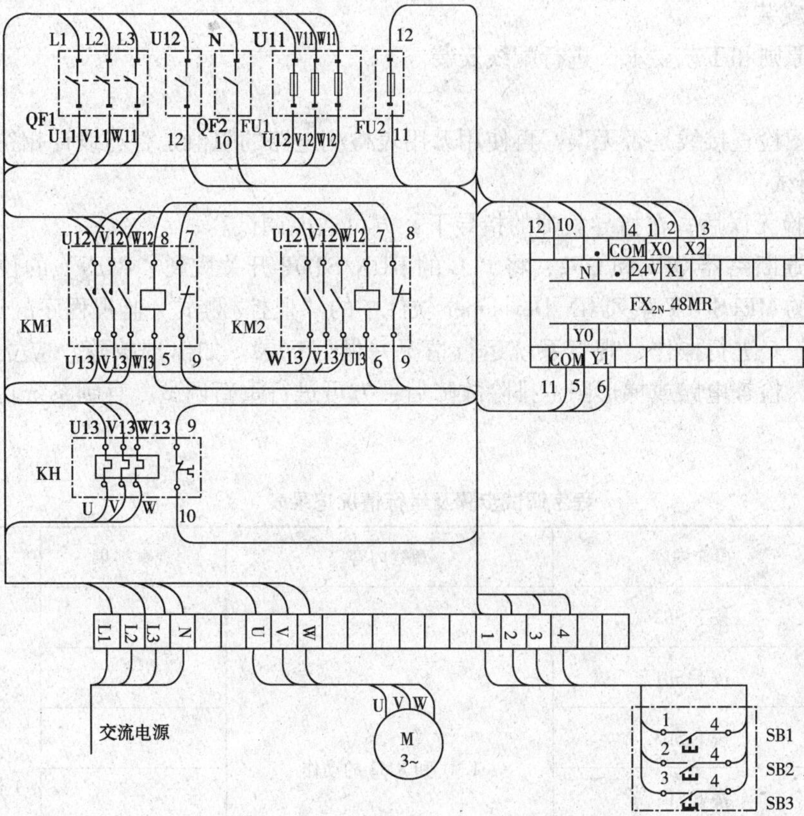

图 2—2—21　三相异步电动机正反转运行 PLC 控制系统的电气安装接线图

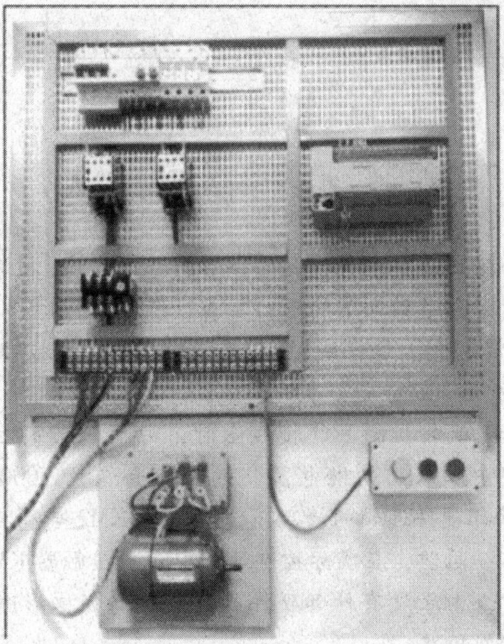

图 2—2—22　三相异步电动机正反转运行控制系统安装效果图

（3）配线安装

根据配线原则和工艺要求，进行配线安装。

（4）自检

对照接线图检查接线是否无误，再使用万用表检测电路的阻值是否与设计相符。

3. 通电调试

（1）经自检无误后，在指导教师的指导下，方可通电调试。

（2）先接通断路器 QF1 和 QF2，将 PLC 的 RUN/STOP 开关拨到“RUN”的位置，然后通过计算机上的 MELSOFT 系列 GX Developer 软件中的“监控/测试”监视程序的运行情况，再按照表 2—2—6 进行操作，观察系统运行情况并做好记录。如出现故障，应立即切断电源，分析原因、检查电路或梯形图，排除故障后，方可进行重新调试，直到系统功能调试成功为止。

表 2—2—6　　程序调试步骤及运行情况记录表

操作步骤	操作内容	观察内容	观察结果	思考内容
第一步	按下 SB2	KM1 和 KM2 的动作		理解 PLC 的工作过程
第二步	按下 SB1			
第三步	按下 SB3			
第四步	按下 SB1			
第五步	再按下 SB2			
第六步	再按下 SB3			

操作提示

在进行三相异步电动机正反转运行控制的梯形图程序设计、上机编程、模拟仿真及线路安装与调试的过程中，时常会遇到如下问题：

问题 1：在设计正反转控制 I/O 接线图时，往往遗漏接触器 KM1 和 KM2 的接触器的外部连锁，如图 2—2—23 所示。

后果及原因：在设计正反转控制 I/O 接线图时，由于 PLC 的扫描周期和接触器的动作时间不匹配，只在梯形图中加入“软继电器”的互锁会造成 Y000 虽然断开，可能接触器 KM1 还未断开，在没有外部硬件连锁的情况下，接触器 KM2 会得电动作，主触头闭合，会引起主电路电源相间短路；同理，在实际控制过程中，当接触器 KM1 或接触器 KM2 任何一个接触器的主触头熔焊时，由于没有外部硬件的连锁，只在梯形图中加入“软继电器”的互锁会造成主电路电源相间短路。

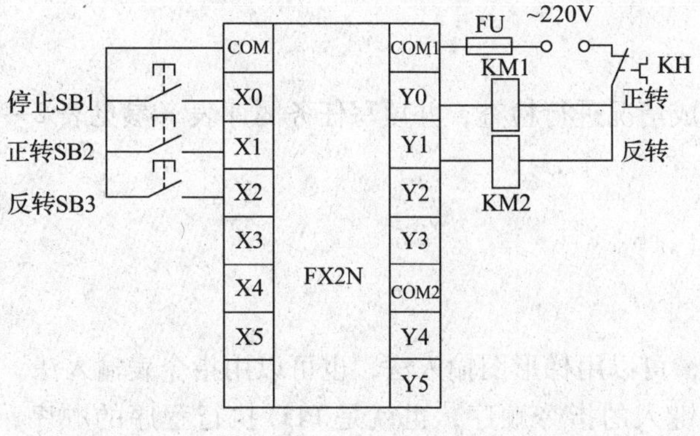

图 2—2—23　错误的正反转控制 I/O 接线图

预防措施：在设计正反转控制 I/O 接线图时，为了防止接触器 KM1 或接触器 KM2 任何一个接触器的主触头熔焊时，造成主电路电源相间短路，必须进行 PLC 输出端外部硬件连锁。

问题 2：在运用指令表输入法编程时，键入指令助记符后没有按空格键就键入元件号。

后果及原因：在运用指令表输入法编程时，键入指令助记符后没有按空格键就键入元件号，会出现如图 2—2—24 所示的画面，无法完成指令的输入。

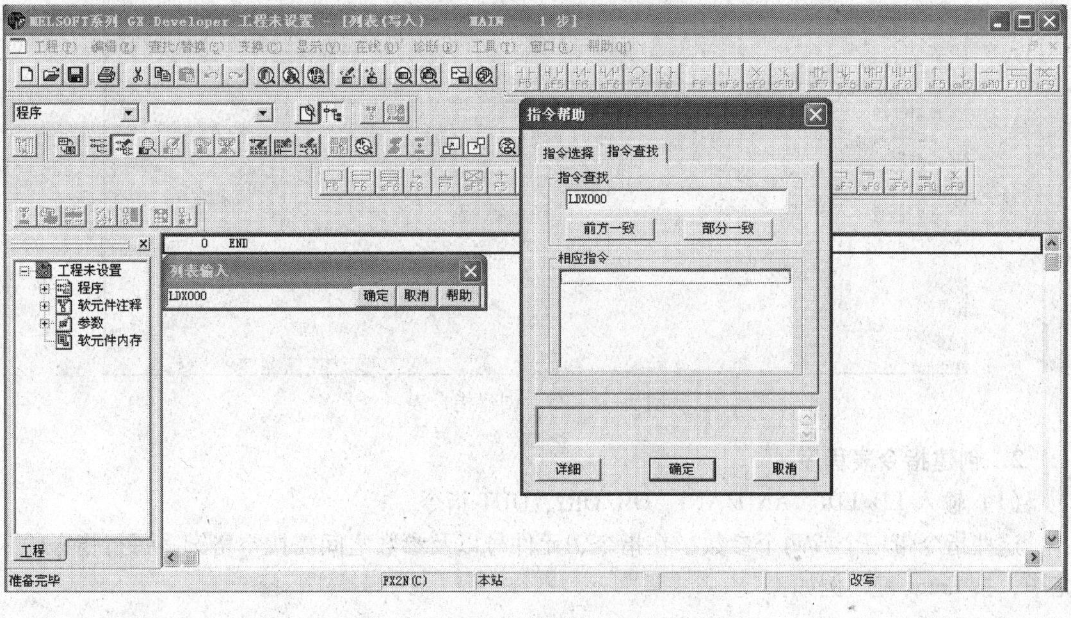

图 2—2—24　错误的指令输入法

预防措施：在运用指令表输入法编程时，键入指令助记符后应按空格键，然后再键入元件号、参数等。

任务测评

对任务实施的完成情况进行检查，并填写任务测评表（参见表 2—1—6）。

知识拓展

PLC 程序的创建，可以用梯形图输入法，也可以用指令表输入法。在用指令表输入法创建程序时，要注意所键入的指令顺序，也就是 PLC 执行程序的顺序，即同一列从上而下，同一行从左到右。如果键入指令的顺序弄错，则程序会出错。

1. 进入指令表编辑窗口

当 MELSOFT 系列 GX Developer 编程软件启动后，将鼠标移到下拉菜单中的“梯形图/列表显示切换”图标“”，单击，则出现指令表编辑屏幕，如图 2—2—25 所示。图中从 0 行开始，准备接受指令表输入。输入指令表时，不必键入序号，只需键入指令助记符以及元件号、参数即可。

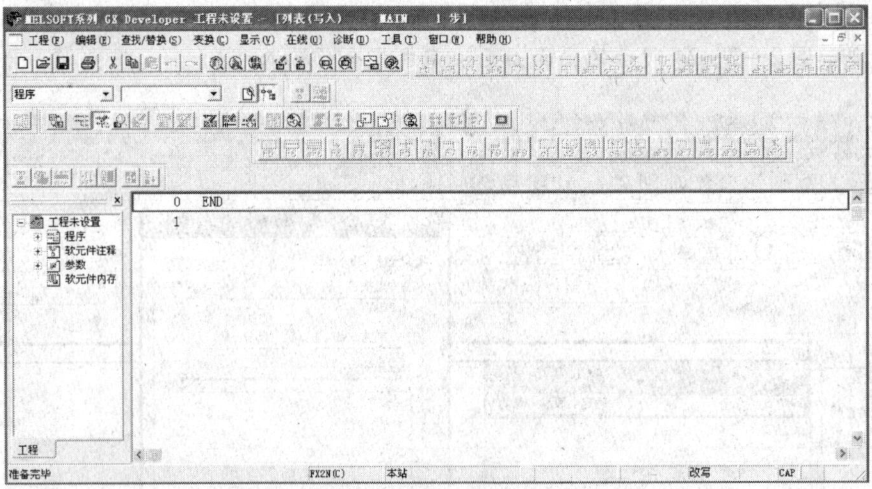

图 2—2—25　创建指令表

2. 创建指令表程序

（1）输入 LD/LDI、AND/ANI、OR/ORI、OUT 指令

这些指令带一个或两个参数，在指令、元件号以及参数之间需按空格键。每行指令输入完毕，按 Enter 键，例如：

LD X0↙　OR Y1↙　ANI X1↙　OUT T0 K20↙

键入指令前，指令表编辑屏幕有一蓝线条框行，一键入指令就会出现“列表输入”对话框，如图 2—2—26 所示。在此框中键入指令、元件符号、参数，按 Enter 键后，此对话框消失，在原位置上出现行号、指令元件号及参数，而蓝线条框会下移一行，等待下一条指令的输入。

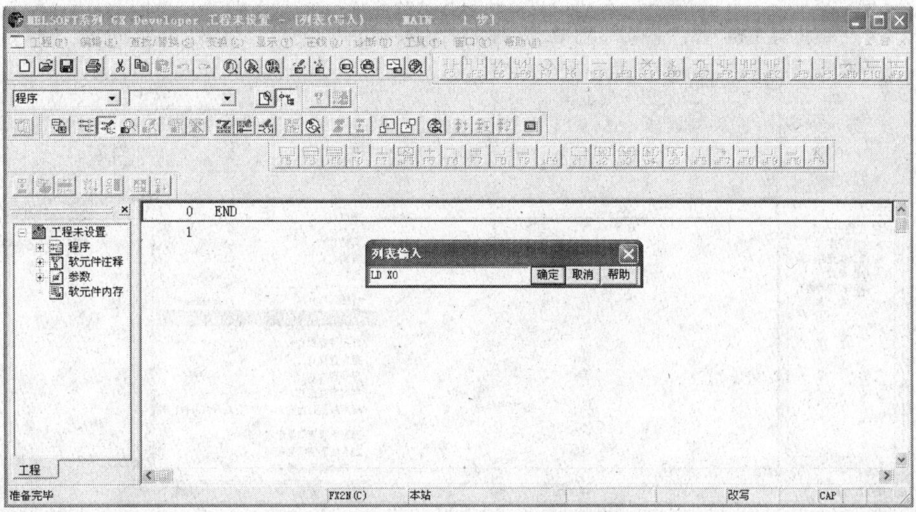

图 2—2—26　“列表输入”对话框

（2）无操作参数指令的输入。这些指令包括 ANB、ORB、MPS、MRD、MPP、INV、NOP、RET、END 等，这些指令无参数，只需键入指令并按 Enter 键即可。例如：

ANB↙　ORB↙　MPS↙　MRD↙　MPP↙　INV↙　NOP↙　RET↙　END↙

（3）输入 SET/RST、MC/MCR、PLS/PLF

这些指令有一个或两个参数，例如：

SET S20↙　RST C0↙　PLS M1↙　MC N0 M10↙　MCR N0↙

（4）应用指令的输入

应用指令的指令表输入，直接键入应用指令助记符、参数即可。在助记符与参数、参数与参数之间要按空格键。例如：

MOV K100 D10↙　ZRST M10 M20↙　SFTR X0 M0 K16 K4↙

3. 指令表与梯形图之间的切换

当指令表键入结束指令 END 并按 Enter 键后，蓝线条框移到 END 之后一行，才可进行指令表与梯形图的切换。在未达到 END 之前如进行切换，可能会因此失去程序语句而导致程序出错。

4. 指令表的元件删除和修改

（1）删除

将鼠标移到带删除的指令行，单击右键，会出现编辑对话框，如图 2—2—27 所示。选择“行删除”命令，则删除蓝线条框所指示的程序行，行号上移且重新排列。

（2）插入

将鼠标移到带插入的指令行，单击右键，会出现编辑对话框，选择“行插入”命令，则蓝线条框所指示的程序行为 NOP（空操作），如图 2—2—28 所示。再按照指令表输入法键入指令和参数，按 Enter 键，则在此行位置上便出现所插入的程序行，而原先的程序行号下移。

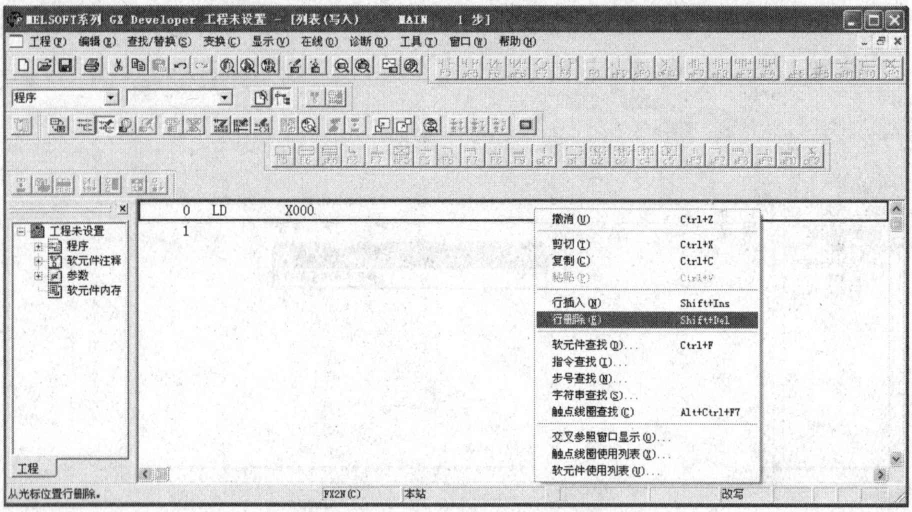

图 2—2—27　指令表的元件删除

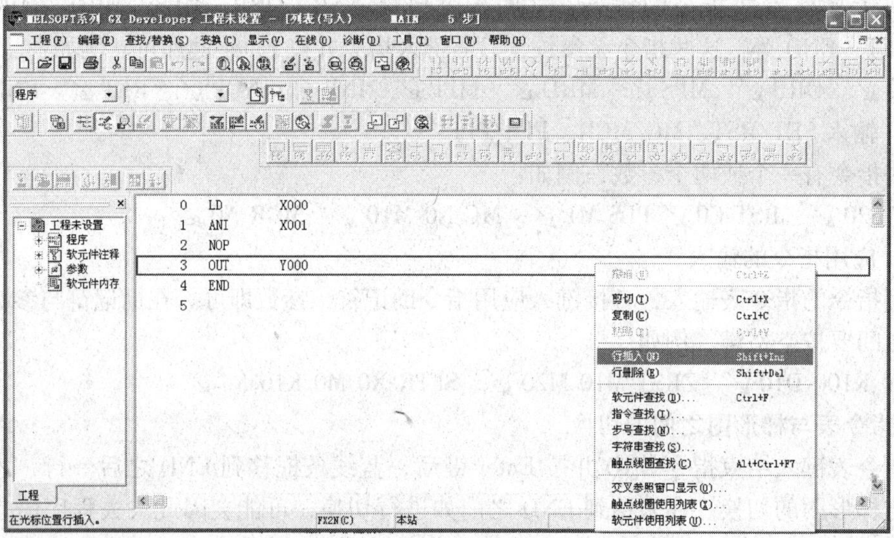

图 2—2—28　指令表的元件插入

巩固与提高

一、填空题（请将正确的答案填在横线空白处）

1．写出下列指令功能：

ORB ________________　ANB ________________

MPS ________________　MRD ________________

MPP ________________

2. 在编程时，可把所需要并联的回路连贯地写出，而在这些回路的末尾连续使用与支路个数相同的______指令，这时指令最多使用不超过____ 次。

3. 在编程时，可把所需要串联的回路连贯地写出，而在这些回路的末尾连续使用与回路个数相同的______指令，这时指令最多使用不超过____ 次。

4. MPS、MRD 和 MPP 指令均为不带__________ 指令，其中 MPS 和 MPP 指令必须配对使用。

5. 由于三菱 FX2N 的 PLC 就提供了 11 个栈存储器，因此 MPS 和 MPP 指令连续使用的次数不得超过______ 次。

二、选择题（将正确答案的序号填入括号内）

1. 在编程时，也可把所需要并联的回路连贯地写出，而在这些回路的末尾连续使用与支路个数相同的 ORB 指令，这时指令最多使用（　　）。

A. 没有限制　　B. 有限制　　C. 7 次　　D. 8 次

2. F 系列可编程序控制器中的 ORB 指令用于（　　）。

A. 串联连接　　B. 并联连接

C. 回路串联连接　　D. 回路并联连接

3. F 系列可编程序控制器中回路串联连接用（　　）指令。

A. AND　　B. ANI　　C. ORB　　D. ANB

三、判断题（在下列括号内，正确的打“√”，错误的打“×”）

1. MPP 指令用于分支的开始处，MRD 指令用于分支的中间处，MPS 指令用于分支的结束处。（　　）

2. 2 个或 2 个以上触点串联连接的电路块称为串联电路块。将串联电路块作并联连接时，分支开始用 LD、LDI 指令，分支结束用 ANB 指令。（　　）

3. 由一个或多个触点的串联电路形成的并联分支电路称为并联电路块，并联电路块在串联连接时，要使用 ORB 指令。（　　）

4. 多个串联电路块作并联连接，或多个并联电路作串联连接时，电路块数没有限制。（　　）

四、技能题

1. 题目：用 PLC 进行控制线路的设计，并进行安装与调试。

2. 考核要求：

（1）按图 2—2—29 所示的继电控制电路的控制功能用 PLC 进行控制线路的设计，并且进行安装与调试。

（2）电路设计

根据任务，设计主电路电路图，列出 PLC 控制 I/O（输入/输出）口元件地址分配表，根据加工工艺，设计梯形图及 PLC 控制 I/O（输入/输出）口接线图，并能仿真运行。

（3）安装与接线

1）将熔断器、接触器、继电器、PLC 装在一块配线板上，将转换开关、按钮等装在另一块配线板上。

2）按 PLC 控制 I/O（输入/输出）口接线图在模拟配线板上正确安装，元件在配线板上布置要合理，安装要准确、紧固，配线导线要紧固、美观，导线要进走线槽，导线要有端子标号。

（4）PLC键盘操作

熟练操作键盘，能正确地将所编程序输入PLC；按照被控设备的动作要求进行模拟调试，达到设计要求。

（5）通电实验

正确使用电工工具及万用表进行仔细检查，通电实验时注意人身和设备安全。

（6）考核时间分配

1）设计梯形图及PLC控制I/O（输入/输出）口接线图及上机编程时间为90 min。

2）安装接线时间为60 min。

3）试机时间为5 min。

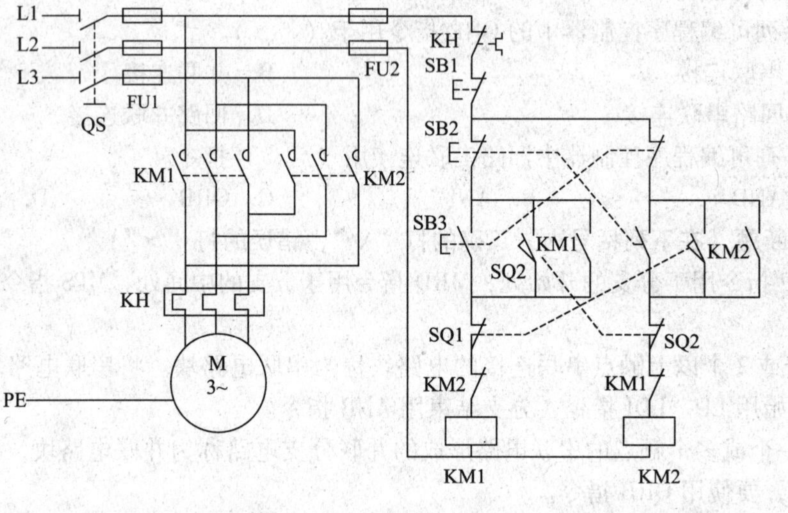

图2—2—29　继电控制电路

3. 评分标准（参照表2—1—6）。

任务3　三相异步电动机Y—△降压启动控制

学习目标

知识目标：

1. 掌握主控指令MC、MCR的功能及应用，同时了解主控指令与多重输出指令的异同点。

2. 掌握主控指令在 PLC 的软件系统及梯形图编程中的原则。

能力目标：

1. 会根据控制要求，灵活运用经验法，利用主控指令或多重输出指令实现三相异步电动机 Y—△降压启动控制的梯形图程序设计。

2. 能通过三菱 GX Developer 编程软件，采用梯形图输入法或指令语句表输入法进行编程，然后通过仿真软件采用软元件测试的方法，进行模拟仿真运行。

工作任务

图 2—3—1 所示是三相异步电动机 Y—△降压启动的继电—接触器控制电路。本次任务就是：用 PLC 控制系统来实现如图 2—3—1 所示的三相交流异步电动机的 Y—△降压启动控制，其控制的时序图如图 2—3—2 所示。

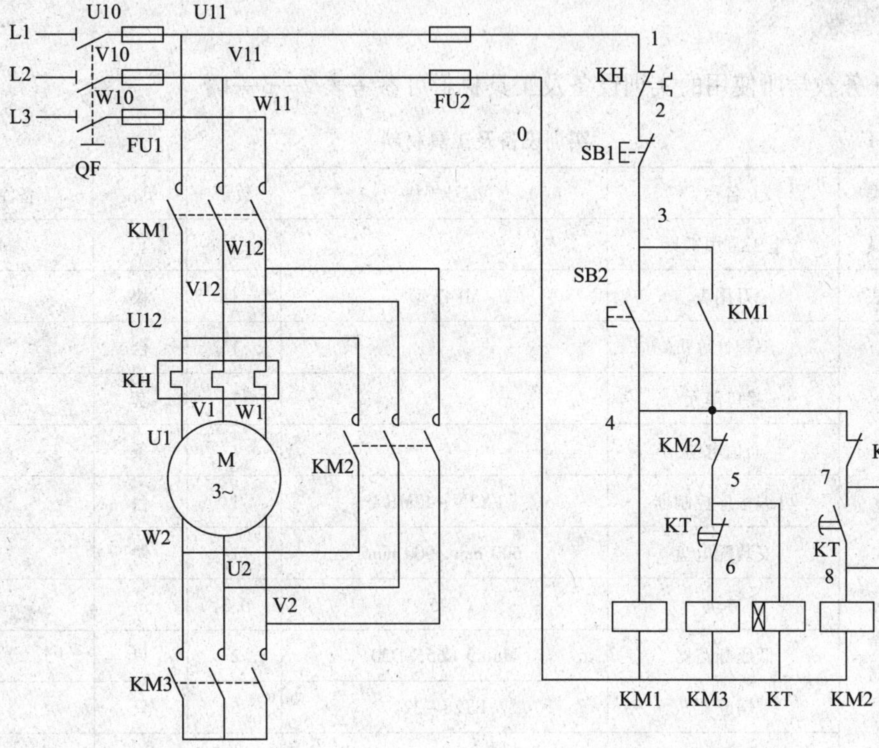

图 2—3—1　三相异步电动机 Y—△降压启动的继电—接触器控制电路

任务要求如下：

（1）能够用按钮控制三相交流异步电动机的 Y—△降压启动和停止。

（2）具有短路保护和过载保护等必要的保护措施。

（3）利用 PLC 基本指令中的主控指令或多重输出指令来实现上述控制。

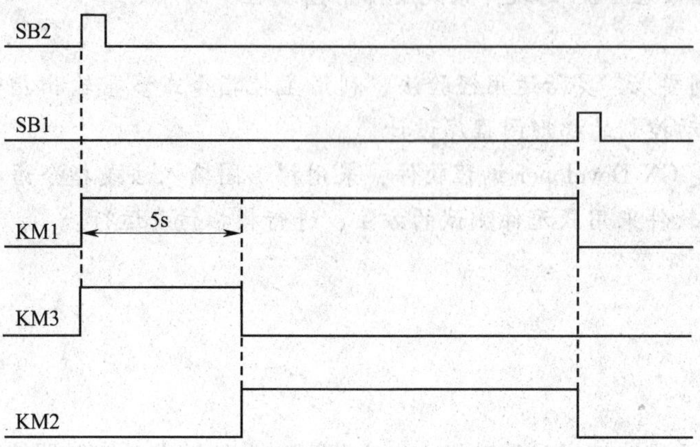

图 2—3—2　三相异步电动机 Y—△降压启动控制时序图

任务准备

实施本任务教学所使用的实训设备及工具材料可参考表 2—3—1。

表 2—3—1　　**实训设备及工具材料**

序号	分类	名称	型号规格	数量	单位	备注
1	工具	电工常用工具		1	套	
2	仪表	万用表	MF47 型	1	块	
3		编程计算机		1	台	
4		接口单元		1	套	
5		通信电缆		1	条	
6		可编程序控制器	FX2N－48MR	1	台	
7		安装配电盘	600 mm×900 mm	1	块	
8		导轨	C45	0.3	m	
9	设备器材	低压断路器	Multi9 C65N D20	2	只	
10		熔断器	RT28－32	6	只	
11		按钮	LA4－2H	2	只	
12		接触器	CJ10－10 或 CJT1－10	3	只	
13		接线端子	D－20	20	只	
14		三相异步电动机	△接法，自定	1	台	
15		热继电器	按电动机容量自定	1	台	

续表

序号	分类	名称	型号规格	数量	单位	备注
16	消耗材料	铜塑线	BV1/1.37 mm^2	10	m	主电路
17		铜塑线	BV1/1.13 mm^2	15	m	控制电路
18		软线	BVR7/0.75 mm^2	10	m	
19		紧固件	M4×20 螺杆	若干	只	
20			M4×12 螺杆	若干	只	
21			ϕ4 mm 平垫圈	若干	只	
22			ϕ4 mm 弹簧垫圈及 M4 螺母	若干	只	
23		号码管		若干	m	
24		号码笔		1	支	

任务分析

通过对如图 2—3—1 所示继电—接触器控制线路图和如图 2—3—2 所示的控制时序图分析可知，三相异步电动机的 Y—△降压启动控制原理为：启动时，首先合上总电源开关 QF，按下启动按钮 SB2，接触器 KM1 线圈得电，其辅助常开触头闭合自锁，主触头闭合；接触器 KM3 和时间继电器 KT 线圈同时得电，辅助常闭触头断开连锁；主触头闭合，电动机 Y 形启动。5 s 后，时间继电器 KT 的延时断开瞬时闭合，常闭触头延时断开，接触器 KM3 线圈失电，其主触头断开，Y 形启动结束。而 KM3 辅助常闭触头复位，时间继电器 KT 的延时闭合瞬时断开，常开触头延时闭合，接触器 KM2 线圈得电，KM2 主触头闭合，其辅助常开触头闭合自锁，电动机△形运行；KM2 辅助常闭触头断开连锁，时间继电器 KT 线圈失电，其延时断开瞬时闭合常闭触头复位为下次启动做准备。需要停止时，按下停止按钮 SB1 即可。

在进行本次任务学习时，应首先了解实现本次任务 PLC 控制的主控指令的功能及应用，以及主控指令在 PLC 的软件系统及梯形图的编程原则。然后根据控制要求，运用主控指令将三相异步电动机 Y—△降压启动的继电—接触器控制电路转换成梯形图，并进行仿真调试。

相关知识

一、主控移位和复位指令（MC、MRC）

在编程时常遇到具有主控点的电路，使用主控触点移位和复位指令往往会使编程简化。

1. 指令的助记符和功能

主控移位和复位指令的助记符和功能见表 2—3—2。

表 2—3—2　　主控开始和主控复位指令的助记符及功能

指令助记符、名称	功能	可作用的软元件	程序步
MC（主控开始）	公共串联主控触点的连接	N（层次）、Y、M（特殊 M 除外）	3
MCR（主控复位）	公共串联主控触点的清除	N（层次）	2

2. 编程实例

在编程时，经常会遇到多个线圈同时受一个或一组触点控制，如果在每个线圈的控制电路中都串入同样的触点，将占用很多存储单元，图 2—3—3 所示就是多个线圈受一个触点控制的普通编程方法。MC 和 MCR 指令可以解决这一问题。使用主控指令的触点称为主控触点，它在梯形图中一般垂直使用，主控触点是控制某一段程序的总开关。对图 2—3—3 中的控制程序可采用主控指令进行简化编程，简化后的梯形图和指令表如图 2—3—4 所示。

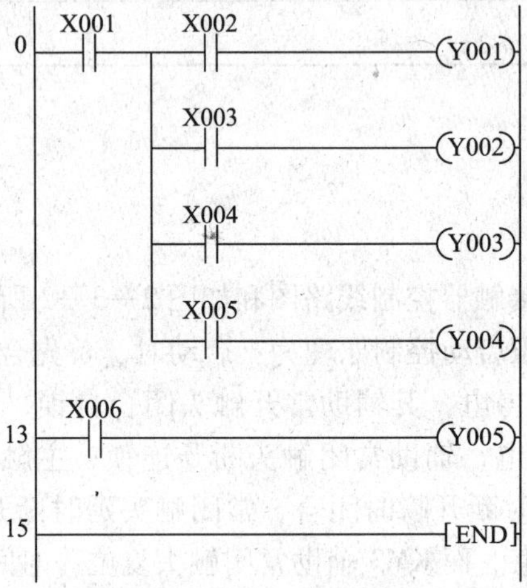

a)

```
LD    X001
MPS
AND   X002
OUT   Y001
MRD
AND   X003
OUT   Y002
MRD
AND   X004
OUT   Y003
MPP
AND   X005
OUT   Y004
LD    X006
OUT   Y005
END
```

b)

图 2—3—3　多个线圈受一个触点控制的普通编程方法
a）梯形图　b）指令表

由图 2—3—4 可知，当常开触点 X001 接通时，主控触点 M0 闭合，执行 MC 到 MCR 的指令，输出线圈 Y001、Y002、Y003、Y004 分别由 X002、X003、X004、X005 的通断来决定各自的输出状态。而当常开触点 X001 断开时，主控触点 M0 断开，MC 到 MCR 的指令之间的程序不执行，此时无论 X002、X003、X004、X005 是否接通，输出线圈 Y001、Y002、Y003、Y004 全部处于 OFF 状态。输出线圈 Y005 不在主控范围内，所以其状态不受主控触点的限制，仅取决于 X006 的通断。

3. 关于指令功能的说明

（1）当控制触点接通，执行主控 MC 指令，相对于母线（LD、LDI 点）移到主控触点后，直接执行从 MC 到 MCR 之间的指令。MCR 令其返回原母线。

（2）当多次使用主控指令（但没有嵌套）时，可以通过改变 Y、M 地址号实行，通过常用的 N0 进行编程。N0 的使用次数没有限制。

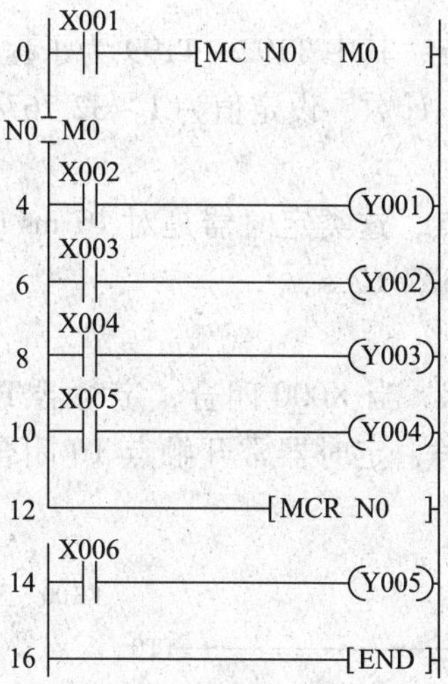

a)

LD	X001	
MC	N0	M0
LD	X002	
OUT	Y001	
LD	X003	
OUT	Y002	
LD	X004	
OUT	Y003	
LD	X005	
OUT	Y004	
MCR	N0	
LD	X006	
OUT	Y005	
END		

b)

图 2—3—4　MC、MCR 指令编程

a）梯形图　b）指令表

（3）MC、MCR 指令可以嵌套。嵌套时，MC 指令的嵌套级 N 的地址号从 N0 开始按顺序增大。使用返回指令 MCR 时，嵌套级地址号顺次减少。

（4）MC 指令里的继电器 M（或 Y）不能重复使用，如果重复使用会出现双重线圈的输出。MC 到 MCR 在程序中是成对出现的。

提示

在一个 MC 指令区内若再使用 MC 指令称为嵌套。嵌套级数最多为 8 级，编号按 N0→N1→N2→N3→N4→N5→N6→N7 顺序增大，每级的返回用对应的 MCR 指令，从编号大的嵌套级开始复位。

二、编程元件——定时器（T）

延时控制就是利用 PLC 的通用定时器和其他元器件构成各种时间控制，这是各类控制系统经常用到的功能。如本任务中的星形启动的延时控制就是利用 PLC 的通用定时器和其他元器件构成的时间控制电路。本次任务中只对通用定时器作简单的介绍，详细的内容将在下一任务“抢答器控制系统”中进行介绍。

PLC 中的定时器（T）相当于继电器控制系统中的通电型时间继电器。它是通过对一定周期的时钟脉冲计数实现定时的，时钟脉冲的周期有 1 ms、10 ms、100 ms 三种，当所计脉冲个数达到设定值时触点动作，它可以提供无限对常开常闭延时触点。设定值可用常数 K 或数据寄存器 D 来设置。

1. 通用定时器的分类

100 ms 通用定时器（T0 ~ T199）共 200 点，其中 T192 ~ T199 为子程序和中断服务程序专用定时器。这类定时器是对 100 ms 时钟累积计数，设定值为 1 ~ 32 767，所以其定时范围为 0. 1 ~ 3 276. 7 s。

10 ms 通用定时器（T200 ~ T245）共 46 点，这类定时器是对 10 ms 时钟累积计数，设定值为 1 ~ 32 767，所以其定时范围为 0. 01 ~ 327. 67 s。

2. 通用定时器的动作原理

通用定时器的动作原理如图 2—3—5 所示。当 X000 闭合，定时器 T0 线圈得电，开始延时，延时时间 $\Delta t = 100\ \text{ms} \times 100 = 10\ \text{s}$，此时，定时器常开触点 T0 闭合，驱动 Y000。当 X000 断开，T0 失电，Y000 失电。

图 2—3—5　通用定时器动作原理

任务实施

一、分配输入点和输出点，写出 I/O 通道地址分配表

根据任务控制要求，可确定 PLC 需要 2 个输入点，3 个输出点，其 I/O 通道分配表见表 2—3—3。

表 2—3—3　　I/O 通道地址分配表

输入			输出		
元件代号	作用	输入继电器	元件代号	作用	输出继电器
SB1	停止按钮	X000	KM1	正转控制	Y000
SB2	启动按钮	X001	KM2	三角形联结控制	Y001
			KM3	星形联结控制	Y002

二、画出 PLC 接线图（I/O 接线图）

PLC 接线图如图 2—3—6 所示。

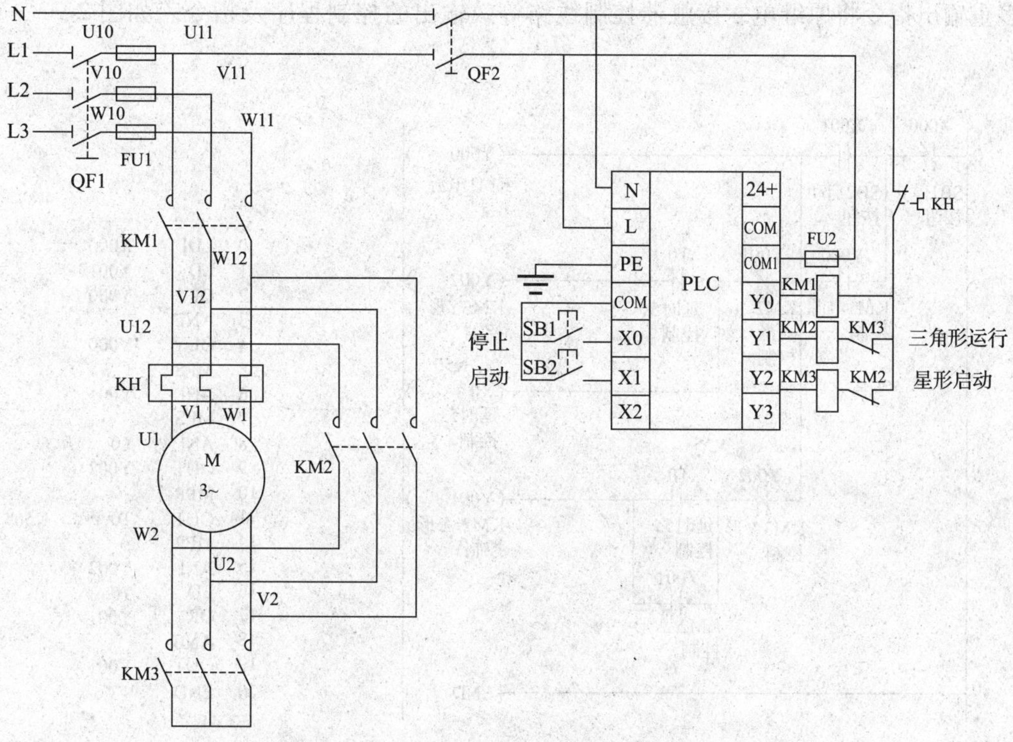

图 2—3—6　Y—△降压启动控制 I/O 接线图

提示

在 Y—△降压启动的过程中要完成 Y 形到△形的切换，Y 形启动和△形运行不能同时通电。如果 Y 形和△形同时通电，会造成电源相间短路。因此在设计 Y—△降压启动控制 I/O 接线图时，由于 PLC 的扫描周期和接触器的动作时间不匹配，只在梯形图中加入“软继电器”的互锁会造成 Y002 虽然断开，可能接触器 KM3 还未断开，在没有外部硬件连锁的情况下，接触器 KM2 会得电动作，主触头闭合，会引起主电路电源相间短路；同理，在实际控制过程中，当接触器 KM2 或接触器 KM3 任何一个接触器的主触头熔焊时，由于没有外部硬件的连锁，只在梯形图中加入“软继电器”的互锁会造成主电路电源相间短路。此外，还可以通过程序增加一个 Y 形断电后的延时控制再接通△形。

三、程序设计

在进行 PLC 控制系统的编程设计时，往往有多个设计方案，本次任务的编程设计也不例外，可以通过目前所学的相关基本指令进行设计，设计方案主要有以下 3 种。

1. 采用块与指令及多重输出指令进行设计

编程思路：用 PLC 控制系统对继电—接触器控制系统的改造，对于编程初学者来说，一般都是采用经验法，在原继电—接触器控制线路的基础上进行等效的变化。采用块与指令及多重输出指令将原继电—接触器控制线路等效输出的控制程序及指令表如图 2—3—7 所示。

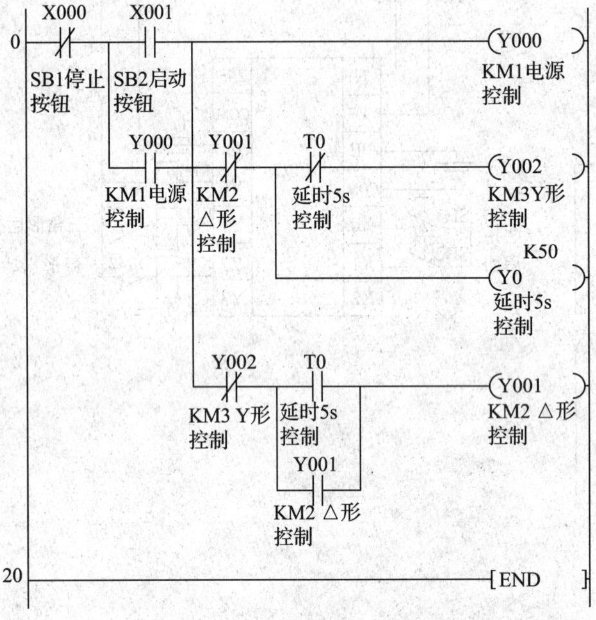

a)

0	LDI	X000	
1	LD	X001	
2	OR	Y000	
3	ANB		
4	OUT	Y000	
5	MPS		
6	ANI	Y001	
7	MPS		
8	ANI	T0	
9	OUT	Y002	
10	MPP		
11	OUT	T0	K50
14	MPP		
15	ANI	Y002	
16	LD	T0	
17	OR	Y001	
18	ANB		
19	OUT	Y001	
20	END		

b)

图 2—3—7　采用块与指令及多重输出指令实现的 Y—△降压启动控制程序

a）梯形图　b）指令表

2. 采用串、并联及输出指令进行设计

（1）Y—△降压启动电源控制程序的设计

编程思路：从如图 2—3—1 所示的 Y—△降压启动的继电—接触器控制电路原理和如图 2—3—2 所示的控制时序图分析可知，无论是 Y 形启动还是△形运行，接触器 KM1（Y000）始终保持得电，因此，可以采用在任务 1 中所学的“启—保—停”电路进行接触器 KM1（Y000）的控制设计，其控制程序如图 2—3—8 所示。

图 2—3—8　Y—△降压启动电源控制程序

（2）Y—△降压启动 Y 形启动控制程序的设计

编程思路：由于 Y 形启动控制时，除了接触器 KM1（Y000）得电外，还必须使接触器 KM3（Y002）通电，因此可以通过 Y000 的辅助常开触头使 Y002 线圈获电，即将 Y000 的辅助常开触头与 Y002 线圈串联。其控制程序如图 2—3—9 所示。

图 2—3—9　Y 形启动控制程序

（3）Y—△降压启动的 Y 形启动延时控制程序的设计

编程思路：由于 Y 形启动的延时时间为 5 s，因此可采用本任务所学的编程元件定时器 T0 的辅助常闭触头与 Y002 线圈串联进行延时控制编程设计，如图 2—3—10 所示。值得一提的是，由于 T0 为 100 ms 的通用定时器，因此在设置时间参数时应为 K50。

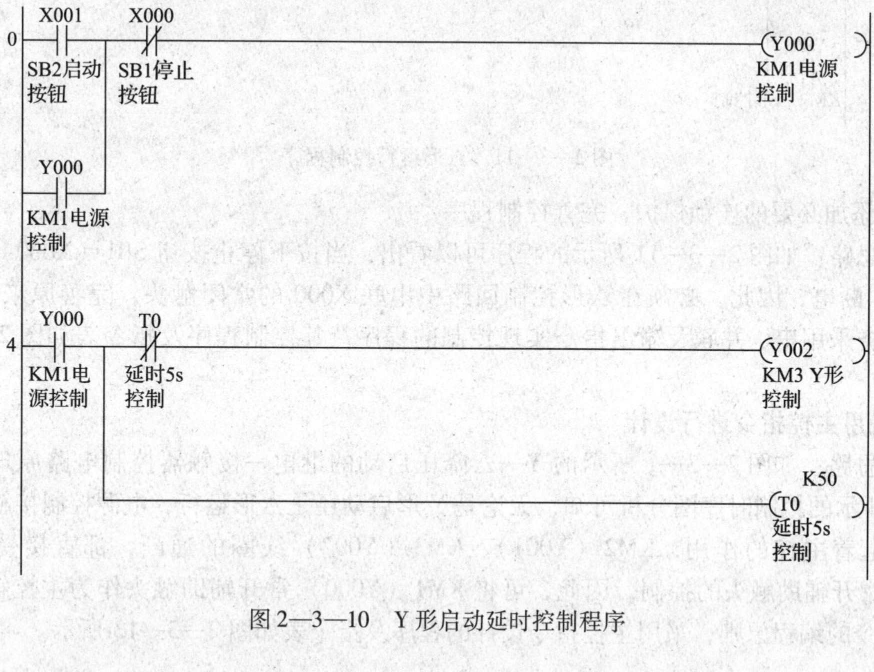

图 2—3—10　Y 形启动延时控制程序

（4）Y—△降压启动的△形运行控制程序的设计

编程思路：当 Y 形启动结束后，通过定时器 T0 的辅助常开触头接通△形控制接触器 KM2（Y001），由于△形运行时必须保证 Y002 断电，因此在 Y 形启动的支路中串联 Y001 的常闭触头；另外，为了保证在定时器 T0 断电后，使 Y001 线圈保持得电，用 Y001 的辅助常开触头与 T0 的辅助常开触头并联，实现 Y001 的自保持控制。其控制程序如图 2—3—11 所示。

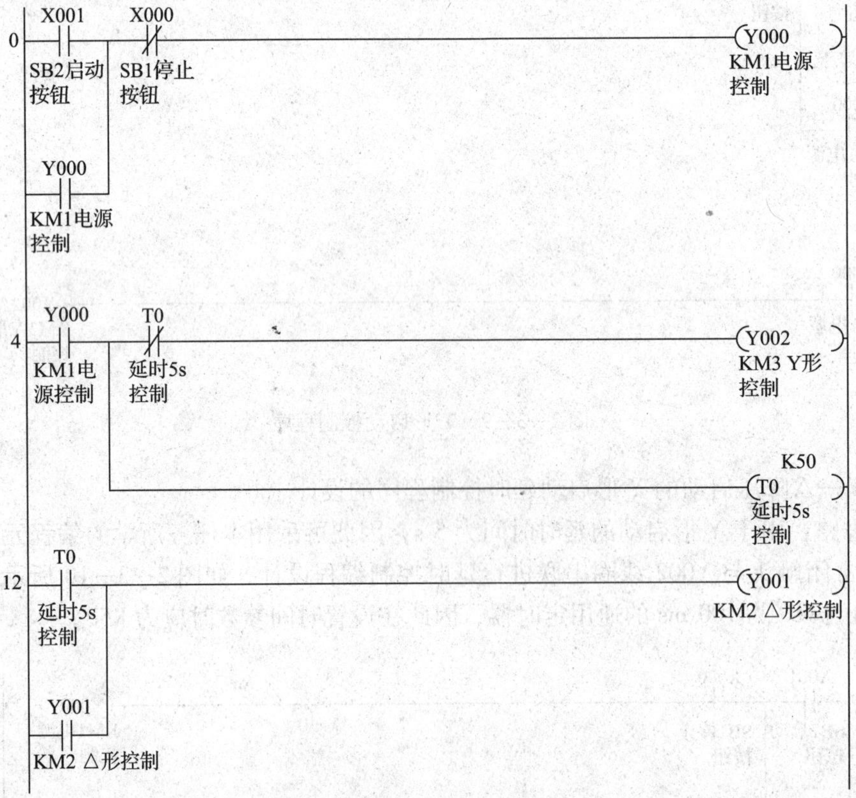

图 2—3—11　△形运行控制程序

（5）添加必要的连锁保护，完善控制程序

编程思路：如图 2—3—11 所示的程序可以看出，当按下停止按钮 SB1（X000）时，无法使 Y001 断电，因此，必须在△形控制回路中串联 X000 的常闭触头，完善原来的程序，得出本任务采用串、并联及输出指令实现控制的程序，其控制程序及指令表如图 2—3—12 所示。

3. 采用主控指令进行设计

编程思路：如图 2—3—1 所示的 Y—△降压启动的继电—接触器控制电路原理和如图 2—3—2 所示的控制时序图分析可知，无论是 Y 形启动还是△形运行，电源控制接触器 KM1（Y000）起着主控的作用，KM2（Y001）、KM3（Y002）线圈的通断，都直接受到 KM1（Y000）常开辅助触头的控制，因此，可将 KM1（Y000）常开辅助触头作为主控触点。根据主控指令的编程原则，采用主控指令设计的程序及指令表如图 2—3—13 所示。

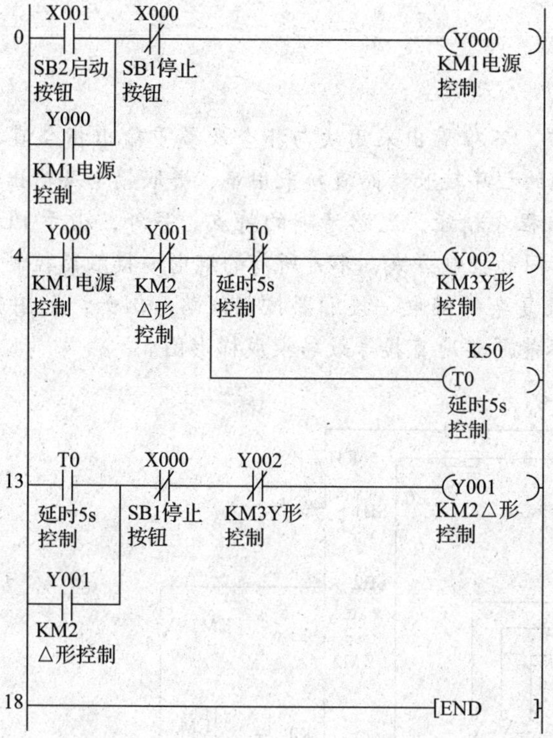

a)

0	LD	X001	
1	OR	Y000	
2	ANI	X000	
3	OUT	Y000	
4	LD	Y000	
5	ANI	Y001	
6	MPS		
7	ANI	T0	
8	OUT	Y002	
9	MPP		
10	OUT	T0	K50
13	LD	T0	
14	OR	Y001	
15	ANI	X000	
16	ANI	Y002	
17	OUT	Y001	
18	END		

b)

图 2—3—12　采用串、并联及输出指令实现的 Y—△降压启动控制程序

a）梯形图　b）指令表

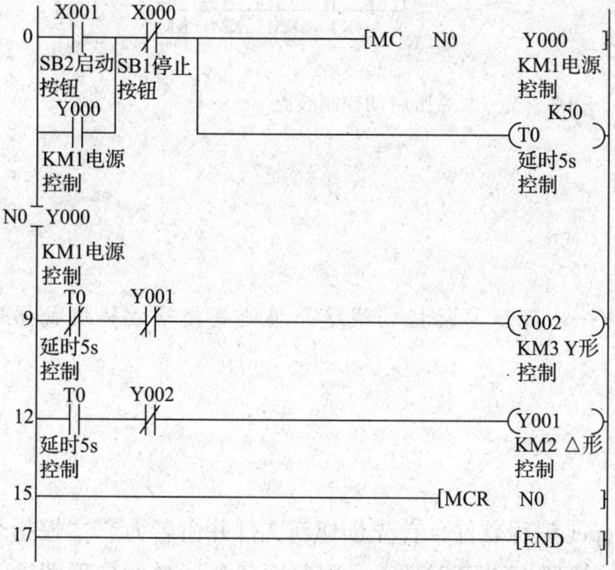

a)

0	LD	X001	
1	OR	Y000	
2	ANI	X000	
3	MC	N0	Y000
6	OUT	T0	K50
9	LDI	T0	
10	ANI	Y001	
11	OUT	Y002	
12	LD	T0	
13	ANI	Y002	
14	OUT	Y001	
15	MCR	N0	
17	END		

b)

图 2—3—13　采用主控指令实现的 Y—△降压启动控制程序

a）梯形图　b）指令表

提示

通过对上述三种设计方案进行比较，不难看出采用块与指令及多重输出指令直接将继电—接触器控制线路等效转换成梯形图的程序较长，而直接采用串、并联指令及输出指令设计和采用主控指令设计的程序，表现出程序精短，思路清晰的特点。另外，由于 PLC 控制系统与继电—接触器控制系统是两种不同的控制方式，不是所有的继电—接触器控制线路都可以直接等效转换成梯形图，特别是较复杂的继电—接触器控制线路。例如，如图 2—3—14 所示的 Y—△降压启动控制线路就不能简单地直接等效转换成梯形图。

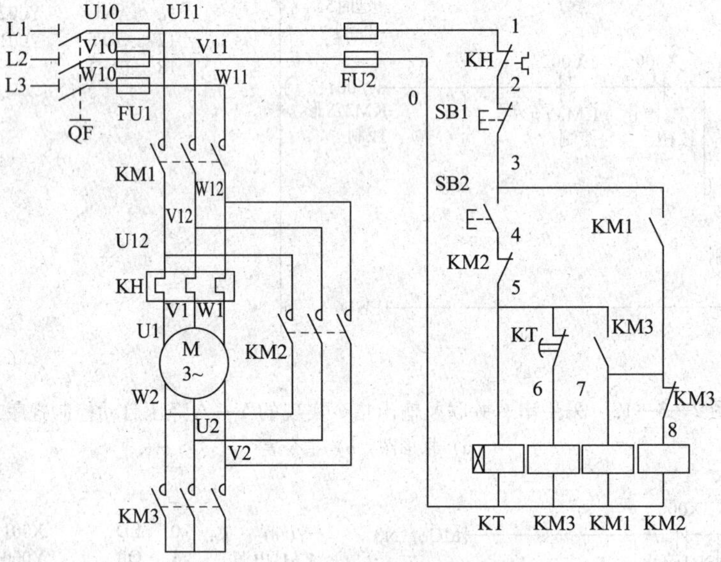

图 2—3—14　Y—△降压启动控制线路

想一想

如果将如图 2—3—14 所示的 Y—△降压启动控制线路简单地直接等效转换成梯形图会出现什么情况？

四、程序输入及仿真运行

1. 程序输入

启动 MELSOFT 系列 GX Developer 编程软件，首先创建新文件并命名为“主控指令实现 Y—△降压启动控制”，选择 PLC 的类型为“FX2N”，运用前面任务所学的梯形图输入法或指令表输入法，输入如图 2—3—13 所示的梯形图或指令表，其输入过程在此不再赘述，下面仅就主控指令的输入和定时器线圈输入做一介绍。

（1）主控指令的输入

在输入本程序的主控指令时，首先单击下拉菜单中的“{} F8”图标，此时会弹出“梯形图输入”对话框，接着在对话框中输入主控指令“MC N0 Y000”，如图 2—3—15 所示。然后单击“确定”按钮即可完成指令的输入，如图 2—3—16 所示。

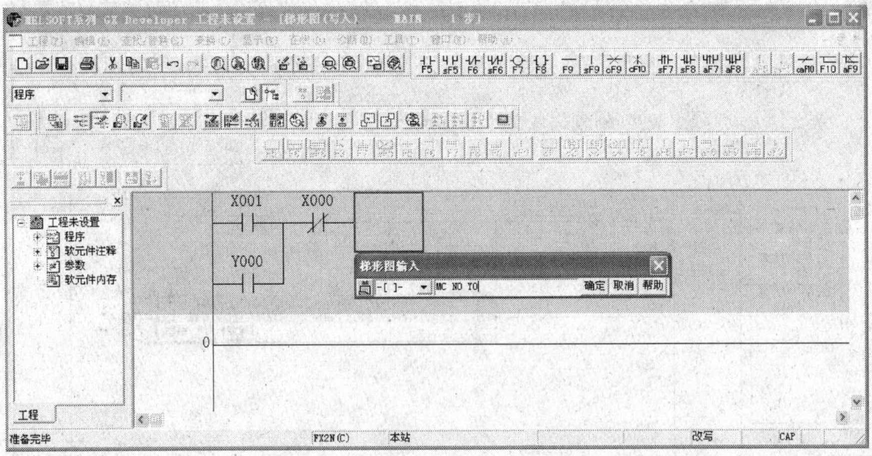

图 2—3—15　主控指令的输入

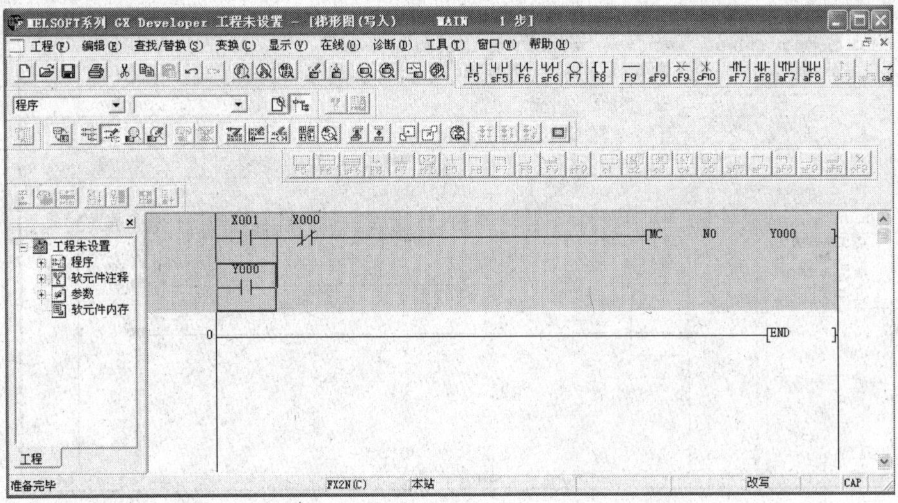

图 2—3—16　主控指令输入后的画面

提示

在输入主控指令 MC N0 Y000 时，应选择的是应用指令图标“{} F8”，即〔MC　N0　Y000〕；不能使用线圈图标“F7”，即（MC　N0　Y000）；否则将无法进行编程。

（2）定时器 T0 的输入

在输入定时器线圈时，首先单击下拉菜单中的“F7”图标，此时会弹出“梯形图输入”对话框，接着在对话框中输入定时器线圈的助记符和时间常数“T0 K50”，如图 2—3—17 所示。然后单击“确定”按钮即可完成定时器的输入，如图 2—3—18 所示。

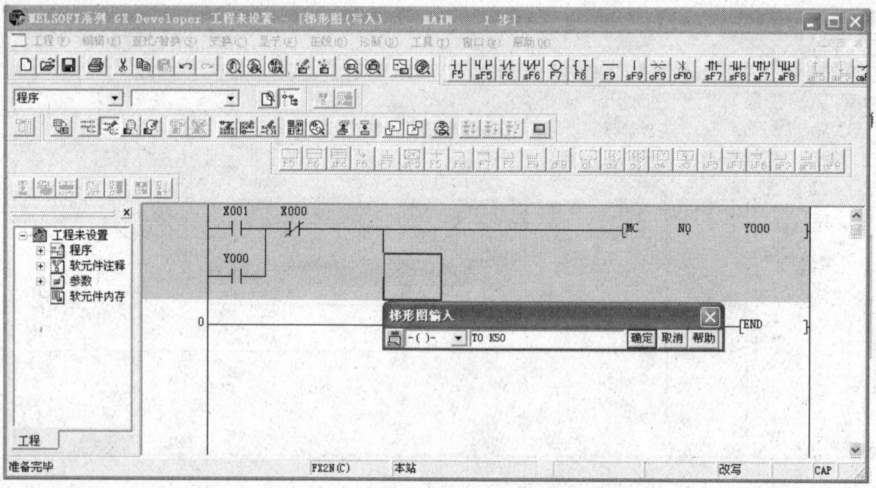

图 2—3—17 定时器 T0 线圈的输入

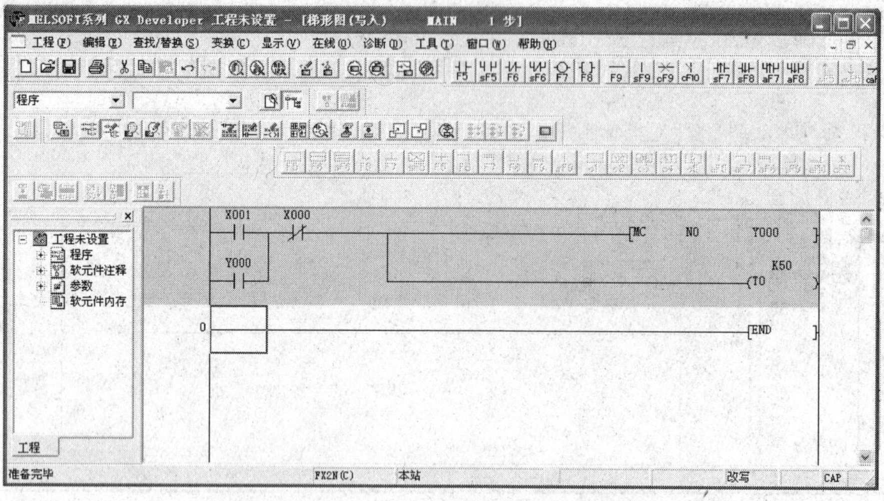

图 2—3—18 定时器输入后的画面

提示

在输入定时器线圈时，应选择的是线圈图标“F7”，不能使用指令图标“F8”；否则将无法进行编程。另外，在输入定时器线圈的助记符后，需按空格键后方可输入时间常数，并在时间常数前加“K”。

2. 仿真运行

在前面任务中介绍了“梯形图逻辑测试”的仿真方法，当梯形图程序较为复杂时，采用该方法进行仿真监控不太直观，一般会采用“软元件测试法”进行仿真，其操作过程如下：

（1）单击下拉菜单中的“梯形图逻辑测试起动/结束”图标“ ”，弹出如图 2—3—19 所示的画面。

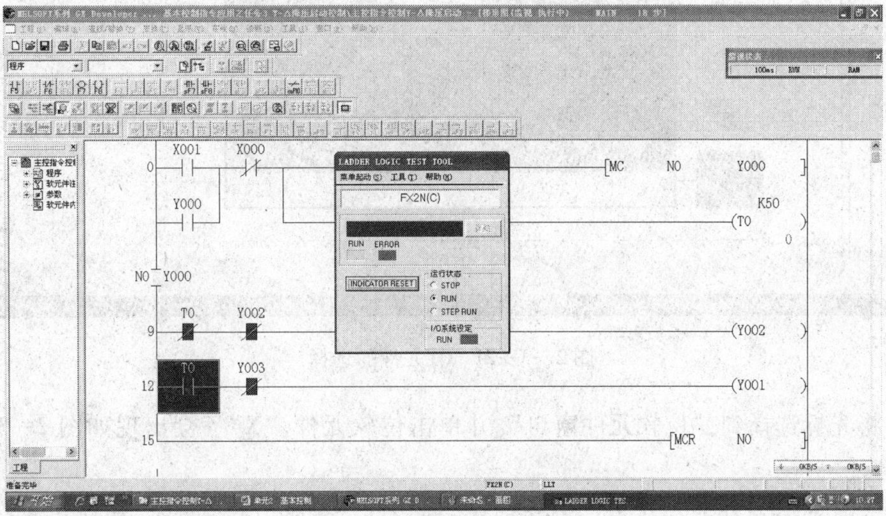

图 2—3—19 启动仿真软件

（2）单击图 2—3—19 所示画面中“LADDER LOGIC TEST TOOL”对话框中的“菜单起动”，会出现如图 2—3—20 所示的选择窗口。然后选择并单击“继电器内存监视”，会出现如图 2—3—21 所示的画面。

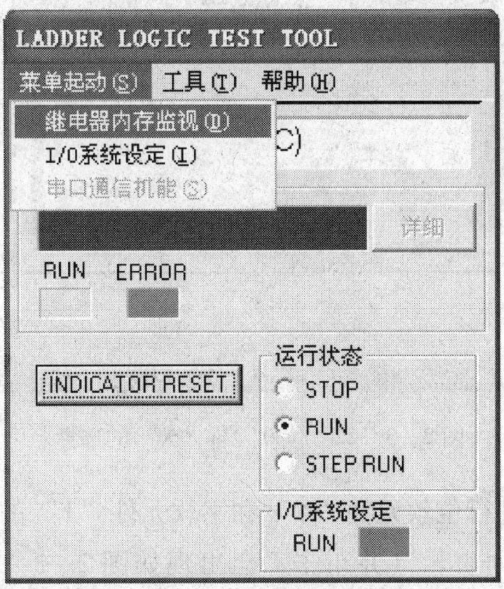

图 2—3—20 继电器内存监视的选择

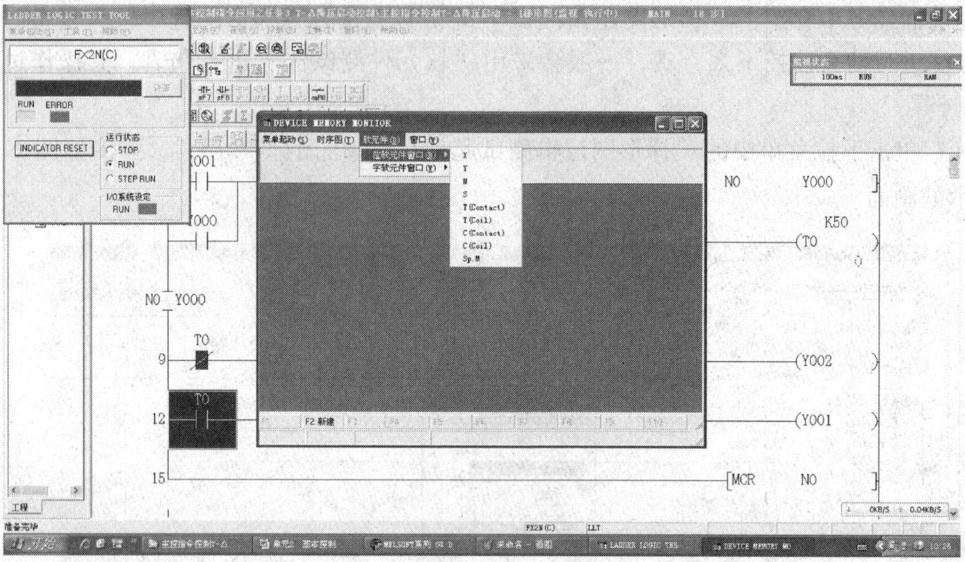

图 2—3—21　软元件的选择

（3）将光标选择到“位软元件窗口”并单击位软元件“X”，会出现如图 2—3—22 所示画面。

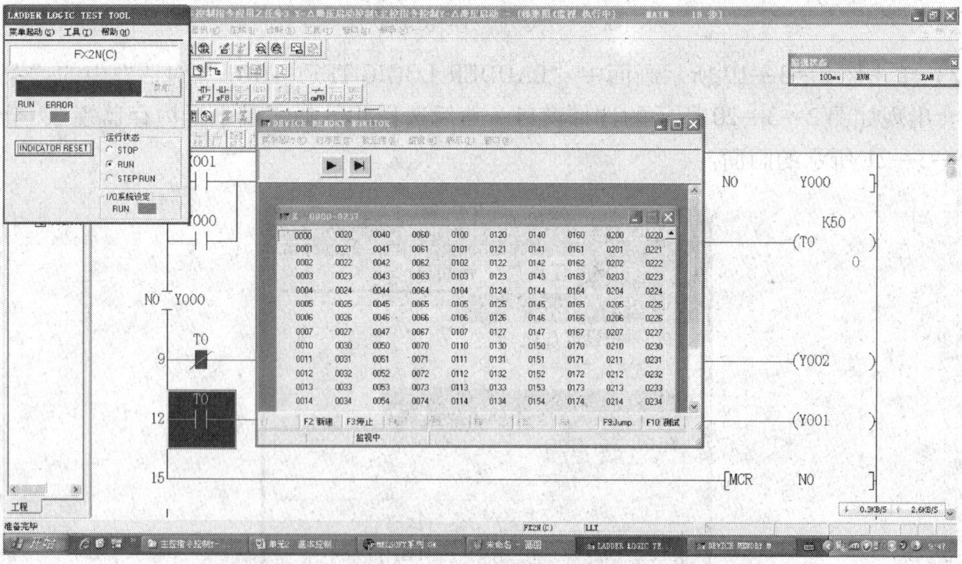

图 2—3—22　位软元件“X”的选择

（4）用上述方法分别进行位软元件“Y”和字软元件“T”的选择，然后单击工具栏中的“窗口(W)”，选择“并列表示”并单击，会出现如图 2—3—23 所示的位软元件“X”“Y”“T”的“并列表示”监控窗口。

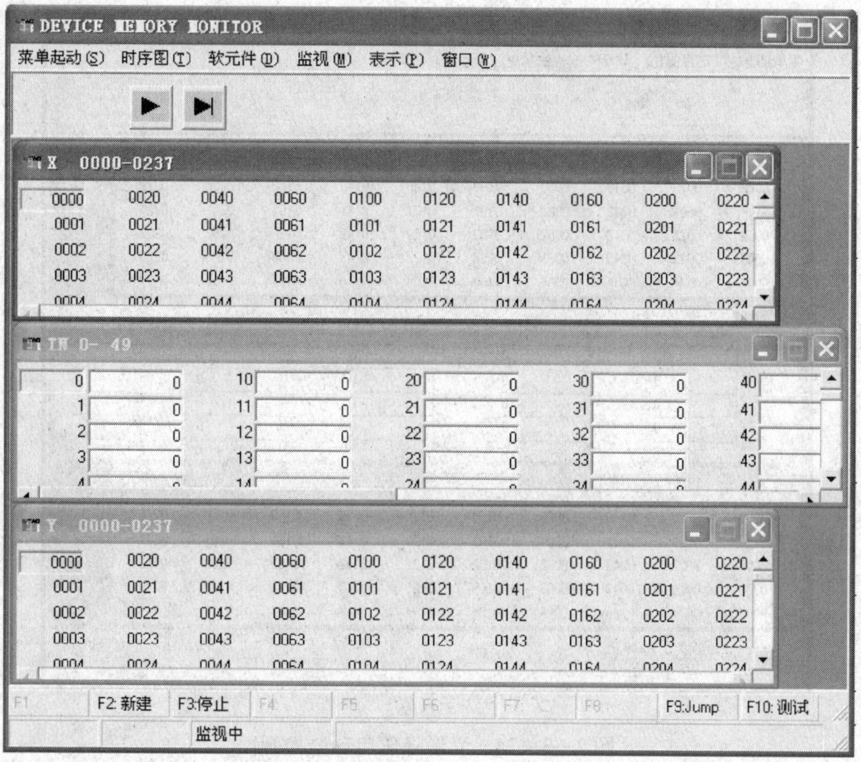

图 2—3—23　位软元件“X”“Y”“T”的“并列表示”监控窗口

（5）Y 形降压启动监控。将鼠标移至图 2—3—23 所示的“X001”的位置并双击（相当于按下启动按钮 SB2）；此时可观察到“X001”黄色的指示灯亮（说明按钮 SB2 已接通），同时“Y000”（接触器 KM1）和“Y002”（接触器 KM3）的黄色指示灯亮（说明此时电动机已 Y 形启动），定时器 T0 从 0 开始计时，如图 2—3—24 所示。然后再双击“X001”，黄色的指示灯熄灭（说明按钮 SB2 已松开），“Y000”“Y002”和“T0”黄色指示灯保持亮。

（6）△形运行监控。当定时器 T0 计时 5 s（即当前值设定为 50），Y002 黄色指示灯熄灭（相当于接触器 KM3 断开），此时 Y000 和 Y001 的黄色指示灯亮（相当于接触器 KM1 和接触器 KM2 接通）电动机进入△形运行状态，如图 2—3—25 所示。

（7）停止控制监控。当需要停止时，只要双击如图 2—3—25 所示中的 X000（相当于按下停止按钮 SB1），此时 Y000 和 Y001 黄色指示灯熄灭，定时器 T0 的时间常数归 0。如图 2—3—26 所示。然后再双击一次 X000（相当于松开停止按钮 SB1）回到初始状态，等待第二次启动。

3. 程序下载

（1）PLC 与计算机连接

使用专用通信电缆 RS－232/RS422 转换器将 PLC 的编程接口与计算机的 COM1 串口连接。

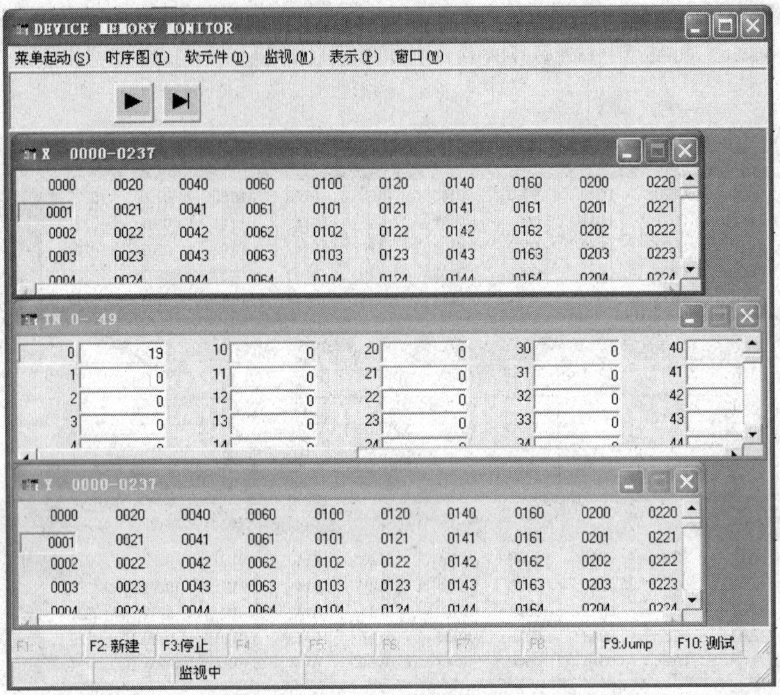

图 2—3—24　Y 形降压启动监控画面

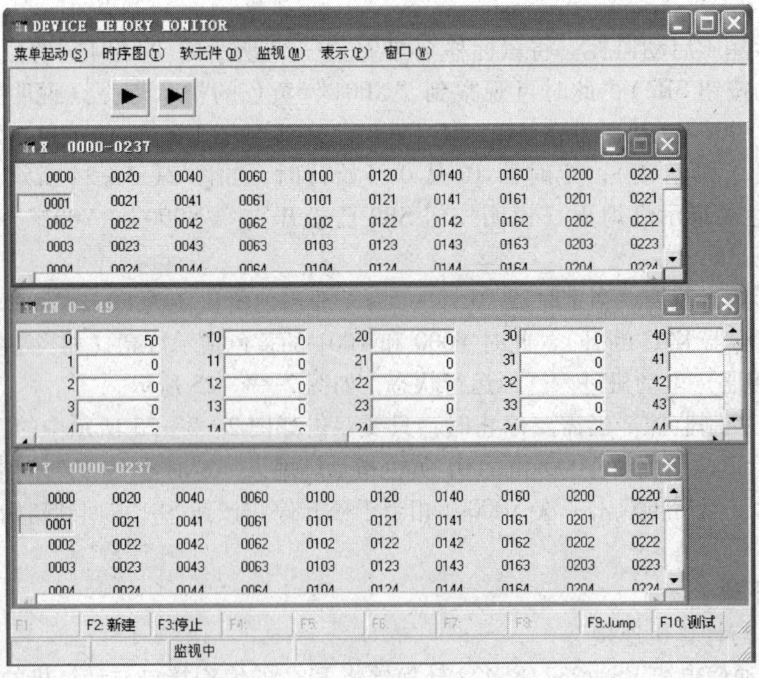

图 2—3—25　△形全压运行监控画面

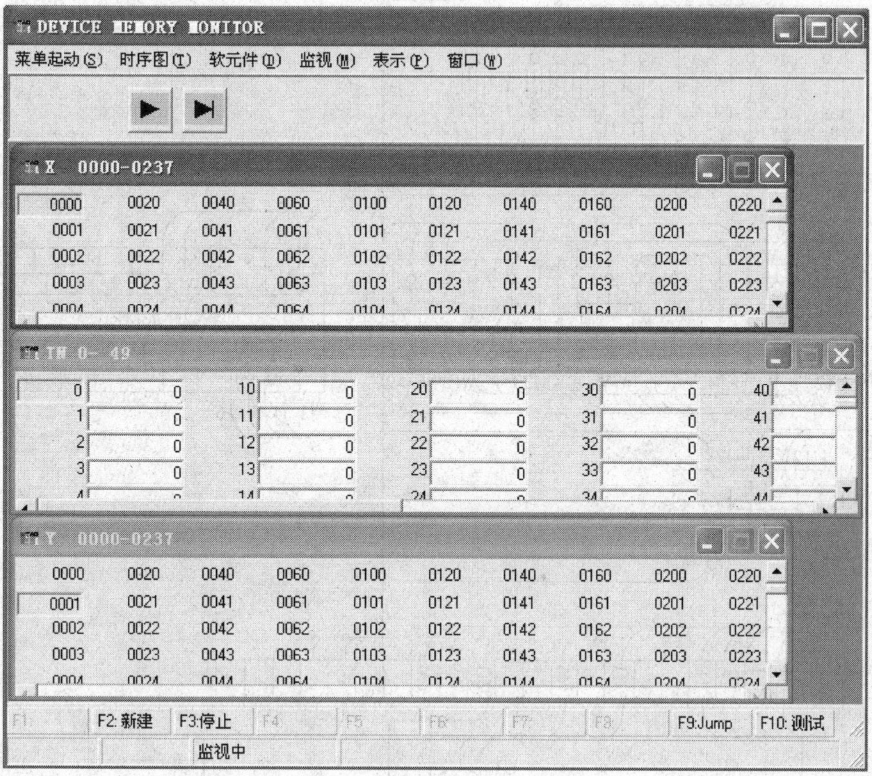

图 2—3—26　停止控制监控画面

（2）程序写入

先接通系统电源，将 PLC 的 RUN/STOP 开关拨到“STOP”的位置，然后通过MELSOFT 系列 GX Developer 软件中的“PLC”菜单的“在线”栏的“PLC 写入”，就可以把仿真成功的程序写入到 PLC 中。

五、线路安装与调试

1. 绘制电气安装接线图

根据图 2—3—6 所示的 PLC 接线图（I/O 接线图），画出三相异步电动机 PLC 控制系统的电气安装接线图，如图 2—3—27 所示。

2. 安装电路

在图 2—3—28 所示的模拟实物控制配线板上进行元件及线路安装。

（1）检查元器件

根据表 2—3—1 配齐元器件，检查元器件的规格是否符合要求，并用万用表检测元器件是否完好。

（2）固定元器件

固定好本任务所需元器件。

（3）配线安装

根据配线原则和工艺要求，进行配线安装。

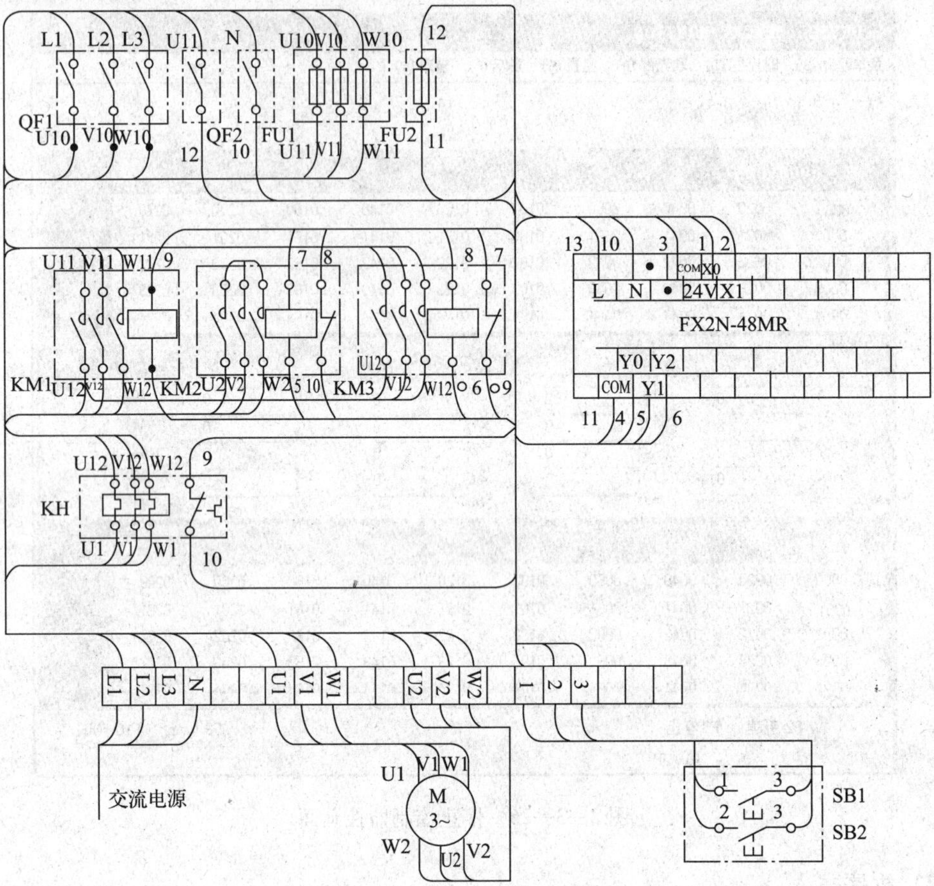

图 2—3—27　Y—△降压启动 PLC 控制系统接线图

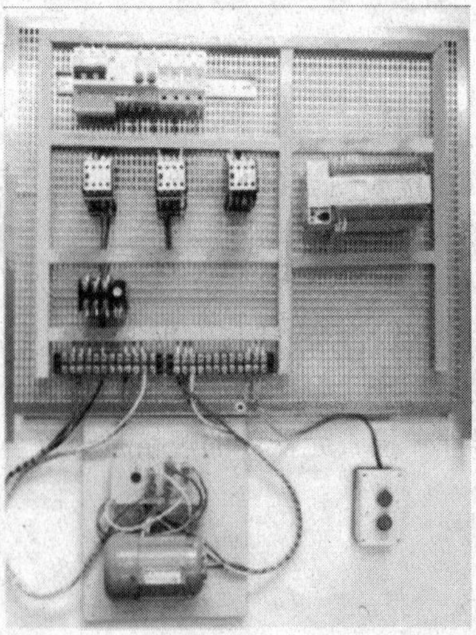

图 2—3—28　Y—△降压启动 PLC 控制系统安装效果图

（4）自检

对照接线图检查接线是否无误，再使用万用表检测电路的阻值是否与设计相符。

3. 通电调试

（1）经自检无误后，在指导教师的指导下，方可通电调试。

（2）先接通断路器 QF1 和 QF2，将 PLC 的 RUN/STOP 开关拨到“RUN”的位置，然后通过计算机上的 MELSOFT 系列 GX Developer 软件中的“监控/测试”监视程序的运行情况，再按照表 2—3—4 所示进行操作，观察系统运行情况并做好记录。如出现故障，应立即切断电源，分析原因、检查电路或梯形图，排除故障后，方可进行重新调试，直到系统功能调试成功为止。

表 2—3—4　　程序调试步骤及运行情况记录表

操作步骤	操作内容	观察内容	观察结果	思考内容
第一步	按下 SB2	KM1、KM2 和 KM3 的动作		理解 PLC 的工作过程
第二步	按下 SB1			

操作提示

在进行三相异步电动机 Y—△降压启动控制的梯形图程序设计、上机编程、模拟仿真及线路安装与调试的过程中，时常会遇到如下问题：

问题：在设计 Y—△降压启动控制 I/O 接线图时，往往因在梯形图控制程序中设置了 Y001（KM2）和 Y002（KM3）的软元件互锁，而遗漏接触器 KM2 和 KM3 的外部连锁。

后果及原因：在实际控制过程中，当接触器 KM2 或接触器 KM3 任何一个接触器的主触头熔焊时，由于没有外部硬件的连锁，只在梯形图中加入“软继电器”的互锁会造成主电路电源相间短路。

预防措施：在设计 Y—△降压启动控制 I/O 接线图时，为了防止接触器 KM2 或接触器 KM3 任何一个接触器的主触头因熔焊时，造成主电路电源相间短路，必须进行 PLC 输出端外部硬件连锁。

任务测评

对任务实施的完成情况进行检查，并将结果填入任务测评表（参见表 2—1—6）。

知识拓展

一、嵌套编程实例

在同一主控程序中再次使用主控指令时称为嵌套，如图 2—3—29 所示为二级嵌套的主控程序梯形图和指令表，多级嵌套的梯形图也可画成如图 2—3—30 所示。

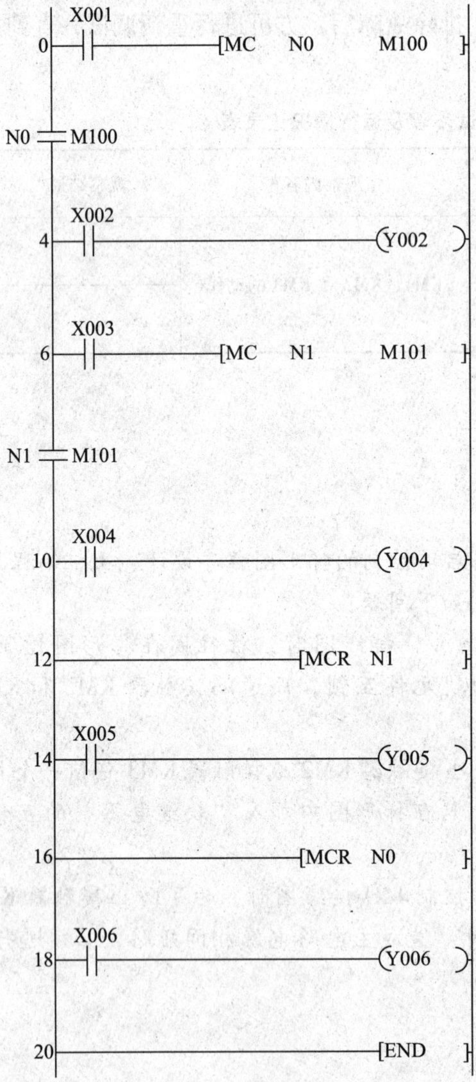

a)

0	LD	X001	
1	MC	N0	M100
4	LD	X002	
5	OUT	Y002	
6	LD	X003	
7	MC	N1	M101
10	LD	X004	
11	OUT	Y004	
12	MCR	N1	
14	LD	X005	
15	OUT	Y005	
16	MCR	N0	
18	LD	X006	
19	OUT	Y006	
20	END		

b)

图 2—3—29　二级嵌套的主控程序梯形图和指令表

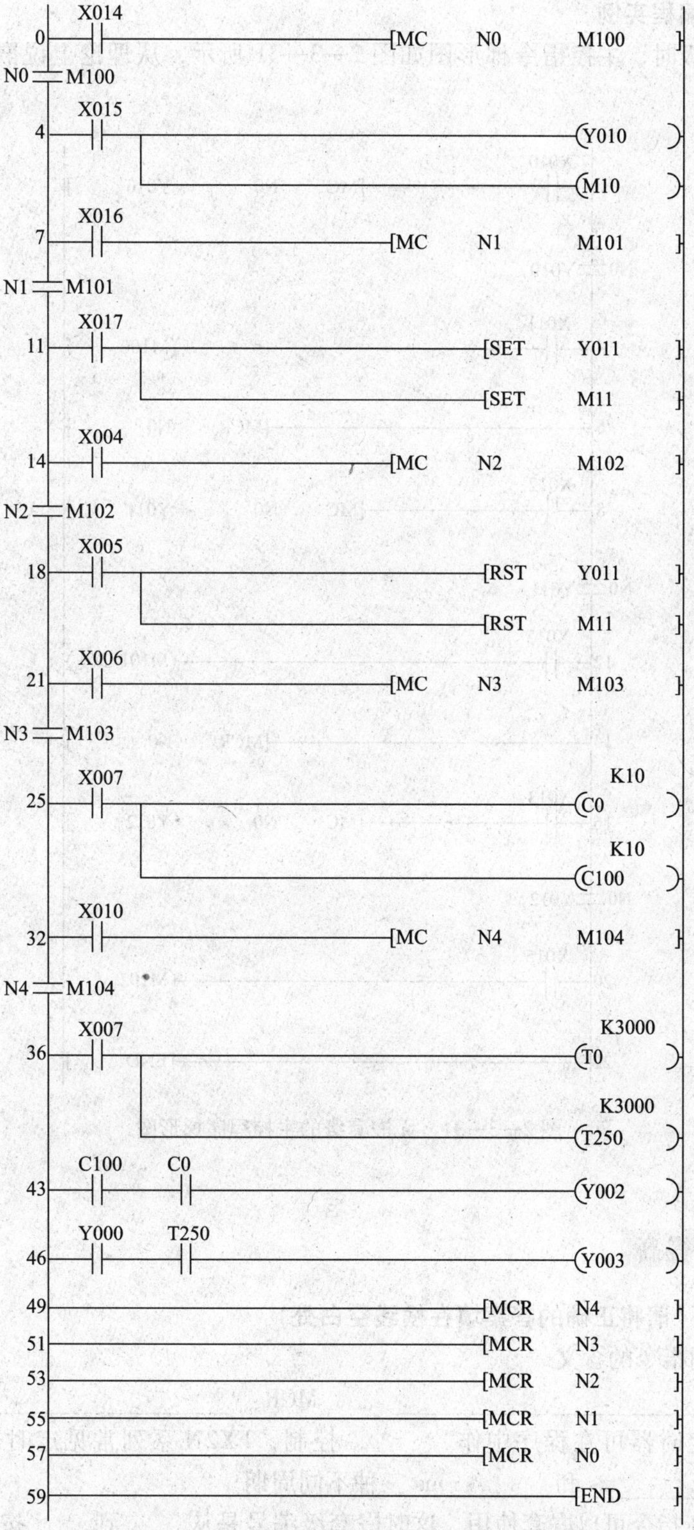

图 2—3—30　多级嵌套的主控程序梯形图

二、无嵌套编程实例

在没有嵌套级时，主控指令梯形图如图 2—3—31 所示，从理论上说嵌套级 N0 可以无数次使用。

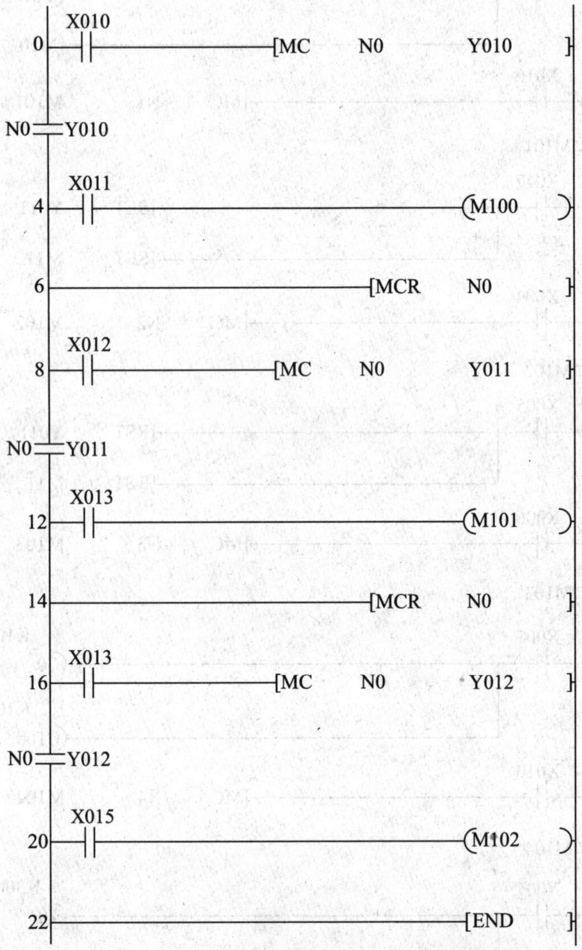

图 2—3—31　无嵌套级的主控程序梯形图

巩固与提高

一、填空题（请将正确的答案填在横线空白处）

1. 说明下列指令的含义

MC：________________　　MCR：________________

2. PLC 中定时器可在程序中作________控制，FX2N 系列常见定时器的时钟脉冲有________ms、________ms 和________ms 三种不同周期。

3. MC/MCR 指令可以嵌套使用，这时嵌套级编号是从____到____按顺序增加，顺序不能颠倒。最后主控返回用 MCR 指令时，必须从____的嵌套级编号开始返回，也就是按

____ 到 ____ 的顺序顺序返回，不能颠倒。最后一定是 MCR __ 指令，与主控点相连的接点应使用______、______指令。

二、选择题（将正确答案的序号填入括号内）

1．T2 的时间设定值为 K123，则其实际设定时间为（　　）s。

A．12.3　　B．1.23　　C．123　　D．0.123

2．（　　）指令为主控开始指令。

A．MC　　B．MCR　　C．CJP　　D．EJP

3．（　　）指令为主控复位指令。

A．MC　　B．MCR　　C．CJP　　D．EJP

4．在一个 MC 指令区内，若再使用 MC 指令称为嵌套，嵌套级数最多为（　　）层。

A．7　　B．8　　C．10　　D．11

三、判断题（在下列括号内，正确的打“√”，错误的打“×”）

1．MC 指令可以单独使用。（　　）

2．K100 是定时器 T 的常数设定值，如果定时器是 T2，则 T2 的延时时间为 100 s。（　　）

四、分析题

1．用 PLC 实现 Y—△降压启动的可逆运行电动机控制电路。其控制要求如下：

（1）按下正转按钮 SB1，电动机以 Y—△方式正向启动，Y 形启动 10 s 后转换为△形运行。按下停止按钮 SB3，电动机停止运行。

（2）按下反转按钮 SB2，电动机以 Y—△方式反向启动，Y 形启动 10 s 后转换为△形运行。按下停止按钮 SB3，电动机停止运行。

2．有三台电动机 M1、M2、M3，按下面要求进行启动和停止：启动时，M1 和 M2 同时启动，2 min 后 M3 自动启动；停车时，M3 必须先停止，3 min 后 M1、M2 同时自行停止。按控制要求，提出所需控制的电气元件，并作 I/O 地址分配，画出 PLC 外部接线图及电动机的主电路图，设计一个满足要求的梯形图程序。

五、技能题

1．题目：用 PLC 进行控制线路的设计，并进行安装与调试。

2．考核要求

（1）按图 2—3—32 所示的继电—接触器控制电路的控制功能用 PLC 进行控制线路的设计，并且进行安装与调试。

（2）电路设计。根据任务，设计主电路电路图，列出 PLC 控制 I/O（输入/输出）口元件地址分配表，根据加工工艺，设计梯形图及 PLC 控制 I/O（输入/输出）口接线图，并能仿真运行。

（3）安装与接线

1）将熔断器、接触器、继电器、PLC 装在一块配线板上，而将转换开关、按钮等装在另一块配线板上。

2）按 PLC 控制 I/O（输入/输出）口接线图在模拟配线板上正确安装，元件在配线板上布置要合理，安装要准确、紧固，配线导线要紧固、美观，导线要进走线槽，导线要有端子标号。

（4）PLC 键盘操作。熟练操作键盘，能正确地将所编程序输入 PLC；按照被控设备的动作要求进行模拟调试，达到设计要求。

（5）通电实验。正确使用电工工具及万用表并进行仔细检查，通电实验时应注意人身和设备安全。

（6）考核时间分配

1）设计梯形图及 PLC 控制 I/O（输入/输出）口接线图及上机编程时间为 90 min。

2）安装接线时间为 60 min。

3）试机时间为 5 min。

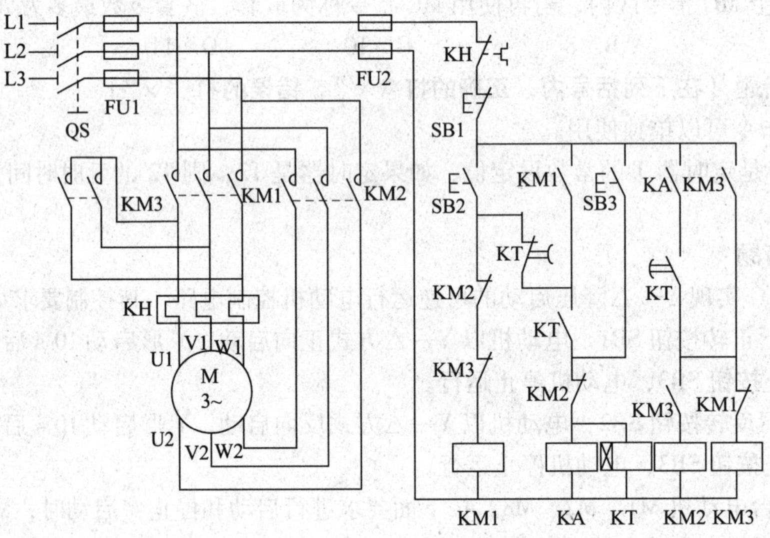

图 2—3—32　双速电动机控制线路

3．评分标准（参见表 2—1—6）。

任务4　抢答器控制系统

学习目标

知识目标：

1．掌握微分指令 PLS、PLF 的功能及应用。

2．掌握三菱 PLC 置位、复位指令、微分指令及主控指令和定时器在 PLC 的软件系统及梯形图编程设计中的综合应用。

能力目标：

1. 能根据控制要求，灵活运用经验法，通过置位、复位指令、微分指令及主控指令和定时器的综合运用，实现抢答器控制系统的梯形图程序设计。

2. 能通过三菱 GX Developer 编程软件，采用梯形图输入法或指令语句表输入法进行编程，然后通过仿真软件采用软元件测试的方法，进行模拟仿真运行。

3. 掌握抢答器 PLC 控制系统的线路安装与调试。

工作任务

抢答器是各类竞赛活动中不可缺少的重要设备，利用它不仅能活跃现场气氛，还便于监督，保证公平竞争。实现抢答器功能的方式有多种，可以采用早期的模拟电路、数字电路或模数混合电路，也可采用 PLC。用 PLC 进行知识竞赛抢答器设计，其控制方便，灵活，只要改变输入 PLC 的控制程序，便可改变竞赛抢答器的抢答方案。图 2—4—1 所示为竞赛抢答器的实物图。

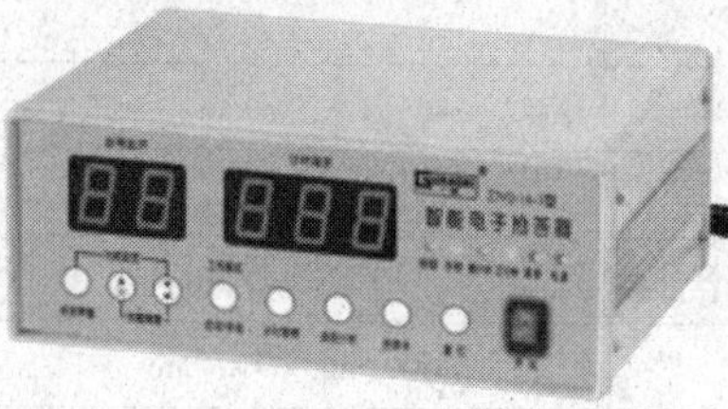

a)

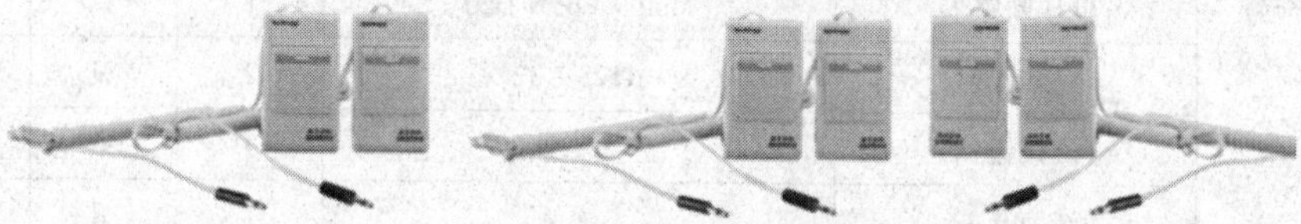

b)

图 2—4—1　竞赛抢答器

a）抢答器主机　b）抢答按钮

本次任务的主要内容就是：通过 PLC 控制系统，实现对竞赛抢答器系统的控制。竞赛抢答器可供参赛的三组进行抢答比赛，其控制要求如下：

（1）抢答器设有 1 个主持人总台和 3 个参赛队分台，总台设置有总台电源指示灯、撤销抢答信号指示灯、总台电源转换开关、抢答开始/复位按钮。分台设有一个抢答按钮和一个分台抢答指示灯。

（2）竞赛开始前，竞赛主持人首先接通“启动/停止”转换开关，电源指示灯亮。

（3）各队抢答必须在主持人给出题目，说了“开始”并按下开始抢答按钮后的 10 s 内进行，如果在 10 s 内有人抢答，则最先按下的抢答按钮信号有效，相应分台上的抢答指示灯亮，其他组再按抢答按钮无效。

（4）当主持人按下开始抢答按钮后，如果在 10 s 内无人抢答，则撤销抢答信号指示灯亮，表示抢答器自动撤销此次抢答信号。

（5）主持人没有按下开始抢答按钮，各分台按下抢答按钮均无反应。

（6）在一个题目回答终了或 10 s 时间到后无人抢答，只要主持人再次按下抢答开始/复位按钮后，所有分台抢答指示灯和撤销抢答信号指示灯熄灭，同时抢答器恢复原始状态，为第二轮抢答做好准备。

任务准备

实施本任务教学所使用的实训设备及工具材料可参考表 2—4—1 所示。

表 2—4—1　实训设备及工具材料

序号	分类	名称	型号规格	数量	单位	备注
1	工具	电工常用工具		1	套	
2	仪表	万用表	MF－47 型	1	块	
3	设备器材	编程计算机		1	台	
4		接口单元		1	套	
5		通信电缆		1	条	
6		可编程序控制器	FX2N－48MR	1	台	
7		安装配电盘	600 mm×900 mm	1	块	
8		导轨	C45	0.3	m	
9		低压断路器	Multi9 C65N D20	1	只	
10		熔断器	RT28－32	2	只	
11		按钮	LA19	4	只	
12		转换开关		1	只	
13		接线端子	D－20	20	只	
14		指示灯	24 V	5	只	
15	消耗材料	铜塑线	BV1/1.37 mm^2	10	m	主电路
16		铜塑线	BV1/1.13 mm^2	15	m	控制电路
17		软线	BVR7/0.75 mm^2	10	m	
18		紧固件	M4×20 螺杆	若干	只	
19			M4×12 螺杆	若干	只	
20			ϕ4 mm 平垫圈	若干	只	
21			ϕ4 mm 弹簧垫圈及 M4 螺母	若干	只	
22		号码管		若干	m	
23		号码笔		1	支	

任务分析

从对任务控制要求分析可知，只有当主持人合上总电源开关，抢答器才能工作；当抢答开始后，若10 s内某组率先按下抢答按钮，则该组抢答指示灯亮，表示获得抢答权，其他组再按抢答按钮无效。回答完毕后，主持人再次按下复位按钮后，抢答指示灯熄灭，进行下一轮抢答。根据控制要求可用PLC的定时器及其通电延时控制电路和PLC基本指令中的微分指令和主控触点指令来实现编程设计。

相关知识

一、编程元件

1. 辅助继电器（M）

在PLC内部有很多辅助继电器，其功能相当于继电—接触器控制系统中的中间继电器。辅助继电器线圈与输出继电器线圈一样，由PLC内部各软元件的触点驱动，用文字符号“M”表示。辅助继电器有无数对常开和常闭触点供用户编程使用，使用次数不受限制。但是，这些触点不能直接驱动外部负载，外部负载只能由输出继电器驱动。

辅助继电器（M）以十进制进行编号，按功能来分，一般分为普通（通用型）辅助继电器、断电（失电）保持型辅助继电器和特殊辅助继电器，见表2—4—2。在本次任务中主要介绍普通（通用型）辅助继电器和断电（失电）保持型辅助继电器，而特殊辅助继电器将在后续任务5中进行介绍，在此不再赘述。

表2—4—2　　FX2N和FX0N辅助继电器的分类

分　类	FX2N系列	FX0N系列
普通（通用型）辅助继电器	500点，M0 ~ M499	384点，M0 ~ M383
断电（失电）保持型辅助继电器	2 572点，M500 ~ M3071	128点，M384 ~ M511
特殊辅助继电器	256点，M8000 ~ M8255	256点，M8000 ~ M8255

（1）普通（通用型）辅助继电器（M0 ~ M499）

FX2N系列PLC内有普通（通用型）辅助继电器500点，其地址按十进制编号（除输入/输出继电器X、Y外，所有的软元件地址号均为十进制数），从M0到M499。这些辅助继电器只能在PLC内部起辅助作用，在使用时，它除了不能驱动外部负载外，其他功能与输出继电器非常类似。

1）编程实例。普通（通用型）辅助继电器的编程实例如图2—4—2所示。

2）实例说明。当X001置1时，辅助继电器M1线圈得电，M1其中一副常开触点闭合，使M1线圈自保持；另一副常开触点闭合，使输出继电器Y001得电。当X000置1时，M1线圈失电，M1的常开触点断开，Y001断电。

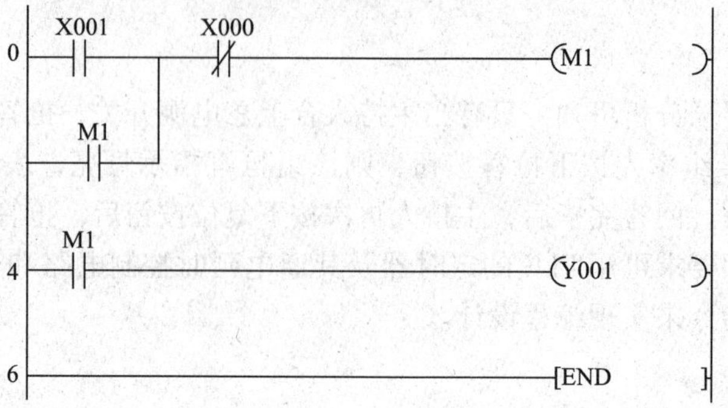

图 2—4—2　普通（通用型）辅助继电器的编程实例

3）普通（通用型）辅助继电器的特点。线圈得电触点动作，线圈失电触点复位。

（2）断电（失电）保持型辅助继电器（M500 ~ M3071）

如图 2—4—2 所示的梯形图中，若 PLC 在运行中发生停电，输出继电器和通用辅助继电器将全部成为断开状态，通电后再运行时，除 PLC 运行时就接通的触点外，其他触点仍处于断开状态，使断电前的运行状态发生了改变。在生产中，有时需要保持失电前的状态，以使来电后再运行时能继续失电前的工作，这时就需要用一种能保存失电前状态的辅助继电器，即断电（失电）保持型辅助继电器。断电（失电）保持型辅助继电器并不是真正能在它自身电源切断的条件下保存原工作状态，只不过是它在 PLC 失去外部供电时立即由 PLC 内部的备用电池供电而已。

1）编程实例。断电（失电）保持型辅助继电器的编程实例如图 2—4—3 所示。

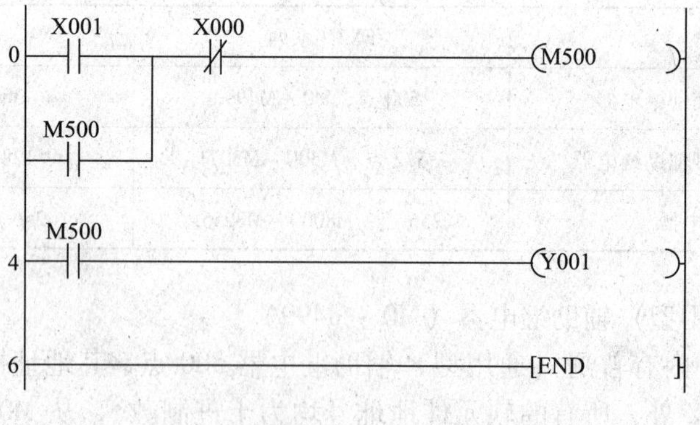

图 2—4—3　断电（失电）保持型辅助继电器的编程实例

2）实例说明。当 X001 接通后，M500 动作，其常开触点闭合自锁，输出继电器 Y001 得电；即使 X001 再断开，M500 的状态仍保持不变。假如此时 PLC 失去供电，等 PLC 供电恢复后再运行时，只要停电前后 X000 的状态不发生改变，M500 仍能保持动作，Y001 保持得电。

提示

M500的状态不发生变化并不是因为自锁触点的作用，而是因为辅助继电器M500有后备电池的缘故。

3）断电（失电）保持型辅助继电器的特点：断电时线圈后备锂电池供电，当再恢复供电时能记忆断电前的状态（注意：对于这类继电器，要用RST命令清除其记忆内容）。

2. 定时器（T）

在前面任务3中已简单介绍了定时器的一些知识，本任务将对定时器的工作原理和典型的定时器控制电路进行详细介绍。

（1）通用定时器的工作原理

定时器中有一个设定值寄存器（一个字长），一个当前值寄存器（一个字长）和一个用来存储其输出触点的映像寄存器（一个二进制位），这三个量使用同一地址编号，通用定时器的特点是不具备断电保持功能，即当输入电路断开或停电时定时器复位。通用定时器的内部结构示意图如图2—4—4所示。

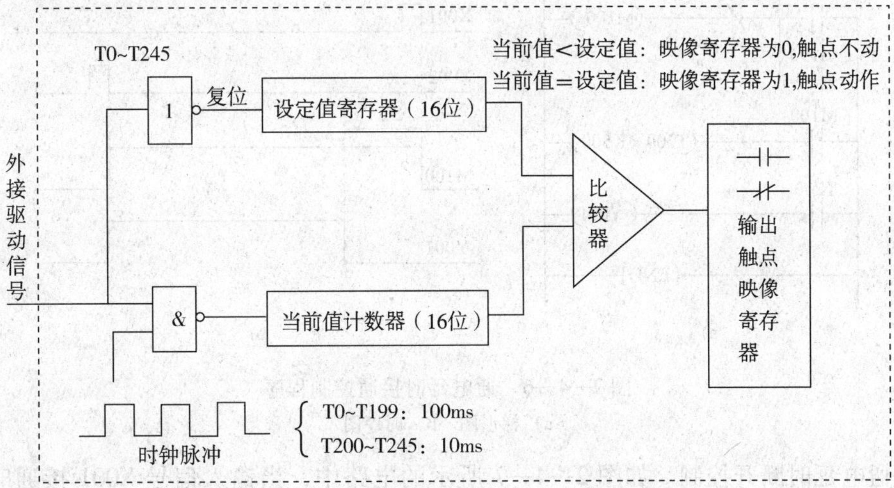

图2—4—4　通用定时器内部结构示意图

通用定时器的工作原理如图2—4—5所示，当输入X000接通时，定时器T0从0开始对100 ms时钟脉冲进行累积计数，当T0当前值与设定值K1000相等时，定时器T0的常开触点接通，Y000接通，经过的时间为1 000×0. 1 s = 100 s。当X000断开时定时器T0复位，当前值变为0，其常开触点断开，Y000也随之断开。若外部电源断电或输入电路断开，定时器也复位。

（2）定时器的典型应用电路

1）通电延时接通控制。如图2—4—6所示的电路中，当输入信号X001接通时，内部辅助继电器M100接通并自锁，同时接通定时器T200。T200的当前值计数器开始对10 ms

的时钟脉冲进行累积计数。当该计数器累积到设定值 500 时（从 X001 接通到此刻延时5 s），定时器 T200 的常开触点闭合，输出继电器 Y001 接通。当输入信号 X002 接通时，内部继电器 M100 断电，其常开触点断开，定时器 T200 复位，定时器 T200 的常开触点断开，输出继电器 Y001 断电。

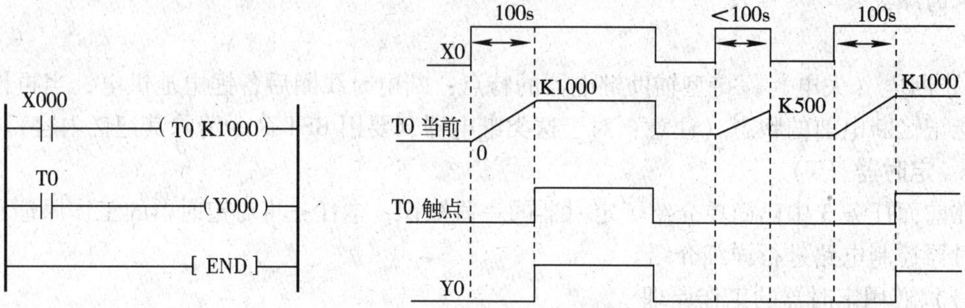

a）　　b）

图 2—4—5　通用定时器的工作原理

a）梯形图　b）时序图

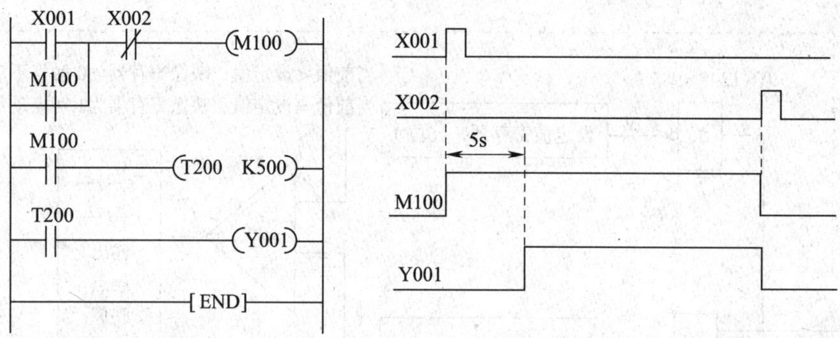

a)　　b)

图 2—4—6　通电延时接通控制程序

a）梯形图　b）时序图

2）通电延时断开控制。如图 2—4—7 所示的电路中，当输入信号 X001 接通时，内部辅助继电器 M100 和输出继电器 Y001 同时接通并均实现自锁，内部辅助继电器 M100 的常开触点接通定时器 T0，T0 的当前值计数器开始对 100 ms 的时钟脉冲进行累积计数。当该计数器累积到设定值 200 时（从 X001 接通到此刻延时 20 s），定时器 T0 的常闭触点断开，输出继电器 Y001 断电。输入信号 X002 可以在任意时刻接通，内部辅助继电器 M100 断电，其常开触点断开，定时器 T0 被复位。

二、脉冲输出指令（PLS、PLF）

编程时有时需要在置位 SET 或复位 RST 之前使用脉冲输出指令。

1. 指令的助记符和功能

脉冲输出指令的助记符和功能见表 2—4—3。

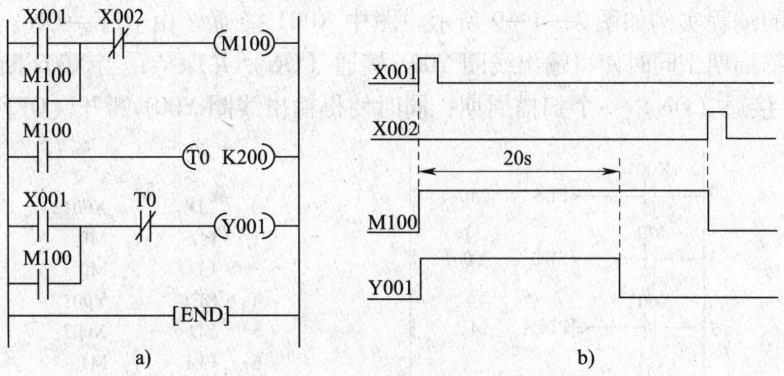

图 2—4—7　通电延时断开控制程序

a）梯形图　b）时序图

表 2—4—3　　脉冲输出指令的助记符及功能

指令助记符、名称	功能	可作用的软元件	程序步
PLS（上升沿脉冲）	上升沿微分输出	Y、M（特殊 M 除外）	2
PLF（下降沿脉冲）	下降沿微分输出	Y、M（特殊 M 除外）	2

2. 编程实例

PLS 指令的编程实例如图 2—4—8 所示。图中 X001 接通（由 OFF→ON）时，M0 接通（ON）一个扫描周期，同时使得输出线圈 Y001 接通（ON）并保持；当 X002 接通（由 OFF→ON）时，使得输出线圈 Y001 断开（OFF）即复位。

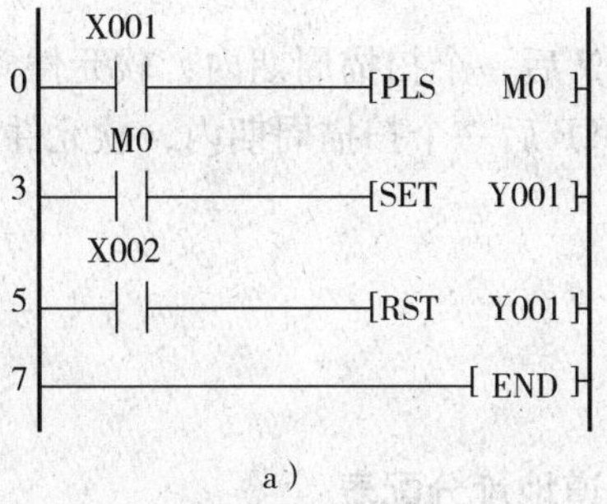

0	LD	X001
1	PLS	M0
3	LD	M0
4	SET	Y001
5	LD	X002
6	RST	Y001
7	END	

b）

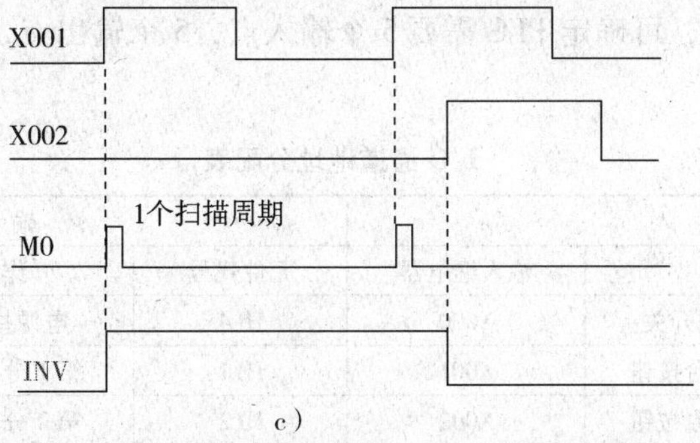

图 2—4—8　PLS 指令的编程实例

a）梯形图　b）指令表　c）时序图

PLF 指令的编程实例如图 2—4—9 所示。图中 X001 接通（由 OFF→ON）时，M0 接通（ON）一个扫描周期，同时使得输出线圈 Y001 接通（ON）并保持；当 X002 断开（由 ON→OFF）时，M1 接通（ON）一个扫描周期，同时使得输出线圈 Y001 断开（OFF）即复位。

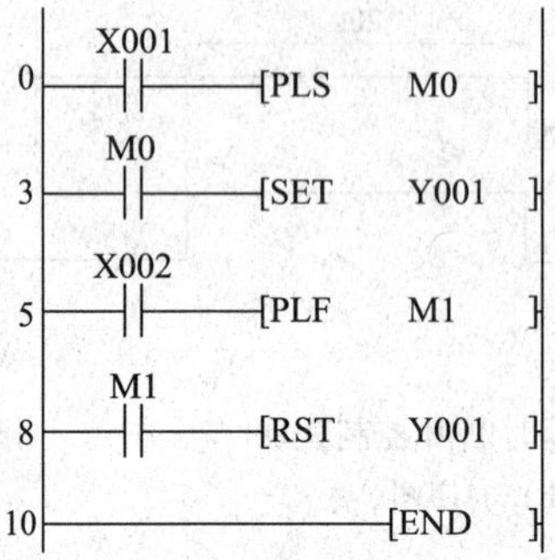

a)

0	LD	X001
1	PLS	M0
3	LD	M0
4	SET	Y001
5	LD	X002
6	PLF	M1
8	LD	M1
9	RST	Y001
10	END	

b)

图 2—4—9 PLF 指令的编程实例

a）梯形图 b）指令表

想一想

请画出如图 2—4—9 所示程序的时序图。

3. 关于指令功能的说明

（1）使用 PLS 指令时，仅在驱动输入 ON 后一个扫描周期内，软元件 Y、M 动作。

（2）使用 PLF 指令时，仅在驱动输入 OFF 后一个扫描周期内，软元件 Y、M 动作。

任务实施

一、分配输入点和输出点，写出 I/O 通道地址分配表

根据任务控制要求，可确定 PLC 需要 5 个输入点，5 个输出点，其 I/O 通道分配表见表 2—4—4。

表 2—4—4　　I/O 通道地址分配表

输入			输出		
元件代号	作用	输入继电器	元件代号	作用	输出继电器
SA	总电源开关	X000	HL4	电源指示灯	Y000
SB1	第 1 分台按钮	X001	HL1	第 1 分台台灯	Y001
SB2	第 2 分台按钮	X002	HL2	第 2 分台台灯	Y002
SB3	第 3 分台按钮	X003	HL3	第 3 分台台灯	Y003
SB4	抢答开始/复位按钮	X004	HL5	撤销抢答指示灯	Y004

二、画出 PLC 接线图（I/O 接线图）

PLC 接线图如图 2—4—10 所示。

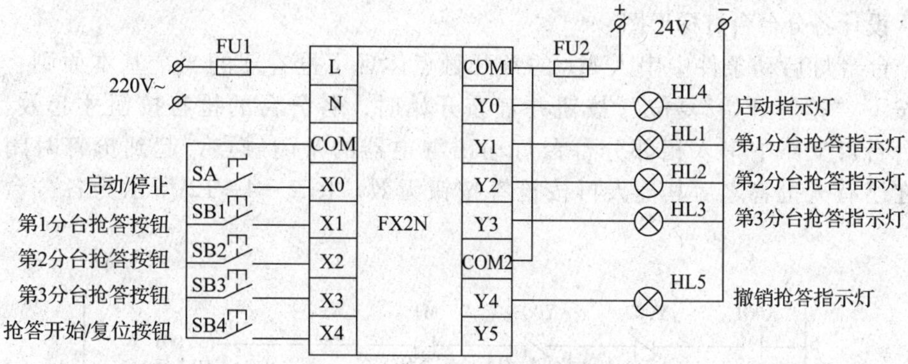

图 2—4—10　三路抢答器 I/O 接线图

三、程序设计

1. 本任务的编程思路

（1）设计抢答开始/复位支路的梯形图

在设计抢答器"抢答开始/复位"的梯形图时，可以用微分指令中的 PLS（上升沿脉冲微分输出指令）和复位/置位指令进行编程，如图 2—4—11 所示。

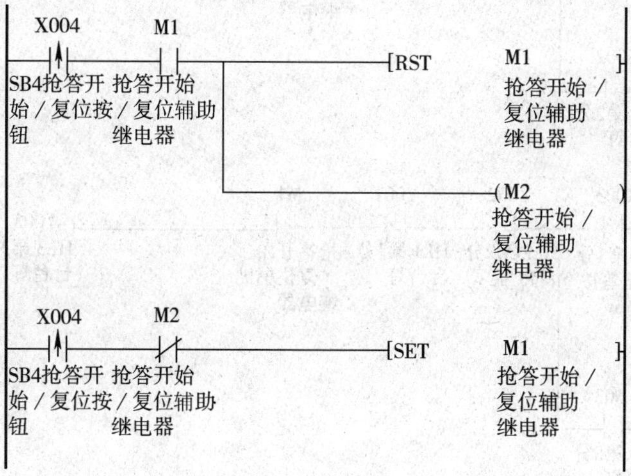

图 2—4—11　抢答器"抢答开始/复位"的梯形图

从图 2—4—11 中可以看出，当首次按下抢答器"抢答开始/复位"按钮 SB4 时，即上升沿脉冲微分输出指令 X004 接通（由 OFF→ON）时，M1 接通（ON）一个扫描周期，当松开 SB4 时，即 X004 断开（由 ON→OFF）时，通过置位指令 SET 使得辅助继电器线圈 M1 保持接通（ON），M1 的常开触点闭合；当再次按下按钮 SB4 时，X004 接通（由 OFF→ON）时，M2 接通（ON）一个扫描周期，辅助继电器 M2 线圈接通，其常闭触点断开，切断 M1

的置位支路，同时通过复位指令 RST 使 M1 复位；当松开 SB4 时，即 X004 断开（由 ON→OFF）时，M1 通过复位指令 RST 使得辅助继电器线圈 M1 保持断开状态，M1 的常开触点断开，为下一次抢答开始再次按下 SB4 做准备。

（2）设计各分台台灯梯形图

各分台台灯启动条件中串入 M1 的常开触点体现了抢答器的一个基本原则：只有在主持人按下“抢答开始/复位”按钮并宣布开始时，各分台的抢答按钮才起效。另外，在各分台台灯支路中串入相邻分台台灯输出继电器的常闭触点，起到抢答时闭锁的作用，即在已有人抢答之后其他人再按抢答按钮无效。图 2—4—12 所示为各分台台灯梯形图。

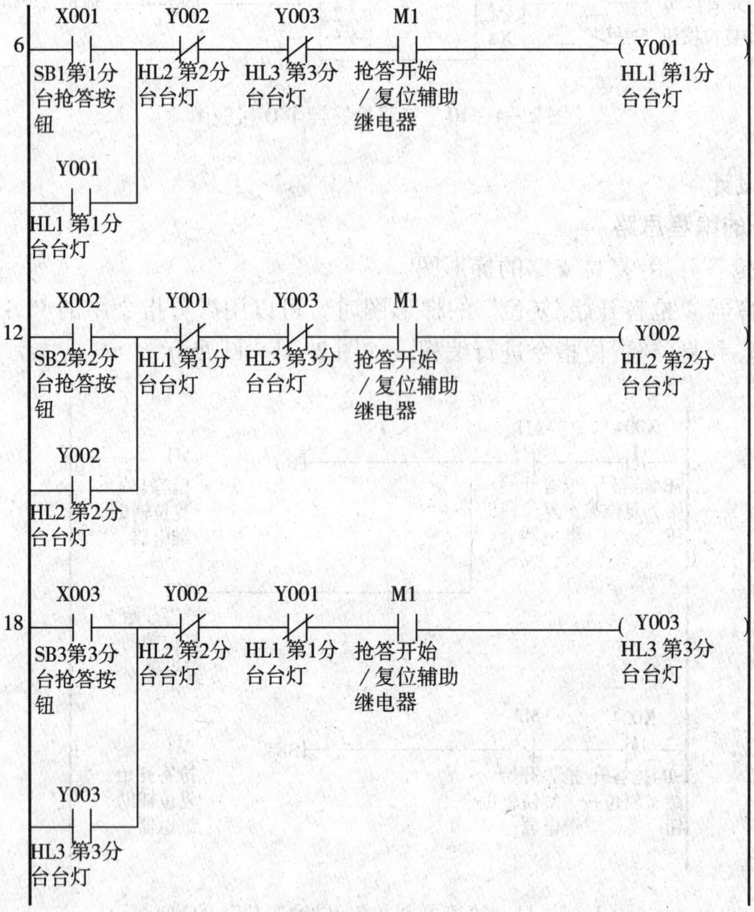

图 2—4—12　各分台台灯梯形图

（3）设计抢答时限控制和撤销抢答指示灯控制梯形图

图 2—4—13 所示为抢答时限控制和撤销抢答指示灯控制梯形图。图中通过定时器 T1 实现抢答器的抢答时限控制；当主持人按下抢答开始按钮后，辅助继电器 M1 得电，M1 常开触点闭合，在无人抢答的情况下，定时器 T1 线圈获电，延时 10 s 后，T1 常开触点闭

合，接通撤销抢答指示灯输出继电器 Y4，撤销抢答指示灯亮；当按下复位按钮时，M2 接通一个扫描周期，M2 常闭触点断开，输出继电器 Y4 线圈断电，撤销抢答指示灯熄灭。若在抢答时限内有人抢答，则与定时器 T1 线圈串联的各分台台灯输出继电器的常闭触点 Y001、Y002 和 Y003 当中的任何一个触点都会断开，定时器 T1 线圈将断开，限时自动失效。

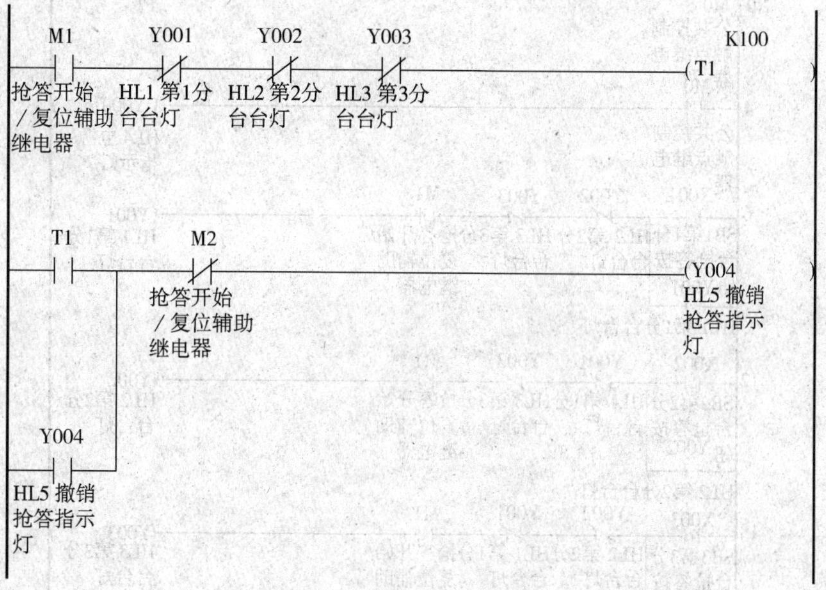

图 2—4—13　抢答时限控制和撤销抢答指示灯控制梯形图

（4）设计总电源控制和电源指示灯控制梯形图

由于抢答器的控制系统必须在主持人合上总电源开关 SA 后，系统才能开始工作，在此可运用前面任务中所学的 MC、MCR 指令进行编程设计。图 2—4—14 所示为总电源控制和电源指示灯控制梯形图。

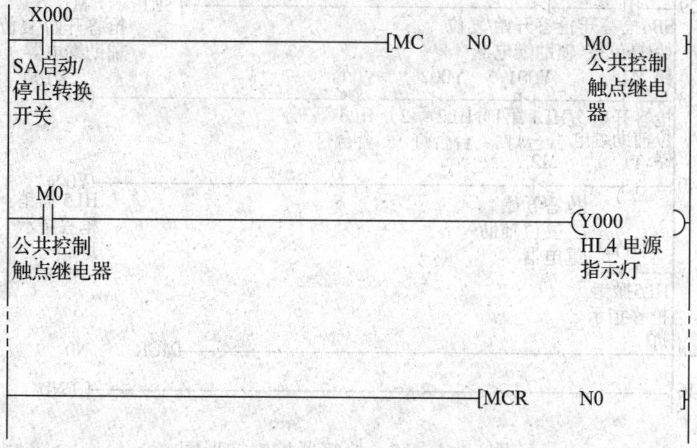

图 2—4—14　总电源控制和电源指示灯控制梯形图

2．本任务控制的完整梯形图

通过上述编程思路可设计出本任务控制的完整梯形图，如图 2—4—15 所示。

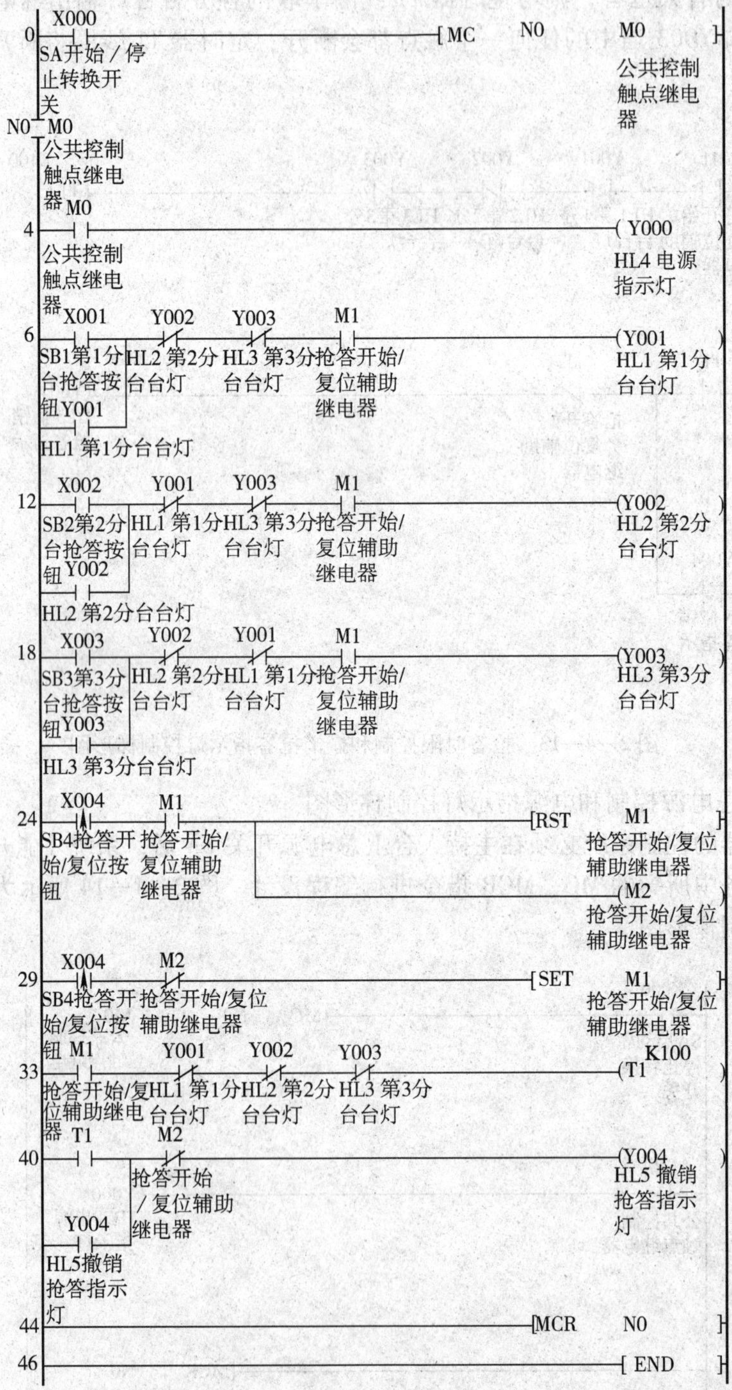

图 2—4—15　抢答器控制梯形图

3. 本任务控制的指令表

任务控制的指令表见表 2—4—5。

表 2—4—5 抢答器指令表

步序	指令语句	元素	步序	指令语句	元素
0	LD	X000	20	AND	M1
1	MC	N0 M0	21	OUT	Y003
2	LD	M0	22	LDP	X004
3	OUT	Y000	23	AND	M1
4	LD	X001	24	RST	M1
5	OR	Y001	25	OUT	M2
6	ANI	Y002	26	LDP	X004
7	ANI	Y003	27	ANI	M2
8	AND	M1	28	SET	M1
9	OUT	Y001	29	LD	M1
10	LD	X002	30	ANI	Y001
11	OR	Y002	31	ANI	Y002
12	ANI	Y001	32	ANI	Y003
13	ANI	Y003	33	OUT	T1 K100
14	AND	M1	34	LD	T1
15	OUT	Y002	35	OR	Y004
16	LD	X003	36	ANI	M2
17	OR	Y003	37	OUT	Y004
18	ANI	Y002	39	MCR	N0
19	ANI	Y001	40	END	

四、程序输入及仿真运行

1. 程序输入

启动 MELSOFT 系列 GX Developer 编程软件，创建名为“三路抢答器控制”的新文件，选择 PLC 的类型为“FX2N”。

（1）总电源控制——主控指令的输入

首先运用前面任务 3 介绍的基本指令输入方法，将总电源启动/停止开关 X000 输入完毕，然后单击下拉菜单中的“{ }F8”图标或按下键盘上的快捷键“F8”，在“梯形图输入”对话框中，输入“MC N0 M0”，如图 2—4—16 所示；最后单击“确定”按钮，进入如图 2—4—17 所示画面。

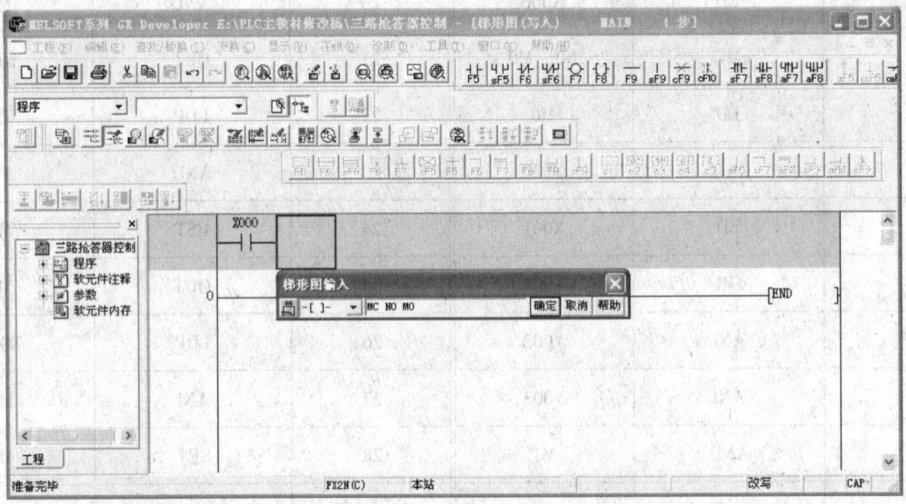

图 2—4—16　主控指令输入画面一

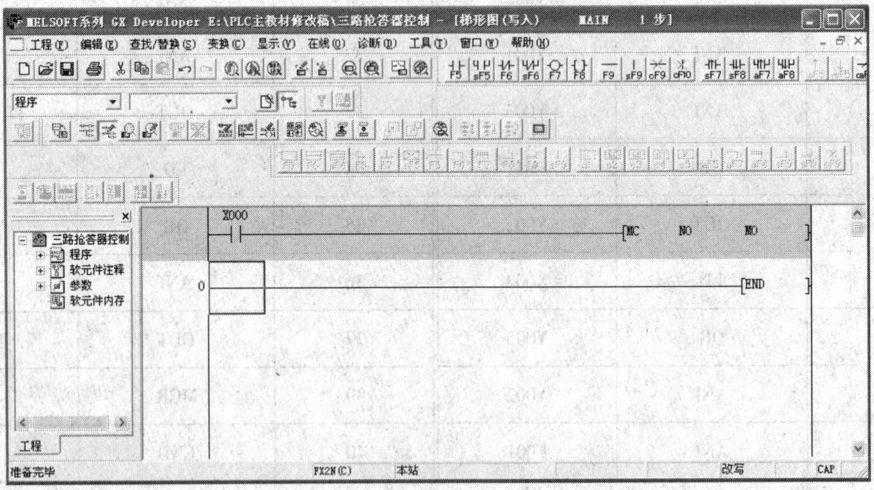

图 2—4—17　主控指令输入画面二

（2）总台电源指示灯和各分台台灯的程序输入

运用基本指令的输入方法，输入总台电源指示灯和各分台台灯的梯形图，如图 2—4—18 所示。

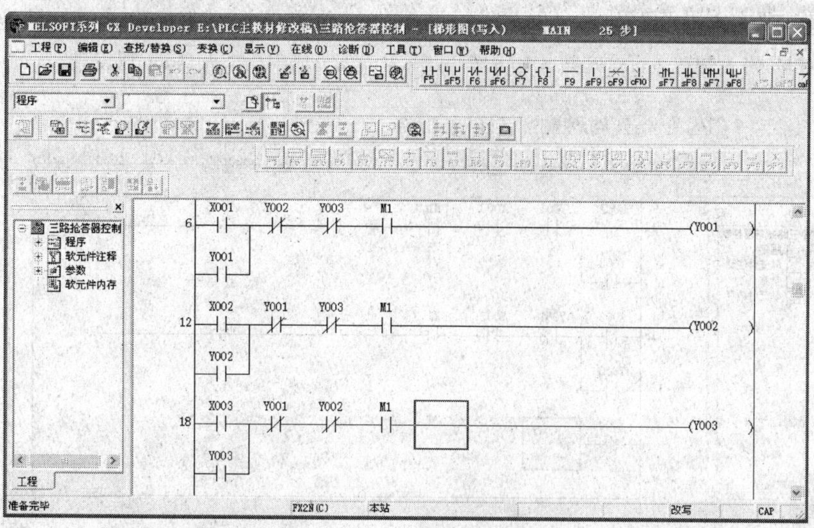

图 2—4—18　总台电源指示灯和各分台台灯的程序输入画面

（3）抢答开始/复位支路的梯形图的输入

输入抢答开始/复位支路的梯形图时，先输入上升沿脉冲微分指令 X004，输入方法是：单击下拉菜单“”图标，然后在“梯形图输入”对话框中输入元件编号 X004 即可，如图 2—4—19 所示。

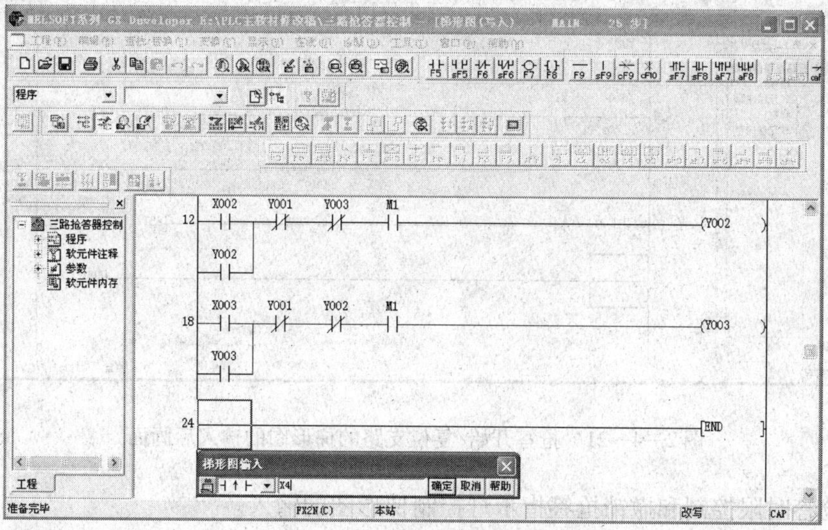

图 2—4—19　上升沿脉冲微分指令的输入画面一

单击“确定”按钮进入如图 2—4—20 所示画面。然后运用基本指令的输入方法将复位/置位指令输入，如图 2—4—21 所示。

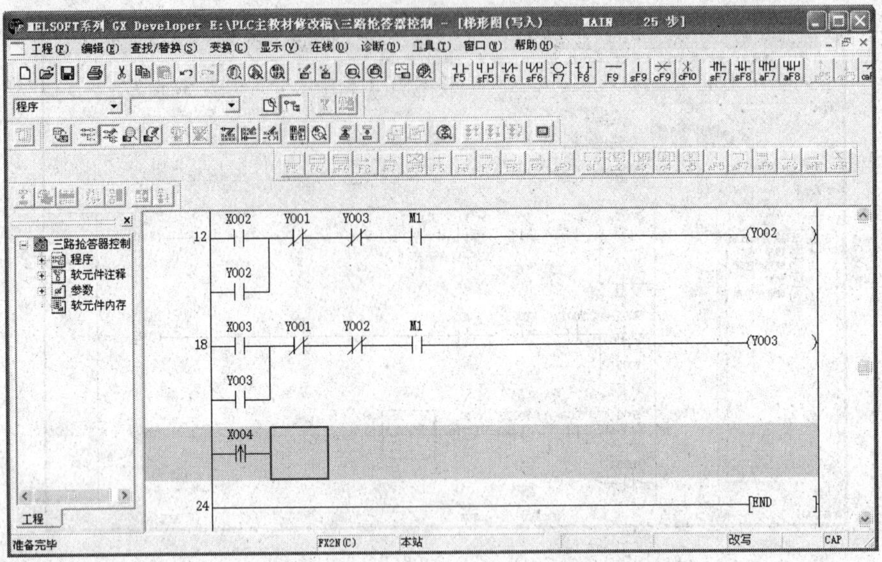

图 2—4—20　上升沿脉冲微分指令的输入画面二

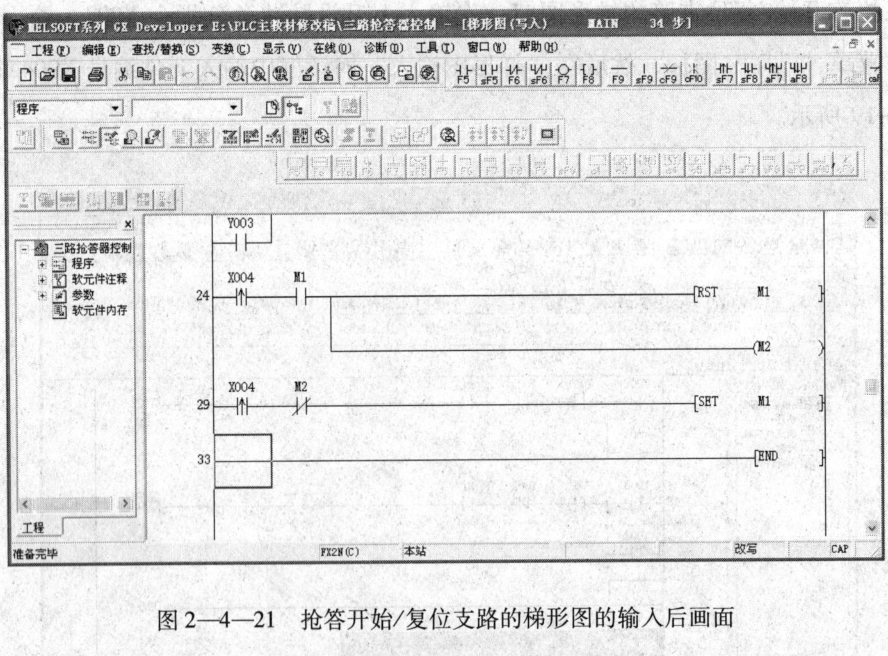

图 2—4—21　抢答开始/复位支路的梯形图的输入后画面

（4）抢答时限控制和撤销抢答指示灯控制梯形图的输入

运用基本指令的输入方法输入抢答时限控制和撤销抢答指示灯控制梯形图。值得注意的是，在输入定时器 T1 时，先单击下拉菜单“ ”图标或按快捷键 F7，然后在“梯形图输入”对话框中，输入元件编号 T1 后按空格键再输入 K100，如图 2—4—22 所示。

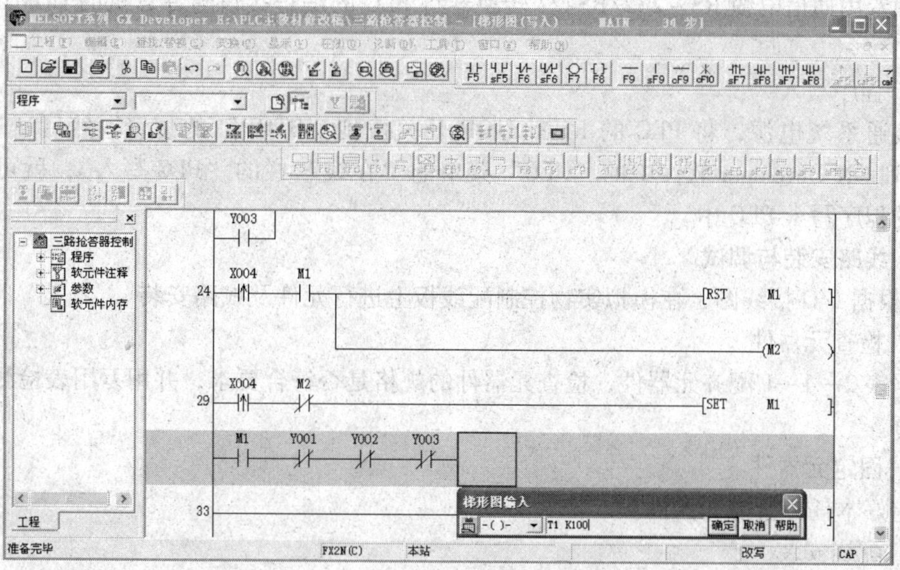

图 2—4—22　定时器的输入画面

输入完后的抢答时限控制和撤销抢答指示灯控制梯形图如图 2—4—23 所示。

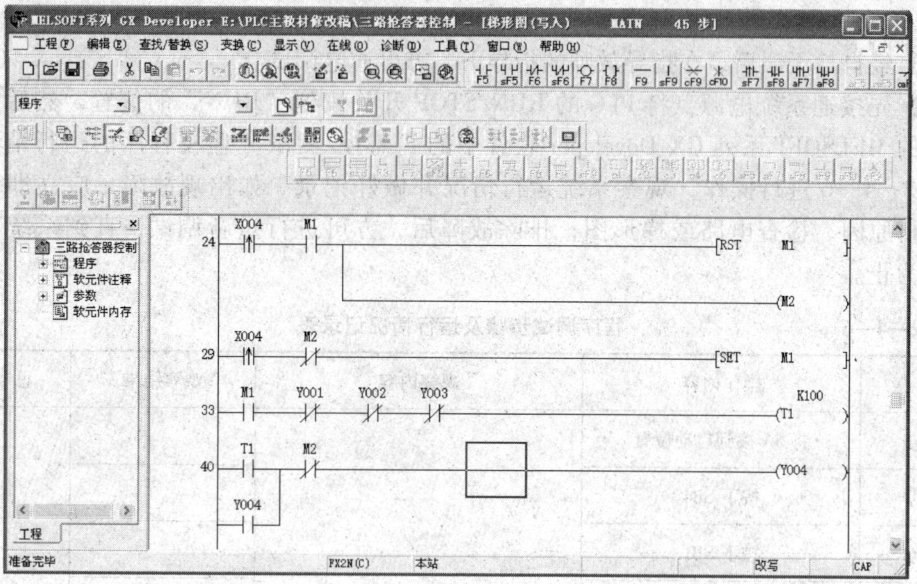

图 2—4—23　抢答时限控制和撤销抢答指示灯控制梯形图输入后的画面

（5）最后输入主控复位指令，输入过程不再赘述。

2. 仿真运行

运用课题二任务 3 介绍的仿真方法进行机上模拟仿真。

3. 程序下载

（1）PLC 与计算机连接

使用专用通信电缆 RS－232/RS422 转换器将 PLC 的编程接口与计算机的 COM1 串口连接。

（2）程序写入

先接通系统电源，将 PLC 的 RUN/STOP 开关拨到“STOP”的位置，然后通过 MELSOFT 系列 GX Developer 软件中的“PLC”菜单的“在线”栏的“PLC 写入”，就可以把仿真成功的程序写入 PLC 中。

五、线路安装与调试

1. 根据 I/O 接线图，在模拟实物控制配线板上进行元件及线路安装

（1）检查元器件

根据表 2—4—1 配齐元器件，检查元器件的规格是否符合要求，并用万用表检测元器件是否完好。

（2）固定元器件

固定好本任务所需元器件。

（3）配线安装

根据配线原则和工艺要求，进行配线安装。

（4）自检

对照接线图检查接线是否无误，再使用万用表检测电路的阻值是否与设计相符。

2. 通电调试

（1）经自检无误后，在指导教师的指导下，方可通电调试。

（2）先接通系统电源，将 PLC 的 RUN/STOP 开关拨到“RUN”的位置，然后通过计算机上的 MELSOFT 系列 GX Developer 软件中的“监控/测试”监视程序的运行情况，再按照表 2—4—6 进行操作，观察系统运行情况并做好记录。如出现故障，应立即切断电源，分析原因、检查电路或梯形图，排除故障后，方可进行重新调试，直到系统功能调试成功为止。

表 2—4—6　　程序调试步骤及运行情况记录表

操作步骤	操作内容	观察内容	观察结果	思考内容
第一步	将 SA 拨到启动位置	指示灯 HL1、HL2、HL3、HL4 和 HL5		理解 PLC 的工作过程
第二步	按下 SB4			
第三步	按下 SB1			
第四步	按下 SB2			
第五步	按下 SB3			
第六步	再次按下 SB4			
第七步	第三次按下 SB4			
第八步	5 s 后再次按下 SB4			

操作提示

在进行抢答器控制系统的梯形图程序设计、上机编程、模拟仿真及线路安装与调试的过程中，时常会遇到如下问题：

问题1：在进行PLC外部输出指示灯的接线时错将电源接到AC220 V上。

后果及原因：在进行PLC外部输出指示灯的接线时错将电源接到AC220 V上，会烧毁指示灯，严重时会损坏PLC。

预防措施：应根据I/O接线图将PLC外部输出指示灯接到DC24 V的电源上。

问题2：在进行微分指令PLS的元件编号的输入时，误将“sF7”输成“F5”。

后果及原因：由于“sF7”的元件编号代表的是上升沿微分输出指令，它仅在驱动输入ON后一个扫描周期内，软元件Y或M动作。若误输成“F5”将不能得到脉宽为一个扫描周期的单脉冲。

预防措施：在进行微分指令PLS的元件编号输入时，应选择“sF7”的元件编号，而不能选择“F5”的元件编号。

任务测评

对任务实施的完成情况进行检查，并将结果填入任务测评表（参见表2—1—6）。

知识拓展

脉冲检测指令（LDP、LDF、ANDP、ANDF、ORP、ORF）

1. 指令的助记符和功能

脉冲检测指令的助记符和功能见表2—4—7。

表2—4—7　　脉冲检测指令的助记符及功能

指令助记符、名称	功能	可作用的软元件	程序步
LDP（取脉冲）	上升沿检测运算开始	X、Y、M、S、T、C	1
LDF（取脉冲）	下降沿检测运算开始	X、Y、M、S、T、C	1
ANDP（与脉冲）	上升沿检测串联连接	X、Y、M、S、T、C	1
ANDF（与脉冲）	下降沿检测串联连接	X、Y、M、S、T、C	1
ORP（或脉冲）	上升沿检测并联连接	X、Y、M、S、T、C	1
ORF（或脉冲）	下降沿检测并联连接	X、Y、M、S、T、C	1

2．关于脉冲检测指令功能说明

（1）表 2—4—7 的脉冲检测指令只适用于 FX1S、FS1N、FX2N 和 FX2NC 机型。LDP、ANDP、ORP 使指定的位软元件上升沿时接通一个扫描周期，而 LDF、ANDF、ORF 使指定的位软元件下降沿时接通一个扫描周期。

（2）上升沿和下降沿脉冲检测指令分别与 PLS、PLF 具有同样的功能。如图 2—4—24 所示。其中图 2—4—24a 为使用脉冲检测指令的情况，它的动作原理对应于图 2—4—24b 使用 PLS、PLF 的情况。

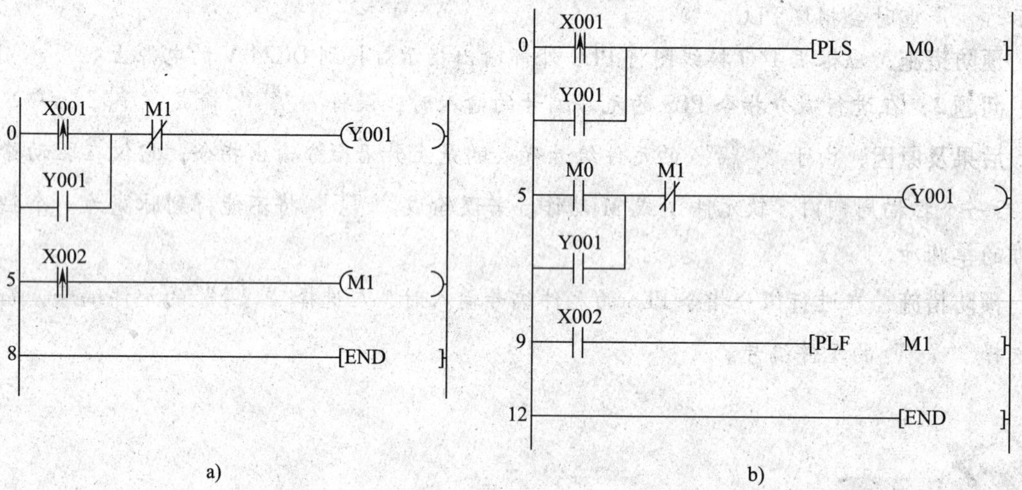

图 2—4—24　脉冲检测指令的编程实例

a）使用脉冲检测指令时的情况　b）使用 PLS、PLF 时的情况

（3）当脉冲检测指令作用于 M2800 ~ M3071 时，其驱动情况有些特别。如图 2—4—25 所示，当 X001 接通时，M2800 得电，则只有在离 M2800 线圈之后编程最近的上升沿（或下降沿）的检测指令接通。即当 X001 闭合时，第 7 步被执行，而第 0 步、第 11 步不被执行。当 X001 再闭合一次，第 11 步被执行，而第 0 步、第 7 步不被执行。这个特点常被用做同一条件信号进行状态转移的编程。

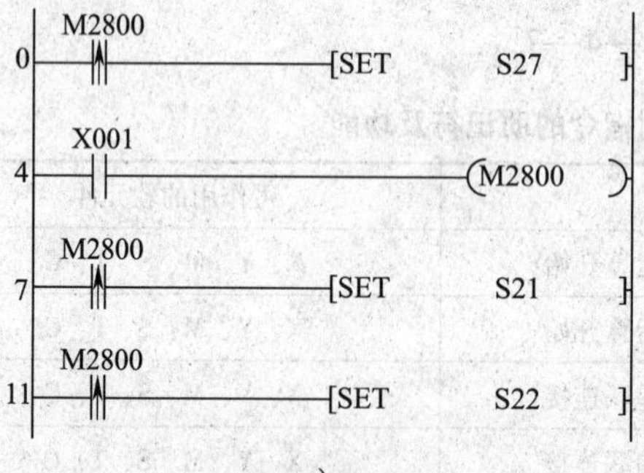

0	LDP	M2800
2	SET	S20
4	LD	X001
5	OUT	M2800
6		
7	LDP	M2800
9	SET	S21
11	LDP	M2800
13	SET	S22

b)

图 2—4—25　脉冲检测指令作用于 M2800 的编程实例

a）梯形图　b）指令表

巩固与提高

一、填空题（请将正确的答案填在横线空白处）

1．说明下列指令的含义

PLS ________________________　　PLF ________________________

LDP ________________________　　LDF ________________________

ORP ________________________　　ORF ________________________

ANDP ________________________　　ANDF ________________________

2．脉冲微分指令主要用于检测输入脉冲的______沿或______沿，当条件满足时，产生一个很窄的_______输出。其 PLC 指令的操作元件都为____和______，不含_______。

二、选择题（将正确答案的序号填入括号内）

1．以下指令中（　　）是上升沿指令。

A．PLS　　B．PLF　　C．CJP　　D．EJP

2．以下指令中（　　）是下降沿指令。

A．PLS　　B．PLF　　C．CJP　　D．EJP

三、判断题（在下列括号内，正确的打“√”，错误的打“×”）

1．PLS 指令的功能是：当检测到输入脉冲信号的下降沿时，PLS 的操作元件的线圈得电一个扫描周期，产生一个脉冲宽度为一个扫描周期的脉冲信号输出。（　　）

2．PLF 指令的功能是：当检测到输入脉冲信号的上升沿时，PLF 的操作元件的线圈得电一个扫描周期，产生一个脉冲宽度为一个扫描周期的脉冲信号输出。（　　）

四、分析题

已知指令语句表见表 2—4—8，画出对应的梯形图。

表 2—4—8　　　　指　令　表

步序	指令语句	元素	梯　形　图
0	LD	X000	
1	PLF	M0	
2	LD	M0	
3	ANI	Y001	
4	LD	Y001	
5	ANI	M0	
6	ORB		
7	OUT	Y001	
8	LD	X000	
9	OUT	Y000	
10	END		

五、技能题

1．题目：通过 PLC 控制系统，实现对五路竞赛抢答器系统的控制。其控制要求如下：

（1）抢答器设有 1 个主持人总台和 5 个参赛队分台，总台设置有总台电源指示灯、撤销抢答信号指示灯总台电源转换开关、抢答开始/复位按钮。分台设有一个抢答按钮和一个分台抢答指示灯。

（2）竞赛开始前，竞赛主持人先接通“启动/停止”转换开关，电源指示灯亮。

（3）各队抢答必须在主持人给出题目，说了“开始”并按下开始抢答按钮后的 15 s 内进行，如果在 15 s 内有人抢答，则最先按下的抢答按钮信号有效，相应分台上的抢答指示灯亮，其他组再按抢答按钮无效。

（4）当主持人按下开始抢答按钮后，如果在 15 s 内无人抢答，则撤销抢答信号指示灯亮，表示抢答器自动撤销此次抢答信号。

（5）主持人没有按下开始抢答按钮，各分台按下抢答按钮均无反应。

（6）在一个题目回答终止或 15 s 时间到后无人抢答，只要主持人再次按下抢答开始/复位按钮，所有分台抢答指示灯和撤销抢答信号指示灯熄灭，同时抢答器恢复原始状态，为第二轮抢答做好准备。

2．考核要求

（1）根据控制功能用 PLC 进行控制线路的设计，并且进行安装与调试。

（2）电路设计。根据任务，列出 PLC 控制 I/O（输入/输出）口元件地址分配表，并设计梯形图及 PLC 控制 I/O（输入/输出）口接线图，并能仿真运行。

（3）安装与接线

1）将熔断器、指示灯、PLC 装在一块配线板上，而将转换开关、按钮等装在另一块配线板上。

2）按 PLC 控制 I/O（输入/输出）口接线图在模拟配线板上正确安装，元件在配线板上布置要合理，安装要准确、紧固，配线导线要紧固、美观，导线要进走线槽，导线要有端子标号。

（4）PLC 键盘操作。熟练操作键盘，能正确地将所编程序输入 PLC；按照被控设备的动作要求进行模拟调试，达到设计要求。

（5）通电实验。正确使用电工工具及万用表并进行仔细检查，通电实验时应注意人身和设备安全。

（6）考核时间分配

1）设计梯形图和 PLC 控制 I/O（输入/输出）口接线图及上机编程时间为 120 min。

2）安装接线时间为 60 min。

3）试机时间为 5 min。

3．评分标准（见表 2—1—6）。

任务5　花式喷泉控制系统

学习目标

知识目标：

1. 掌握计数器的功能及应用。

2. 掌握三菱 PLC 时钟脉冲指令与计数器的长延时控制在 PLC 的软件系统及梯形图编程设计中的综合应用。

能力目标：

1. 能根据控制要求，灵活运用经验法，通过时钟脉冲指令和计数器的综合运用，实现花式喷泉控制系统的梯形图程序设计。

2. 掌握花式喷泉 PLC 控制系统的线路安装与调试。

工作任务

花式喷泉常用于休闲广场、景区或游乐场所，图 2—5—1 所示是一个休闲广场的花式喷泉控制效果画面。传统的喷泉控制一旦设计好控制电路，就不能随意改变喷水花样及喷水时间。若采用 PLC 控制，利用 PLC 体积小、功能强、可靠性高且具有较大的灵活性和可扩展性的特点，通过改变喷泉的控制程序或改变方式选择开关，就可以改变花式喷泉的喷水规律，从而变换出各式花样，以适应不同季节、不同场合的喷水要求。

图 2—5—1　花式喷泉

本次任务的主要内容是通过 PLC 控制系统，实现对花式喷泉系统的控制。其控制要求如下：

（1）有一花式喷泉分别由 A、B、C 三组喷头组成，如图 2—5—2a 所示。

（2）按下启动按钮后，A、B、C 三组喷头按图 2—5—2b 所示时序图循环工作。

（3）花式喷泉的工作时间是在晚上 11 点按下启动按钮，花式喷泉延时 9 h（即第二天早上 8 点）自动开始工作，工作 15 h（即再到晚上 11 点）后自动停止，并每天按上述时间不断循环工作。

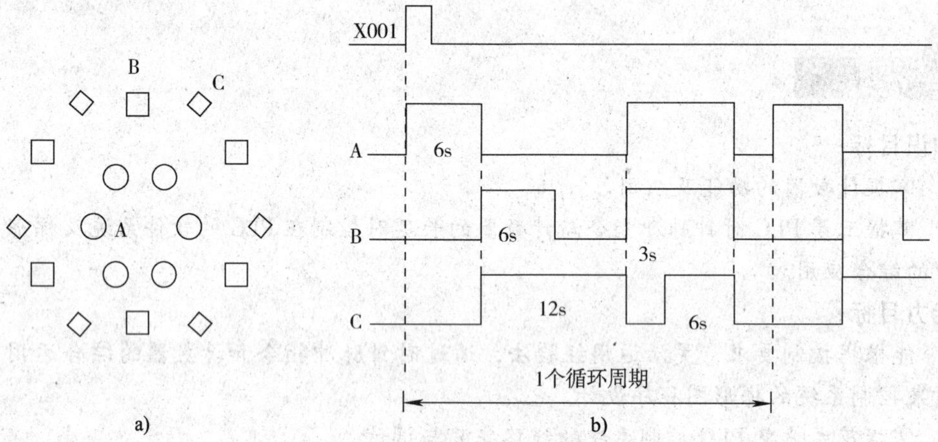

图 2—5—2　喷泉组示意图和时序图

a）喷泉组示意图　b）时序图

任务准备

实施本任务教学所使用的实训设备及工具材料可参考表 2—5—1 所示。

表 2—5—1　　实训设备及工具材料

序号	分类	名称	型号规格	数量	单位	备注
1	工具	电工常用工具		1	套	
2	仪表	万用表	MF－47 型	1	块	
3	设备器材	编程计算机		1	台	
4		接口单元		1	套	
5		通信电缆		1	条	
6		可编程序控制器	FX2N－48MR	1	台	
7		安装配电盘	600 mm×900 mm	1	块	
8		导轨	C45	0.3	m	
9		低压断路器	Multi9 C65N D20	2	只	
10		熔断器	RT28－32	2	只	
11		按钮	LA10－2H	1	只	
12		稳压电源	DC24 V	1	只	
13		接线端子	D－20	20	只	
14		电磁阀	24 V	3	只	

续表

序号	分类	名称	型号规格	数量	单位	备注
15	消耗材料	铜塑线	BV1/1.37 mm^2	10	m	主电路
16		铜塑线	BV1/1.13 mm^2	15	m	控制电路
17		软线	BVR7/0.75 mm^2	10	m	
18		紧固件	M4×20 螺杆	若干	只	
19			M4×12 螺杆	若干	只	
20			ϕ4 mm 平垫圈	若干	只	
21			ϕ4 mm 弹簧垫圈及 M4 螺母	若干	只	
22		号码管		若干	m	
23		号码笔		1	支	

任务分析

从上述控制要求分析可知，本任务是一个长时限（工作时间为从早 8 点至晚 11 点）的带延时的顺序控制（三组喷头按一定的顺序延时工作）。

在前面任务中介绍了 100 ms 和 10 ms 两种通用定时器的应用，由前可知 FX2N 系列 PLC 的最长定时时间为 3 276.7 s，对长时限的控制具有局限性，不能有效的实现对本任务的控制，如果需要更长的定时时间，可以采用计数器、多个定时器的组合或者定时器与计数器的组合来获得较长的延时时间。本任务主要是通过计数器来获得较长的延时时间实现长时限的控制。

值得一提的是，本任务主要是针对没有内部时钟控制的 PLC 和在没有介绍比较指令前，采用基本指令和计数器配合使用的长延时控制。

相关知识

一、编程元件

1. 计数器（C）

（1）计数器的分类

FX2N 系列 PLC 提供了两类计数器：一类为内部计数器，它是 PLC 在执行扫描操作时对内部信号等进行计数的计数器，要求输入信号的接通或断开时间应大于 PLC 的扫描周期；另一类是高速计数器，其响应速度快，因此对于频率较高的计数就必须采用高速计数器。内部计数器分为 16 位加计数器和 32 位加/减计数器两类，计数器采用 C 和十进制共同组成编号。在此仅介绍 16 位加计数器。

C0～C199 共 200 点是 16 位加计数器，其中 C0～C99 共 100 点为通用型，C100～C199

共 100 点为断电保持型（断电保持型即断电后能保持当前值通电后继续计数）。这类计数为递加计数，应用前先对其设置某一设定值，当输入信号（上升沿）个数累加到设定值时，计数器动作，其常开触点闭合、常闭触点断开。16 位加计数器的设定值为 1 ~32 767，设定值可以用常数 K 或者通过数据寄存器 D 来设定。

（2）计数器的工作原理

16 位加计数器的工作原理如图 2—5—3 所示。图中计数输入 X000 是计数器的工作条件，X000 每次驱动计数器 C0 的线圈时，计数器的当前值加 1。“K5”为计数器的设定值。当第 5 次执行线圈指令时，计数器的当前值和设定值相等，输出触点就动作。Y000 为计数器 C0 的工作对象，在 C0 的常开触点接通时置 1。而后即使计数器输入 X000 再动作，计数器的当前值保持不变。由于计数器的工作条件 X000 本身就是断续工作的。外电源正常时，其当前值寄存器具有记忆功能，因而即使是非掉电保持型的计数器也需复位指令才能复位。图 2—5—3 中 X001 为复位条件。当复位输入 X001 在上升沿接通时，执行 RST 指令，计数器的当前值复位为 0，输出触点也复位。

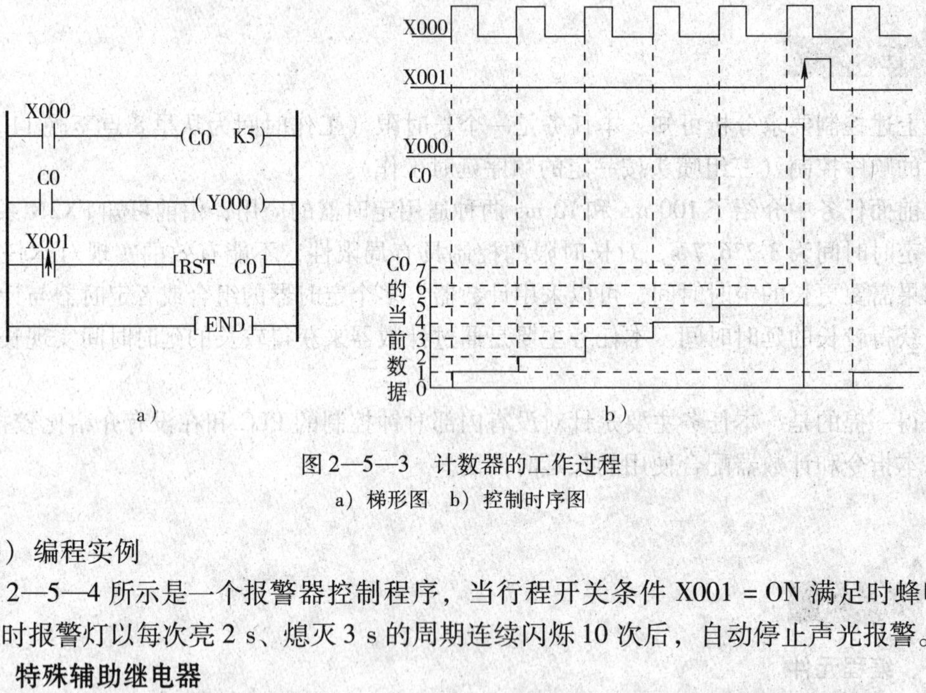

图 2—5—3　计数器的工作过程

a）梯形图　b）控制时序图

（3）编程实例

图 2—5—4 所示是一个报警器控制程序，当行程开关条件 X001 = ON 满足时蜂鸣器鸣叫，同时报警灯以每次亮 2 s、熄灭 3 s 的周期连续闪烁 10 次后，自动停止声光报警。

2. 特殊辅助继电器

在任务 4 中已介绍了通用型和失电保持型两种辅助继电器，现着重介绍与本次任务有关的一些特殊辅助继电器。

PLC 的特殊辅助继电器很多，都具有不同的功能。其中有些特殊辅助继电器在 PLC 运行时，能自动驱动其线圈，用户仅可利用其触点功能。下面是一些常用的特殊辅助继电器的元件编号和功能介绍：

M8000——作运行监视用（在运行中常接通）；

M8002——初始脉冲（仅在运行开始瞬间接通一脉冲周期）；

M8011——产生 10 ms 连续脉冲；

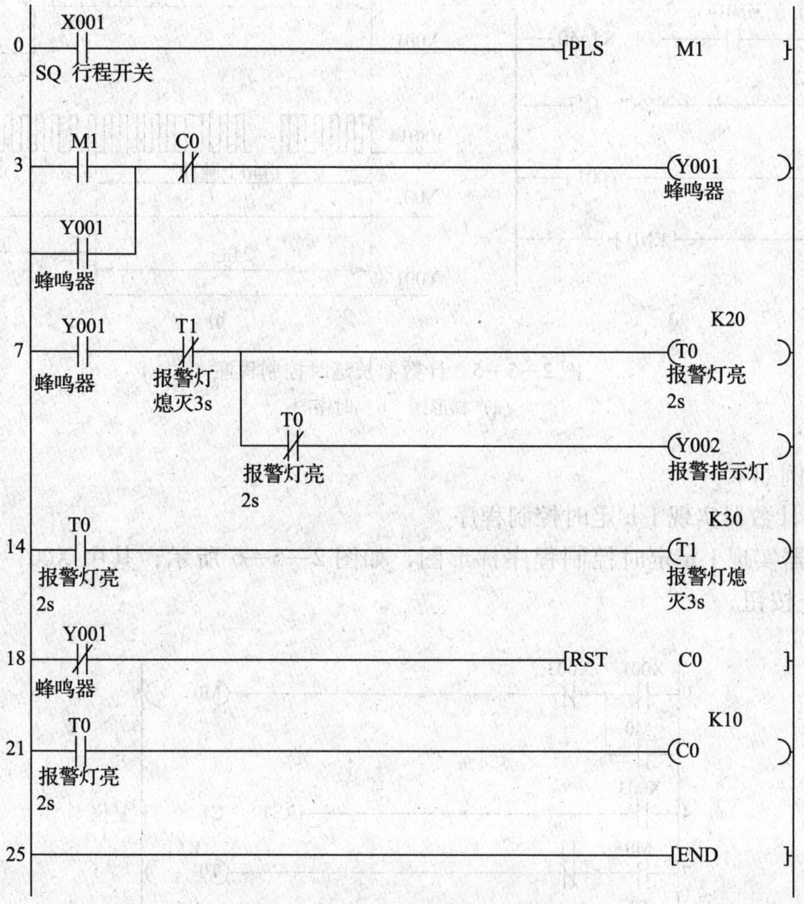

图 2—5—4　报警器控制程序

M8012——产生 100 ms 连续脉冲；

M8013——产生 1 s 连续脉冲；

M8014——产生 1 min 连续脉冲；

另外，一些特殊辅助继电器仅使用其线圈。当线圈被驱动时，完成一定的功能。例如：

M8034——禁止所有输出。但 PLC 内部仍可运行；

M8028——FX1S、FX0N 的 100 ms/10 ms 定时器切换。

二、典型的计数器长延时控制电路

1. 单独计数器实现的长延时

单独计数器实现的长延时控制程序如图 2—5—5 所示，程序中以特殊辅助继电器 M8014（1 min 时钟）作为计数器 C1 的输入脉冲信号，这样延时时间就是若干分钟（图中为 1 440 个脉冲，即 1 440 min）。如果一个计数器不能满足要求，可以将多个计数器串联使用，即用前一个计数器的输出作为后一个计数器的输入脉冲。

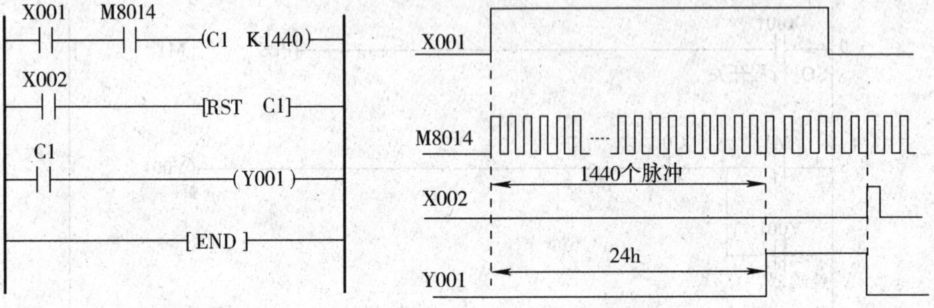

a）

b）

图 2—5—5 计数器长延时控制程序

a）梯形图 b）时序图

编程实例如下：

（1）用计数器实现 1 h 定时控制程序

用计数器实现 1 h 定时控制程序梯形图，如图 2—5—6 所示，其中 X001 为启动按钮，X003 为停止按钮。

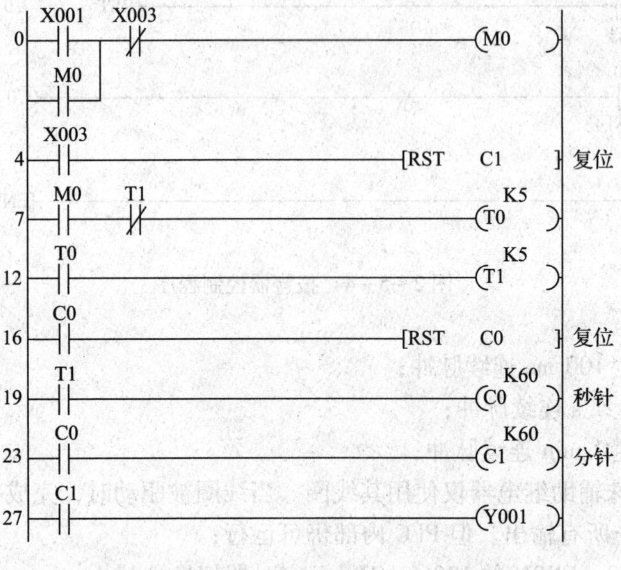

图 2—5—6 用计数器实现 1 h 定时控制程序

（2）用 M8014 和计数器配合实现 1 h 定时程序

以 M8014 作为分时钟脉冲的 1 h 定时程序如图 2—5—7 所示。

（3）用计数器实现 24 h 时钟程序

用计数器实现 24 h 时钟程序如图 2—5—8 所示。其中图 2—5—8a 为错误程序，C1、C2 不计数，原因是计数器的复位程序应该放在计数程序的上面，正确的程序如图 2—5—8b 所示。

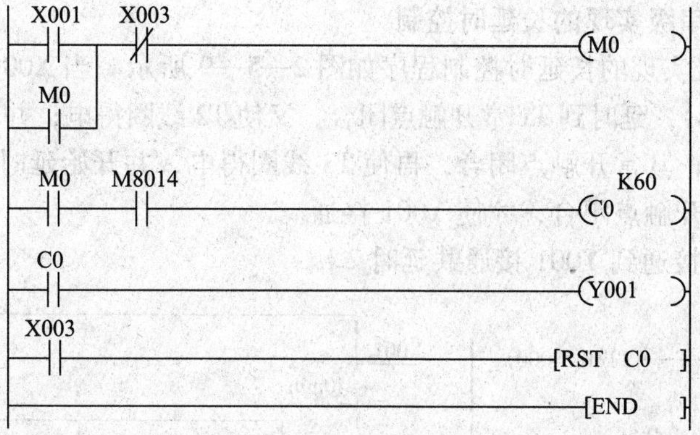

图 2—5—7 用 M8014 和计数器配合实现 1 h 定时控制程序

a)

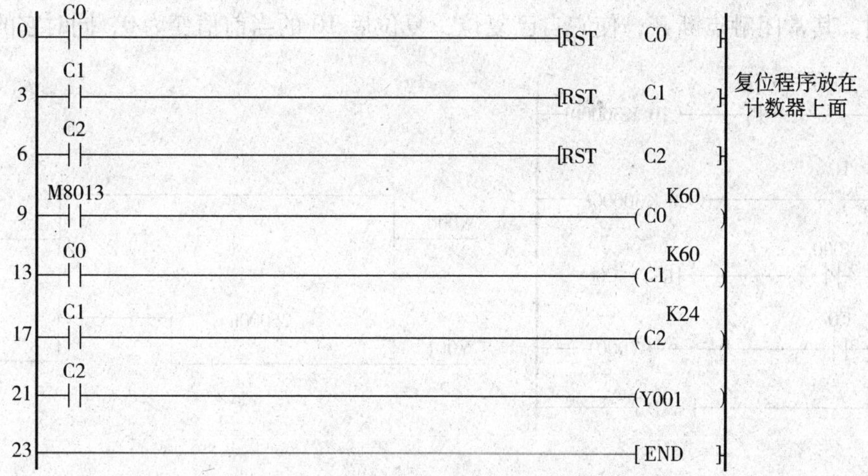

b)

图 2—5—8 用计数器实现 24 h 时钟控制程序

a）错误程序 b）正确程序

2. 多个定时器串级实现的长延时控制

多个定时器串级实现的长延时控制程序如图 2—5—9 所示。当 X001 接通，T1 线圈得电并开始延时（2 400 s），延时到 T1 常开触点闭合，又使 T2 线圈得电，并开始延时（2 400 s），当定时器 T2 延时到，其常开触点闭合，再使 T3 线圈得电，并开始延时（2 400 s），当定时器 T3 延时到，其常开触点闭合，才使 Y001 接通。

因此，从 X001 接通到 Y001 接通共延时 2 h。

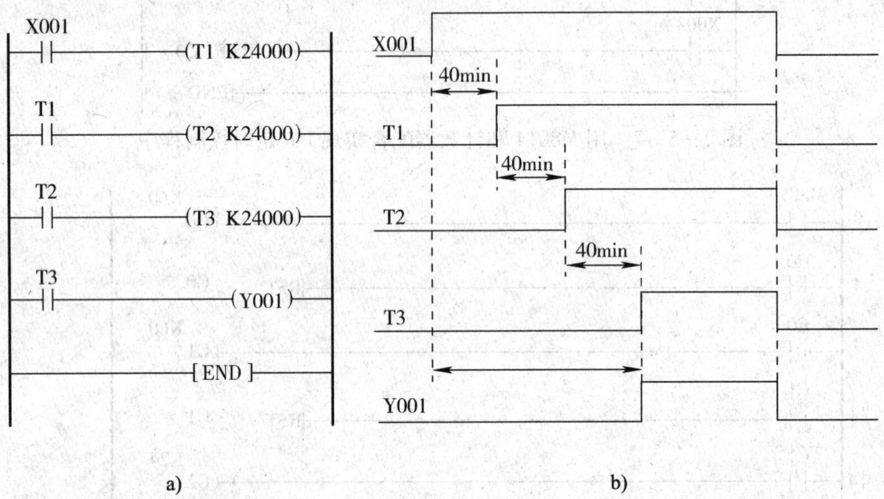

图 2—5—9　多个定时器串级实现的长延时控制程序

a）梯形图　b）时序图

3. 定时器与计数器的组合实现的长延时控制

定时器与计数器的组合实现的长延时控制程序如图 2—5—10 所示，当 X000 的常闭触点闭合时，T0 和 C0 复位不工作。当 X000 的常开触点闭合时，T0 开始定时，3 000 s 后 T0 定时时间到，其常闭触点断开，使它自己复位，复位后 T0 的当前值变为 0，同时它的常闭触点

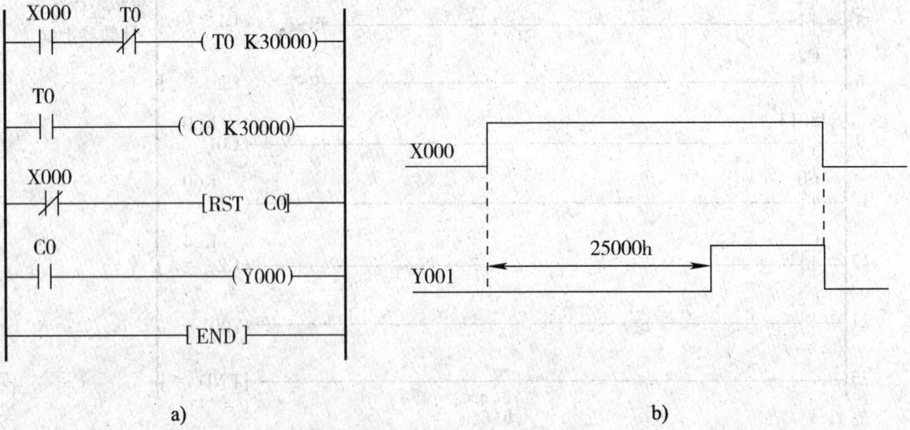

图 2—5—10　定时器与计数器的组合实现的长延时控制程序

a）梯形图　b）时序图

接通，使它自己的线圈重新通电，又开始定时。T0 将这样周而复始地工作，直至 X000 变为 OFF。从分析中可看出，图 2—5—10 中最上面一行电路是一个脉冲信号发生器，脉冲周期等于 T0 的设定值。产生的脉冲列送给 C0 计数，计满 30 000 个数（即 25 000 h）后，C0 的当前值等于设定值，它的常开触点闭合，Y000 开始输出。

任务实施

一、分配输入点和输出点，写出 I/O 通道地址分配表

根据任务控制要求，可确定 PLC 需要 2 个输入点，3 个输出点，其 I/O 通道分配表见表 2—5—2。

表 2—5—2　　I/O 通道地址分配表

输入			输出		
元件代号	作用	输入继电器	元件代号	作用	输出继电器
SB1	启动按钮	X000	YV1	A 组喷头电磁阀	Y001
SB2	停止按钮	X001	YV2	B 组喷头电磁阀	Y002
			YV3	C 组喷头电磁阀	Y003

二、画出 PLC 接线图（I/O 接线图）

PLC 接线图如图 2—5—11 所示。

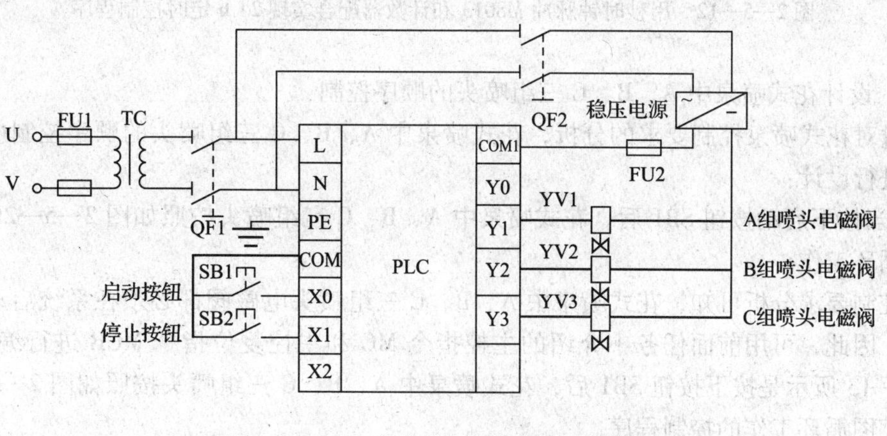

图 2—5—11　花式喷泉控制的 I/O 接线图

三、程序设计

1. 本任务的编程思路

通过对本任务的控制分析可知，该系统的程序控制是一个长时限的带延时的顺序控制（三组喷头按一定的顺序延时工作）。在进行编程设计时可按下列思路进行编程设计。

（1）设计一个 24 h 的长时间自动控制程序

可以用秒时钟脉冲 M8013 和计数器配合实现 24 h 定时控制程序，如图 2—5—12 所示。

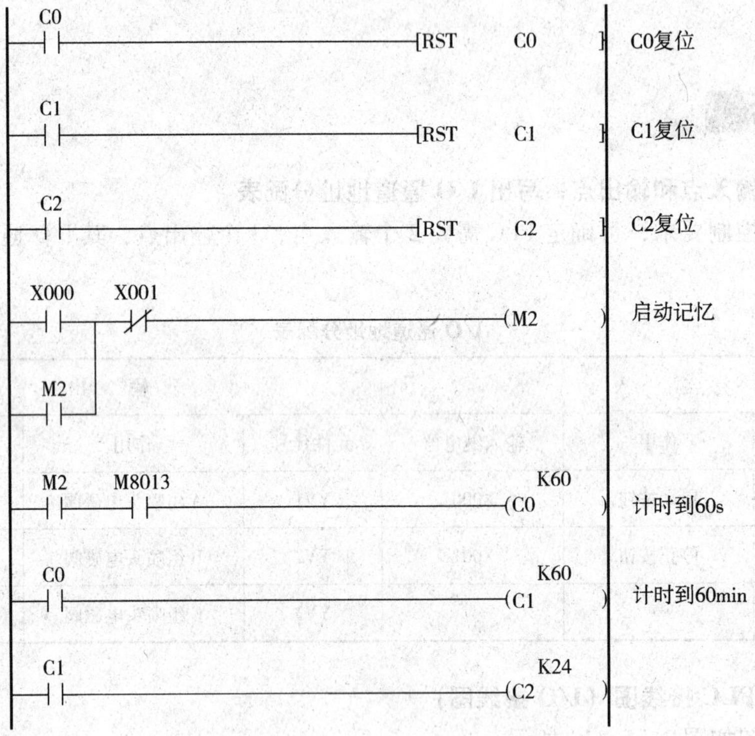

图 2—5—12　用秒时钟脉冲 M8013 和计数器配合实现 24 h 定时控制程序

（2）设计花式喷泉中 A、B、C 三组喷头的顺序控制

通过对花式喷泉控制要求的分析，花式喷泉中 A、B、C 三组喷头的顺序控制应从以下两方面进行设计：

1）当按下启动按钮 SB1 后，花式喷泉中 A、B、C 三组喷头按照如图 2—5—2b 所示的时序图循环工作。

从控制要求分析可知，花式喷泉中 A、B、C 三组喷头电磁阀都必须在系统启动后才开始工作，因此，可用前面任务中介绍的主控指令 MC 和主控复位指令 MCR 进行编程设计。图 2—5—13 所示是按下按钮 SB1 后，花式喷泉中 A、B、C 三组喷头按照如图 2—5—2b 所示的时序图循环工作的控制程序。

2）花式喷泉中 A、B、C 三组喷头每经过一次 24 h 后的自动控制程序如图 2—5—14 所示。

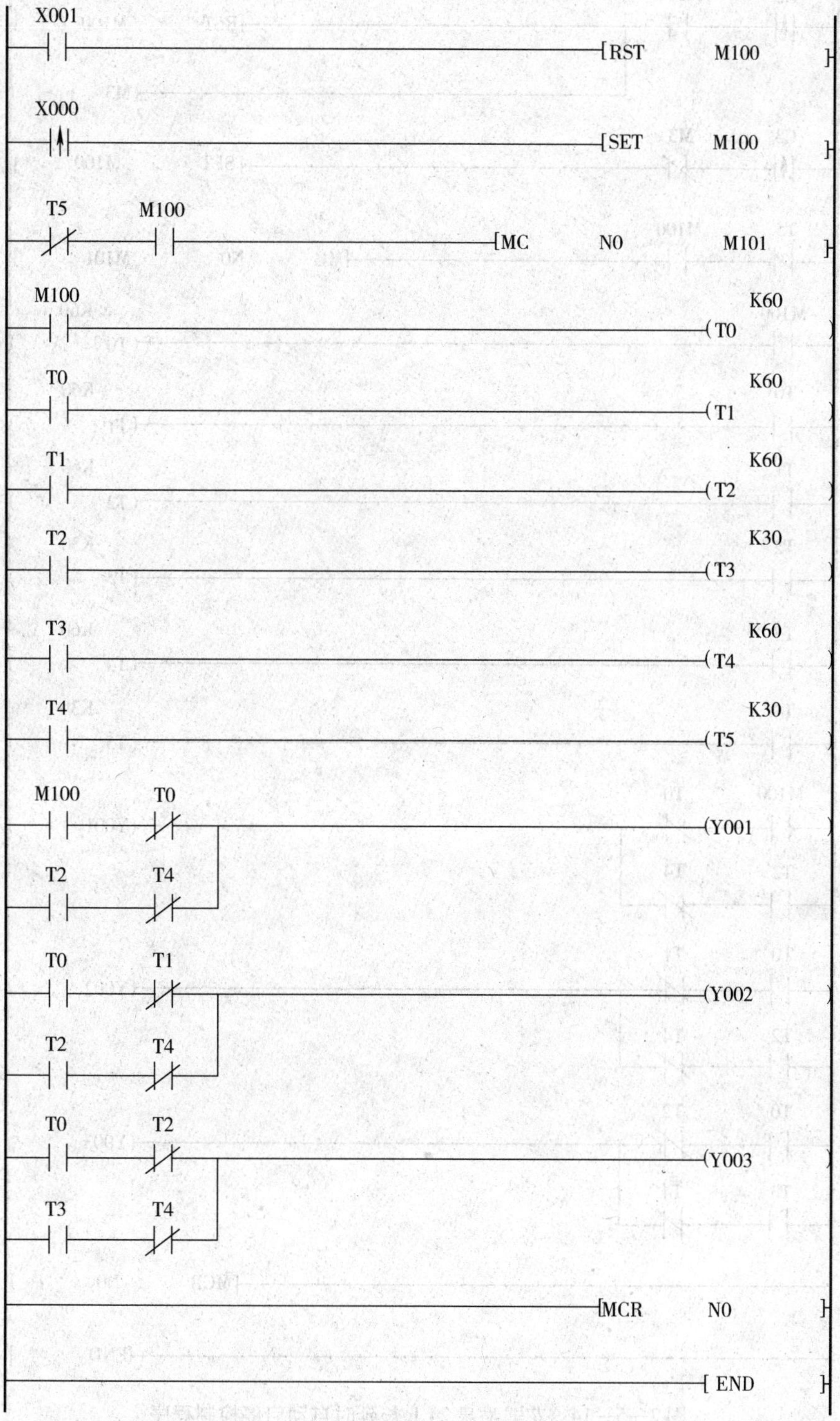

图 2—5—13　花式喷泉手动启停控制程序

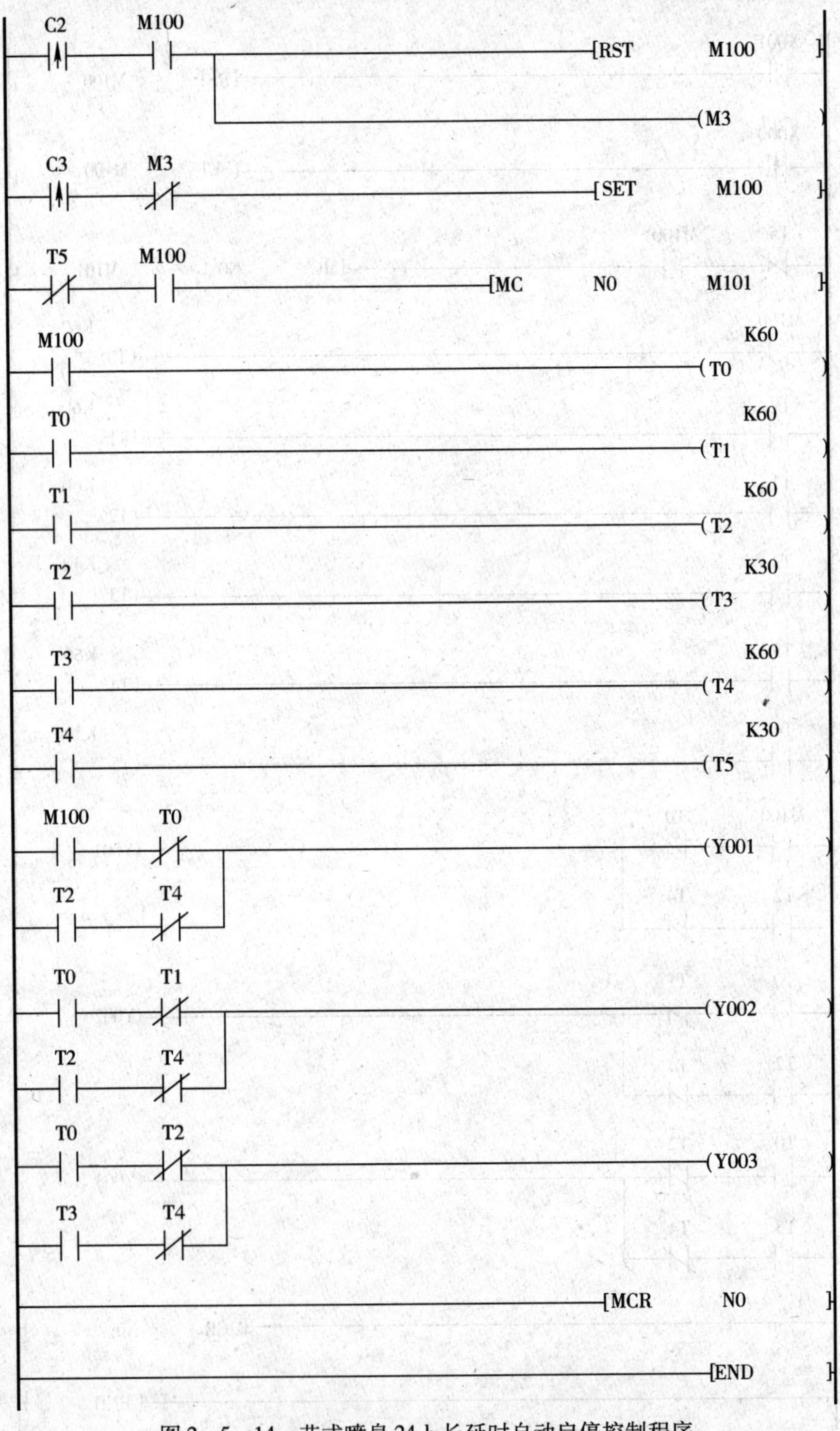

图 2—5—14　花式喷泉 24 h 长延时自动启停控制程序

综合图 2—5—13 和图 2—5—14 所示的控制程序，最后可得到花式喷泉中 A、B、C 三组喷头的自动顺序控制程序，如图 2—5—15 所示。

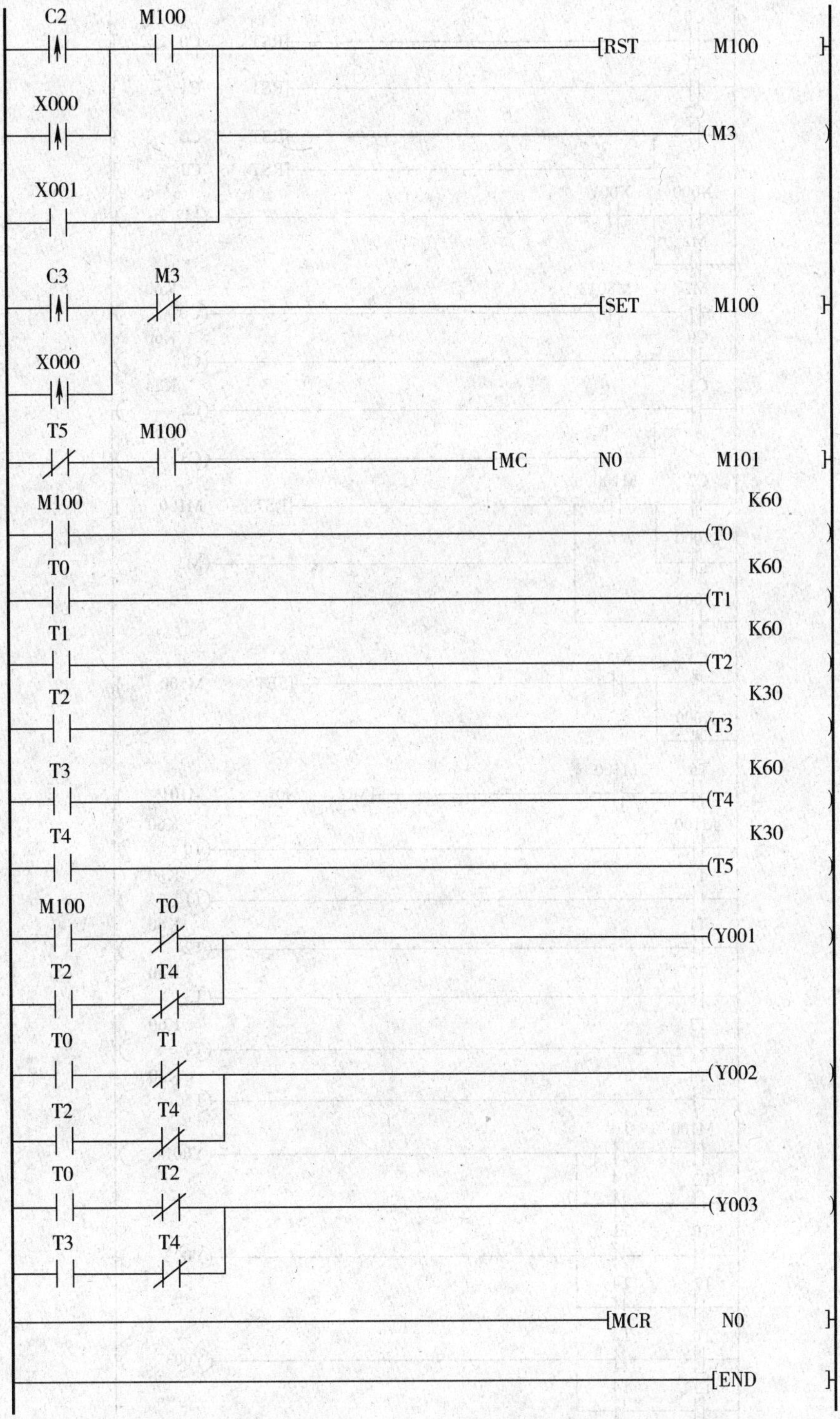

图 2—5—15　花式喷泉中 A、B、C 三组喷头的自动顺序控制程序

2. 本任务控制的完整梯形图

通过上述编程思路可设计出本任务控制的完整梯形图程序，如图 2—5—16 所示。

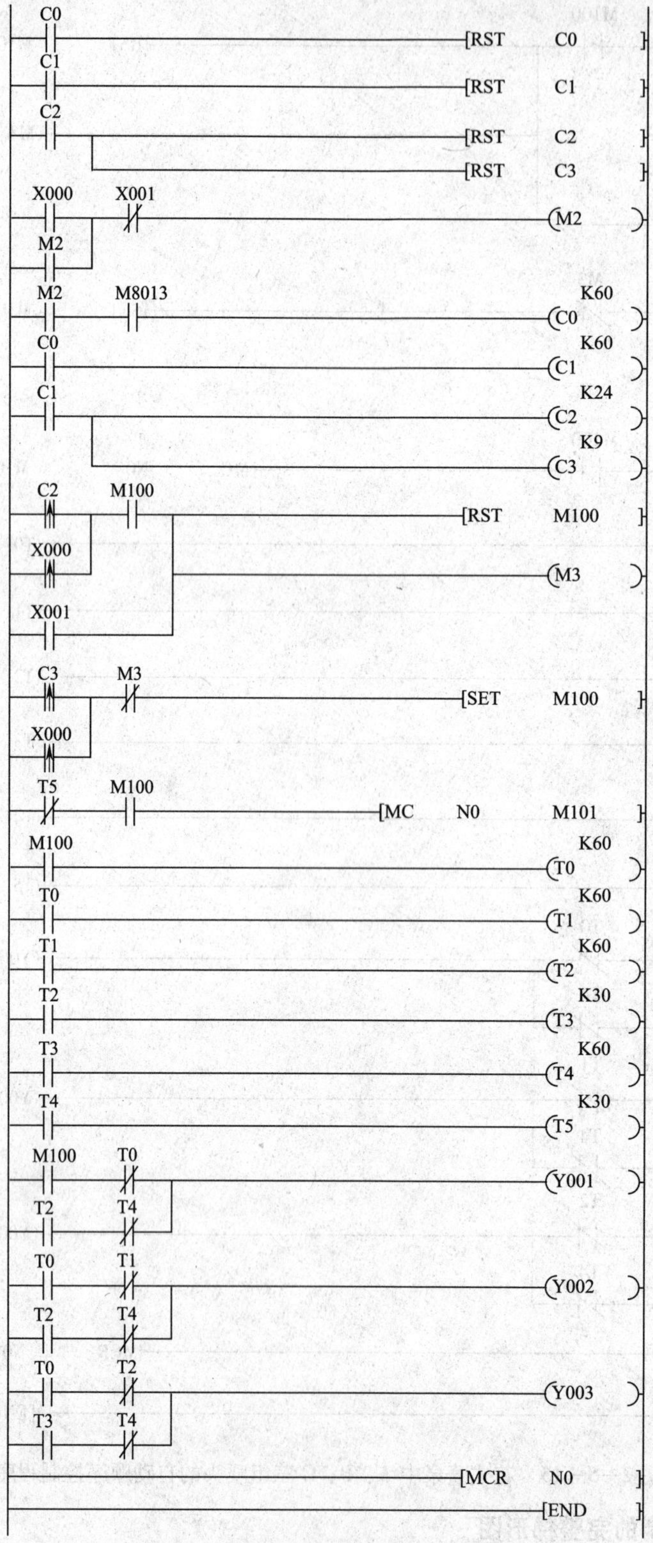

图 2—5—16　花式喷泉控制梯形图

3. 本任务控制的指令表

本任务控制的指令表见表 2—5—3。

表 2—5—3　　　　花式喷泉控制指令表

步序	指令语句	元素	步序	指令语句	元素	步序	指令语句	元素
0	LD	C0	22	OR	X001	44	LD	M100
1	RST	C0	23	RST	M100	45	ANI	T0
2	LD	C1	24	OUT	M3	46	LD	T2
3	RST	C1	25	LDP	C3	47	ANI	T4
4	LD	C2	26	ORP	X000	48	ORB	
5	RST	C2	27	ANI	M3	49	OUT	Y001
6	RST	C3	28	SET	M100	50	LD	T0
7	LD	X000	29	LDI	T5	51	ANI	T1
8	OR	M2	30	AND	M100	52	LD	T2
9	ANI	X001	31	MC	N0 M101	53	ANI	T4
10	OUT	M2	32	LD	M100	54	ORB	
11	LD	M2	33	OUT	T0 K60	55	OUT	Y002
12	AND	M8013	34	LD	T0	56	LD	T0
13	OUT	C0 K60	35	OUT	T1 K60	57	ANI	T2
14	LD	C0	36	LD	T1	58	LD	T3
15	OUT	C1 K60	37	OUT	T2 K60	59	ANI	T4
16	LD	C1	38	LD	T2	60	ORB	
17	OUT	C2 K24	39	OUT	T3 K30	61	OUT	Y003
18	OUT	C3 K9	40	LD	T3	62	MCR	N0
19	LDP	C2	41	OUT	T4 K60	63	END	
20	ORP	X000	42	LD	T4			
21	AND	M100	43	OUT	T5 K30			

四、程序输入及仿真运行

1. 程序输入

启动 MELSOFT 系列 GX Developer 编程软件，创建新文件，并命名为“花式喷泉控制”，选择 PLC 的类型为“FX2N”，在程序类型框内选择“梯形图逻辑”；然后运用基本指令输入法将表 2—5—3 中的指令输入或采用梯形图输入法将图 2—5—16 所示的梯形图输入，程序输入过程不再赘述。值得注意的是，计数器的输入与定时器的输入一样，只是在选择梯形图编程元件输入时，输入的是位元件“C”而不是“T”。

2. 仿真运行

运用前面任务所介绍的仿真方法进行机上模拟仿真。

3．程序下载

（1）PLC 与计算机连接

使用专用通信电缆 RS－232/RS422 转换器将 PLC 的编程接口与计算机的 COM1 串口连接。

（2）程序写入

先接通系统电源，将 PLC 的 RUN/STOP 开关拨到“STOP”的位置，然后通过 MELSOFT 系列 GX Developer 软件中的“PLC”菜单的“在线”栏的“PLC 写入”，就可以把仿真成功的程序写入到 PLC 中。

五、线路安装与调试

1．根据 I/O 接线图，在模拟实物控制配线板上进行元件及线路安装

（1）检查元器件

根据表 2—5—1 配齐元器件，检查元器件的规格是否符合要求，并用万用表检测元器件是否完好。

（2）固定元器件

固定好本任务所需元器件。

（3）配线安装

根据配线原则和工艺要求，进行配线安装。

（4）自检

对照接线图检查接线是否无误，再使用万用表检测电路的阻值是否与设计相符。

2．通电调试

（1）经自检无误后，在指导教师的指导下，方可通电调试。

（2）先接通系统电源，将 PLC 的 RUN/STOP 开关拨到“RUN”的位置，然后通过计算机上的 MELSOFT 系列 GX Developer 软件中的“监控/测试”监视程序的运行情况，再按照表 2—5—4 进行操作，观察系统运行情况并做好记录。如出现故障，应立即切断电源，分析原因、检查电路或梯形图，排除故障后，方可进行重新调试，直到系统功能调试成功为止。

表 2—5—4　　程序调试步骤及运行情况记录表

<table>
<tr><th>操作步骤</th><th>操作内容</th><th>观察内容</th><th>观察结果</th><th>思考内容</th></tr>
<tr><td>第一步</td><td>按下 SB1</td><td rowspan="4">喷头电磁阀 YV1、YV2 和 YV3</td><td></td><td rowspan="5">理解 PLC 的工作过程</td></tr>
<tr><td>第二步</td><td>按下 SB2</td><td></td></tr>
<tr><td>第三步</td><td>再按下 SB1</td><td></td></tr>
<tr><td>第四步</td><td>经过长时限延时后</td><td></td></tr>
<tr><td>说明</td><td colspan="3">本任务的延时控制是由早上 8 点至晚上 11 点，喷头处于工作状态；从晚上 11 点至早上 8 点，喷头处于停止状态；由于延时时间太长，模拟运行时可将时钟的秒时钟 C0 和分时钟 C1 的 K 值相应减少，如将 C1 和 C2 的 K 值设置为“K＝5”进行仿真，大大缩短了仿真的延时时间，可更方便有效地监控仿真运行。
也可不改设定值，而在程序运行时在线修改计数器的当前值调速</td></tr>
</table>

操作提示

在进行花式喷泉控制系统的梯形图程序设计、上机编程、模拟仿真及线路安装与调试的过程中，时常会遇到如下问题：

问题： 在采用计数器与秒脉冲指令 M8013 配合进行本次任务的 24 h 长延时控制程序的设计时，错将计数器的复位程序放在计数器程序的下面，如图 2—5—17 所示。

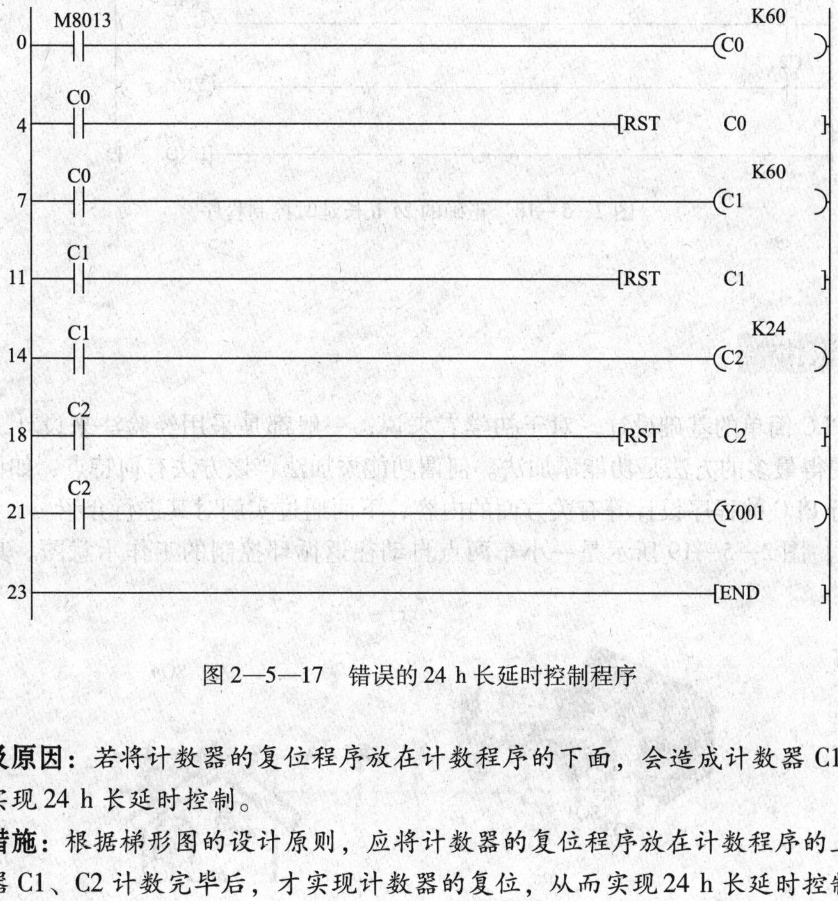

图 2—5—17　错误的 24 h 长延时控制程序

后果及原因： 若将计数器的复位程序放在计数程序的下面，会造成计数器 C1、C2 不计数，不能实现 24 h 长延时控制。

预防措施： 根据梯形图的设计原则，应将计数器的复位程序放在计数程序的上面，以保证当计数器 C1、C2 计数完毕后，才实现计数器的复位，从而实现 24 h 长延时控制，正确的程序如图 2—5—18 所示。

任务测评

对任务实施的完成情况进行检查，并将结果填入任务测评表（参见表 2—1—6）。

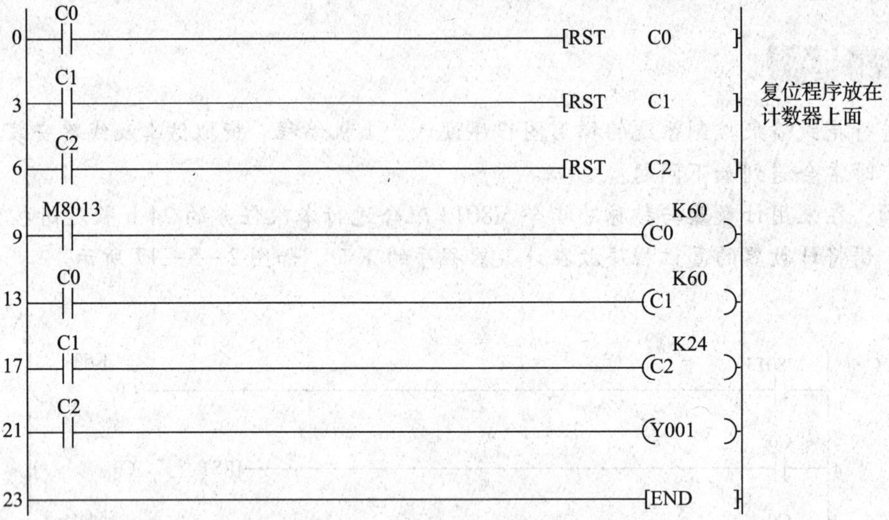

图 2—5—18　正确的 24 h 长延时控制程序

知识拓展

有关 PLC 简单的基础设计，对于初学者来说，一般都是采用经验法来设计，而在经验设计法中用得最多的方法是功能添加法。何谓功能添加法，该方法有何特点，如何应用功能添加法进行 PLC 的程序设计等有关方面的内容，下面通过实例对其进行介绍。

【实例】图 2—5—19 所示是一小车两点自动往返循环控制的工作示意图。其控制要求如下：

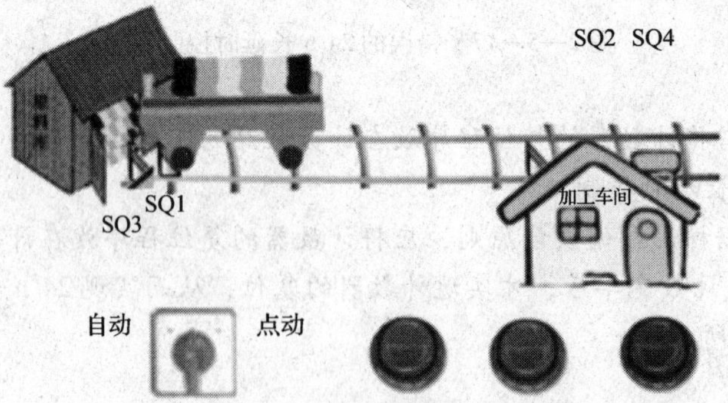

图 2—5—19　小车两点自动往返循环控制的工作示意图

（1）有一送料小车需要从原料库将原料运送到加工车间进行加工，需要自动送料时，只要将转换开关 SA 拨到“自动”位置，然后按下正转启动按钮 SB2 后，小车从原料库出发，当到达加工车间碰到行程开关 SQ2 后，停下自动卸料，然后自动返回，当到达原料库碰到行程开关 SQ1 时会自动停车继续装料；然后继续送料，如此循环往复。

（2）需要进行小车位置的调整时，可通过转换开关 SA 和正转启动按钮 SB2（或反转启动按钮 SB3）来实现，即只要将转换开关 SA 拨到“点动”位置，然后按下正转启动按钮 SB2（或反转启动按钮 SB3）即可控制小车的点动运行。

（3）设计必要的保护措施。

1. 功能添加法

所谓功能添加法就是首先设计一个基本控制环节程序，然后每增加一种功能都必须建立在原控制程序的性能保持不变的基础上，这种设计方法就称为功能添加法。该方法不仅适用于 PLC 控制系统的程序设计，而且还是继电—接触器控制设计的一种有效而重要的设计手段。例如，本实例的小车自动往返循环控制，其基本控制环节就是建立在三相异步电动机正反转控制的基础上的，在运用功能添加法进行设计时，无论怎样添加功能，都必须保持电动机正反转的控制性能不变。现就本实例的程序设计介绍功能添加法。

2. 功能添加法的应用

现以本实例程序设计介绍功能添加法控制程序设计的步骤。

（1）根据控制对象，设计基本控制环节的程序。

通过对本实例控制分析发现，小车自动往返的基本控制环节程序是建立在三相异步电动机正反转控制的基础上的，在进行功能添加法设计时，无论怎样添加功能，都必须保持电动机正反转的控制性能不变。因此，电动机正反转的控制程序就是本实例控制程序设计的基本控制环节的程序。该程序实际上就是本教材前面任务 2 所述的三相异步电动机正反转控制程序，由此设计出本实例的基本程序。图 2—5—20 所示是小车两点自动往返循环控制的工作示意图和基本控制环节梯形图。

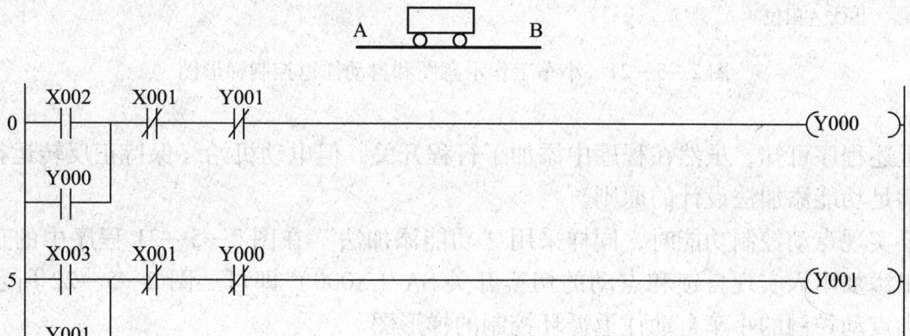

图 2—5—20　小车两点自动往返循环控制的工作示意图和基本控制环节梯形图

（2）根据控制要求采用功能添加法进行设计，逐一在基本控制环节程序中添加功能完善控制程序。

在图 2—5—20 所示的基本控制环节程序中，可以用通过人工分别按下正转按钮 SB2（X002）和反转按钮 SB3（X003）来控制着小车作来回往返运动，但这样会相当的烦琐，同时，除了增加了劳动强度，还影响小车往返运行的准确性。如果生产工艺要求小车自动来回往复运动，如何实现呢？只要在 A、B 两点分别加两个位置检测装置，问题就解决了，如图 2—5—21 所示。假设在 A、B 两点分别装的位置检测装置是行程开关，而每个行程开关至少有一对常开和一对常闭触点，把这些触点添加到控制程序中，就得到了能控制小车自动往复运动的控制程序（见图 2—5—21），SQ1（X004）和 SQ2（X005）表示 A、B 两点行程开关。

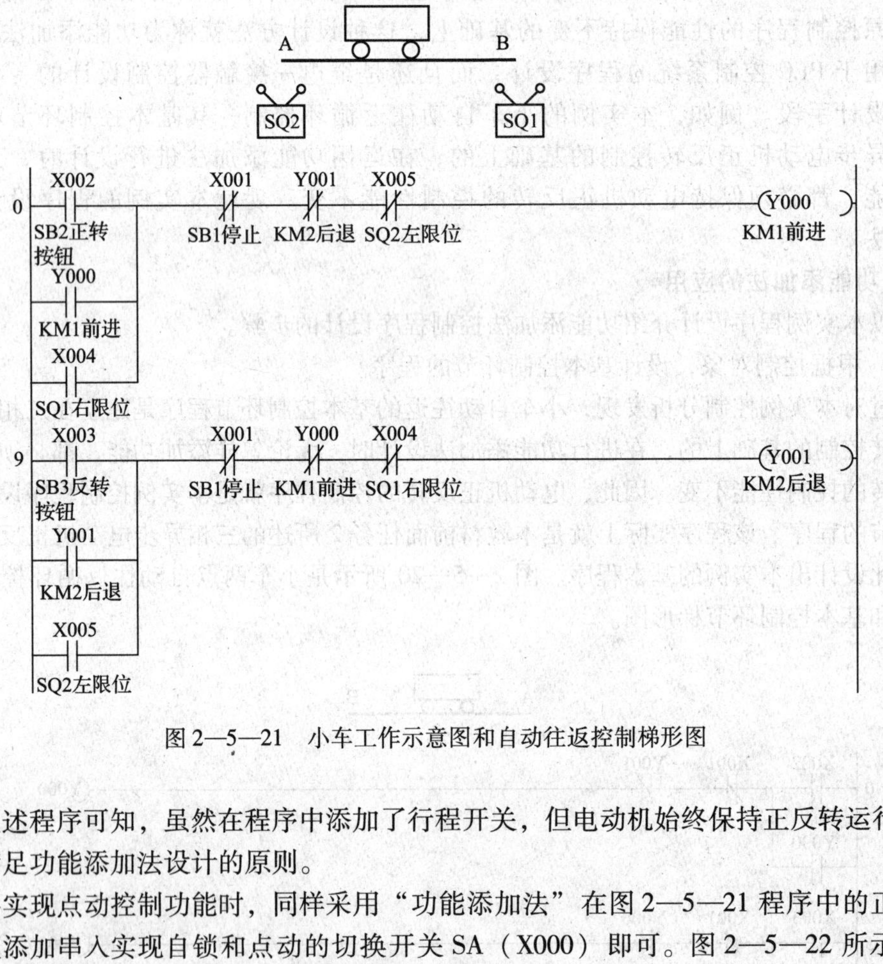

图 2—5—21　小车工作示意图和自动往返控制梯形图

从上述程序可知，虽然在程序中添加了行程开关，但电动机始终保持正反转运行的不变状态，满足功能添加法设计的原则。

当要实现点动控制功能时，同样采用“功能添加法”在图 2—5—21 程序中的正反转自锁回路里添加串入实现自锁和点动的切换开关 SA（X000）即可。图 2—5—22 所示就是带有自动和点动控制的小车自动往返循环控制的梯形图。

图 2—5—22 所示的电路原理虽然正确，但还不能投入实际运行，原因是任何一个物体都有惯性，当小车从 A 点运行到 B 点时，小车压动行程开关 SQ2（X005），KM1（Y000）会立即失电而 KM2（Y001）会立即得电，如果行程开关 SQ2（X005）失灵，加上小车的惯性作用不可能立即停止，电动机依靠惯性的作用还在正转，小车继续前进，会造成事故。为了避免这种事故的发生，往往会增加终端保护功能，即在小车前进电路中添加极限开关 SQ4（X007），同理，在后退电路中添加极限开关 SQ3（X006），其示意图和控制程序如图 2—5—23所示。

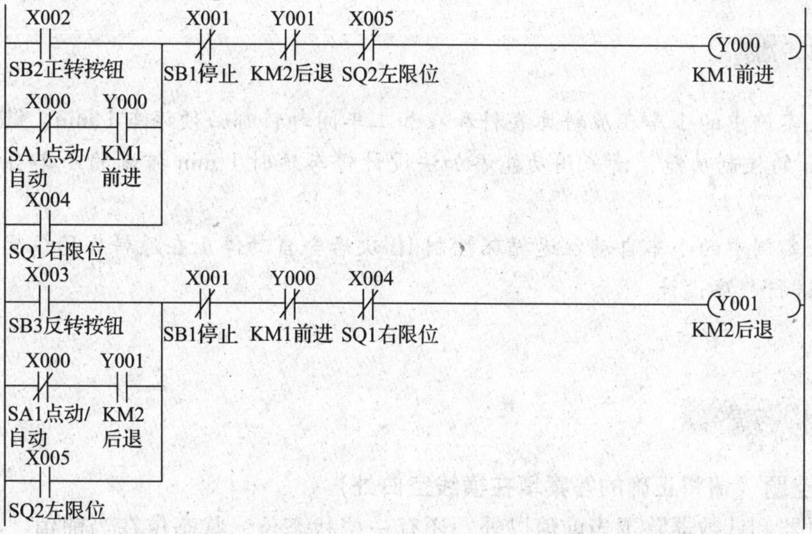

图 2—5—22　带有自动和点动控制的小车自动往返循环控制的梯形图

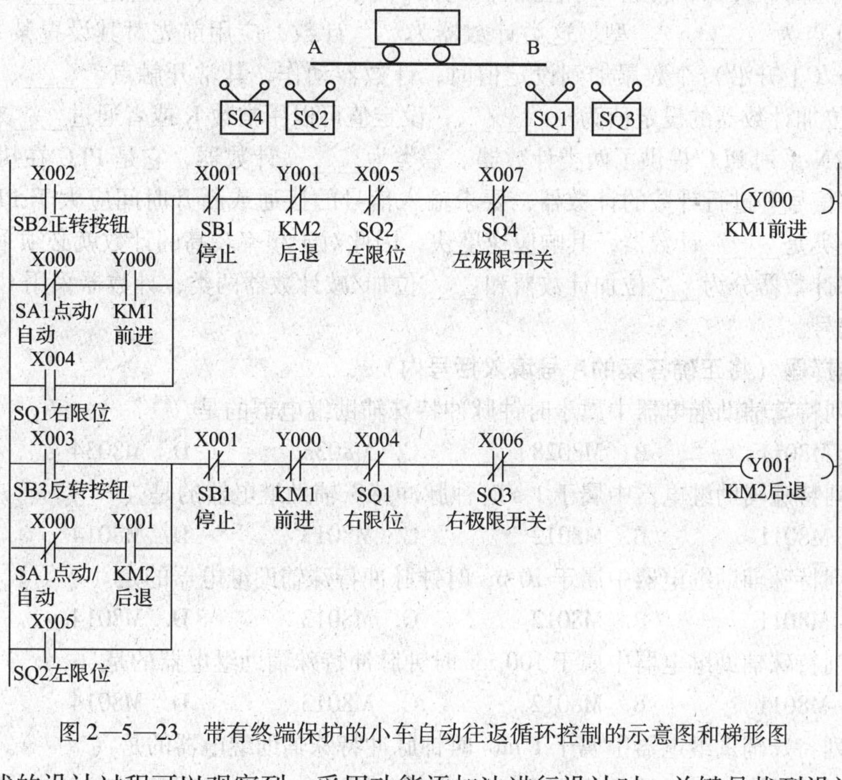

图 2—5—23　带有终端保护的小车自动往返循环控制的示意图和梯形图

从上述的设计过程可以观察到，采用功能添加法进行设计时，关键是找到设计的基本控制环节程序，然后在基本控制环节程序中不断添加所需的功能，但前提条件是必须保证添加功能后程序的基本控制环节程序功能保持不变。如实例中无论怎样添加功能，始终保证电动机正反转的控制功能不变。

想一想

1. 如果实例中的小车在原料库装料和在加工车间卸料都必须停车 1 min，就必须添加停车延时 1 min 的控制功能，请采用功能添加法设计停车延时 1 min 控制的小车自动往返循环控制程序。

2. 如果实例中的小车自动往返循环控制 10 次后会自动停止在原料库的位置应如何采用功能添加法进行程序设计。

巩固与提高

一、填空题（请将正确的答案填在横线空白处）

1. 定时器和计数器除了当前值以外，还有一位状态位，状态位在当前值____预置值时为 ON。

2. C0 ~ C199 共 200 点是____位加计数器，其中 C0 ~ C99 共 100 点为____型，C100 ~ C199 共 100 点为__________型。这类计数器为____计数，应用前先对其设置某一设定值，当输入信号（上升沿）个数累加到设定值时，计数器动作，其常开触点______、常闭触点____。16 位加计数器的设定值为1 ~ ______，设定值可以用常数 K 或者通过____来设定。

3. FX2N 系列 PLC 提供了两类计数器。一类为______计数器，它是 PLC 在执行扫描操作时对内部信号等进行计数的计数器，要求输入信号的接通或断开时间应大于 PLC 的扫描周期；另一类是______计数器，其响应速度快，因此对于频率较高的计数就必须采用高速计数器。内部计数器分为____位加计数器和____位加/减计数器两类，计数器采用 C 和十进制共同组成编号。

二、选择题（将正确答案的序号填入括号内）

1. 下列特殊辅助继电器中属于时钟脉冲特殊辅助继电器的是（　　）。

A. M8011　　B. M8028　　C. M8033　　D. M8034

2. 下列特殊辅助继电器中属于 1 s 时钟脉冲特殊辅助继电器的是（　　）。

A. M8011　　B. M8012　　C. M8013　　D. M8014

3. 下列特殊辅助继电器中属于 10 ms 时钟脉冲特殊辅助继电器的是（　　）。

A. M8011　　B. M8012　　C. M8013　　D. M8014

4. 下列特殊辅助继电器中属于 100 ms 时钟脉冲特殊辅助继电器的是（　　）。

A. M8011　　B. M8012　　C. M8013　　D. M8014

5. 下列特殊辅助继电器中属于 1 min 时钟脉冲特殊辅助继电器的是（　　）。

A. M8011　　B. M8012　　C. M8013　　D. M8014

三、分析题

根据图 2—5—24 所示梯形图及 X0 和 X1 输入状态时序图，试画出计数器 C0 的当前值和 Y0 的输出状态。

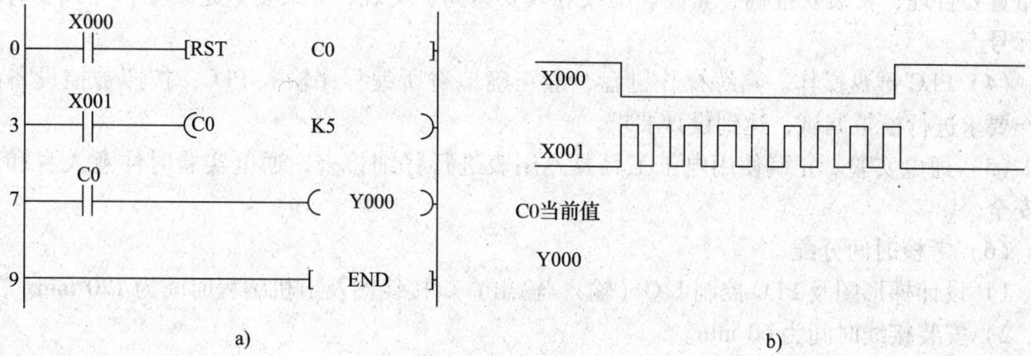

图 2—5—24　梯形图及时序图

a）梯形图　b）时序图

四、技能题

1．题目：用 PLC 进行控制线路的设计，并进行安装与调试。

2．考核要求

（1）按图 2—5—25 所示的继电—接触器控制电路的控制功能用 PLC 进行控制线路的设计，并且进行安装与调试。

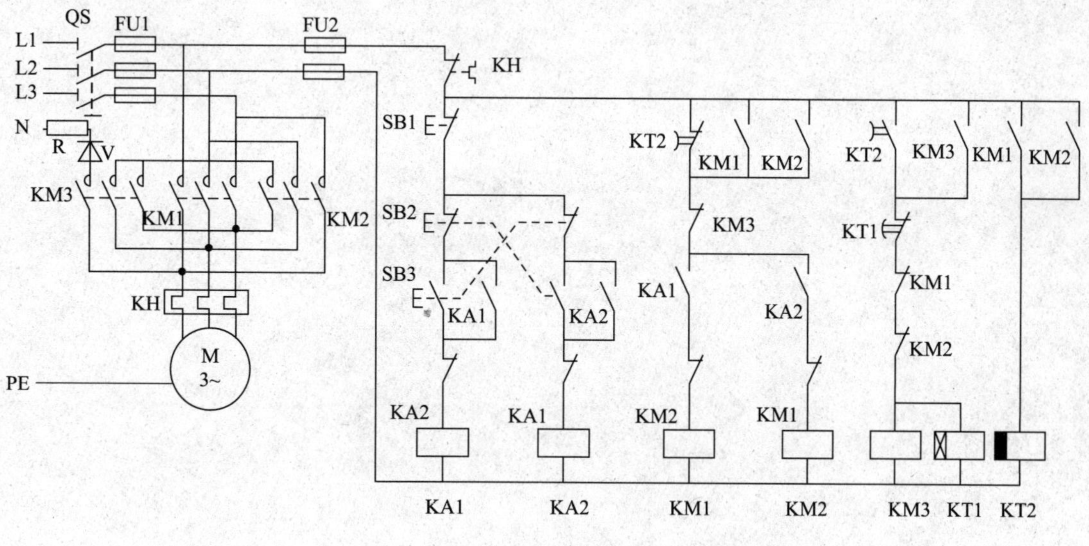

图 2—5—25　正反转能耗控制线路

（2）电路设计。根据任务，设计主电路电路图，列出 PLC 控制 I/O（输入/输出）口元件地址分配表，根据加工工艺，设计梯形图及 PLC 控制 I/O（输入/输出）口接线图，并能仿真运行。

（3）安装与接线

1）将熔断器、接触器、继电器、PLC 装在一块配线板上，而将转换开关、按钮等装在另一块配线板上。

2）按 PLC 控制 I/O（输入/输出）口接线图在模拟配线板上正确安装，元件在配线板上布置要合理，安装要准确、紧固，配线导线要紧固、美观，导线要进走线槽，导线要有端子标号。

（4）PLC 键盘操作。熟练操作键盘，能正确地将所编程序输入 PLC；按照被控设备的动作要求进行模拟调试，达到设计要求。

（5）通电实验。正确使用电工工具及万用表进行仔细检查，通电实验时注意人身和设备安全。

（6）考核时间分配

1）设计梯形图及 PLC 控制 I/O（输入/输出）口接线图及上机编程时间为 120 min。

2）安装接线时间为 60 min。

3）试机时间为 5 min。

3. 评分标准（参见表 2—1—6）。

课题三

步进顺序控制指令应用

考工要求

行为领域	鉴定范围	鉴定点	重要程度
理论知识	可编程控制系统读图分析与程序编制及调试	1. 步进顺控指令表 2. 可编程序控制器编程技巧 3. 用编程软件对程序进行监控与调试的方法 4. 程序错误的纠正步骤与方法	★★
操作技能	可编程控制系统读图分析与程序编制及调试	1. 能使用步进顺控指令编写程序 2. 能用状态转移图进行步进顺序控制程序的设计，并会将状态转移图转化成梯形图 3. 能使用编程软件来模拟现场信号进行步进顺序控制指令为主的程序调试	★★★

任务1　送料小车自动往返循环控制

学习目标

知识目标：

掌握步进逻辑公式的含义，同时学会利用步进逻辑公式法进行步进顺序控制的设计。

能力目标：

1. 能根据控制要求，画出程序分步图，并能灵活地运用步进逻辑公式法，实现小车三地自动往返循环控制的梯形图程序设计。

2. 掌握送料小车三地自动往返循环控制 PLC 控制系统的线路安装与调试。

工作任务

在实际生产中往往会遇到设备工作台或送料小车的多地自动往返循环控制的情况，图 3—1—1 所示为某送料小车三地自动往返循环控制的工作画面，其工作示意图如图 3—1—2 所示。

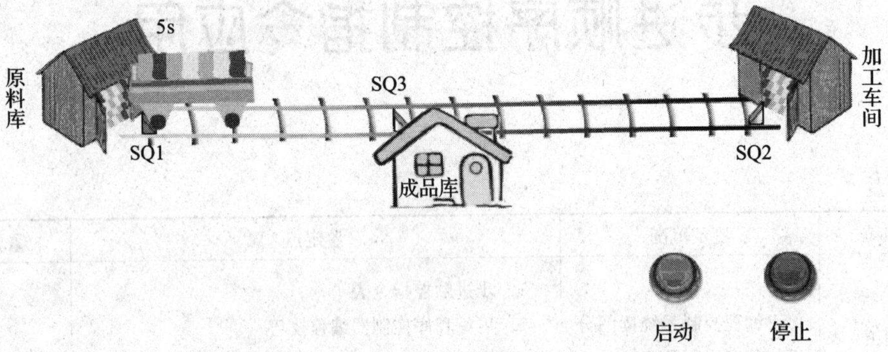

图 3—1—1　送料小车三地自动往返循环控制工作画面

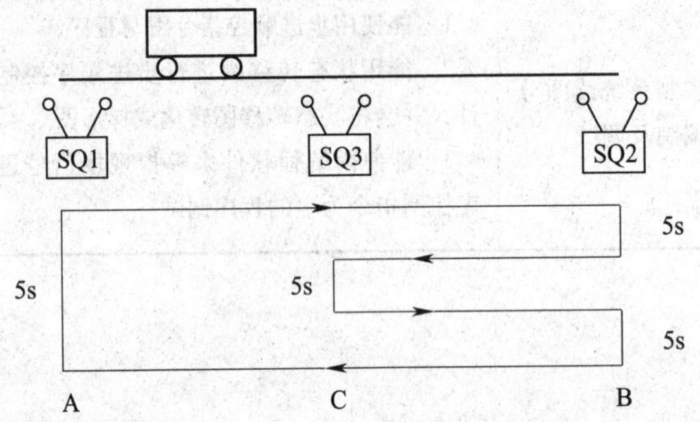

图 3—1—2　送料小车三地自动往返循环控制工作示意图

本任务的主要内容就是：通过步进逻辑公式设计法，采用 PLC 控制系统实现对送料小车的三地自动往返循环控制。其控制要求如下：

（1）小车在初始位置时停止在原料库，当按下启动按钮 SB2 时，5 s 后送料小车载着加工原料前往加工车间，途中经过成品库撞压行程开关 SQ3，但送料小车没有停下，直到加工车间撞压行程开关 SQ2 后，送料小车停下自动卸料并装上成品，5 s 后送料小车返回。

（2）当送料小车返回成品库时，撞压行程开关 SQ3，小车停下 5 s 后，将产品卸下，然后空车返回加工车间，到达加工车间撞压行程开关 SQ2 后，送料小车停下将废品装车，5 s 后装上废品的送料小车返回原料库；在返回途中经过成品库，撞压行程开关 SQ3，但送料小车没有停下，直到到达原料库撞压行程开关 SQ1 后，送料小车停下自动卸下废品，并装上原料，5 s 后送料小车继续下一个循环进行送料，如此自动循环下去。

（3）如需小车停下，只要按下停止按钮 SB1 即可实现。

任务准备

实施本任务教学所使用的实训设备及工具材料见表3—1—1。

表3—1—1　　　　**实训设备及工具材料**

序号	分类	名称	型号、规格	数量	单位	备注
1	工具	电工常用工具		1	套	
2	仪表	万用表	MF47 型	1	块	
3	设备器材	编程计算机		1	台	
4		接口单元		1	套	
5		通信电缆		1	条	
6		可编程序控制器	FX2N－48MR	1	台	
7		安装配电盘	600 mm×900 mm	1	块	
8		导轨	C45	0.3	m	
9		低压断路器	Multi9 C65N D20	2	只	
10		熔断器	RT28－32	6	只	
11		按钮	LA4－3H	1	只	
12		接触器	CJ10－10 或 CJT1－10	2	只	
13		接线端子	D－20	20	只	
14		行程开关	LX19－121	3	只	
15		热继电器	自定	1	只	
16		三相异步电动机	自定	1	台	
17		铜塑线	BV1/1.37 mm^2	10	m	主电路
18		铜塑线	BV1/1.13 mm^2	15	m	控制电路
19		软线	BVR7/0.75 mm^2	10	m	
20	消耗材料	紧固件	M4×20 螺杆	若干	只	
21			M 4×12 螺杆	若干	只	
22			ϕ4 mm 平垫圈	若干	只	
23			ϕ4 mm 弹簧垫圈及 M4 螺母	若干	只	
24		号码管		若干	m	
25		号码笔		1	支	

任务分析

从上述控制要求分析可知，本任务是典型的小车三地自动往返循环控制，在课题二任务

5 的知识拓展环节里，曾介绍了运用功能添加法进行小车两地自动往返循环控制的设计。如果采用功能添加法或经验法来设计小车三地或多地自动往返循环控制，设计过程将相当烦琐。对于像这种较复杂的小车（或工作台）的三地或多地自动往返循环的步进顺序控制，一般多采用本任务介绍的步进逻辑公式设计法进行设计，当然也有采用单序列结构的顺序功能图（SFC）进行设计（该内容将在任务 2 液体混合控制系统中介绍）。步进逻辑公式设计法的关键是步的划分和编写出正确的逻辑代数方程式，然后利用“启—保—停”电路由逻辑代数方程式画出梯形图。因此，在学习本任务内容时，应首先学习什么是步进顺序控制，步进顺序控制的步是如何划分的，什么是步进逻辑公式设计法，如何编写逻辑代数方程式，如何将逻辑代数方程式转化为梯形图，最后掌握运用步进逻辑公式设计法完成对小车三地或多地自动往返循环控制。

相关知识

一、步进顺序控制设计法

在本教材前面各任务中各梯形图的设计方法一般称为经验设计法。所谓经验设计法，实际上是用输入信号 X 直接控制输出信号 Y，如果无法直接控制或为了解决连锁和互锁功能，只好被动地增加一些辅助元件和辅助触点。由于各系统输出量 Y 与输入量 X 之间的关系和对连锁、互锁的要求千变万化，所以有时候设计起来难以得心应手。对于本任务的控制，可以看出它的工作过程其实是按一定的顺序进行的。对于这些按流程作业的控制系统而言，一般都包含若干个状态（一般把这个状态称为工序），当条件满足时，系统能够从一种状态转移到另一种状态，通常把这种控制称为步进顺序控制，对应的系统则称为步进顺序控制系统。步进顺序控制系统就是按照生产工艺预先规定的顺序，在各个输入信号的作用下，根据内部状态和时间的顺序，使生产过程中各个执行机构自动而有序地进行工作。从图 3—1—2 可以看出，小车的工作过程分解成若干个状态，各状态的任务明确而具体，各状态间的联系清楚，能清晰地反映整个控制过程，对于这种工作任务符合一定顺序的项目，通常有一种更简单通用的设计方法——步进顺序控制设计法。

总之，步进顺序控制设计法实际上是用输入信号 X 控制代表各步的编程元件（例如辅助继电器 M 和状态继电器 S)，再用它们控制输出信号 Y。步是根据输出信号 Y 的状态来划分的。步进顺序控制设计法又称为步进控制设计法，它是一种先进的设计方法，很容易被初学者接受，程序的调试、修改和阅读也很容易，并且大大缩短了设计周期，提供了设计效率。

步进控制设计法主要分为步进逻辑公式设计法、顺序功能图设计法两大类，其中顺序功能图设计法又有三种不同的基本结构形式的编程设计方法即单序列结构编程设计法、选择序列结构编程设计法和并行序列结构编程设计法。本任务主要介绍步进逻辑公式设计法，而顺序功能图设计法将在后续任务中再做介绍。

二、步进逻辑公式设计法

步进逻辑公式设计法就是通过步进逻辑公式，列出每个程序步的逻辑代数式后，再利用

"启—保—停"电路，通过 PLC 的基本指令，画出每个程序步的梯形图的方法。

1. 程序步

全部有关输出状态保持不变的一段时间区域称为一个程序步，只要有一个输出状态发生变化就转入下一步。在本任务中的送料小车自动往复运行的循环控制线路中，控制系统的输出信号为 KM1 和 KM2，输入信号由两个启动按钮和一个停止按钮发出，反馈信号由行程开关控制发出。

如图 3—1—2 所示的小车工作示意图可以看出，如果小车向右运行，那么 KM1 得电而 KM2 失电。在小车向右运行期间，输出状态保持 KM1 得电、KM2 失电的状态，由定义可得这是一程序步。当小车向左运行时又变成 KM1 失电、KM2 得电，系统又转入另一个程序步。

对于比较复杂的生产工艺要求，每个程序步之间都存在如下关系：

每个程序步都是前一步压动行程开关或按下按钮（转换条件）产生的，而每一步的消失又都是因后一步的出现而消失的。

2. 步进逻辑公式

步进逻辑公式为：

$$M_i = (X_i \times M_{i-1} + M_i)\overline{M}_{i+1}$$

该公式说明：

（1）假设 i 表示第 i 程序步（本步），$i-1$ 表示第 $i-1$ 程序步（前一步），$i+1$ 表示第 $i+1$ 程序步（后一步），M 表示辅助继电器的线圈或触点，X 表示按钮或行程开关。用逻辑代数书写时，M_i 在等号的左端出现表示辅助继电器线圈的符号，M_i 在等号的右端出现表示辅助继电器触点符号。

（2）第 i 程序步用逻辑代数书写的过程为每一步 M_i 的产生都是由前一步压动行程开关或按下按钮（转换条件）X_i 产生，则

$$M_i = X_i \times M_{i-1}$$

产生后应该有一段时间区域保持不变，故应该有自保（自锁），则：

$$M_i = X_i \times M_{i-1} + M_i$$

每一步的消失都是随后一步的出现而消失：

$$M_i = (X_i \times M_{i-1} + M_i)\overline{M}_{i+1}$$

3. 逻辑代数方程式转换成梯形图

将逻辑代数方程式转换成梯形图的方法是根据逻辑代数方程式，利用"启—保—停"电路，通过 PLC 的基本指令，画出对应的梯形图。例如，上述步进逻辑公式对应的梯形图见表 3—1—2。

表 3—1—2　　逻辑代数方程式与其对应的梯形图

逻辑代数方程式	对应的梯形图
$M_i = (X_i \times M_{i-1} + M_i)\overline{M}_{i+1}$	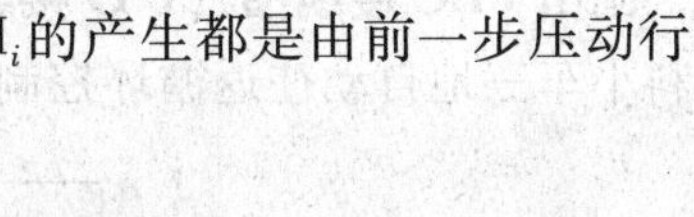

任务实施

一、分配输入点和输出点，写出 I/O 通道地址分配表

根据本任务控制要求，可确定 PLC 需要 6 个输入点，2 个输出点，其 I/O 通道分配表见表 3—1—3。

表 3—1—3　　I/O 通道地址分配表

输入			输出		
元件代号	作用	输入继电器	元件代号	作用	输出继电器
SB1	停止按钮	X000	KM1	正转向右控制	Y000
SB2	正转按钮	X001	KM2	反转向左控制	Y001
SB3	反转按钮	X002			
SQ1	A 点（原料库）限位	X003			
SQ2	B 点（加工车间）限位	X004			
SQ3	C 点（成品库）限位	X005			

二、画出 PLC 接线图（I/O 接线图）

送料小车三地自动往返循环控制 PLC 接线图如图 3—1—3 所示。

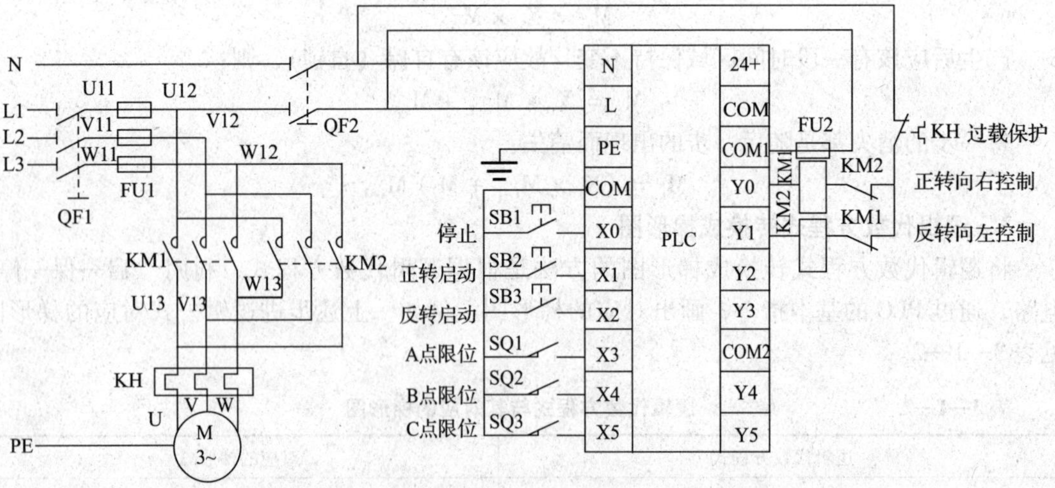

图 3—1—3　送料小车三地自动往返循环控制 PLC 接线图

三、程序设计

步进逻辑公式设计法特别适用于这种通过行程开关控制的小车（或工作台）的多点自

动循环步进顺序控制的设计。其设计的方法及步骤如下：

1. 程序步的划分

应用步进逻辑公式法进行设计，程序步的划分是关键和首要条件。全部有关输出状态保持不变的一段时间区域称为一个程序步；只要有一个输出状态发生变化就转入下一步。在本任务的小车三地自动往复运行的循环控制线路中，此控制系统的输出信号为 KM1 和 KM2，输入信号由 1 个正转启动按钮、1 个反转启动按钮和 1 个停止按钮发出，反馈信号由 3 个行程开关（SQ1、SQ2 和 SQ3）发出。图 3—1—4 所示就是送料小车运行的程序分步图。

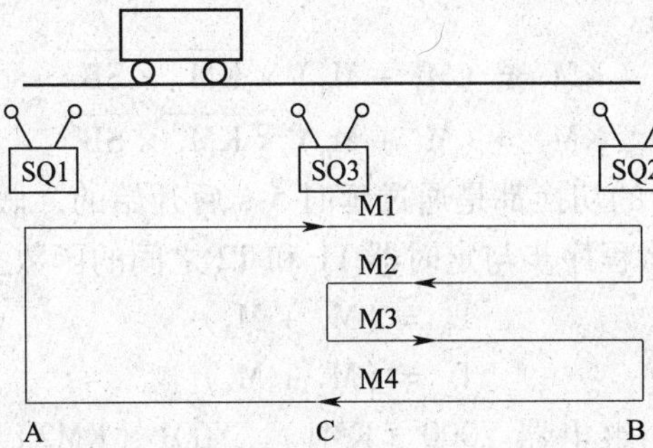

图 3—1—4　送料小车运行程序分步图

根据程序步的定义可知，小车运行轨迹可分为 M1、M2、M3、M4 四步，每步的转步信号分别设为 SQ1、SQ2、SQ3，如图 3—1—4 所示。

2. 列出本任务控制的逻辑代数方程式

根据步进逻辑公式可列出如下方程组：

$$M_1 = (SQ_1 \times M_4 + M_1)\overline{M_2} \quad (3—1—1)$$

$$M_2 = (SQ_2 \times M_1 + M_2)\overline{M_3} \quad (3—1—2)$$

$$M_3 = (SQ_3 \times M_2 + M_3)\overline{M_4} \quad (3—1—3)$$

$$M_4 = (SQ_2 \times M_3 + M_4)\overline{M_1} \quad (3—1—4)$$

由于行程开关 SQ1、SQ2、SQ3 是小车的反馈输入信号，若分别用 X003、X004 和 X005 所代替，则上述方程组可转换成下列方程组：

$$M_1 = (X003 \times M_4 + M_1)\overline{M_2} \quad (3—1—5)$$

$$M_2 = (X004 \times M_1 + M_2)\overline{M_3} \quad (3—1—6)$$

$$M_3 = (X005 \times M_2 + M_3)\overline{M_4} \quad (3—1—7)$$

$$M_4 = (X004 \times M_3 + M_4)\overline{M_1} \quad (3—1—8)$$

如何启动这组循环控制呢？必须增加正转启动按钮 SB2（X001）来发起这组循环，因此式（3—1—5）可改为：

$$M_1 = (X003 \times M_4 + X001 + M_1)\overline{M_2} \quad (3—1—9)$$

如果当小车停在某一位置时，需要反转启动返回时，可增加反转启动按钮 SB3（X002）来完成这组循环，因此式（3—1—6）可改为：

$$M_2 = (X004 \times M_1 + X002 + M_2)\overline{M_3} \quad (3—1—10)$$

但是如何“结束”这组循环呢？必须增加停止按钮 SB1（X000）来使系统停止工作。逻辑代数方程组再次修改为：

$$M_1 = (X003 \times M_4 + X001 + M_1)\ \overline{M_2} \times \overline{X000} \qquad (3—1—11)$$

$$M_2 = (X004 \times M_1 + X002 + M_2)\ \overline{M_3} \times \overline{X000} \qquad (3—1—12)$$

$$M_3 = (X005 \times M_2 + M_3)\ \overline{M_4} \times \overline{X000} \qquad (3—1—13)$$

$$M_4 = (X004 \times M_3 + M_4)\ \overline{M_1} \times \overline{X000} \qquad (3—1—14)$$

由于 KM1 得电，送料小车向右运行；而 KM2 得电，送料小车向左运行，所以程序步与 KM1 和 KM2 之间的函数为：

$$KM_1 = (M_1 + M_3) \times \overline{KM_2} \times \overline{SB_1} \qquad (3—1—15)$$

$$KM_2 = (M_2 + M_4) \times \overline{KM_1} \times \overline{SB_1} \qquad (3—1—16)$$

考虑到送料小车正反转的切换都是通过延时 5 s 后开始的，假设正转延时定时器为 T1，反转延时定时器为 T2，那么程序步与定时器 T1 和 T2 之间的函数关系为：

$$T_1 = (M_1 + M_3) \qquad (3—1—17)$$

$$T_2 = (M_2 + M_4) \qquad (3—1—18)$$

考虑编程，分别将输出继电器 Y000（KM1）、Y001（KM2）和停止按钮 SB1（X000）及定时器 T1、T2 带入 KM1 和 KM2 的函数表达式，可得送料小车向左和向右运行的逻辑代数方程组为：

$$Y000 = T_1 \times \overline{Y001} \times \overline{X000} \qquad (3—1—19)$$

$$Y001 = T_2 \times \overline{Y000} \times \overline{X000} \qquad (3—1—20)$$

3. 将逻辑代数方程式转换成梯形图程序

根据所列出的逻辑代数方程式，利用“启—保—停”电路，通过 PLC 的基本指令，画出对应的梯形图，见表 3—1—4。

表 3—1—4　　　　逻辑代数方程式与其对应的梯形图

逻辑代数方程式	对应的梯形图
$M_1 = (X003 \times M_4 + X001 + M_1)\ \overline{M_2} \times \overline{X000}$	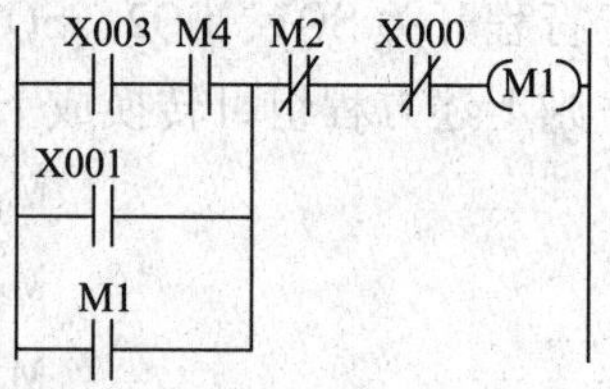
$M_2 = (X004 \times M_1 + X002 + M_2)\ \overline{M_3} \times \overline{X000}$	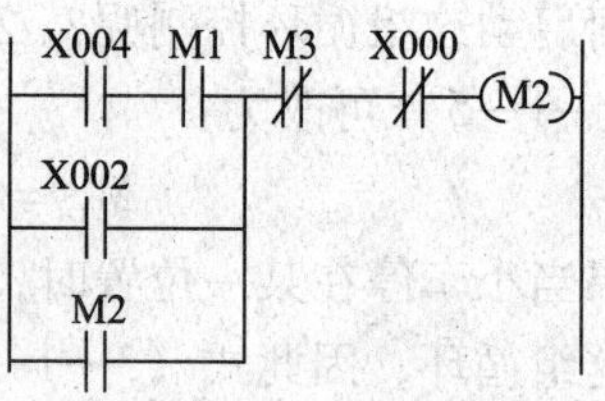

续表

逻辑代数方程式	对应的梯形图
$M_3 =（X005 \times M_2 + M_3）\overline{M_4} \times \overline{X000}$	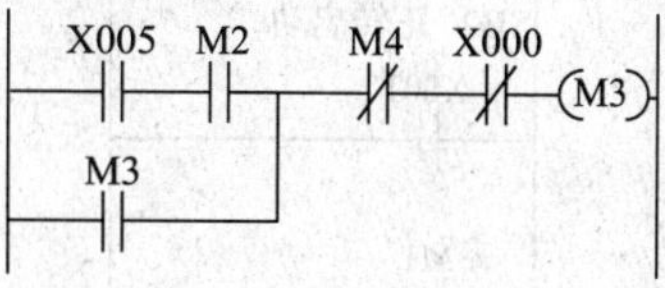
$M_4 =（X004 \times M_3 + M_4）\overline{M_1} \times \overline{X000}$	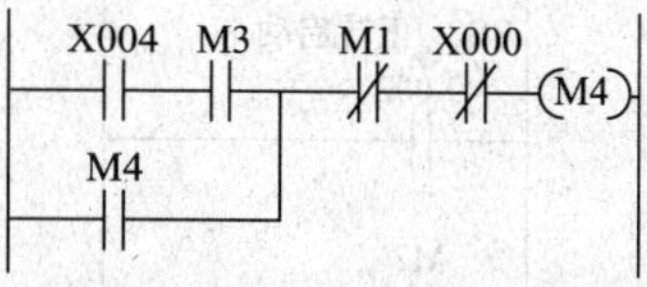
$T_1 =（M_1 + M_3）$	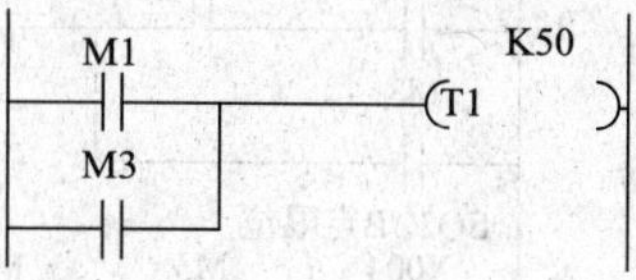
$T_2 =（M_2 + M_4）$	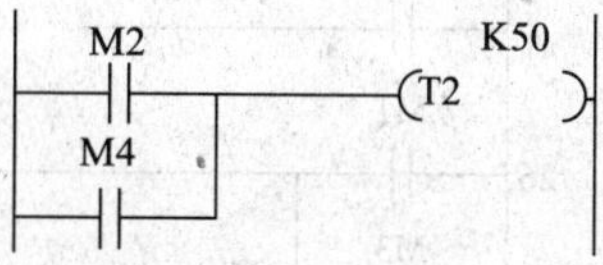
$Y000 = T_1 \times \overline{Y001} \times \overline{X000}$	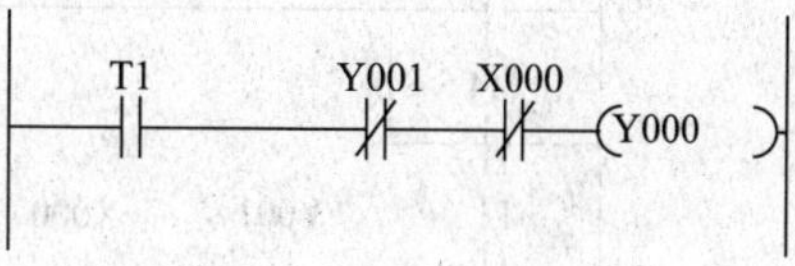
$Y001 = T_2 \times \overline{Y000} \times \overline{X000}$	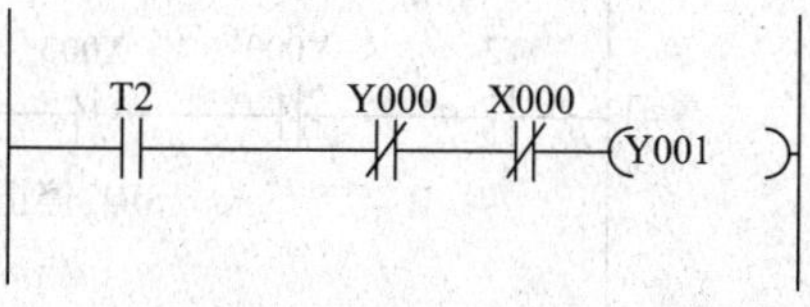

综上所述，最后根据步进逻辑代数表达式画出的送料小车三地自动往返循环控制的梯形图如图 3—1—5 所示。

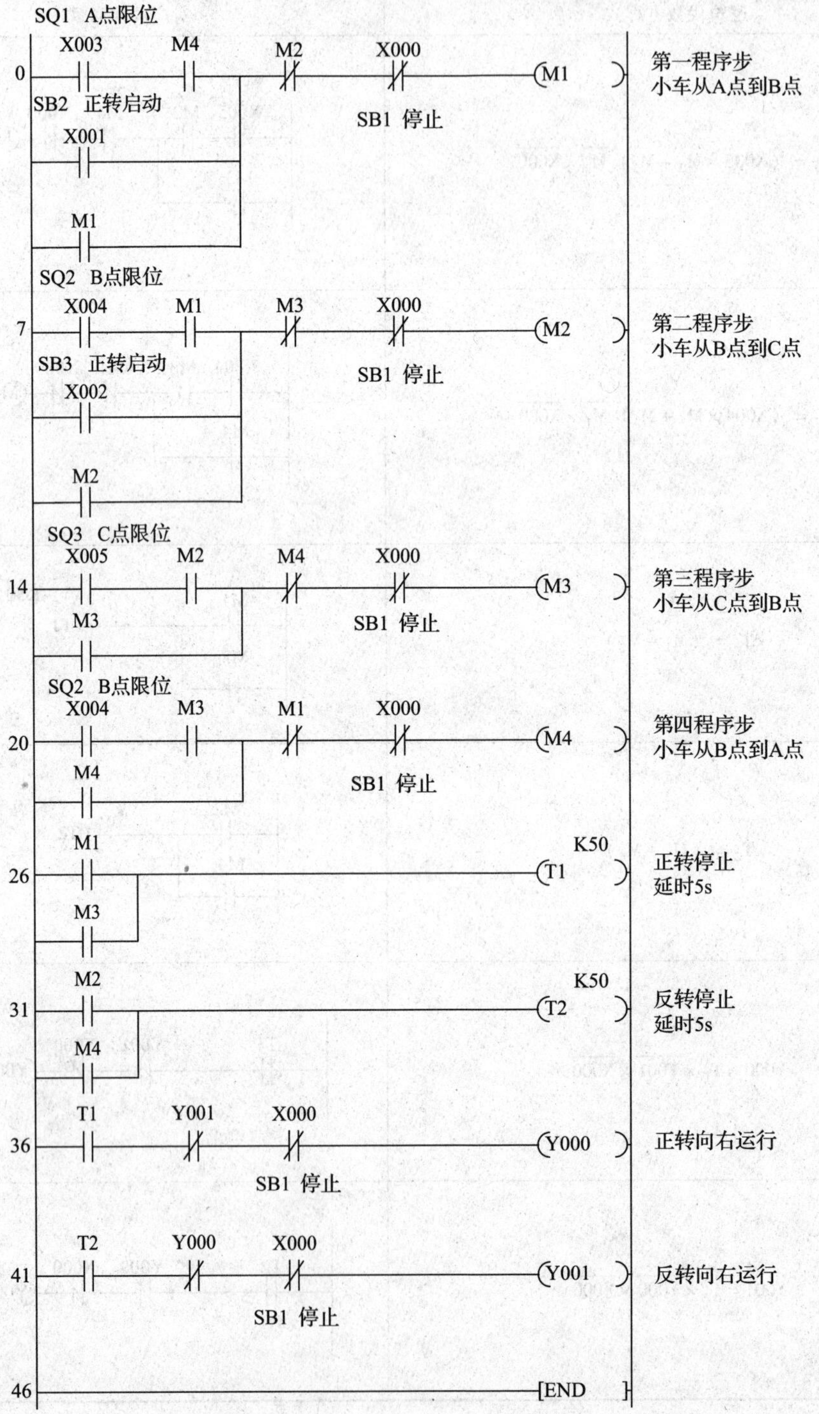

图 3—1—5　送料小车三地自动往返循环控制的梯形图

提示

通过逻辑代数方程表达式进行步进顺序控制设计的步进逻辑公式设计法，不仅适用于PLC控制系统的程序设计，而且还是继电—接触器控制的步进顺序控制设计的一种有效而重要的设计手段。

四、程序输入及仿真运行

1. 程序输入

启动MELSOFT系列GX Developer编程软件，创建新文件，并命名为“送料小车三地自动往返循环控制”，选择PLC的类型为“FX2N”，运用前面任务所学的梯形图输入法，输入如图3—1—5所示的梯形图。

2. 仿真运行

应用前面任务所述的位元件逻辑测试方式进行仿真运行。

3. 程序下载

（1）PLC与计算机连接

使用专用通信电缆RS－232/RS422转换器将PLC的编程接口与计算机的COM1串口连接。

（2）程序写入

先接通系统电源，将PLC的RUN/STOP开关拨到“STOP”的位置，然后通过MELSOFT系列GX Developer软件中的“PLC”菜单的“在线”栏的“PLC写入”，就可以把仿真成功的程序写入PLC中。

五、线路安装与调试

1. 安装接线

根据如图3—1—3所示的PLC接线图（I/O接线图），安装送料小车三地自动往返循环控制的模拟实物控制配线板上进行元件及线路的要求如下：

（1）检查元器件

根据表3—1—1配齐元器件，检查元器件的规格是否符合要求，并用万用表检测元器件是否完好。

（2）固定元器件

固定好本任务所需元器件。

（3）配线安装

根据配线原则和工艺要求，进行配线安装。

（4）自检

对照接线图检查接线是否无误，再使用万用表检测电路的阻值是否与设计相符。

2. 通电调试

（1）经自检无误后，在指导教师的指导下，方可通电调试。

（2）先接通断路器QF1和QF2，将PLC的RUN/STOP开关拨到“RUN”的位置，然后通过计算机上的MELSOFT系列GX Developer软件中的“监控/测试”监视程序的运行情况，再按照表 3—1—5 所列操作步骤进行操作，观察系统运行情况并做好记录。如出现故障，应立即切断电源，分析原因、检查电路或梯形图，排除故障后，方可进行重新调试，直到系统功能调试成功为止。

表 3—1—5　　　程序调试步骤及运行情况记录表

<table>
<tr><th>操作步骤</th><th>操作内容</th><th>观察内容</th><th>观察结果</th><th>思考内容</th></tr>
<tr><td>第一步</td><td>原位压下 SQ1，然后按下 SB2</td><td rowspan="9">KM1 和 KM2 的动作</td><td></td><td rowspan="9">分析、理解 PLC 的工作过程</td></tr>
<tr><td>第二步</td><td>5 s 后，松开 SQ1 后，经过一段时间，再压下 SQ3</td><td></td></tr>
<tr><td>第三步</td><td>松开 SQ3 后，经过一段时间，再压下 SQ2</td><td></td></tr>
<tr><td>第四步</td><td>5 s 后松开 SQ2，经过一段时间，再压下 SQ3</td><td></td></tr>
<tr><td>第五步</td><td>5 s 后松开 SQ3，经过一段时间，再压下 SQ2</td><td></td></tr>
<tr><td>第六步</td><td>5 s 后松开 SQ2，再压下 SQ3</td><td></td></tr>
<tr><td>第七步</td><td>经过一段时间，压下 SQ1</td><td></td></tr>
<tr><td>第八步</td><td>5 s 后松开 SQ1，再按下 SB1</td><td></td></tr>
<tr><td>第九步</td><td>按下 SB3</td><td></td></tr>
</table>

操作提示

在进行送料小车自动往返循环控制的梯形图程序设计、上机编程、模拟仿真及线路安装与调试的过程中，时常会遇到如下问题：

问题 1： 在进行送料小车正反转停车延时 5 s 控制程序的设计时只用到一个定时器。

后果及原因： 在进行送料小车正反转停车延时 5 s 控制程序的设计时，虽然延时时间都是 5 s，但必须分别用两个定时器 T1（正转停车延时控制）和 T2（反转停车延时控制）来实现延时控制。因为第一程序步和第三程序步是用来控制正转的，而第二程序步和第四程序步是用来控制反转的，它们之间存在互锁的关系，不能同时动作，如果只用到一个定时器的话，将无法同时完成正反转停车的延时控制。

预防措施： 在进行送料小车正反转停车延时 5 s 控制程序的设计时，应分别用两个定时器 T1（正转停车延时控制）和 T2（反转停车延时控制）来实现延时控制。

问题 2： 在模拟仿真试车调试过程中，忽视行程开关 SQ1、SQ2 和 SQ3 在小车运行中的各个状态。

后果及原因： 在模拟仿真试车调试过程中，如果忽视行程开关 SQ1、SQ2 和 SQ3 在小车运行中各个状态，会影响试车的准确性。

预防措施： 在模拟仿真试车调试过程中，应明确行程开关 SQ1、SQ2 和 SQ3 在小车运行中的各个状态，如小车等待启动时，SQ1 处于原位压下状态，而 SQ2 和 SQ3 处于断开状态；当小车在运行过程中，行程开关 SQ1、SQ2 和 SQ3 都处于断开状态，当小车到达 B 点时，SQ2 处于闭合状态，而 SQ1 和 SQ3 处于断开状态；当小车到达 C 点时，SQ3 处于闭合状态，而 SQ2 和 SQ1 处于断开状态。

任务测评

对任务实施的完成情况进行检查，并将结果填入任务测评表，参见表 2—1—6。

知识拓展

传　感　器

1. 传感器的定义

传感器是一种检测装置，通常由敏感元件和转换元件组成，它酷似人类的“五官”（视觉、嗅觉、味觉、听觉和触觉），能感受到被测量的信息，并能将检测感受到的信号，按一定规律变换成为电信号或其他所需形式的信息输出，满足信息的传输、处理、存储、显示、记录和控制等要求。

2. 常用传感器

本任务中所用的行程开关 SQ1、SQ2 和 SQ3 采用的是型号为 LX19－121（单轮，滚轮装在传动杆外侧，能自动复位）的行程开关，由于小车运行过程中的频繁机械碰撞，影响了小车停车位置的准确性，同时也缩短了行程开关的使用寿命，逐渐被接近传感器（接近开关）所替代。常用的接近开关有光电式接近开关，如图 3—1—6 所示；电感式接近开关如图 3—1—7 所示；电容式接近开关见图 3—1—8 所示等。

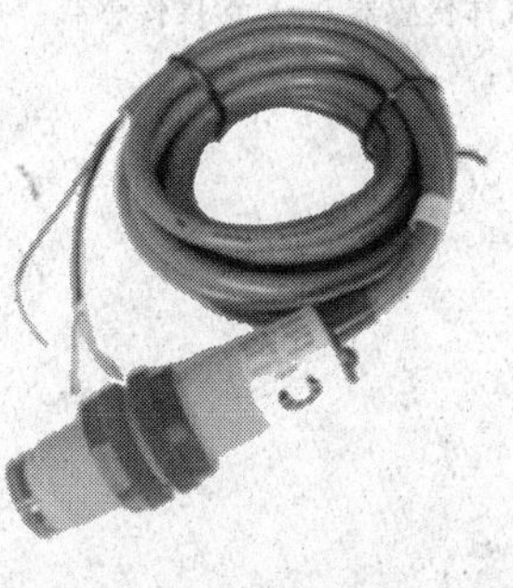

图 3—1—6　光电式接近开关的实物图

图 3—1—7　电感式接近开关实物图

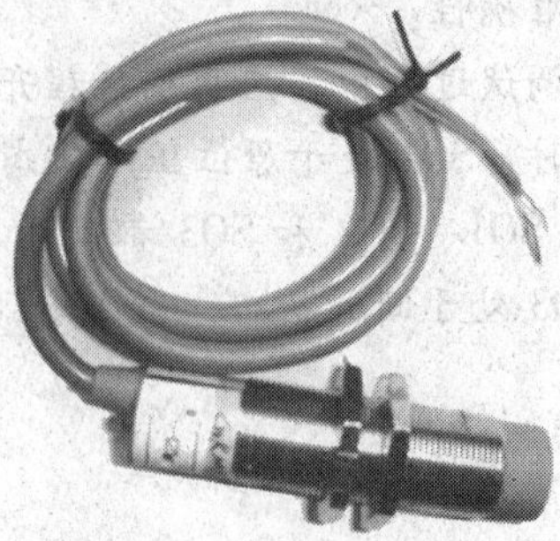

图 3—1—8　电容式接近开关实物

常见的几种传感器如图 3—1—9 所示。

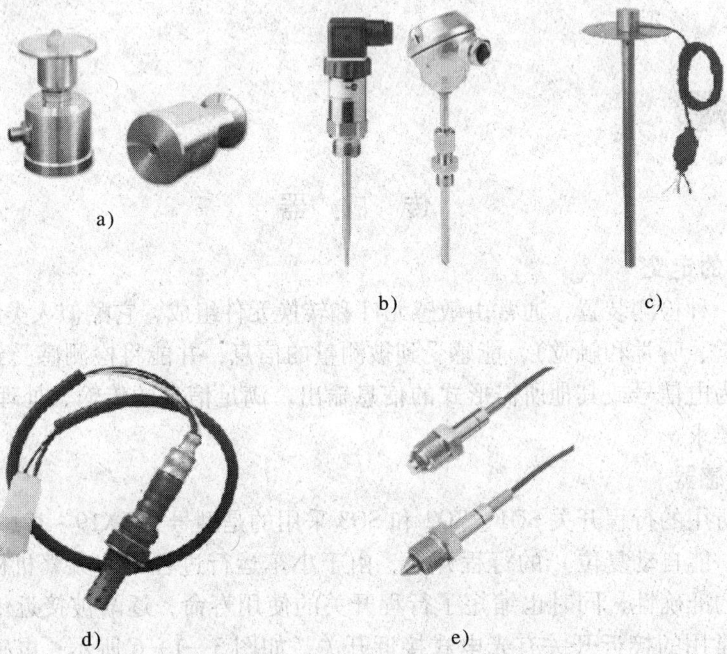

图 3—1—9　常见的几种传感器实物图

a）力传感器　b）温度传感器　c）液位传感器　d）气体传感器　e）湿度传感器

3．传感器的符号

传感器的图形符号如图 3—1—10 所示，文字代号是 SQ。

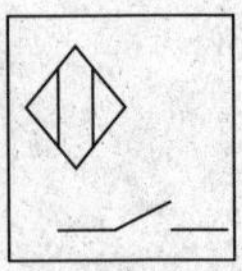

图 3—1—10　传感器的图形符号

4. 传感器的接线

双出线传感器的接线见表 3—1—6。

表 3—1—6　　双出线传感器的接线

接线方法	接线示意图（BN：棕，BU：蓝）	接线情况说明
双出线	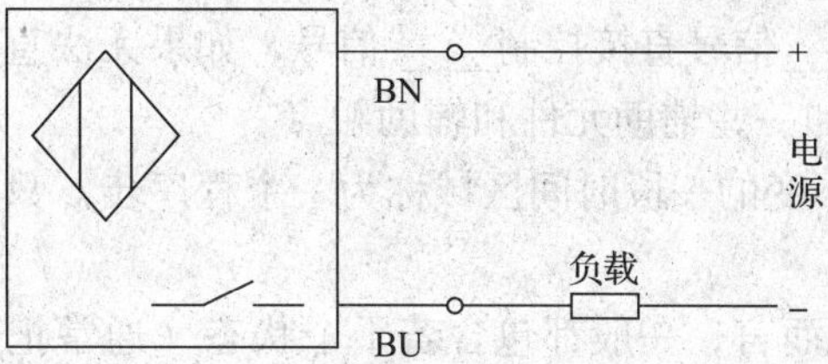	负载与传感器串联接在电源两端，负载接在蓝线上。当没有感应信号时传感器的触点不动作，负载两端无信号。当有感应信号时传感器的触点动作，负载两端得到信号

如图 3—1—11 所示，当接通电源，传感器前无感应物体时，指示灯不亮；把感应物体慢慢靠近传感器，当感应物体与传感器感应面的距离为 5 mm 左右时，传感器动作使指示灯亮。

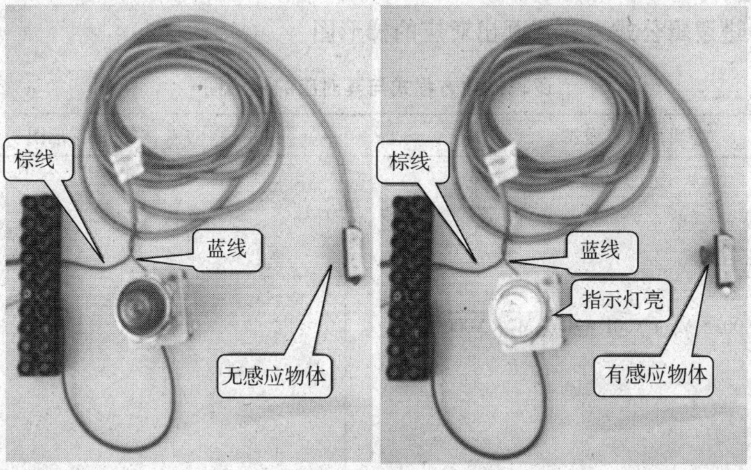

a)　　　　b)

图 3—1—11　双出线传感器的接线

a）无感应物　b）有感应物

提示

在进行双出线传感器的接线时，应首先看清传感器两根引出线的颜色，然后根据双出线传感器的接线图，将 24V 直流电源、24V 直流指示灯、传感器等用导线连接。

巩固与提高

一、填空题（将正确的答案填在横线空白处）

1．在步进逻辑公式 $M_i=(X_i\times M_{i-1}+M_i)\overline{M}_{i+1}$ 中，M_i在等号的左端出现表示______符号，M_i在等号的右端出现表示______ 符号。

2．经验设计法实际上是用______信号直接控制____ 信号，如果无法直接控制或为了解决连锁和互锁功能，只好被动地增加一些辅助元件和辅助触点。

3．全部有关______ 状态保持不变的一段时间区域称为一个程序步。只要有一个______状态发生变化就转入下一步。

4．对于按流程作业的控制系统而言，一般都包含若干个状态（通常把这个状态称为工序）。当______满足时，系统能够从一种状态______到另一种状态，把这种控制称为步进顺序控制。

5．步进控制设计法主要分为__________设计法、顺序功能图设计法两大类，其中顺序功能图设计法又有三种不同的基本结构形式的编程设计方法，即______序列结构编程设计法、________序列结构编程设计法和____ 序列结构编程设计法。

二、分析题

1．根据步进逻辑公式表达式画出对应的梯形图

逻辑代数方程式与其对应的梯形图

逻辑代数方程式	对应的梯形图
$M_1=(X003\times M_4+X001+M_1)\ \overline{M_2}\times\overline{X000}$	
$M_2=(X004\times M_1+X002+M_2)\ \overline{M_3}\times\overline{X000}$	

2．根据梯形图写出对应的步进逻辑公式表达式

逻辑代数方程式与其对应的梯形图

逻辑代数方程式	对应的梯形图
	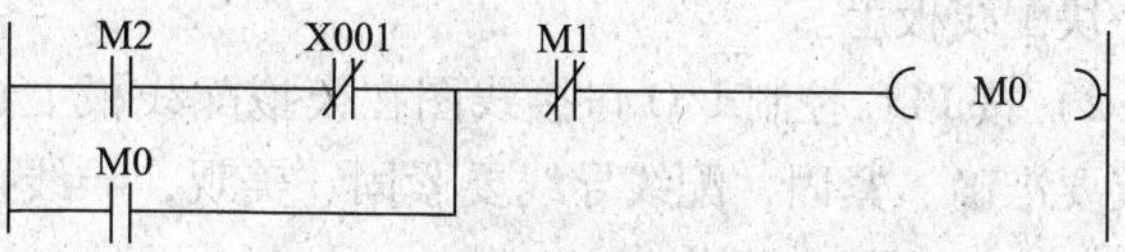
	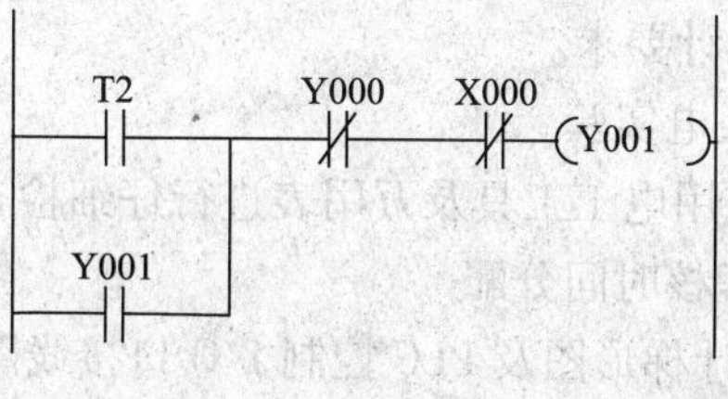

三、技能题

1．题目：用 PLC 进行控制线路的设计，并进行安装与调试

2．考核要求

（1）技能要求

图 3—1—12 所示为小车四地自动往返控制工作示意图，按照其控制功能，用步进逻辑公式设计法进行 PLC 控制系统的程序设计，并且进行安装与调试。

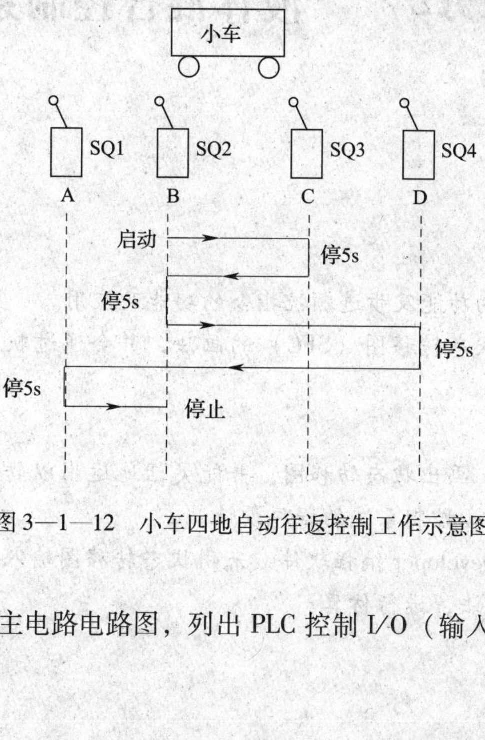

图 3—1—12　小车四地自动往返控制工作示意图

（2）电路设计

根据技能要求，设计主电路电路图，列出 PLC 控制 I/O（输入/输出）口元件地址分配表；根据加工工艺，列出步进控制的逻辑代数方程，并设计出梯形图及 PLC 控制 I/O（输入/输出）口接线图，然后仿真运行。

（3）安装与接线

1）将熔断器、接触器、继电器、PLC 装在一块配线板上，而将行程开关、按钮等装在另一块配线板上。

2）按 PLC 控制 I/O 口接线图在模拟配线板上正确安装，元件在配线板上布置要合理，安装要准确、紧固，配线导线要紧固、美观，导线要进走线槽，导线要有端子标号。

（4）PLC 键盘操作

熟练操作键盘，能正确地将所编程序输入 PLC；按照被控设备的动作要求进行模拟调试，达到设计要求。

（5）通电实验

正确使用电工工具及万用表进行仔细检查，通电实验时注意人身和设备安全。

（6）考核时间分配

1）设计梯形图及 PLC 控制 I/O 口接线图及上机编程时间为 90 min。

2）安装接线时间为 60 min。

3）试机时间为 5 min。

3. 评分标准

评分标准（参见表 2—1—6）。

任务2　液体混合控制系统

学习目标

知识目标：

1. 掌握状态继电器的功能及步进顺控指令的功能及应用。

2. 掌握单序列结构状态转移图（SFC）的画法，并会通过状态转移图进行步进顺序控制的设计。

能力目标：

1. 能根据控制要求，画出状态转移图，并能灵活地运用以转换为中心的状态转移图转换成梯形图，实现液体混合控制系统的程序设计。

2. 能通过三菱 GX Developer 编程软件，采用状态转移图输入法进行编程，并通过仿真软件采用软元件测试的方法，进行仿真。

工作任务

液体混合机在医药、食品、化工等行业中应用非常广泛。以前的液体混合机的控制系统一般都是采用继电—接触器控制系统，但使用继电—接触器控制系统的液体混合机不易适应耐热、防潮、抗振等特殊生产环境的要求，因此以 PLC 为核心的液体混合控制系统颇具优势。另外，采用 PLC 系统控制还可以大大降低工人的劳动强度，减少操作误差，提高产品质量。图 3—2—1 所示为液体混合机实物图。

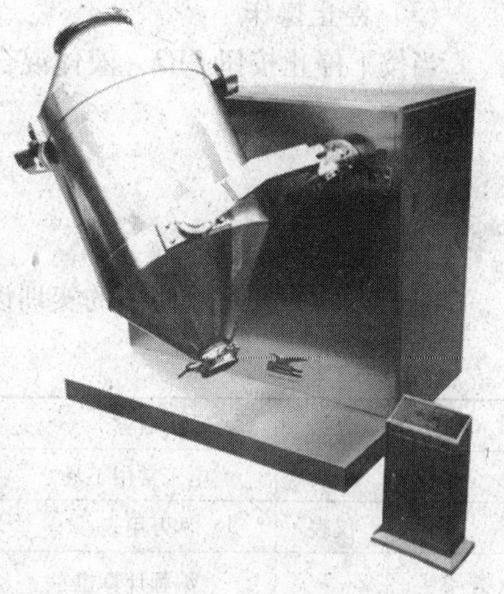

图 3—2—1　液体混合机实物图

本任务的主要内容就是：以图 3—2—1 所示的液体混合机为例，运用 PLC 的顺序控制设计法中的步进顺控指令编程法，完成对液体自动混合装置的电气控制。

图 3—2—2 所示为液体自动混合装置的示意图。其控制要求如下：

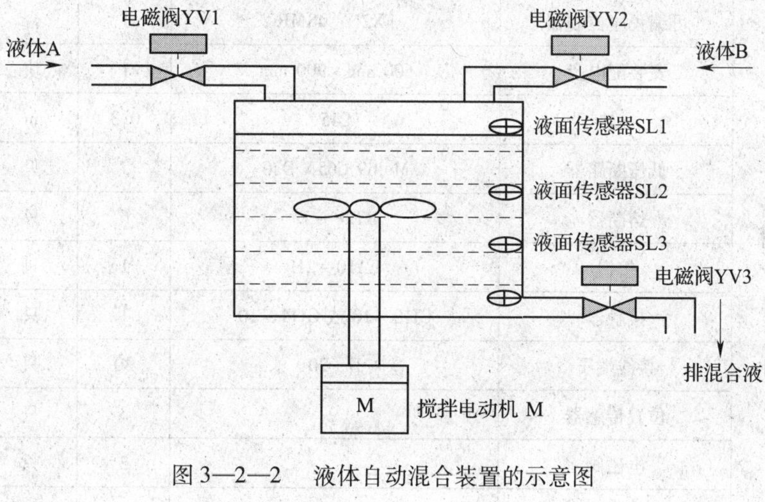

图 3—2—2　液体自动混合装置的示意图

（1）初始状态

液体自动混合装置投入运行时，液体 A、B 阀门关闭，容器为放空关闭状态。

（2）周期操作

按下启动按钮 SB1，液体自动混合装置开始按如下顺序工作：

1）液体 A 阀门打开，液体 A 流入容器，液位上升。

2）当液位上升到 SL2 时，SL2 导通，关闭液体 A 阀门；同时打开液体 B 阀门，液体 B 开始流入容器。

3）当液位上升到 SL1 时，关闭液体 B 阀门，搅拌电动机开始搅拌。

4）搅拌电动机工作 20 s 后停止搅拌，混合液阀门打开，放出混合液体。

5）当液位下降到 SL3 时，开始计时，且装置继续放液，将容器放空，计时满 20 s 后，混合液阀门关闭，自动开始下一个周期。

（3）停止操作

当按下停止按钮 SB2，液体混合装置在完成当前的工作循环后才停止操作。

任务准备

实施本任务教学所使用的实训设备及工具材料见表 3—2—1。

表 3—2—1　　实训设备及工具材料

序号	分类	名称	型号规格	数量	单位	备注
1	工具	电工常用工具		1	套	
2	仪表	万用表	MF47 型	1	块	
3	设备器材	编程计算机		1	台	
4		接口单元		1	套	
5		通信电缆		1	条	
6		可编程序控制器	FX2N－48MR	1	台	
7		安装配电盘	600 mm×900 mm	1	块	
8		导轨	C45	0.3	m	
9		低压断路器	Multi9 C65N D20	2	只	
10		熔断器	RT28－32	6	只	
11		按钮	LA10－2H	1	只	
12		接触器	CJ10－10 或 CJT1－10	1	只	
13		接线端子	D－20	20	只	
14		位置传感器		3	只	
15		电磁阀		3	只	
16		热继电器	自定	1	只	
17		三相异步电动机	自定	1	台	
18	消耗材料	铜塑线	BV1/1.37 mm^2	10	m	主电路
19		铜塑线	BV1/1.13 mm^2	15	m	控制电路
20		软线	BVR7/0.75 mm^2	10	m	
21		紧固件	M4×20 螺杆	若干	只	
22			M 4×12 螺杆	若干	只	

续表

序号	分类	名称	型号规格	数量	单位	备注
23	消耗材料		ϕ4 mm 平垫圈	若干	只	
24			ϕ4 mm 弹簧垫圈及 M4 螺母	若干	只	
25		号码管		若干	m	
26		号码笔		1	支	

任务分析

通过对上述控制要求的分析可知，本任务控制是典型的步进顺序控制。在本课题的任务1中曾介绍了用步进逻辑公式法进行步进顺序控制程序的设计。该方法的特点是通过对控制要求的分析，列出各程序步的逻辑代数方程式，然后采用“启—保—停”电路，通过基本指令进行梯形图的编程设计，该方法适用于各种型号的PLC。但对于复杂的步进顺序控制系统而言，采用步进逻辑公式法进行设计将较为困难，为了提高设计的有效性和缩短设计的时间周期，一般都使用专门的步进控制指令进行设计。任何一种型号的PLC都有自身的步进控制指令，而这些指令是专门用于步进控制的。三菱FX系列的PLC也不例外，它也有两条步进指令（STL、RET），本任务就将对其进行介绍。另外，值得一提的是三菱FX系列的PLC可以通过状态转移图（SFC）的编程方法实现对步进顺序的控制，这是其他型号的PLC所无法比拟的。本任务的目的就是通过学习，掌握通过单序列结构状态转移图的编程方法转换成梯形图控制程序，完成液体混合控制系统的编程设计。

相关知识

一、编程元件——状态继电器（S）

状态继电器S用来记录系统运行的状态，是编制顺序控制程序的重要编程元件。状态继电器应与步进顺控指令STL配合使用。其编号为十进制。FX2N系列PLC内部的状态继电器共有1 000个，其类型和编号见表3—2—2。

表3—2—2　　FX2N系列PLC的状态元件

类别	元件编号	点数	用途及特点
初始状态继电器	S0 ~ S9	10	用于状态转移图（SFC）的初始状态
回零状态继电器	S10 ~ S19	10	多运行模式控制当中，用做返回原点的状态
通用状态继电器	S20 ~ S499	480	用做状态转移图（SFC）的中间状态
断电保持状态继电器	S500 ~ S899	400	具有停电保持功能，断电再启动后，可继续执行
报警用状态继电器	S900 ~ S999	100	用于故障诊断和报警

在使用状态继电器时，需要注意以下几方面：

1．状态继电器的编号必须在指定的类别范围内使用。

2．状态继电器与辅助继电器一样有无数的常开和常闭触点，在 PLC 内部可自由使用。

3．不使用步进顺控指令时，状态继电器可与辅助继电器一样使用。

4．供报警用的状态继电器可用于外部故障诊断的输出。

5．通用状态继电器和断电保持状态继电器的地址编号分配可通过改变参数来设置。

提示

对断电保持型的状态继电器在重复使用时要用 RST 指令复位。对报警用的状态继电器 S900～S999，要联合使用特殊辅助继电器 M8048、M8049 及应用指令 ANS 及 ANR。

二、步进顺控指令（STL、RET）

步进顺控指令只有两条，即步进阶梯（步进开始）指令（STL）和步进返回指令（RET）。

1．指令的助记符及功能

步进顺控指令的助记符及功能见表 3—2—3。

表 3—2—3　　FX2N 系列 PLC 状态元件的步进指令助记符及功能

指令助记符名称	功能	梯形图符号	程序步
STL（步进开始指令）	与母线直接连接，表示步进顺控开始	├[ ][ ]┤ 或 ┤ SO STL ├	1 步
RET（步进返回指令）	步进顺控结束，用于状态转移图结束返回主程序	┤[RET]├	1 步

2．关于指令功能说明

（1）STL 是利用软元件对步进顺控问题进行工序步进式控制的指令。RET 是指状态（S 元件）流程结束，返回主程序。

（2）STL 触点通过置位指令（SET）激活。当 STL 触点激活，则与其相连的电路接通；如果 STL 触点未激活，则与其相连的电路断开。

（3）STL 触点与其他元件触点意义不尽相同。STL 无常闭触点，而且与其他触点无 AND、OR 的关系。

三、编程的基本知识

1．顺序功能图（状态转移图）的组成要素

使用顺序控制设计法时首先根据系统的工艺过程，画出顺序功能图，然后根据顺序功能图画出梯形图。所谓顺序功能图，就是描述顺序控制的框图，如图 3—2—3 所示。顺序功能图主要由步、有向连线、转换、转换条件和动作（或命令）五大要素组成。

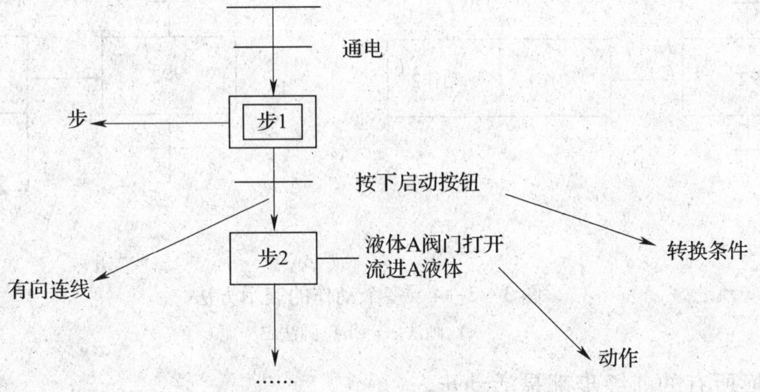

图 3—2—3　顺序功能图（状态转移图）的组成要素

（1）步及其划分

顺序控制设计法最基本的思想是分析被控对象的工作过程及控制要求，根据控制系统输出状态的变化将系统的一个工作周期划分为若干个顺序相连的阶段，这些阶段就称为步，可以用编程元件（例如辅助继电器 M 和状态继电器 S）来代表各步。步是根据 PLC 输出量的状态变化来划分的，在每一步内，各输出量的 ON/OFF 状态均保持不变。只要系统的输出量状态发生变化，系统就从原来的步进入新的步。

总之，步的划分应以 PLC 输出量状态的变化来划分。如果 PLC 输出状态没有变化，就不存在程序的变化，步的这种划分方法使代表各步的编程元件的状态与各输出量的状态之间有着极为简单的逻辑关系。

1）初始步。与系统的初始状态相对应的步称为初始步，初始状态一般是系统等待启动命令的相对静止的状态。初始步用双线框表示，如图 3—2—3 所示的“步 1”；每一个顺序功能图至少应该有一个初始步。

2）活动步。当系统处于某一步所在的阶段时，该步处于活动状态，称该步为活动步，如图 3—2—3 所示中的“步 2”。步处于活动状态时，相应的动作被执行，如图 3—2—3 所示的“步 2”即液体 A 阀门打开流进 A 液体。

（2）与步对应的动作（或命令）

在某一步中要完成某些“动作”，“动作”是指某步活动时，PLC 向被控系统发出的命令，或被控系统应执行的动作。动作用矩形框中的文字或符号表示，该矩形框应与相应步的矩形框相连接。如果某一步有几个动作，可以用如图 3—2—4 所示的两种画法来表示，但是并不隐含这些动作之间的任何顺序。

（3）有向连线、转换和转换条件

步与步之间用有向连线连接，并且用转换将步分隔开。步的活动状态进展是按有向连线规定的路线进行的。有向连线上无箭头标注时，其进展方向是从上而下、从左到右。如果不是上述方向，应在有向连线上用箭头注明方向。

在顺序功能图中，步的活动状态的进展是由转换来实现的。转换的实现必须同时满足以下两个条件：

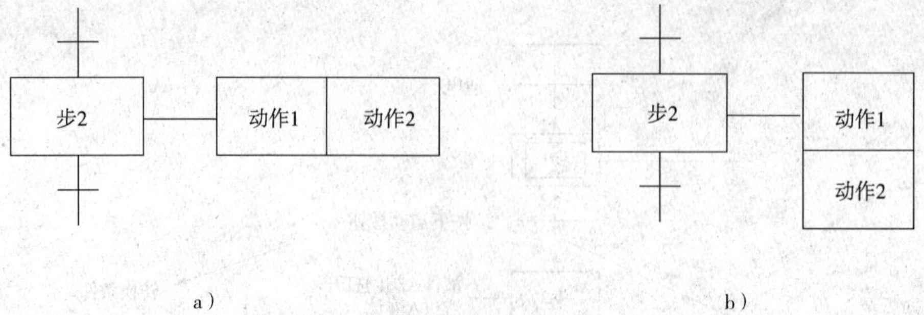

图 3—2—4　多个动作的表示方法

a）画法一　b）画法二

1）该转换所有的前级步都是活动步。

2）相应的转换条件得到满足。

转换是用与有向连线垂直的短画线来表示，步与步之间不允许直接相连，必须有转换隔开，而转换与转换之间也同样不能直接相连，必须有步隔开。

转换条件是与转换相关的逻辑命题。转换条件可以用文字语言、布尔代数式或图形符号标在表示转换的短画线旁边，本任务中用图 3—2—5a 所示。

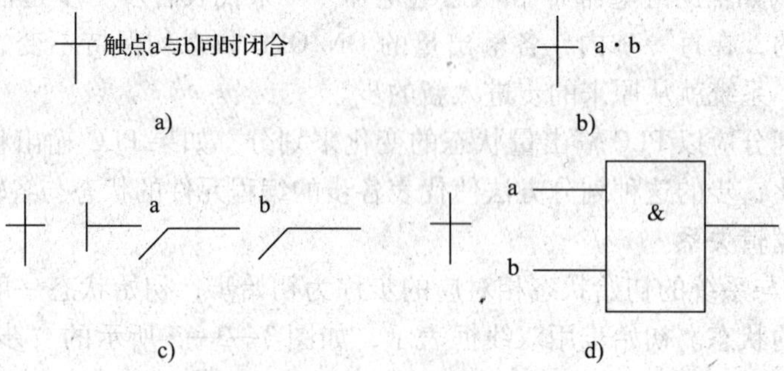

图 3—2—5　转换与转换条件

a）文字语言　b）布尔代数式　c）图形符号　d）逻辑符号

2. 单序列结构形式的顺序功能图

根据步与步之间转换的不同情况，顺序功能图有 3 种不同的基本结构形式：单序列结构、选择序列结构和并行序列结构。本任务所应用的顺序功能图为单序列结构形式。顺序功能图的单序列结构形式没有分支，它由一系列按顺序排列、相继激活的步组成。每一步的后面只有一个转换，每一个转换后面只有一步，如图 3—2—6 所示。

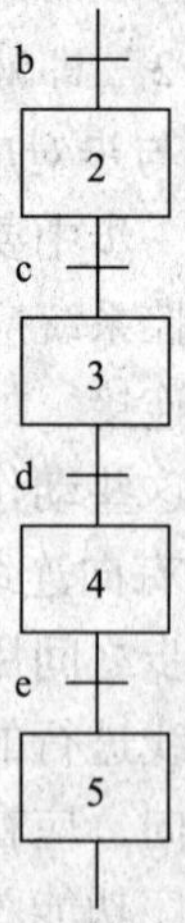

图 3—2—6　单序列结构

3. 步进顺控指令的单序列结构的编程方法

使用 STL 指令的状态继电器的常开触点称为 STL 触点。从如图 3—2—7 所示可以看出顺序功能图、步进梯形图和指令表的对应关系。

原理分析：该系统一个周期由 3 步组成。它们可分别对应 S0、S20 和 S21，步 S0 代表初始步。

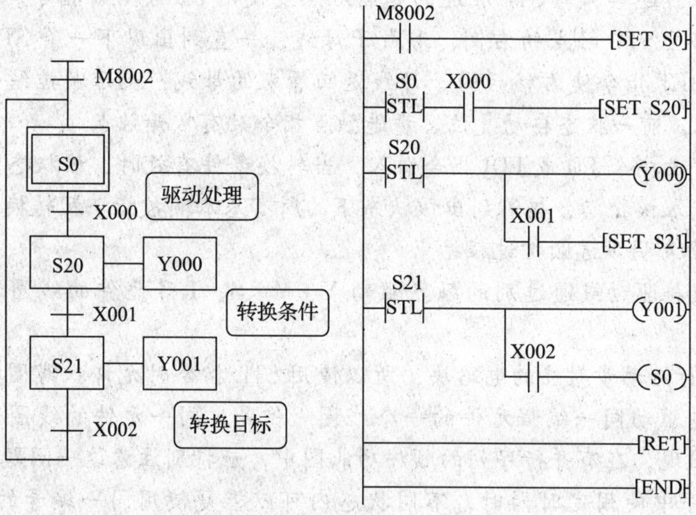


```
LD   M8002
SET  S0
STL  S0
LD   X000
SET  S20
STL  S20
OUT  Y000
LD   X001
SET  S21
STL  S21
OUT  Y001
LD   X002
OUT  S0
RET
END
```

a)　　　　b)　　　　c)

图 3—2—7　顺序功能图、步进梯形图和指令表

a）顺序功能图　b）步进梯形图　c）指令表

当 PLC 通电进入 RUN 状态，初始化脉冲 M8002 的常开触点闭合一个扫描周期，梯形图的第一行的 SET 指令将初始步 S0 置为活动步。除初始状态外，其余的状态必须用 STL 指令来引导。

在梯形图中，每一个状态的转换条件由指令 LD 或 LDI 引入，当转换条件有效时，该状态由置位指令 SET 激活，并由步进指令进入该状态。接着列出该状态下的所有基本顺控指令及转换条件。

在梯形图的第二行，S0 的 STL 触点与转换条件 X000 的常开触点组成的串联电路代表转换实现的两个条件。当初始步 S0 为活动步，X000 的常开触点闭合，转换实现的两个条件同时满足，置位指令 SET S20 被执行，后续步 S20 变为活动步，同时，S0 自动复位为不活动步。

S20 的 STL 触点闭合后，该步的负载被驱动，Y000 线圈得电。转换条件 X001 的常开触点闭合时，转换条件得到满足，下一步的状态继电器 S21 被置位，同时状态继电器 S20 被自动复位。S21 的 STL 触点闭合后，该步的负载被驱动，Y001 线圈通电。当转换条件 X002 的常开触点闭合时，用 OUT S0 指令使 S0 变为 ON 并保持，系统返回到初始步。

注意，在上述程序中的一系列 STL 指令之后要有 RET 指令，其意为返回母线上。

提示

步进顺控指令在顺序功能图中的使用说明：

（1）每一个状态继电器具有三种功能，即对负载的驱动处理、指定转换条件和指定转换目标，如图 3—2—7a 所示。

（2）STL 触点与左母线连接，与 STL 相连的起始触点要使用 LD 或 LDI 指令。使用 STL 指令后，相当于母线右移至 STL 触点的右侧，形成子母线，一直到出现下一条 STL 指令或者出现 RET 指令为止。RET 指令使右移后的子母线返回原来的母线，表示顺控结束。使用 STL 指令使新的状态置位，前一状态自动复位。步进触点指令只有常开触点。

每一状态的转换条件由指令 LD 或 LDI 指令引入，当转换条件有效时，该状态由置位指令激活，并由步进指令进入该状态，接着列出该状态下的所有基本顺控指令及转换条件，在 STL 指令后出现 RET 指令表明步进顺控过程结束。

（3）STL 触点可以直接驱动或通过别的触点驱动 Y、M、S、T 等元件的线圈和应用指令。

（4）由于 CPU 只执行活动步对应的电路块，所以使用 STL 指令时允许双线圈输出，即不同的 STL 触点可以分别驱动同一编程元件的一个线圈。但是，同一元件的线圈不能在同时为活动步的 STL 区内出现，在有并行序列的顺序功能图中，应特别注意这一问题。

（5）在步进顺控程序中使用定时器时，不同状态内可以重复使用同一编号的定时器，但相邻状态不可以使用。

任务实施

一、分配输入点和输出点，写出 I/O 通道地址分配表

根据本任务控制要求，可确定 PLC 需要 6 个输入点，4 个输出点，其 I/O 通道分配表见表 3—2—4。

表 3—2—4　I/O 通道地址分配表

输入			输出		
元件代号	作用	输入继电器	元件代号	作用	输出继电器
SL2	液面传感器	X000	YV1	A 液电磁阀	Y000
SL3	液面传感器	X001	YV2	B 液电磁阀	Y001
SL1	液面传感器	X002	KM	搅拌电动机控制	Y002
SB1	启动按钮	X003	YV3	混合液电磁阀	Y003
SB2	停止按钮	X004			
SA	连续/单周	X005			

二、画出 PLC 接线图（I/O 接线图）

液体混合控制系统 PLC 接线图如图 3—2—8 所示。

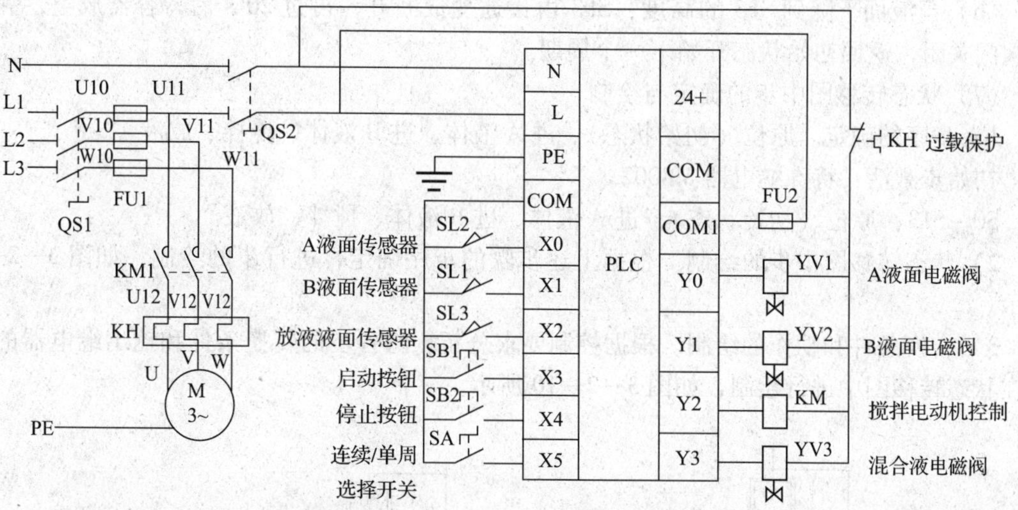

图 3—2—8 液体混合控制系统 PLC 接线图

三、程序设计

用步进顺控指令的单序列结构的编程方法对本任务进行设计，设计的方法及步骤如下：

1. 顺序功能图的建立

顺序功能图（sequential function chart，SFC）也称状态转移图。在本任务内容中的顺序功能图中的步使用的是状态继电器（S）。

通过对本任务内容控制要求的分析，液体混合控制系统的工作过程可划分为原位（SB1）、进 A 液体（SL2）、进 B 液体（SL1）、搅拌和放液 5 步；各步电磁阀 YV1、YV2、YV3 和接触器 KM 的状态见表 3—2—5。

表 3—2—5　　液体混合控制系统工作过程电磁阀和接触器的状态表

工作过程	YV1	YV2	YV3	KM	转换主令
原位（停止）	–	–	–	–	SB1
进 A 液体	+	–	–	–	SL2
进 B 液体	–	+	–	–	SL1
搅拌	–	–	–	+	T0
放液	–	–	+	–	SL3、T1

（1）液体自动混合装置初始状态：液体排空。

（2）按下 SB1：进 A 液体。

（3）当液位达到传感器 SL2 的高度：进 B 液体。

（4）当液位达到传感器 SL1 的高度：搅拌机开始搅拌。

（5）搅拌电动机工作 20 s 后：放液。

（6）当液面下降到 SL3 的高度：SL3 由接通变成断开，再过 20 s 后，容器放空，混合液阀门关闭，返回初始状态开始下一个周期。

（7）状态转移图中步的确定与绘制

1）步序的确定。原位（初始状态）、进 A 液体、进 B 液体、搅拌、放液。

初始步激活：特殊继电器 M8002。

S0 ~ S13：原位（初始状态）、进 A 液体、进 B 液体、搅拌、放液。

2）状态转移图中步的绘制。根据上述步骤的步序确定，进行步的绘制，如图 3—2—9 所示。

3）转换条件和动作的绘制。根据控制要求分析，将各步的转换条件和输出继电器的动作在状态转移图中进行绘制，如图 3—2—10 所示。

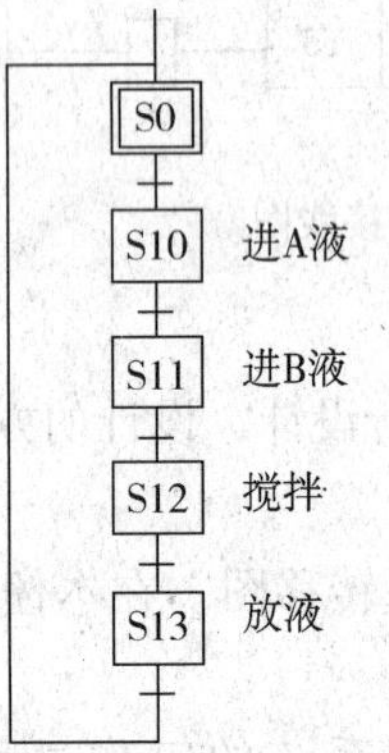

图 3—2—9　步的绘制

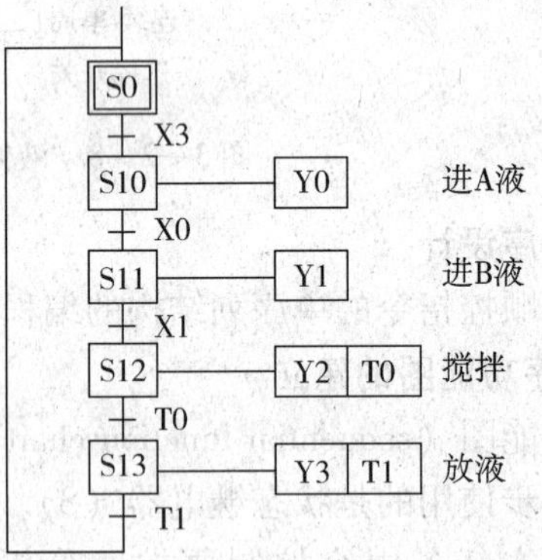

图 3—2—10　转换条件和动作的绘制

4）初始条件的确定。当 PLC 刚进入程序运行状态时，由于 S0 的前步 S13 还未曾得电，虽然 SL3 已满足，但 S0 无法得电，其所有的后续步均无法工作。因此，刚开始时应该给初始步一个激活信号，且此信号在激活初始步以后就不能再出现，否则会同时出现两个活动步。

初始激活信号可以用 M8002 或其他满足要求的脉冲信号。液体混合控制系统的状态转移图如图 3—2—11 所示。

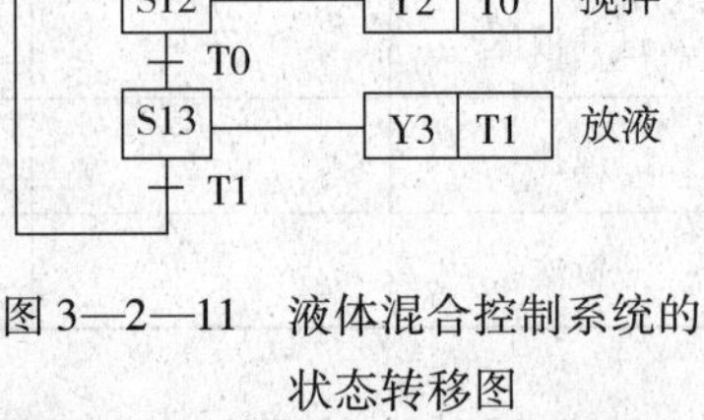

图 3—2—11　液体混合控制系统的状态转移图

2. 通过状态转移图（SFC）以转换为中心的编程方法，将状态转移图转换成梯形图

关于程序的设计，在前面的任务中介绍的都是先画出梯形图，然后通过梯形图写出对应的指令语句表，最后通过梯形图输入法或指令表输入法进行编程。采用此种方法进行编程设计，要求对梯形图的设计水平相当高，也具有相当的难度。

在进行步进顺序控制编程设计时，一般都是采用状态转移图输入法，即通过编程软件采用状态转移图输入法，将所设计出的状态转移图输入，然后转换成梯形图，得出控制程序，并由此可转换成指令语句表。其过程可概括为状态转移图→梯形图→指令表。

采用状态转移图输入法，可以将复杂的程序化整为零，即将复杂的梯形图程序化简为每个状态里的简单的动作程序，当所有状态的动作程序都输入完毕后，再通过编程软件的转换功能，将其转换成用步进指令（STL）设计的完整梯形图程序，然后再由梯形图程序转换成指令语句表。这种通过状态转移图采用 STL 指令设计复杂系统梯形图时具有其他编程方法无法可比的优越性。下面以本任务为例，介绍通过状态转移图（SFC）以转换为中心的编程方法，将状态转移图转换成梯形图的方法及步骤。

四、程序输入及仿真运行

本任务的程序输入有别于前面所有任务所介绍的程序输入方法，所采用的编程输入是状态转移图输入法，即 SFC 块输入法。

1．程序输入

（1）工程名的建立

启动 MELSOFT 系列 GX Developer 编程软件，创建新文件，并命名为“液体混合控制系统”，先选择 PLC 的类型为“FX2N”，在程序类型框内选择“SFC”，如图 3—2—12 所示。然后单击该画面右上方的“确定”按钮，进入图 3—2—13 所示的 SFC 块画面。

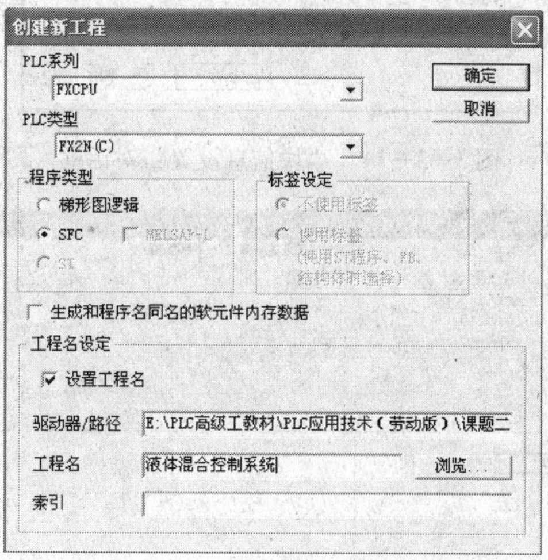

图 3—2—12　创建工程名画面

（2）初始化状态的建立

双击图 3—2—13 中块标题里的黑色框，会出现如图 3—2—14 所示的对话框；在对话框中的块标题里，输入“程序初始化”，并在“块类型”中选择“梯形图块”，然后单击“执行”按钮，进入如图 3—2—15 所示的界面。

1）初始化梯形图的输入。在如图 3—2—15 所示右边的梯形图编程界面中，输入初始化脉冲指令 M8002 及置位指令 SET S0，如图 3—2—16 所示。

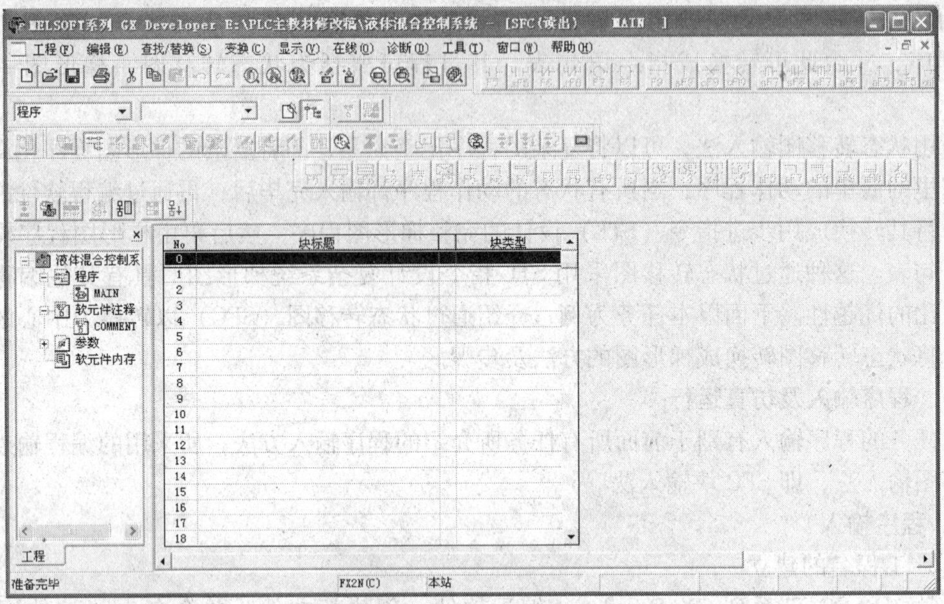

图 3—2—13　进入 SFC 块画面

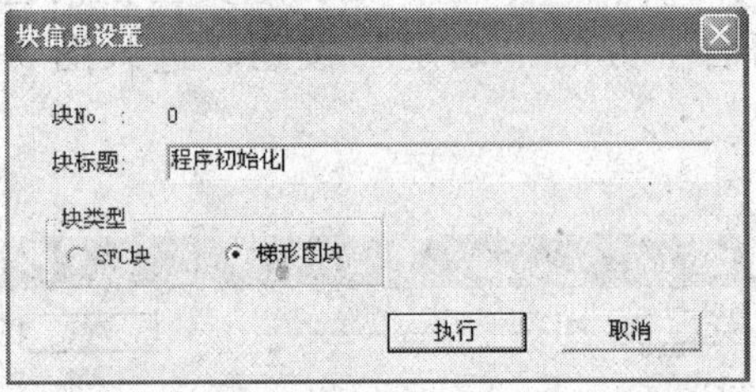

图 3—2—14　“块信息设置”对话框

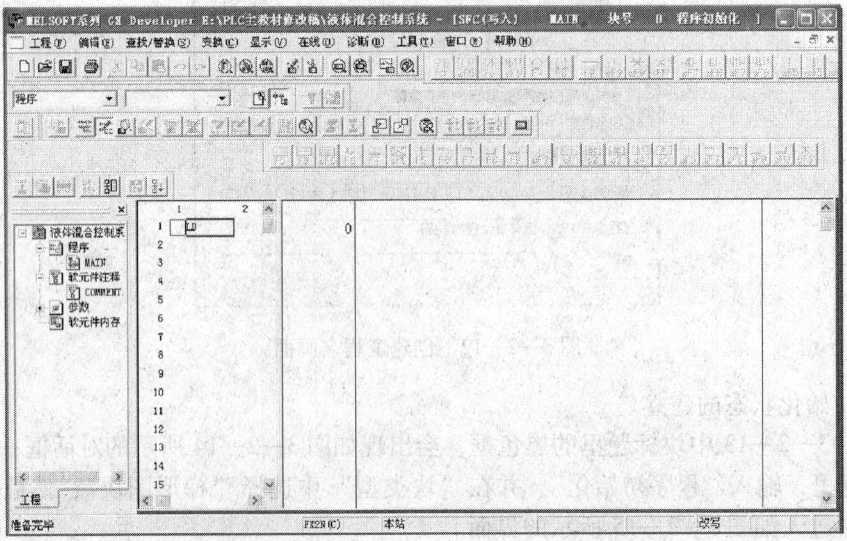

图 3—2—15　程序初始化梯形图编程界面

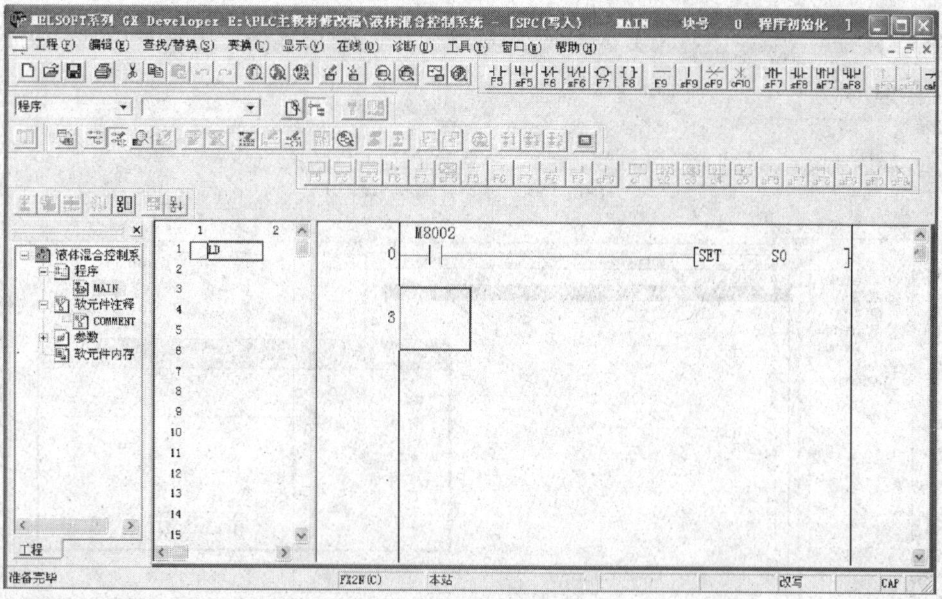

图 3—2—16 程序初始化梯形图画面

2）启动、停止和连续/单周控制梯形图的输入。利用“启—保—停”编程方法，输入本任务控制系统的启动、停止和连续/单周控制的梯形图，如图 3—2—17 所示。

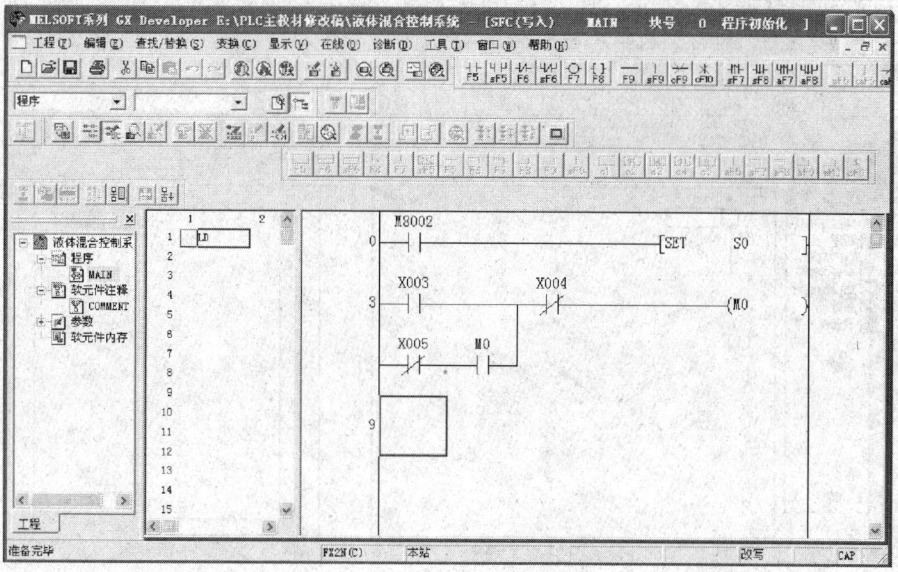

图 3—2—17 启动、停止和连续/单周控制的梯形图画面

（3）状态转移图（SFC 块）的输入

1）状态转移图（SFC 块）的命名。双击图 3—2—17 中“管理窗口”栏的“程序”下的“MAIN”，出现如图 3—2—18 所示的画面。然后，双击“块标题”栏中的“NO. 1”的黑色框，会出现“NO. 1”的“块信息设置”对话框，在“块标题”内输入名称“自动混合控制”，然后单击“执行”按钮，会进入如图 3—2—19 所示的界面。

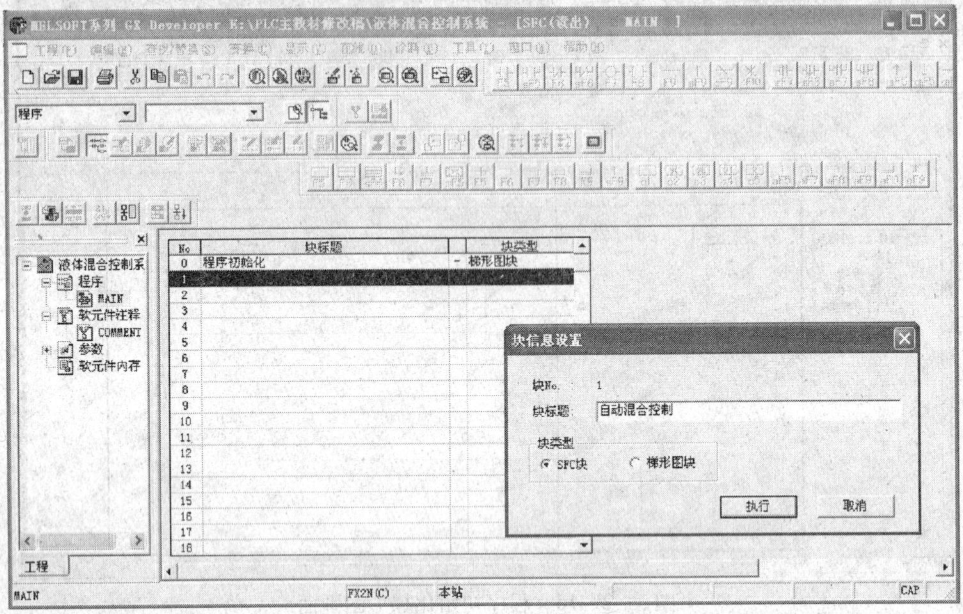

图 3—2—18　状态转移图（SFC 块）的命名画面

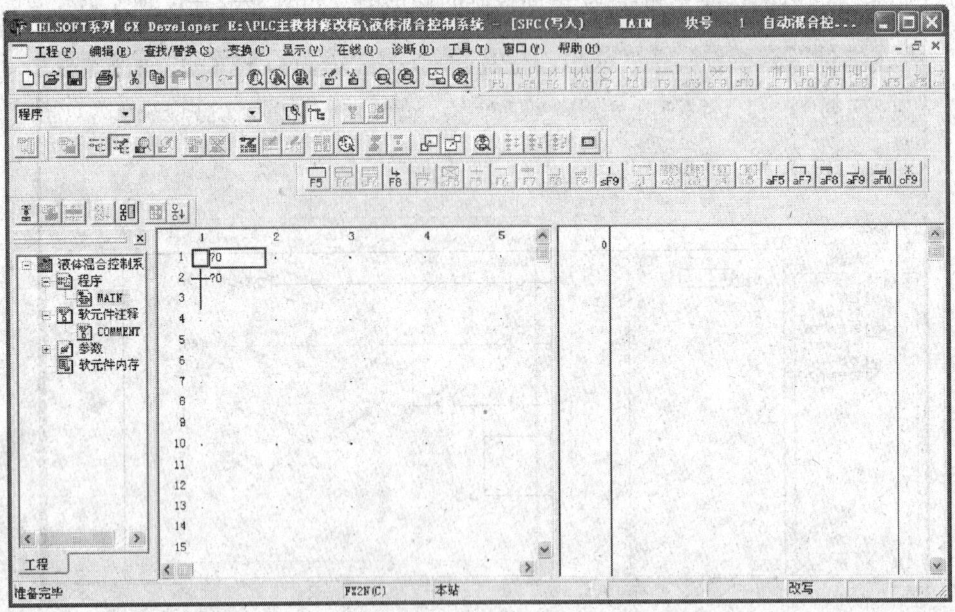

图 3—2—19　状态转移图（SFC 块）的编程界面

2）状态转移图（SFC 块）的步（STEP）符号的输入。将光标移至图 3—2—19 中状态转移图（SFC 块）的第 4 行，然后双击或单击快捷工具栏中的“F5”图标，或者按快捷键 F5，会出现如图 3—2—20 所示“SFC 符号输入”对话框，单击“确定”按钮，完成步符号的输入。

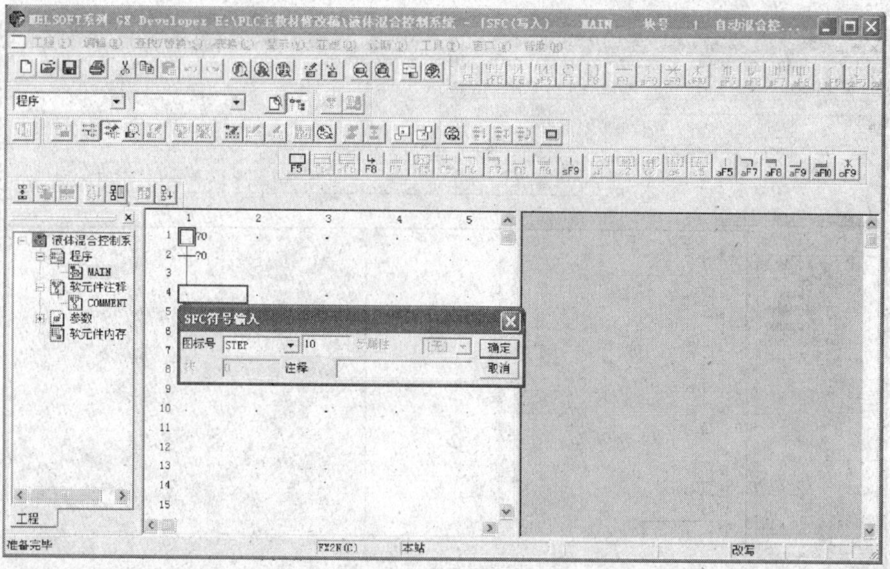

图 3—2—20　状态转移 SFC 块的步符号输入对话框

3）状态转移图（SFC 块）的转移（TR）符号的输入。将光标移至图 3—2—20 中状态转移图（SFC 块）的第 5 行蓝色线条框内，然后双击或单击快捷工具栏中的“F5”图标，或者按快捷键 F5，出现如图 3—2—21 所示的画面，单击“确定”按钮完成转移符号的输入。

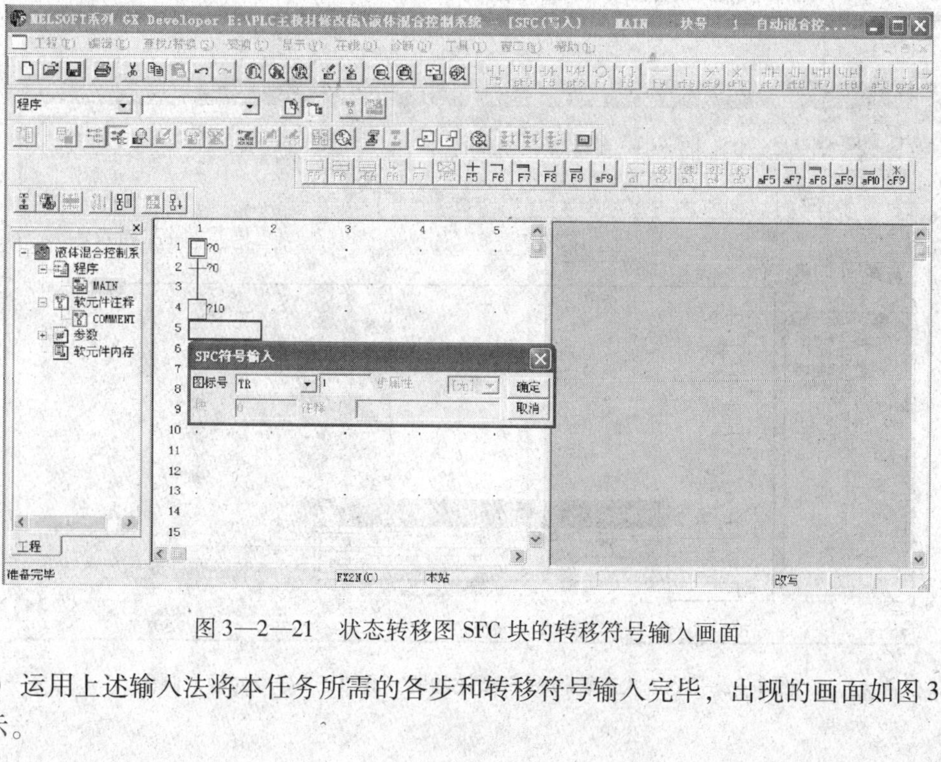

图 3—2—21　状态转移图 SFC 块的转移符号输入画面

4）运用上述输入法将本任务所需的各步和转移符号输入完毕，出现的画面如图 3—2—22 所示。

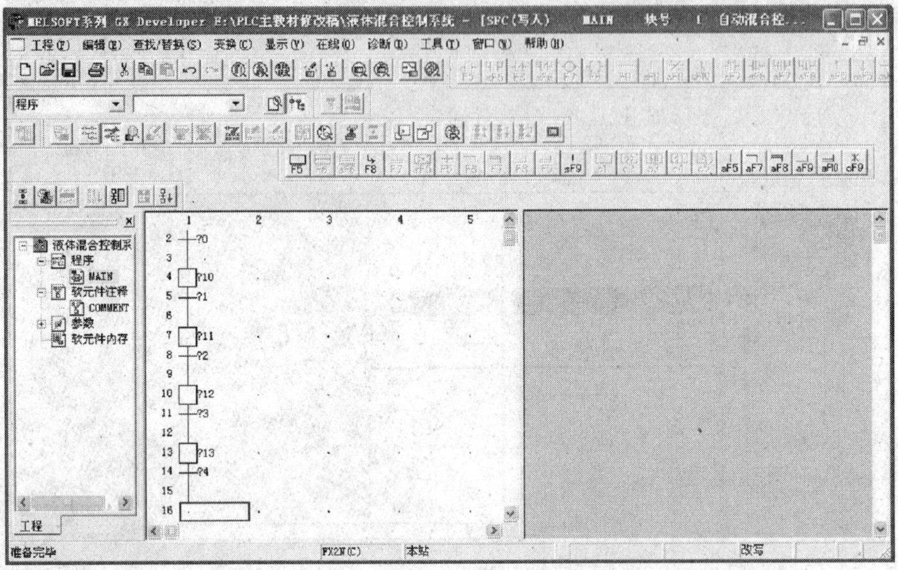

图 3—2—22　输入步和转移符号后的状态转移图（SFC）画面

5）状态转移图（SFC 块）的跳（JUMP）符号的输入。在如图 3—2—22 所示画面中，将光标移至快捷工具栏中的“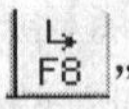”图标，然后单击，或者按快捷键 F8，会出现如图 3—2—23 所示的画面，在“SFC 符号输入”对话框中的“跳（JUMP）”对应的“步属性”框内输入“0”，单击“确定”按钮，出现完整的状态转移图（SFC 块）画面，如图 3—2—24 所示。

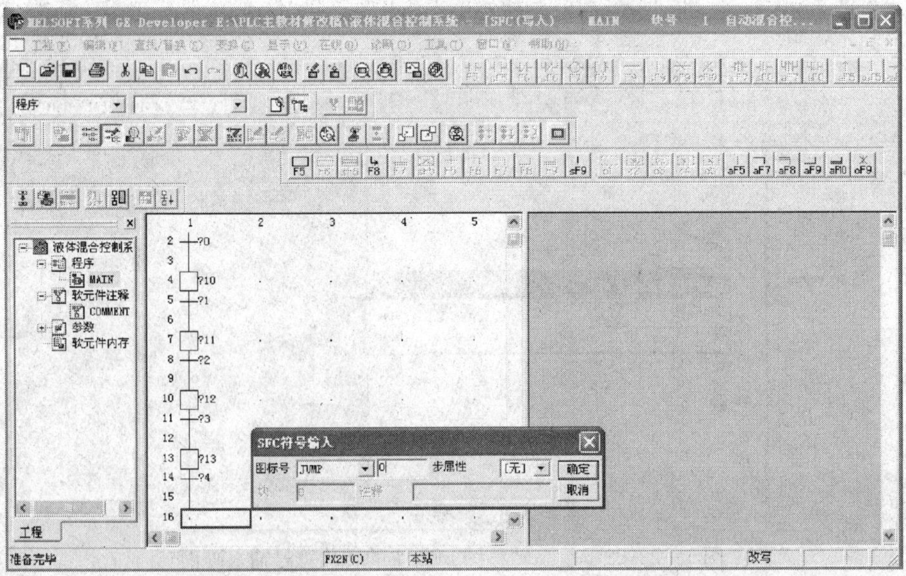

图 3—2—23　状态转移图 SFC 块的跳（JUMP）符号的输入画面

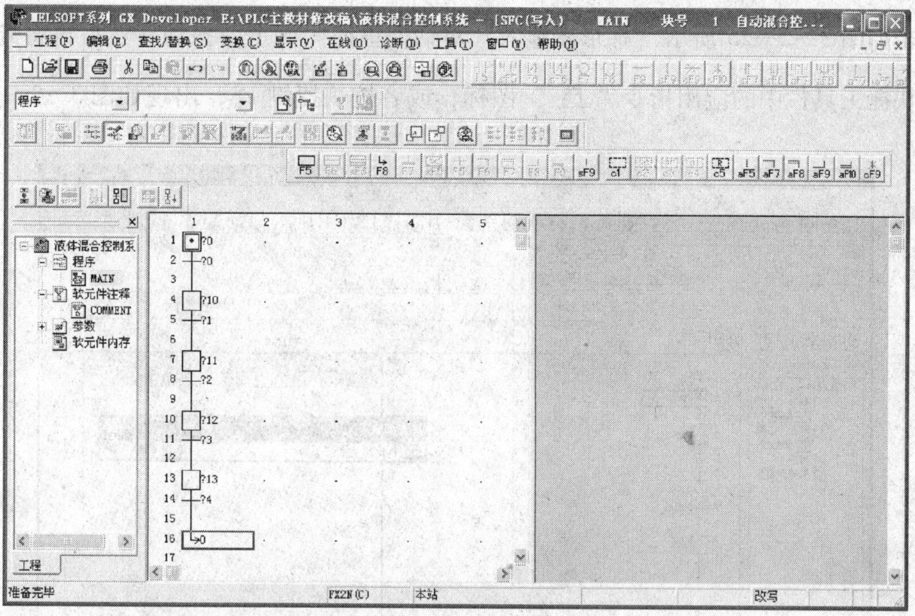

图 3—2—24　　完整的状态转移图（SFC 块）的输入画面

（4）启动转移条件梯形图的输入

由于启动转移条件是通过辅助继电器 M 的常开触点闭合来实现的，所以，只要在第一个转移条件中输入辅助继电器 M 的常开触点的梯形图即可。其梯形图的输入过程是：先将光标移至图 3—2—24 中第 2 行的“2 十?0”转移位置，然后再将光标移至画面右边对应的梯形图编程栏中，接着用光标双击蓝线框，出现“梯形图输入”对话框后，按照前面任务中所述的梯形图基本指令的编程方法，输入辅助继电器 M 的辅助常开触点，出现的画面如图 3—2—25 所示。

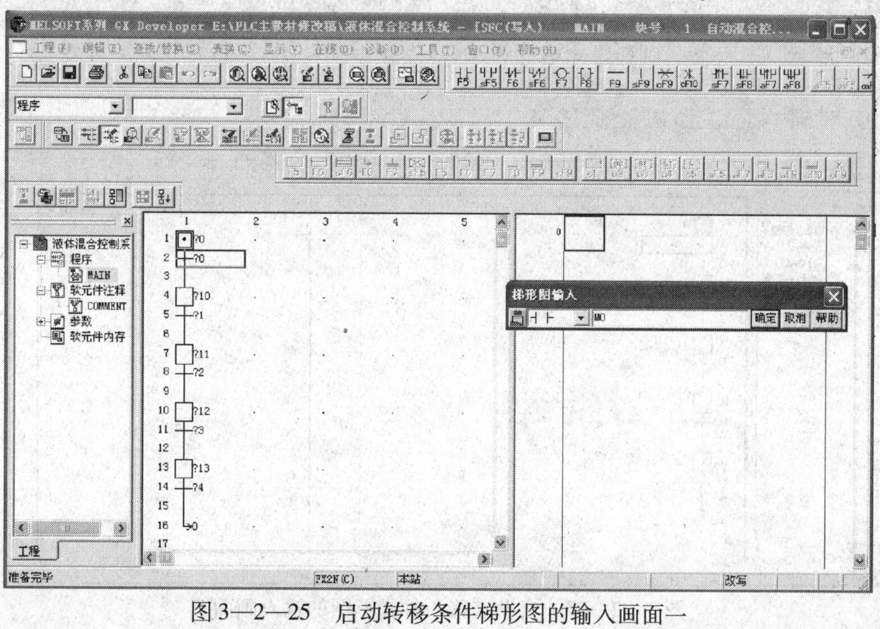

图 3—2—25　启动转移条件梯形图的输入画面一

单击如图 3—2—25 所示“梯形图输入”对话框里的“确定”按钮，然后再将光标移至画面中快捷工具栏中的应用指令“-{ }- F8”图标，或者按快捷键 F8，出现如图 3—2—26 所示的画面。

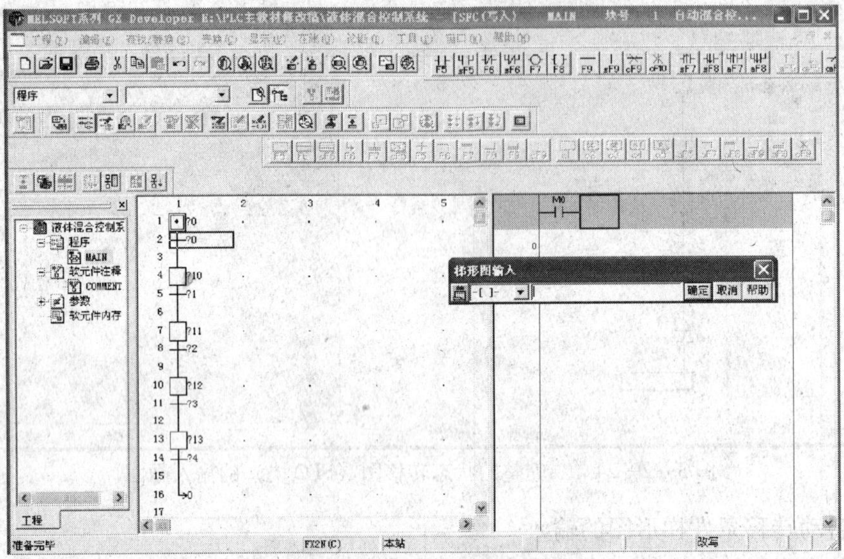

图 3—2—26　启动转移条件梯形图的输入画面二

单击如图 3—2—26 所示“梯形图输入”对话框里的“确定”按钮或按 Enter 键确认。然后将光标移至画面下拉菜单中的“变换”图标，单击子菜单中的“变化（C）”，或者按快捷键 F4，出现如图 3—2—27 所示的画面。至此，本任务启动转移条件的梯形图输入完毕。

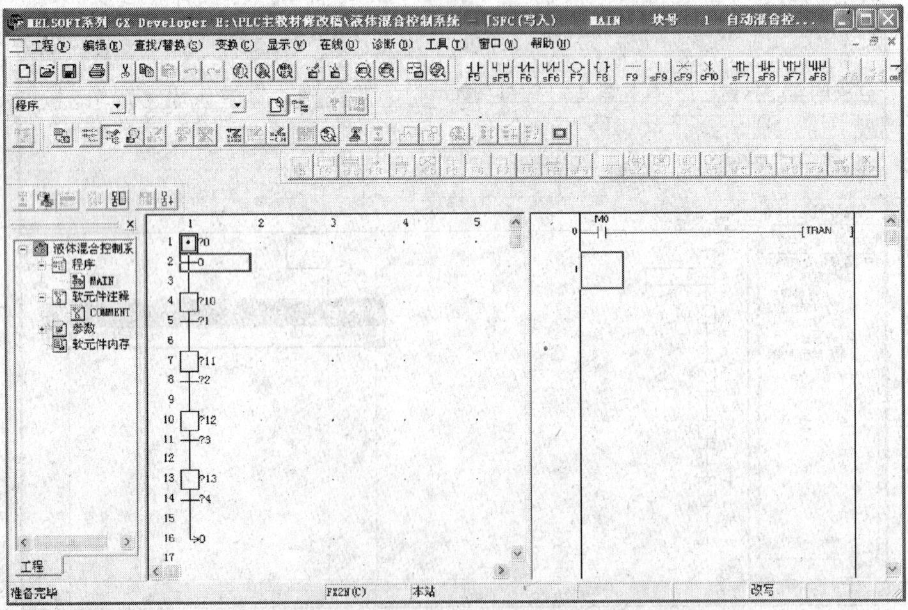

图 3—2—27　启动转移条件梯形图的输入画面三

（5）状态转移图（SFC 块）各步及转移条件对应的梯形图的输入

根据图 3—2—11 所示的状态转移图，将液体混合控制系统各状态步和转移条件流程图以及所对应的梯形图归纳见表 3—2—6。通过上述梯形图的输入方法，对应输入各状态步和转移条件的梯形图，梯形图输入完毕后再进行状态转移图（SFC 块）向梯形图的转换。

表 3—2—6　液体混合控制系统各状态步和转移条件流程图及其对应的梯形图

功能	流程图	梯形图
驱动 A 液体电磁阀打开，流入 A 液体	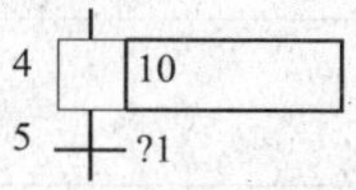	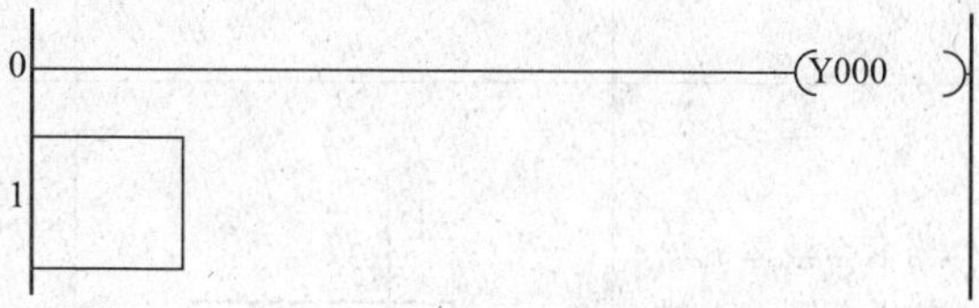
A 液体到达 A 液面传感器 SL2 时	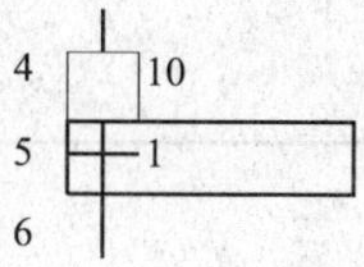	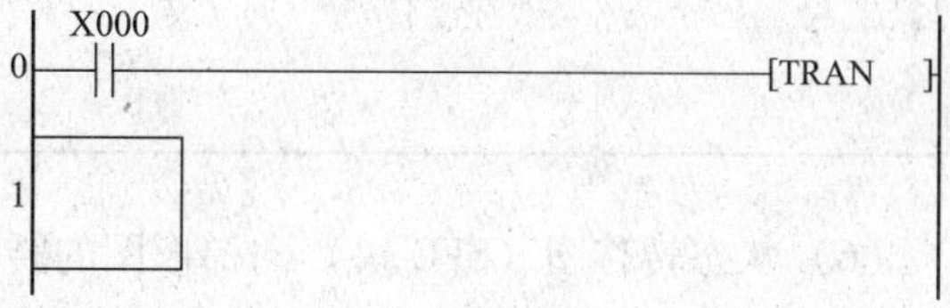
驱动 B 液体电磁阀打开，流入 B 液体	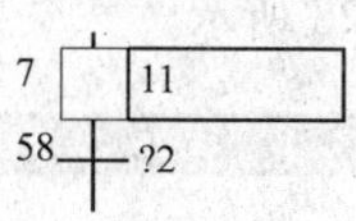	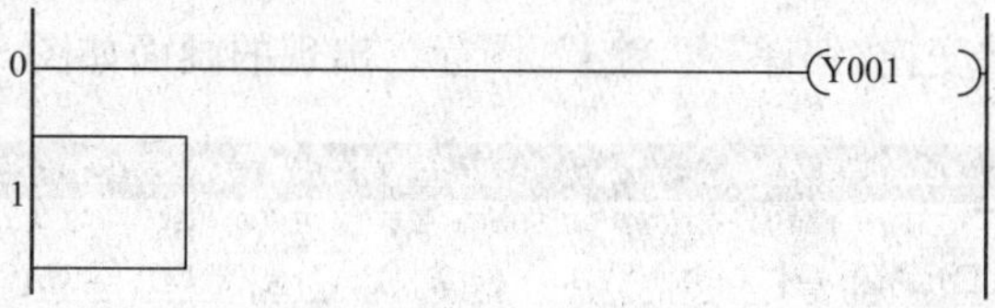
B 液体到达 B 液面传感器 SL3 时	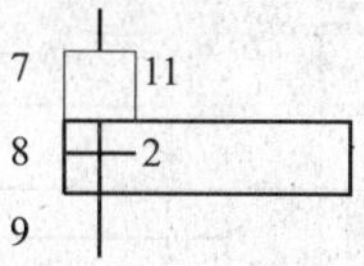	
驱动搅拌机搅拌和定时器控制	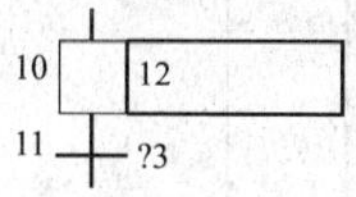	
搅拌计时 20 s	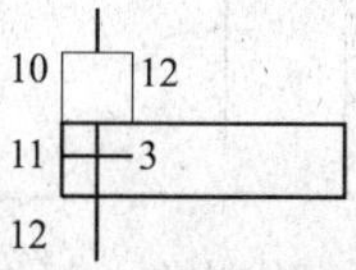	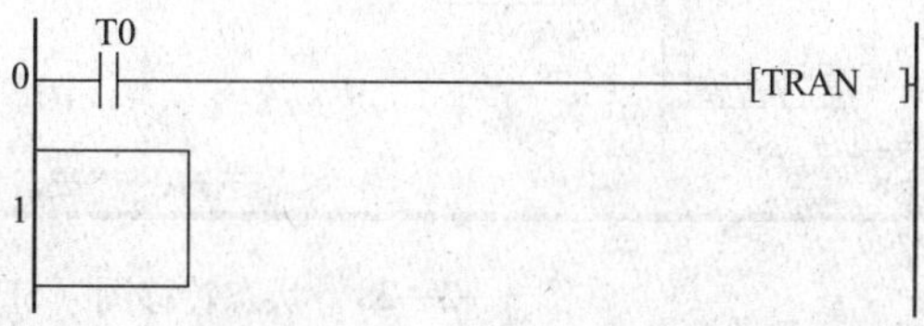

续表

功能	流程图	梯形图
驱动混合电磁阀打开和定时器 T1 延时控制	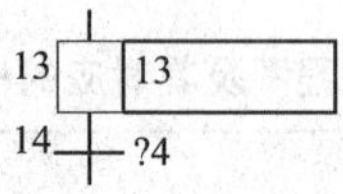	
当混合液体流出，液位下降到 SL1 时，计时 20 s	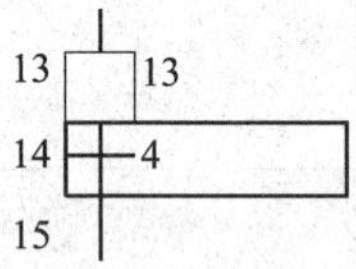	

（6）状态转移图（SFC 块）向梯形图的转换

1）当状态转移图（SFC 块）对应的梯形图输入完毕后，单击快捷工具栏中的“程序批量变换/编译”“”图标，出现的画面如图 3—2—28 所示。

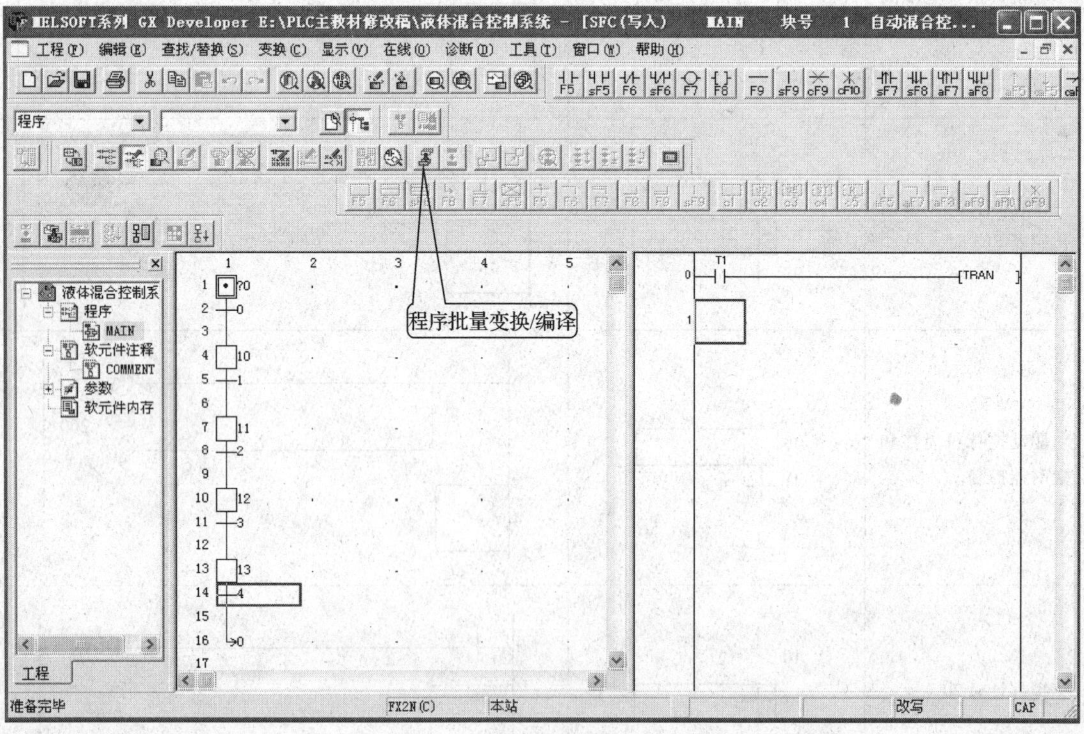

图 3—2—28 状态转移图（SFC 块）向梯形图的转换操作画面

2）在图 3—2—28 界面左侧的管理窗口中选择“程序”下的“MAIN”，然后右击，出现如图 3—2—29 所示的画面。在弹出的快捷菜单中选择“改变程序类型”选项并单击，出现如图 3—2—30 所示的对话框。

3）单击图 3—2—30 中的“确定”按钮，即出现利用状态转移图（SFC 块）编程方法转换成的梯形图画面，如图 3—2—31 所示。

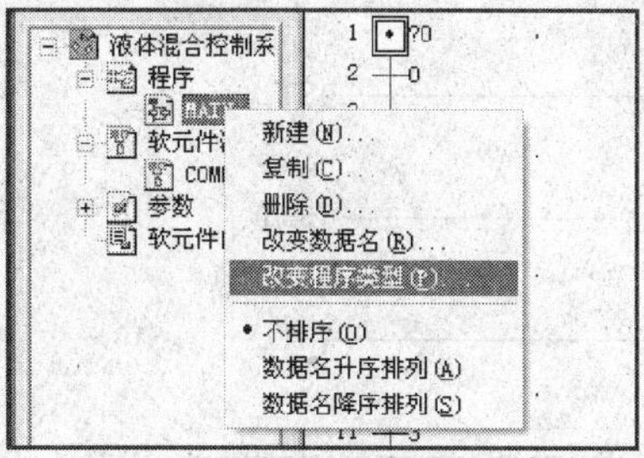

图 3—2—29　选择“改变程序类型”的画面

图 3—2—30　“改变程序类型”对话框

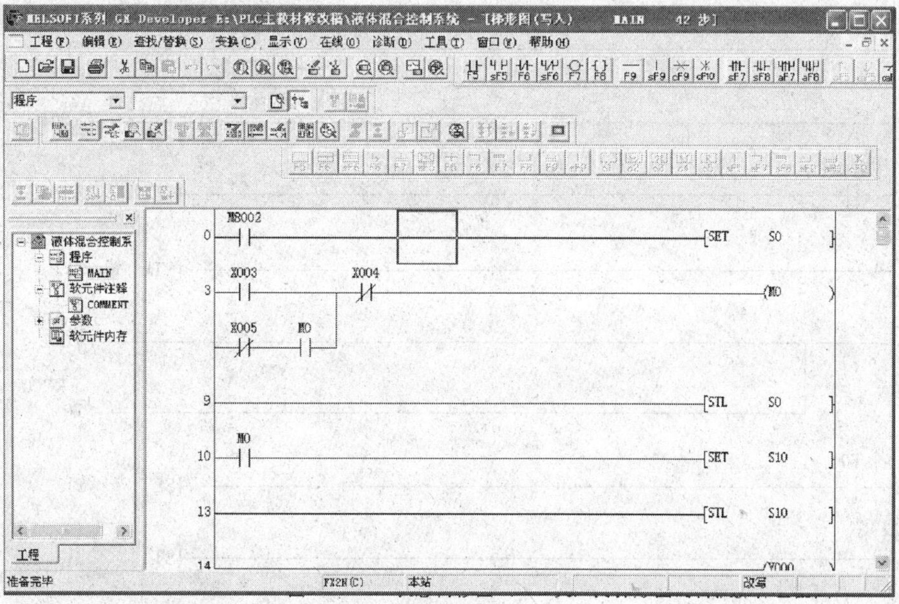

图 3—2—31　利用状态转移图（SFC 块）编程方法转换成的梯形图画面

通过由状态转移图（SFC 块）向梯形图的转换，可以得到本任务 PLC 系统控制的完整梯形图，如图 3—2—32 所示。

（7）由梯形图向指令表的转换

将光标移至图 3—2—31 中的“梯形图/列表切换”“”图标并单击，就会出现由梯形图向指令表转换的画面，如图 3—2—33 所示。

通过由梯形图向指令表的转换，可以得到本任务 PLC 系统控制的完整步进顺控指令表，见表 3—2—7。

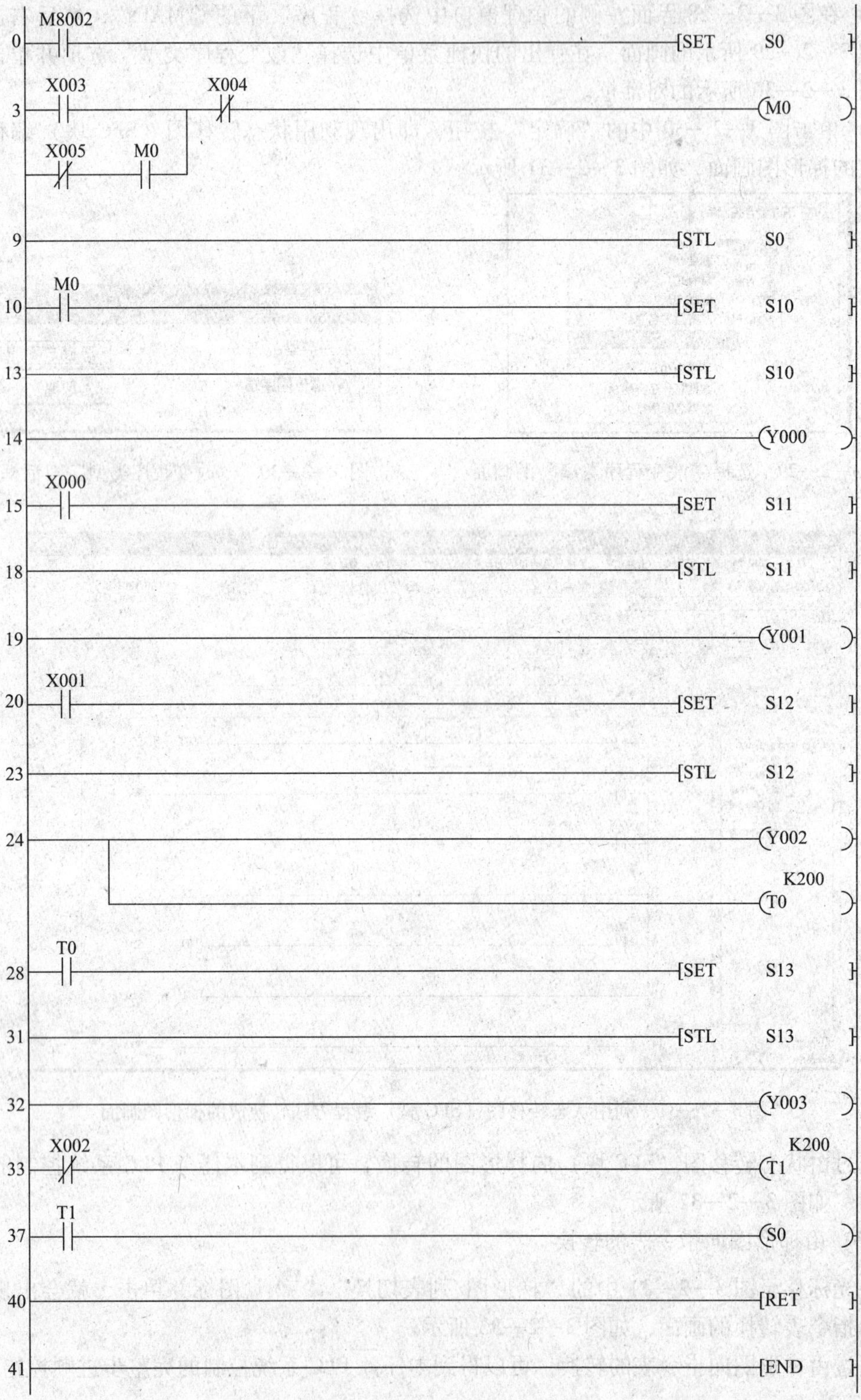

图 3—2—32　液体混合控制系统梯形图

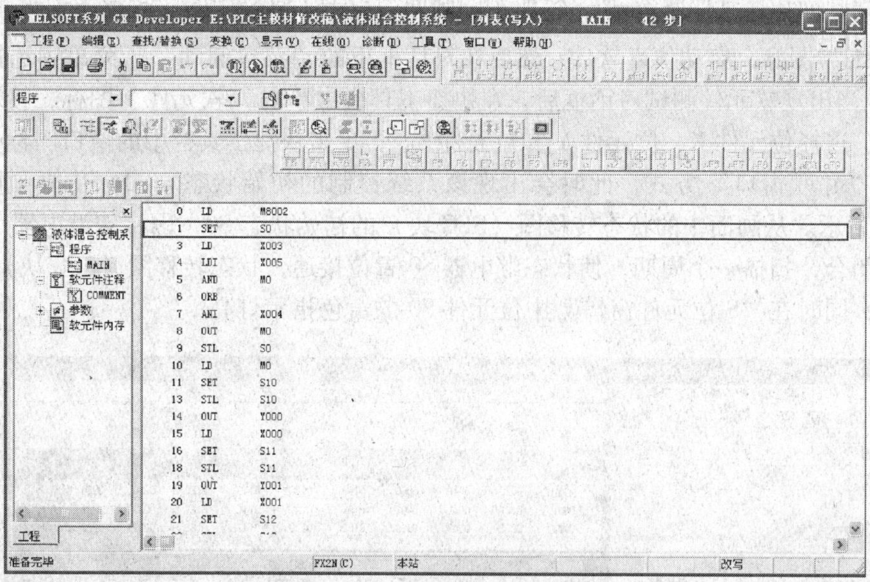

图 3—2—33　由梯形图转换成指令表的画面

表 3—2—7　　液体混合控制系统步进顺控指令表

步序	指令语句	元素	步序	指令语句	元素
0	LD	M8002	16	OUT	Y001
1	SET	S0	17	LD	X001
2	LD	X003	18	SET	S12
3	LDI	X005	19	STL	S12
4	AND	M0	20	OUT	Y002
5	ORB		21	OUT	T0 K200
6	ANI	X004	22	LD	T0
7	OUT	M0	23	SET	S13
8	STL	S0	24	STL	S13
9	LD	M0	25	OUT	X003
10	SET	S10	26	LDI	X002
11	STL	S10	27	OUT	T1 K200
12	OUT	Y000	28	LD	T1
13	LD	X000	29	OUT	S0
14	SET	S11	30	RET	
15	STL	S11	31	END	

2. 仿真运行

（1）启动仿真软件，进入初始状态（S0）

将编程画面切换到如图 3—2—28 所示的画面，单击工具栏中的“梯形图逻辑测试起动/结束”“”图标，启动仿真软件；然后在对话框里的“菜单起动”子菜单中选择“软元件起动”。当出现软元件测试对话框后，在快捷工具栏中单击“软元件”图标，接着分别在子菜单中，选择位元件 X、位元件 Y 和位元件 S。再单击快捷工具栏中的窗口图标，在子菜单中选择“并联窗口”方式，此时会出现该系统控制的初始状态（S0）仿真画面，如图 3—2—34 所示。从画面中的状态转移图（SFC 块）的初始状态 S0，因特殊继电器 M8002 的常开触点闭合，扫描一个周期，使状态继电器 S0 置位接通，状态转移图（SFC 块）的 S0 变成蓝色框；同时在“S 位元件窗口”中位元件 S0 的黄色指示灯亮。

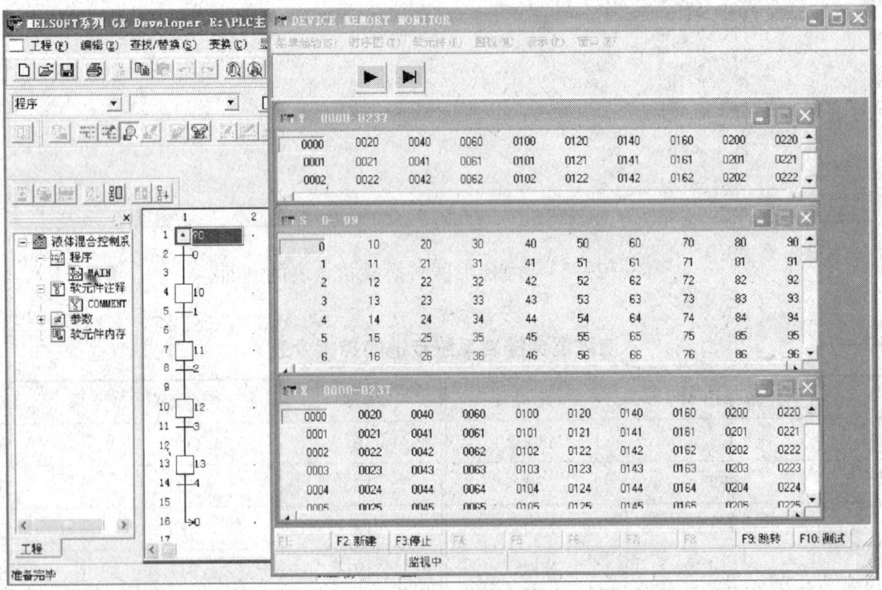

图 3—2—34　初始状态（S0）仿真画面

（2）按下启动按钮 SB1，A 液体电磁阀打开，流入 A 液体的仿真

在图 3—2—34 中，双击 X003（按下启动按钮 SB1），接通输入继电器 X003 线圈，X003 灯亮，此时状态转移图（SFC 块）中的初始状态 S0 的蓝色框会自动跳到 S10 状态；同时，位元件窗口的 S0 灯熄灭，S10 灯亮，输出继电器 Y000（A 液体电磁阀 YV1）线圈得电，阀门打开灯亮。再双击 X003（松开启动按钮 SB1），断开输入继电器 X003 线圈，X003 灯熄灭，而 S10 和 Y000 处于自保状态，灯继续保持亮的状态。流入 A 液体的仿真画面如图 3—2—35 所示。

（3）当流入的 A 液体到达 A 液面传感器 SL2 时，驱动 B 液体电磁阀打开，流入 B 液体的仿真

在如图 3—2—35 所示的画面中，双击 X000（接通 A 液面传感器 SL2），接通输入继电器 X000 线圈，X000 灯亮，此时状态转移图（SFC 块）中的状态 S10 的蓝色框会自动跳到 S11 状态；同时，位元件窗口的 S10 灯熄灭，S11 灯亮，输出继电器 Y000（A 液体电磁阀 YV1）线圈断电，阀门关闭灯熄灭，而输出继电器 Y001（B 液体电磁阀 YV2）线圈得电，阀门打开灯亮。流入 B 液体的仿真画面如图 3—2—36 所示。

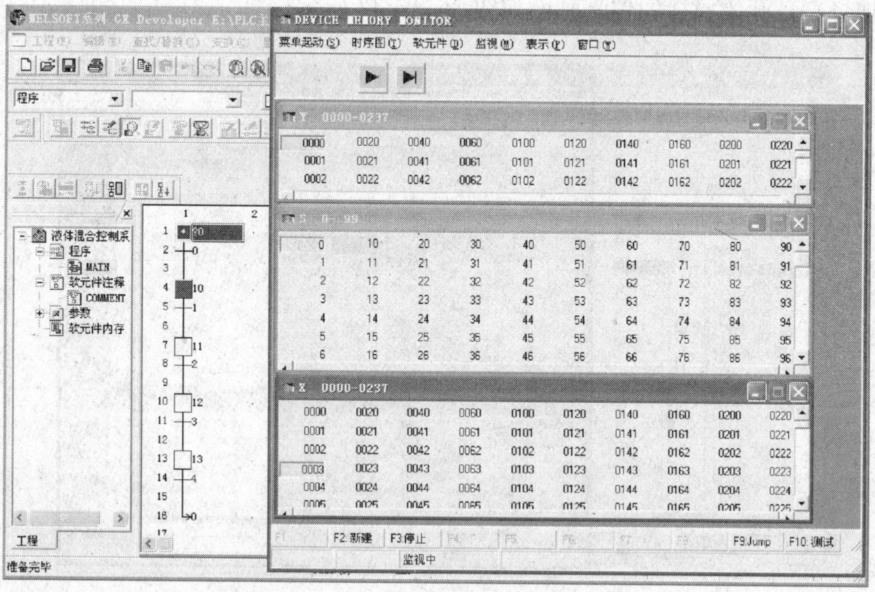

图 3—2—35　按下启动按钮 SB1，A 液体电磁阀打开，流入 A 液体的仿真

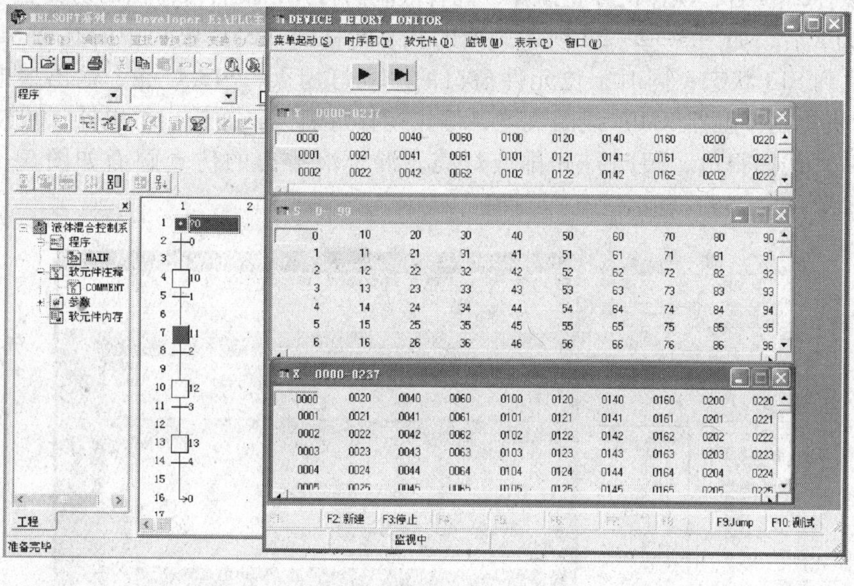

图 3—2—36　A 液体到达 A 液面传感器 SL2 时，驱动 B 液体电磁阀打开，流入 B 液体的仿真画面

（4）当流入的 B 液体到达 B 液面传感器 SL3 时，驱动搅拌机开始搅拌，并计时 20 s 的仿真

在图 3—2—36 所示画面中，双击 X001（接通 B 液面传感器 SL3）接通输入继电器 X001 线圈，X001 灯亮，此时状态转移图（SFC 块）中的状态 S11 的蓝色框会自动跳到 S12 状态；同时，位元件窗口的 S11 灯熄灭，S12 灯亮，输出继电器 Y001（B 液体电磁阀 YV2）

线圈断电，阀门关闭灯熄灭，而输出继电器 Y002（搅拌电动机控制接触器 KM）线圈得电，电动机搅拌灯亮。开始搅拌的仿真画面如图 3—2—37 所示。

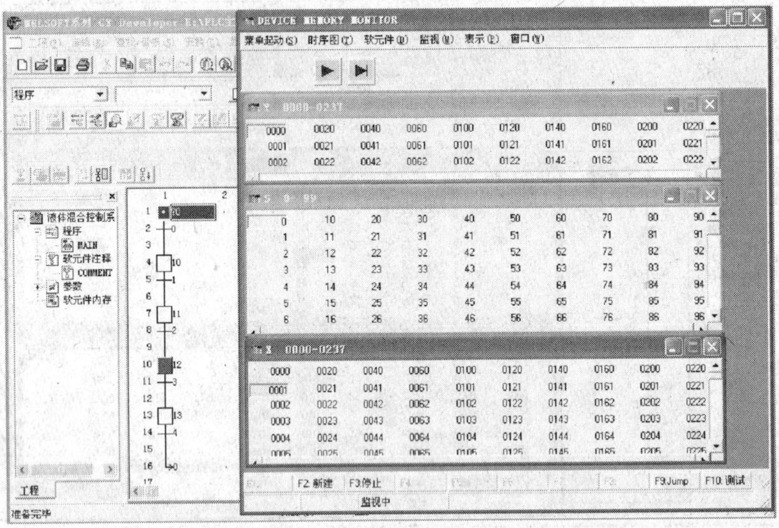

图 3—2—37　当流入的 B 液体到达 B 液面传感器 SL3 时，驱动搅拌机开始搅拌的仿真画面

（5）搅拌 20 s 后，搅拌机停止搅拌，混合液阀门打开，混合液排出的仿真

计时 20 s 后，如图 3—2—37 所示画面的状态转移图（SFC 块）中的状态 S12 的蓝色框会自动跳到 S13 状态；同时，位元件窗口的 S12 灯熄灭，S13 灯亮，输出继电器 Y002（搅拌电动机控制接触器 KM）线圈失电，停止搅拌灯熄灭，而输出继电器 Y003（混合液电磁阀 YV3）线圈得电，阀门打开排液灯亮。混合液排出的仿真画面如图 3—2—38 所示。

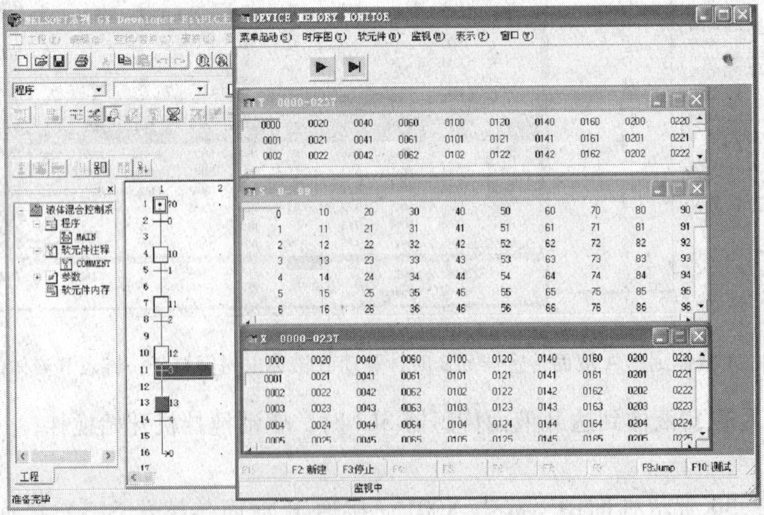

图 3—2—38　搅拌 20 s 后，搅拌机停止搅拌，混合液阀门打开，混合液排出仿真

（6）当液面降至 SL1 时，计时满 20 s，回到 S10 状态进行下一步循环的仿真

当排除混合液时，液面开始下降，先断开 X000（A 液面传感器 SL2），然后断开 X001（B 液面传感器 SL3），最后断开 X003（液面传感器 SL1），计时满 20 s 后，如图 3—2—38 所示画面的状态转移图（SFC 块）中的状态 S13 的蓝色框会自动跳到 S10 初始状态；同时，位元件窗口的 S13 灯熄灭，S10 灯亮，输出继电器 Y003（混合液电磁阀 YV3）线圈断电，阀门关闭灯熄灭，而输出继电器 Y000（A 液电磁阀 YV1）线圈得电，阀门打开 A 液体流入灯亮。仿真画面如图 3—2—39 所示。

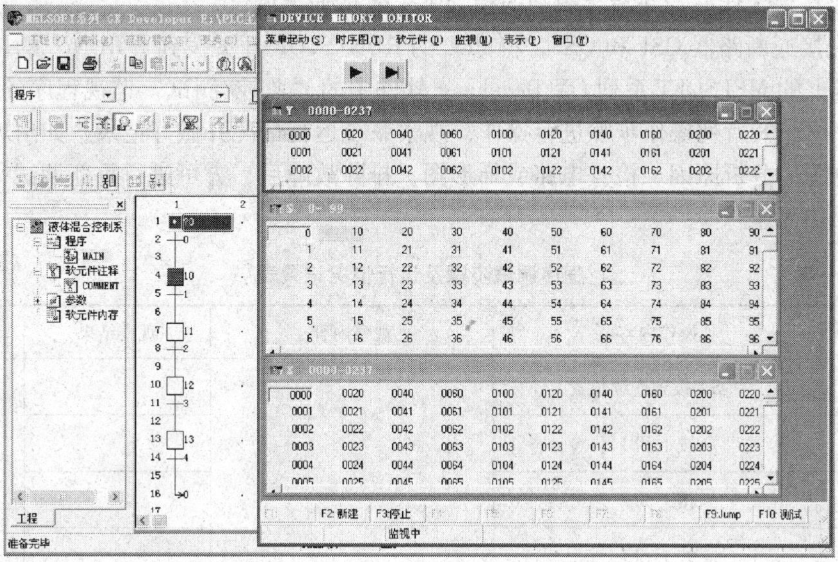

图 3—2—39　液面降至 SL1 时，计时满 20 s，回到 S10 状态进行下一步循环的仿真画面

（7）单周控制和系统停止控制的仿真过程在此不再赘述，读者可自行完成。

3．程序下载

（1）PLC 与计算机连接

使用专用通信电缆 RS－232/RS422 转换器将 PLC 的编程接口与计算机的 COM1 串口连接。

（2）程序写入

先接通系统电源，将 PLC 的 RUN/STOP 开关拨到“STOP”的位置，然后通过 MELSOFT 系列 GX Developer 软件中的“PLC”菜单的“在线”栏的“PLC 写入”，就可以把仿真成功的程序写入 PLC 中。

五、线路安装与调试

1．安装、接线

根据图 3—2—8 的 PLC 接线图，在模拟实物控制配线板上进行元器件及线路安装。

（1）检查元器件

根据表 3—2—1 所列配齐元器件，检查元器件的规格是否符合要求，并用万用表检测元器件是否完好。

（2）固定元器件

固定好本任务所需元器件。

（3）配线安装

根据配线原则和工艺要求，进行配线安装。

（4）自检

对照接线图检查接线是否无误，再使用万用表检测电路的阻值是否与设计相符。

2. 通电调试

（1）经自检无误后，在指导教师的指导下，方可通电调试。

（2）先接通断路器 QS1 和 QS2，将 PLC 的 RUN/STOP 开关拨到“RUN”的位置，然后通过计算机上的 MELSOFT 系列 GX Developer 软件中的“监控/测试”监视程序的运行情况，再按照表 3—2—8 所列操作步骤进行操作，观察系统运行情况并做好记录。如出现故障，应立即切断电源，分析原因、检查电路或梯形图，排除故障后，方可进行重新调试，直到系统功能调试成功为止。

表 3—2—8　　程序调试步骤及运行情况记录表

操作步骤	操作内容	观察内容	观察结果	思考内容
第一步	将 SA 拨到连续位置	电磁阀 YV1、YV2、YV3 和接触器 KM		分析、理解 PLC 的工作过程
第二步	按下 SB1			
第三步	按下 SL2			
第四步	按下 SL1			
第五步	按下 SL3			
第六步	将 SA 拨到单周位置			
第七步	按下 SB1			
第八步	按下 SL2			
第九步	按下 SL1			
第十步	按下 SL3			

操作提示

在进行液体混合控制系统的梯形图程序设计、上机编程、模拟仿真及线路安装与调试的过程中，时常会遇到如下问题：

问题：进行状态转移图（SFC）转换成梯形图设计时，对于初学者来说，普遍最容易犯的错误是将初始化脉冲指令 M8002 的编程在“SFC 块”下进行。

后果及原因：进行状态转移图（SFC）转换成梯形图设计时，如果将初始化脉冲指令 M8002 的编程在“SFC 块”下进行，会造成指令输入形式有误，出现动作输出不能使用的指令，如图 3—2—40 所示。

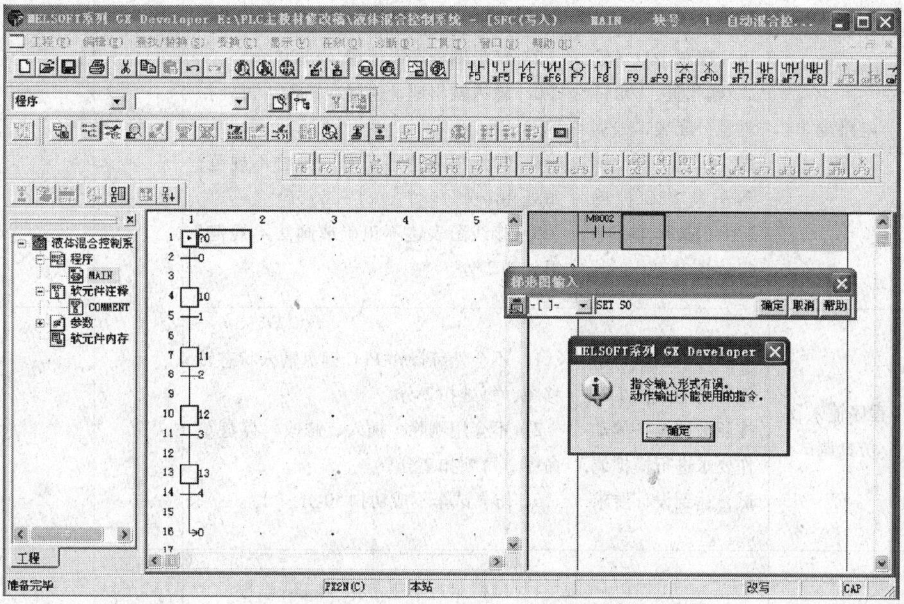

图 3—2—40 初始状态错误编程方法

预防措施：在状态转移图（SFC）转换成梯形图的编程设计时，应将初始化脉冲指令 M8002 的输入在“梯形图逻辑”下进行，如图 3—2—41 所示。

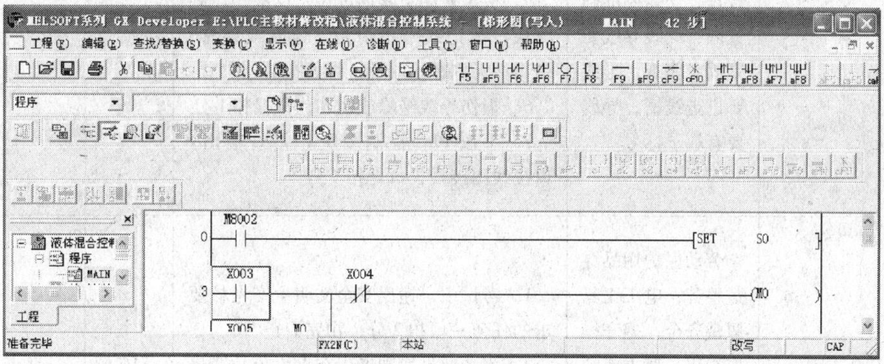

图 3—2—41 初始状态正确的编程方法

任务测评

对任务实施的完成情况进行检查，并将结果填入任务测评表，见表 3—2—9。

表 3—2—9　　**评分标准**

序号	主要内容	考核要求	评分标准	配分	扣分	得分
1	电路设计	根据任务，画出状态转移图，列出 PLC 控制 I/O（输入/输出）口元件地址分配表，根据加工工艺，设计梯形图及 PLC 控制 I/O（输入/输出）口接线图	1. 状态转移图设计功能不全，每缺一项功能扣 5 分 2. 梯形图程序设计错，扣 20 分 3. 输入输出地址遗漏或错误，每处扣 5 分 4. 梯形图表达不正确或画法不规范，每处扣 1 分 5. 接线图表达不正确或画法不规范，每处扣 2 分	70		
2	程序输入及仿真调试	熟练正确地将所编程序输入 PLC；按照被控设备的动作要求进行模拟调试，达到设计要求	1. 不会熟练操作 PLC 键盘输入状态转移图，每处扣 2 分 2. 不会用删除、插入、修改、存盘等命令，每项扣 2 分 3. 仿真试车不成功扣 50 分			
3	安装与接线	按 PLC 控制 I/O（输入/输出）口接线图在模拟配线板正确安装，元件在配线板上布置要合理，安装要准确紧固，配线导线要紧固、美观，导线要进走线槽，导线要有端子标号	1. 试机运行不正常扣 20 分 2. 损坏元件扣 5 分 3. 试机运行正常，但不按电气原理图接线，扣 5 分 4. 布线不进走线槽，不美观，主电路、控制电路每根扣 1 分 5. 接点松动、露铜过长、反圈、压绝缘层，标记线号不清楚、遗漏或误标，引出端无别径压端子，每处扣 1 分 6. 损伤导线绝缘或线芯，每根扣 1 分 7. 不按 PLC 控制 I/O（输入/输出）口接线图接线，每处扣 5 分	20		
4	安全文明生产	劳动保护用品穿戴整齐；电工工具佩戴齐全；遵守操作规程；尊重考评员，讲文明礼貌；考试结束要清理现场	1. 考试中，违反安全文明生产考核要求的任何一项扣 2 分，扣完为止 2. 当考评员发现考生有重大事故隐患时，要立即予以制止，并每次扣安全文明生产总分 5 分	10		
合计						
开始时间：			结束时间：			

知识拓展

一、栈操作指令在 STL 图中的使用

在 STL 触点后不可以直接使用 MPS 栈操作指令，只有在 LD 或 LDI 指令后才可以使用，如图 3—2—42 所示。

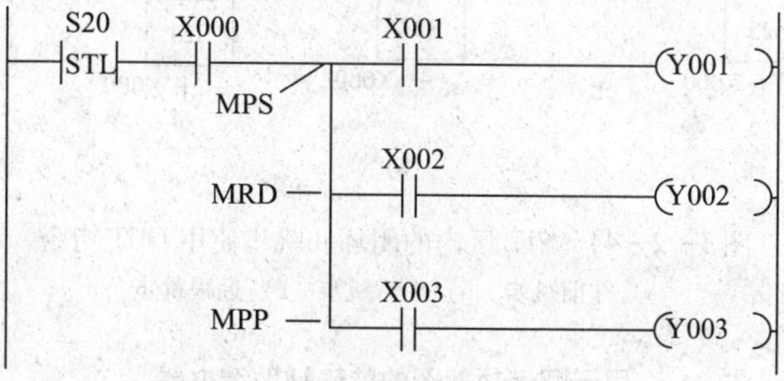

图 3—2—42　栈操作指令在 STL 图中的使用

二、OUT 指令在 STL 图中的使用

OUT 指令和 SET 指令对 STL 指令后的状态继电器具有相同的功能，都会将原来的活动步对应的状态继电器自动复位。但在 STL 中分离状态（非相连状态）的转移必须使用 OUT 指令，如图 3—2—43 所示。

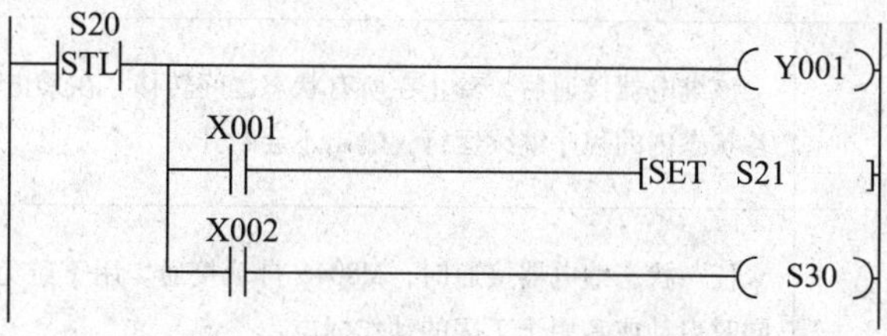

a)

STL	S20
OUT	Y001
LD	X001
SET	S21
LD	X002
OUT	S30

b)

图 3—2—43　状态的转移

a）梯形图　b）指令表

在 STL 区内的 OUT 指令还用于顺序功能图中的闭环和跳步，如果想跳回已经处理过的步，或向前跳过若干步，可对状态继电器使用 OUT 指令，如图 3—2—44 所示。OUT 指令还可以用于远程跳步，即从顺序功能图中的一个序列跳到另外一个序列。以上情况虽然可以使用 SET 指令，但最好使用 OUT 指令。

三、用于状态转移图中的特殊辅助继电器

在状态转移图中，经常会使用一些特殊辅助继电器，其名称和功能见表 3—2—10。

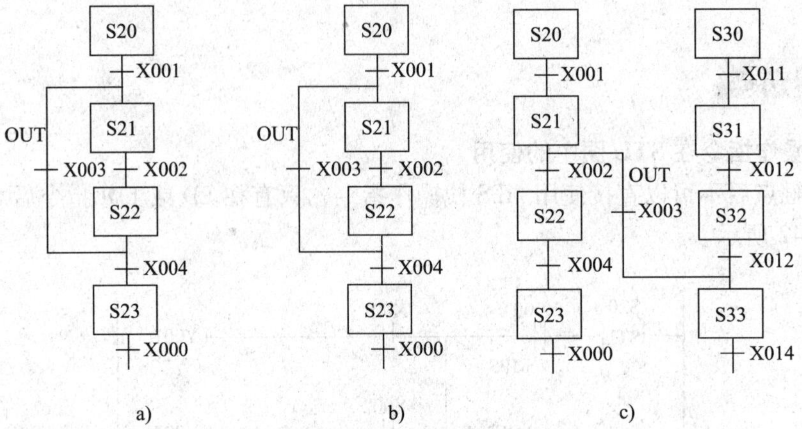

图 3—2—44　STL 区内的闭环和跳步使用 OUT 指令

a）往前跳步　b）往后跳步　c）远程跳步

表 3—2—10　　用于顺序功能图的特殊辅助继电器

元件编号	名称	功能和用途
M8000	RUN 运行	PLC 在运行中始终接通的继电器，可作为驱动程序的输入条件或作为 PLC 运行状态的显示来使用
M8002	初始脉冲	在 PLC 接通（由 OFF→ON）时，仅在瞬间（1 个扫描周期）接通的继电器，用于程序的初始设定或初始状态的置位/复位
M8040	禁止转移	该继电器接通后，禁止在所有状态之间转移。在禁止转移状态下，各状态内的程序继续运行，输出不会断开
M8046	STL 动作	任一状态继电器接通时，M8046 自动接通。用于避免与其他流程同时启动或者用于工序的动作标志
M8047	STL 监视有效	该继电器接通，编程功能可自动读出正在工作中的元件状态并加以显示

四、单操作标志及应用

M2800 ~ M3071 是单操作标志，当如图 3—2—45 所示的 M2800 的线圈得电时，只有它后面第一个 M2800 的边沿检测点（2 号触点）能工作，而 M2800 的 1 号和 3 号脉冲触点不会动作。M2800 的 4 号触点是使用 LD 指令的普通触点。M2800 的线圈得电时，该触点闭合。

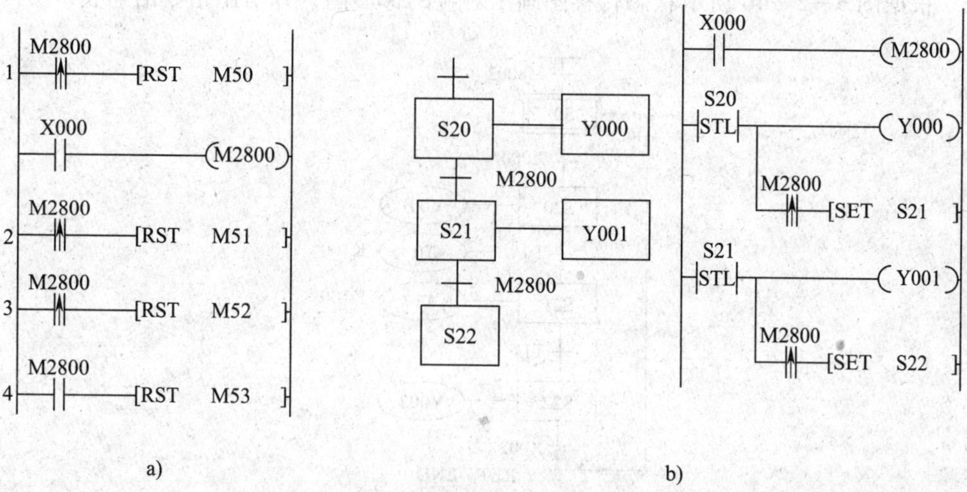

图 3—2—45　单操作标志及应用

a）单操作标志　b）单操作标志的应用

借助单操作标志可以用一个转换条件实现多次转换。如图 3—2—45b 所示，当 S20 为活动步，X000 的常开触点闭合时，M2800 的第一个上升沿检测触点闭合一个扫描周期，实现了步 S20 到步 S21 的转换。X000 的常开触点下一次由断开变为接通时，因为 S20 是不活动步，所以没有执行图中的第一条 LDP M2800 指令。而 S21 的 STL 触点之后的触点是 M2800 的线圈之后遇到的它的第一个上升沿检测触点，所以该触点闭合一个扫描周期，系统由步 S21 转换到步 S22。

巩固与提高

一、填空题（将正确的答案填在横线空白处）

1. ____________是初始化脉冲，仅在____________时接通一个扫描周期。

2. ______________ 是构成状态转移图的重要软元件，它要与______________指令配合使用。

3. 与 STL 步进触点相连的触点应使用________ 或__________指令。

4. 跳转分为__________、__________、__________ 及______________，凡是跳转都用______ 指令而不用__________指令。

5. 状态转移图的编程原则为：先进行_______________，然后进行________________。

6. 状态转移图中，在运行开始时，必须做好预驱动，一般可用______ 或______进行驱动。

7. FX 系列 PLC 的状态继电器中，初始状态继电器为______________，通用状态继电器为________________。

二、分析题

1. 根据图 3—2—46 所示状态转移图画出对应的梯形图，并写出指令语句表。

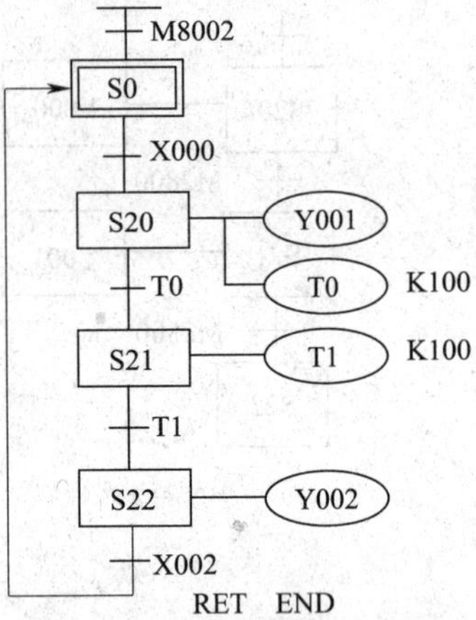

图 3—2—46　状态转移图

2. 某小车自动往返控制系统的工作示意图如图 3—2—47 所示，控制要求如下：

（1）按下启动按钮 SB0，电动机 M 正转，小车前进；碰到限位开关 SQ1 后，电动机 M 反转，小车后退。

（2）小车后退碰到限位开关 SQ2 后，电动机 M 停转，小车停车 5 s 后，第二次前进，碰到限位开关 SQ3，再次后退。

（3）当后退再次碰到限位开关 SQ2 时，小车停止。

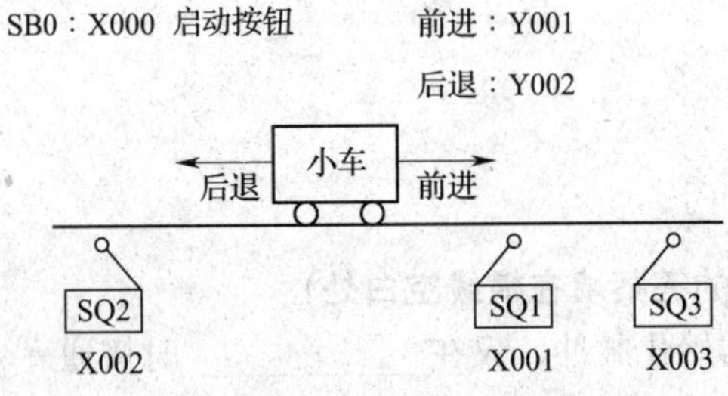

图 3—2—47　某小车自动往返控制系统的工作示意图

对上述小车自动往返控制系统的控制要求进行分析，可以知道其一个工作周期有 5 个工序，每个工序状态继电器的分配、功能与作用以及转换条件见表 3—2—11。

表 3—2—11　每个工序状态继电器的分配、功能与作用以及转换条件

工序	分配的状态继电器	功能与作用	转换条件
0 初始状态	S0	PLC 通电做好准备	M8002
1 第一次前进	S20	驱动输出线圈 Y001，M 正转	X000（SB0）
2 第一次后退	S21	驱动输出线圈 Y002，M 反转	X001（SQ1）

续表

工序	分配的状态继电器	功能与作用	转换条件
3 暂停 5 s	S22	驱动定时器 T0 延时 5 s	X002（SQ2）
4 第二次前进	S23	驱动输出线圈 Y001，M 正转	T0
5 第二次后退	S24	驱动输出线圈 Y002，M 反转	X003（SQ3）

根据表 3—2—11 可设计其状态转移图，如图 3—2—48 所示。

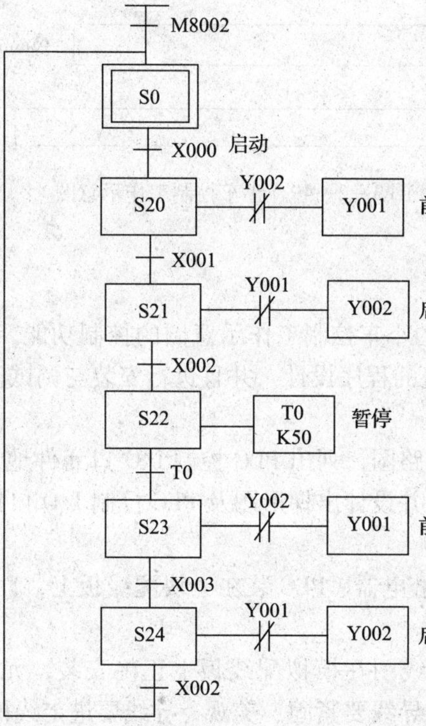

图 3—2—48　某小车自动往返控制系统状态转移图

试将如图 3—2—48 所示的状态转移图转换成梯形图，并写出指令语句表。

三、技能题

1. 题目：用 PLC 单流程状态转移图设计控制程序，并进行安装与调试

某生产流水线控制如图 3—2—49 所示。小车用电动机驱动，其控制要求如下：

（1）第一次按下启动按钮 SB1 时，小车前进到 B 处停 3min 后，退回到 A 处停车。

（2）第二次按下启动按钮 SB1 时，小车前进到 C 处停 5min 后，退回到 A 处停车。

（3）第三次按下启动按钮 SB1 时，小车前进到 D 处停 6min 后，退回到 A 处停车。

（4）第四次按下启动按钮 SB1 时，小车前进到 E 处停 4min 后，退回到 A 处停车。

（5）再次按下启动按钮 SB1 时，循环以上动作。

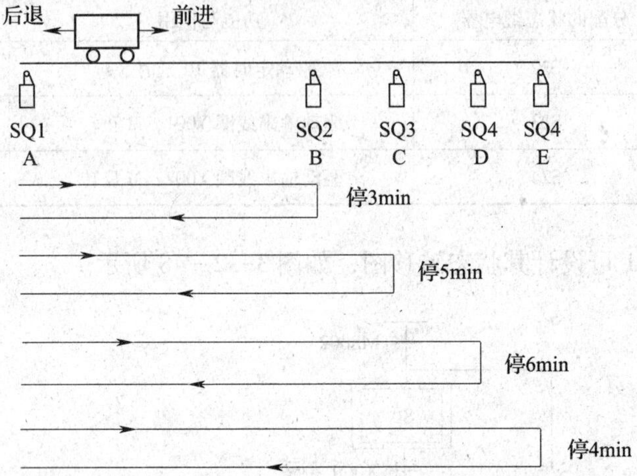

图 3—2—49　小车控制工作示意图

2. 考核要求

（1）技能要求

按照如图 3—2—49 所示的小车控制工作示意图的控制功能，试用单序列状态转移图的编程设计法进行 PLC 控制系统的程序设计，并且进行安装与调试。

（2）电路设计

根据任务，设计主电路电路图，列出 PLC 控制 I/O 口元件地址分配表，根据加工工艺，列出步进控制的状态转移图，并设计出梯形图及 PLC 控制 I/O 口接线图，然后仿真运行。

（3）安装与接线

1）将熔断器、接触器、继电器、PLC 装在一块配线板上，而将行程开关、按钮等装在另一块配线板上。

2）按 PLC 控制 I/O 口接线图在模拟配线板上正确安装，元器件在配线板上布置要合理，安装要准确、紧固，配线导线要紧固、美观，导线要进走线槽，导线要有端子标号。

（4）PLC 键盘操作

熟练操作键盘，能正确地将所编程序输入 PLC；按照被控设备的动作要求进行模拟调试，达到设计要求。

（5）通电实验

正确使用电工工具及万用表进行仔细检查，通电实验时注意人身和设备安全。

（6）考核时间分配

1）设计梯形图及 PLC 控制 I/O 口接线图及上机编程时间为 120 min。

2）安装接线时间为 60 min。

3）试机时间为 5 min。

3. 评分标准

评分标准（参见表 3—2—9）。

任务3　自动门控制系统

学习目标

知识目标：

掌握选择序列结构状态转移图（SFC）的画法，并会通过状态转移图进行步进顺序控制的设计。

能力目标：

能根据控制要求画出状态转移图，并能灵活地将以转换为中心的状态转移图转换成梯形图，实现自动门控制系统的程序设计。

工作任务

目前许多公共场所都采用了自动门，图3—3—1所示是一种玻璃自动平移门。这种平移门以前多是采用继电—接触器控制系统，其受环境的影响，故障频繁，加之元器件较多，线路复杂，不易维修。随着PLC的广泛应用，利用继电—接触器控制系统控制的自动门装置，逐渐被PLC控制系统所取代。

图3—3—1　玻璃自动平移门

本任务的主要内容是以图3—3—1所示的玻璃自动平移门为例，运用PLC的顺序控制设计法中的选择序列结构的状态转移图编程法，完成对玻璃自动平移门的电气控制，如图3—3—2所示。

其控制要求如下：

1. 当有人靠近自动平移门时，红外传感器 SQ1（X000）接收到信号为 ON，Y000 驱动电动机高速开门；当碰到开门减速开关 SQ2（X001）时，Y001 驱动电动机低速开门；当碰到开门极限开关 SQ3（X002）时，驱动电动机停止转动，完成开门控制。

2. 在自动门打开后，若在 0.5 s 内红外传感器 SQ1（X000）检测到无人，Y002 驱动电动机高速关门；当碰到关门减速开关 SQ4（X003）时，Y003 驱动电动机低速关门；当碰到开门极限开关 SQ5（X004）时，驱动电动机停止转动，完成关门控制。

3. 在关门期间，若红外传感器 SQ1（X000）检测到有人，玻璃自动平移门会自动停止关门，并且会在 0.5 s 后自动转换成高速开门。

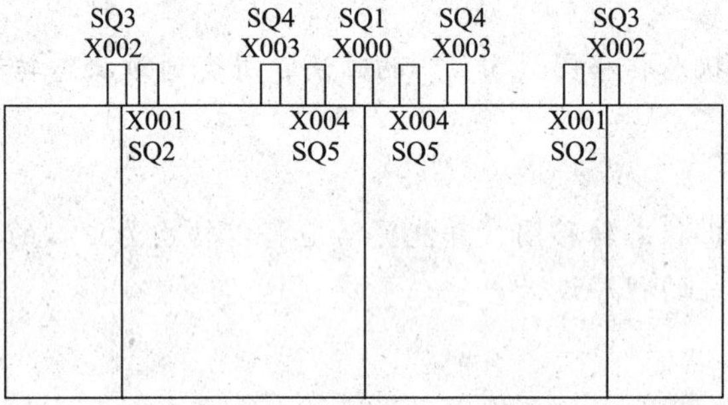

图 3—3—2　玻璃自动平移门示意图

任务准备

实施本任务教学所使用的实训设备及工具材料见表 3—3—1。

表 3—3—1　实训设备及工具材料

序号	分类	名称	型号规格	数量	单位	备注
1	工具	电工常用工具		1	套	
2	仪表	万用表	MF－47 型	1	块	
3	设备器材	编程计算机		1	台	
4		接口单元		1	套	
5		通信电缆		1	条	
6		可编程序控制器	FX2N－48MR	1	台	
7		安装配电盘	600 mm×900 mm	1	块	
8		导轨	C45	0.3	m	
9		低压断路器	Multi9 C65N D20	2	只	
10		熔断器	RT28－32	4	只	
11		红外传感器	自定	1	只	
12		接触器	CJ10－10 或 CJT1－10	4	只	

续表

序号	分类	名称	型号规格	数量	单位	备注
13	设备器材	接线端子	D－20	20	只	
14		位置传感器	自定	4	只	
15		热继电器	自定	2	只	
16		三相异步电动机	自定（高速用）	1	台	
17		三相异步电动机	自定（低速用）	1	台	
18	消耗材料	铜塑线	BV1/1.37 mm^2	10	m	主电路
19		铜塑线	BV1/1.13 mm^2	15	m	控制电路
20		软线	BVR7/0.75 mm^2	10	m	
21		紧固件	M4×20 螺杆	若干	只	
22			M 4×12 螺杆	若干	只	
23			ϕ4 mm 平垫圈	若干	只	
24			ϕ4 mm 弹簧垫圈及 M4 螺母	若干	只	
25		号码管		若干	m	
26		号码笔		1	支	

任务分析

通过对上述控制要求分析可知，本任务控制也是典型的步进顺序控制。在本课题任务 2 中曾介绍了用单序列结构状态转移图编程法，进行步进顺序控制程序的设计。该方法的特点是单序列结构形式没有分支，它由一系列按顺序排列、相继激活的步组成。每一步的后面只有一个转换，每一个转换后面只有一步。但在很多步进生产控制中，往往有两列或多列的步进顺控过程；而在状态转移图中便有两个或两个以上的状态转移支路。按照驱动条件的不同，多分支流程的步进顺控可分为选择性分支和并行性分支。本任务的目的就是通过学习，掌握通过选择序列结构状态转移图的编程方法转化成梯形图控制程序，完成自动门控制系统的编程设计。

相关知识

一、用步进指令实现的选择序列结构的编程方法

用步进指令实现的选择序列结构的编程方法主要有选择序列分支的编程方法和选择序列合并的编程方法两种。

1．选择序列分支的编程方法

如图 3—3—3 所示的步 S20 之后有一个选择序列分支，当步 S20 为活动步时，如果转换条件 X002 满足，将转换到步 S21；如果转换条件 X003 满足，将转换到步 S22；如果转换条件 X004 满足，将转换到步 S23。

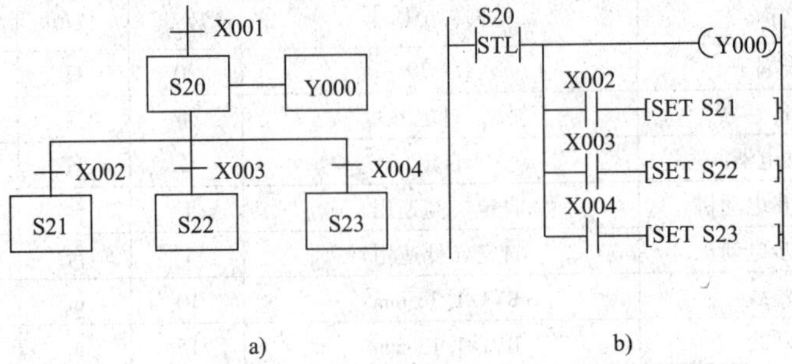


```
STL   S20
OUT   Y000
LD    X002
SET   S21
LD    X003
SET   S22
LD    X004
SET   S23
```

c)

图 3—3—3　选择序列分支的编程法示例

a）顺序功能图　b）梯形图　c）指令表

如果某一步的后面有 N 条选择序列的分支，则该步的 STL 触点开始的电路中应有 N 条分别指明各转换条件和转换目标的并联电路。对于图 3—3—3 中步 S20 之后的这 3 条支路有 3 个转换条件 X002、X003 和 X004，可能进入步 S21、步 S22 和步 S23，所以在步 S20 的 STL 触点开始的电路中，有 3 条由 X002、X003 和 X004 作为置位条件的并联电路。STL 触点具有与主控指令（MC）相同的特点，即 LD 点移到了 STL 触点的右端，对于选择序列分支对应的电路设计是很方便的。用 STL 指令设计复杂系统梯形图时更能体现其优越性。

2. 选择序列合并的编程方法

如图 3—3—4 所示的步 S24 之前有一个由 3 条支路组成的选择序列的合并，当步 S21 为活动步，转换条件 X001 得到满足；或者步 S22 为活动步，转换条件 X002 得到满足；或者步 S23 为活动步，转换条件 X003 得到满足时，都将使步 S24 变为活动步，同时将步 S21、步 S22 和步 S23 变为不活动步。

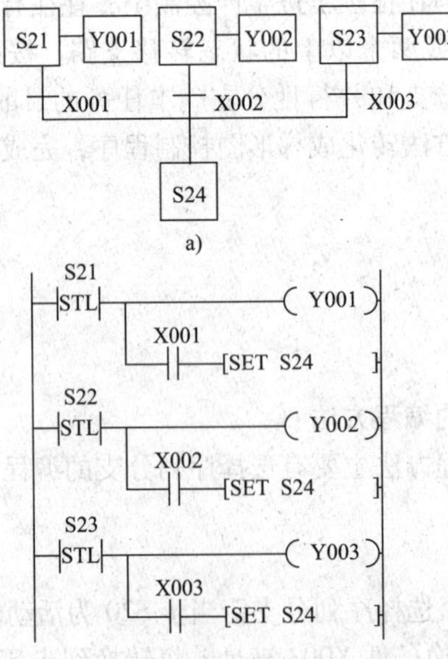


```
STL    S21
OUT    Y001
LD     X001
SET    S24
STL    S22
OUT    Y002
LD     X002
SET    S24
STL    S23
OUT    Y003
LD     X003
SET    S24
```

c)

图 3—3—4　选择序列合并的编程方法示例

a）顺序功能图　b）梯形图　c）指令表

在梯形图中，由 S21、S22 和 S23 的 STL 触点驱动的电路中均有转换目标 S24，对它们的后续步 S24 的置位是用 SET 指令来实现的，对相应的前级步的复位是由系统程序自动完成的。其实在设计梯形图时，没有必要特别留意选择序列的合并如何处理，只要正确确定每一步的转换条件和转换目标，就能自然地实现选择序列的合并。

提示

值得注意的是：在分支、合并的处理程序中，不能用 MPS、MRD、MPP、ANB、ORB 指令。

二、选择性序列结构状态转移图的特点

从上述的选择序列分支和选择序列合并的编程方法可得出选择性序列结构状态转移图的特点。其特点如下：

1. 选择性分支流程的各分支状态的转移由各自条件选择执行，不能进行两个或两个以上的分支状态同时转移。

2. 选择性分支流程在分支时是先分支后条件。

3. 选择性分支流程在汇合时是先条件后汇合。

4. FX 系列的分支电路，可允许最多 8 列，每列允许最多 250 个状态。

任务实施

一、分配输入点和输出点，写出 I/O 通道地址分配表

根据本任务控制要求，可确定 PLC 需要 5 个输入点，4 个输出点，其 I/O 通道分配表见表 3—3—2。

表 3—3—2　　I/O 通道地址分配表

输　入			输　出		
元件代号	作用	输入继电器	元件代号	作用	输出继电器
SQ1	红外感应器	X000	KM1	高速开门控制	Y000
SQ2	开门减速开关	X001	KM2	低速开门控制	Y001
SQ3	开门极限开关	X002	KM3	高速关门控制	Y002
SQ4	关门减速开关	X003	KM4	低速关门控制	Y003
SQ5	关门极限开关	X004			

二、画 PLC 接线图

自动门的 PLC 接线图，如图 3—3—5 所示。

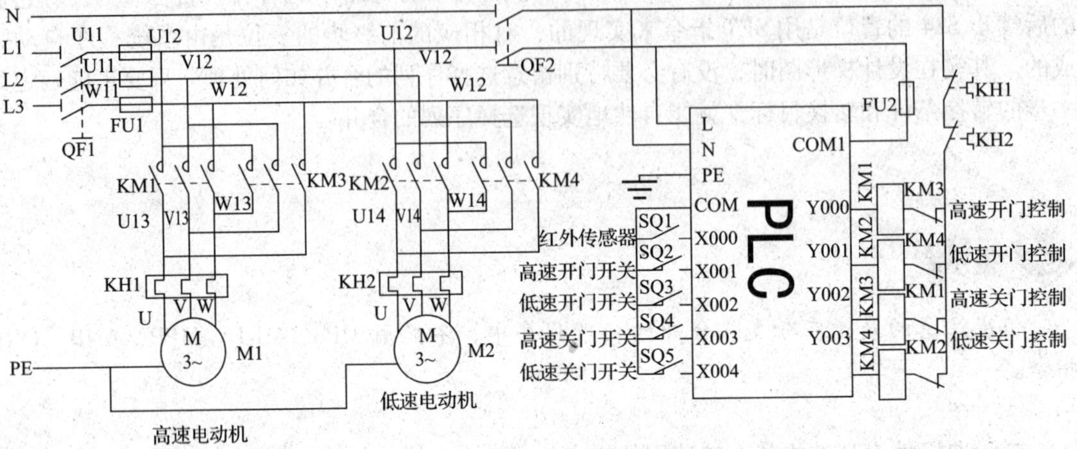

图 3—3—5　自动门的 PLC 接线图

三、程序设计

通过对玻璃自动平移门的控制要求分析，可得出图 3—3—6 所示的控制时序图。从时序图上可以看到：自动门在关门时会有两种选择。关门期间无人要求进出时，自动门会继续完成关门动作，而如果关门期间又有人要求进出的话，自动门则会暂停关门动作，继续开门让人进出后再关门。

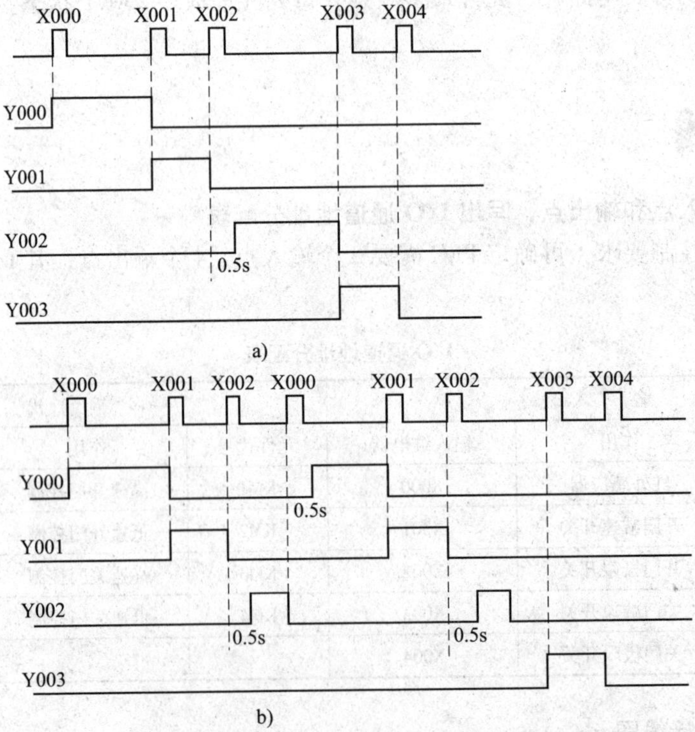

图 3—3—6　玻璃自动平移门控制时序图

a）关门期间无人进出的时序图　b）关门期间有人进出的时序图

1. 根据控制要求画出玻璃自动平移门控制的状态转移图

根据图 3—3—6 所示的时序图可设计出玻璃自动平移门控制的状态转移图，如图 3—3—7 所示。

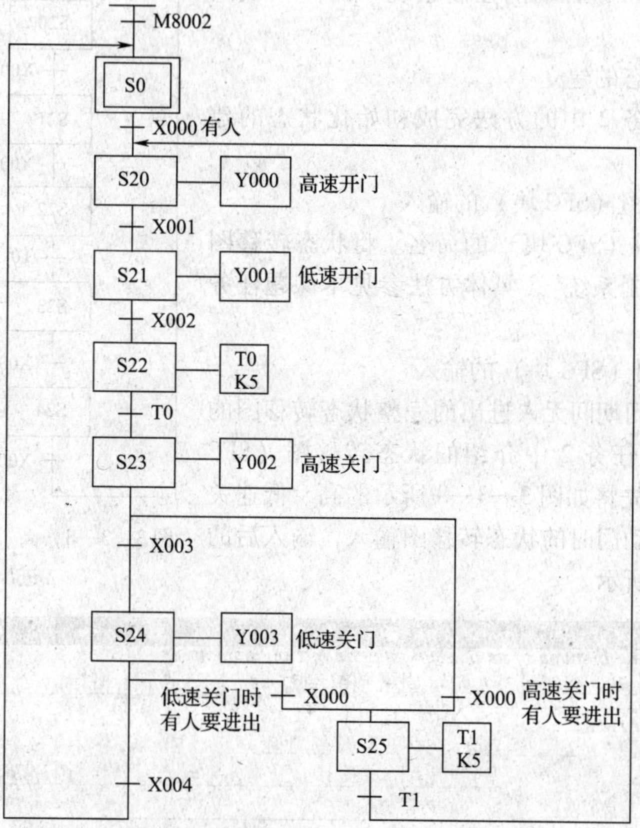

图 3—3—7　玻璃自动平移门控制的状态转移图

从图 3—3—7 所示的玻璃自动平移门控制的状态转移图分析可知，其结构具有以下特点：

（1）状态 S20 之前有一个选择序列合并，当 S0 为活动步并且转换条件 X000 满足，或者 S25 为活动步并且转换条件 T1 满足时，状态 S20 都应变为活动步。

（2）状态 S23 后有一个选择序列分支，当它的后续步 S24、S25 变为活动步时，它应变为不活动步。同样，S24 之后也有一个选择序列的分支，当它的后续步 S20、S25 变为活动步时，它应变为不活动步。

2. 基本逻辑指令步进顺序控制程序的编写

利用 PLC 基本逻辑指令按状态转移编写程序，具体的步进顺控程序的编写过程详见下述程序的输入内容。

四、程序输入及仿真运行

1. 程序输入

（1）工程名的建立

启动 MELSOFT 系列 GX Developer 编程软件，创建新文件，并命名为“自动门控制系统”，选择 PLC 类型为“FX2N”，在程序类型框内选择“SFC”。然后，单击“确定”按钮进入“自动门控制系统”的 SFC 块画面。

（2）初始化状态的建立

运用本课题任务 2 中的方法完成初始化状态的建立。

（3）状态转移图（SFC 块）的输入

1）状态转移图（SFC 块）的命名。将状态转移图命名为“自动门控制系统”，具体方法参见本课题任务 2。

2）状态转移图（SFC 块）的输入

①高、低速关门期间无人进出的完整状态转移图的输入。运用本课题任务 2 中介绍的状态转移图（SFC 块）的输入方法，先将如图 3—3—8 所示的高、低速关门期间无人进出自动门时的状态转移图输入，输入后的画面如图 3—3—9 所示。

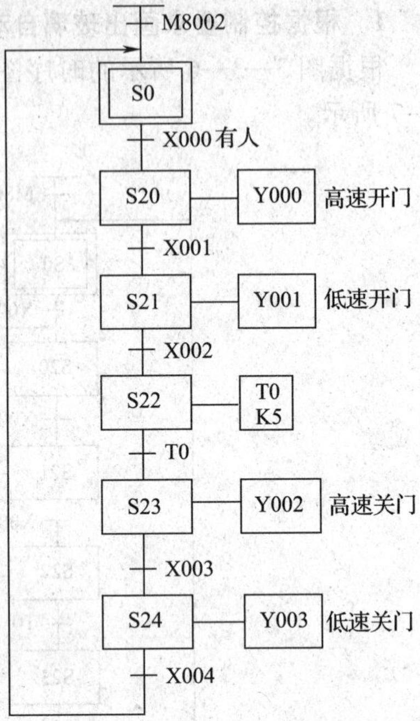

图 3—3—8　高、低速关门期间无人进出的完整状态转移图

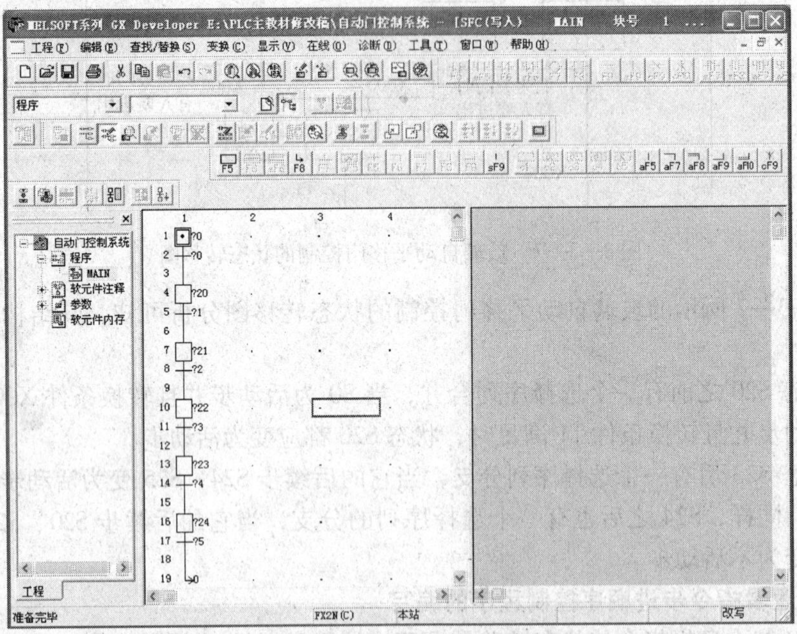

图 3—3—9　高、低速关门期间无人进出的完整状态转移图画面

② 高速关门期间有人进出的状态转移图的输入。因为在高速关门时，检测到有人进出时，自动门会立即停止关门，并会延时 0.5 s，然后重新高速开门。所以，此时运用选择性分支编程，即在高速关门状态 S23 后进行选择转移条件（有人 X000）的分支输入，当转移

条件得到满足，就进入状态 S25 活动步。其输入方法及步骤如下：

在图 3—3—9 所示的画面中，将光标移至第 14 行转移条件“4”的位置；然后单击工具栏中的“F6”图标，弹出如图 3—3—10 所示“SFC 符号输入”对话框。

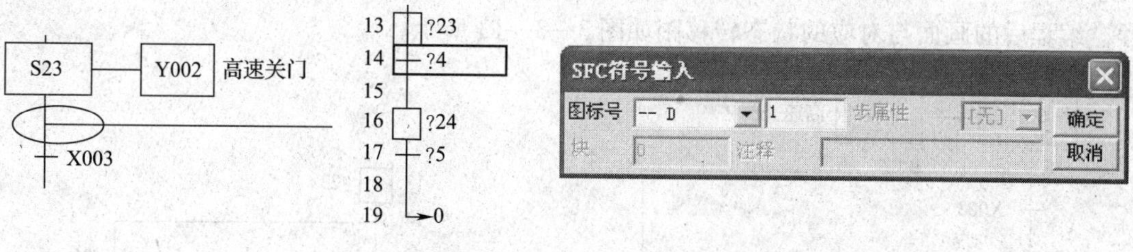

a)　　b)　　c)

图 3—3—10　选择性分支流程图转移条件与其对应编程的输入对话框

a）部分状态转移图　b）部分编程 SFC　c）编程输入对话框

单击如图 3—3—10 所示“SFC 符号输入”对话框里的“确定”按钮，然后再根据前面所介绍的状态转移图的编程方法，输入延时控制的状态 S25，如图 3—3—11 所示。

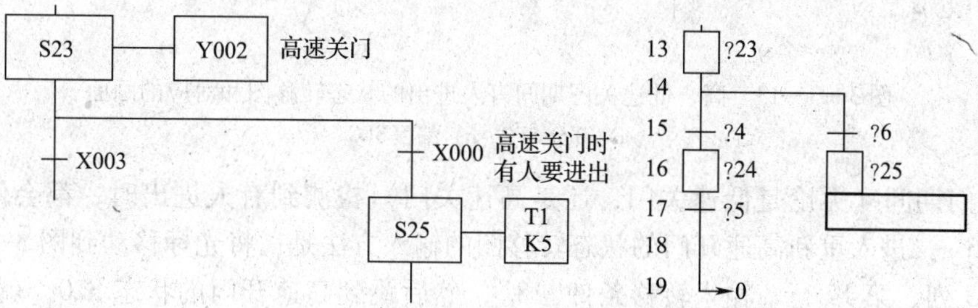

a)　　b)

图 3—3—11　高速关门期间有人进出的状态转移图输入后的对应画面

a）部分 SFC　b）编程 SFC

③ 低速关门期间有人进出的状态转移图的输入。因为在低速关门时，检测到有人进出，自动门会立即停止关门，并会延时 0.5 s，然后重新高速开门，所以，此时也是运用选择性分支编程，即在低速关门状态 S24 后进行选择转移条件（有人 X000）的分支输入，当转移条件得到满足，就进入状态 S25 活动步。其输入方法与上述方法类似，不同的是在输入转移条件时，光标移至第 17 行转移条件“5”的位置进行设置，如图 3—3—12 所示。

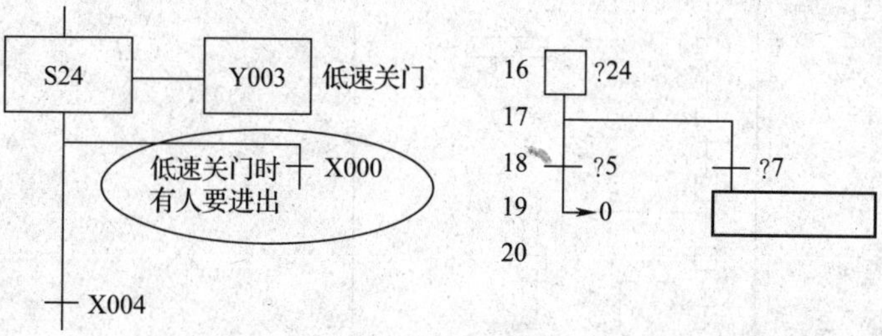

a)　　b)

图 3—3—12　低速关门时，检测到有人进出时转移条件输入后的对应画面

a）部分 SFC　b）编程 SFC

值得一提的是，当转移条件低速关门时有人要进出（X000）得到满足，此时会由低速关门状态 S24 进入延时 0.5 s 的 S25 状态；在进行状态转移图编程时，由于在高速关门时有人出入，已设置了一个 S25 状态，此时不能重复使用该状态的编号。因此，在这里采用“跳（JUMP）”的编程方法，使其转移到 S25 状态。运用本课题任务 2 中学过的方法进行编程，编程后的画面与对应的状态转移图如图 3—3—13 所示。

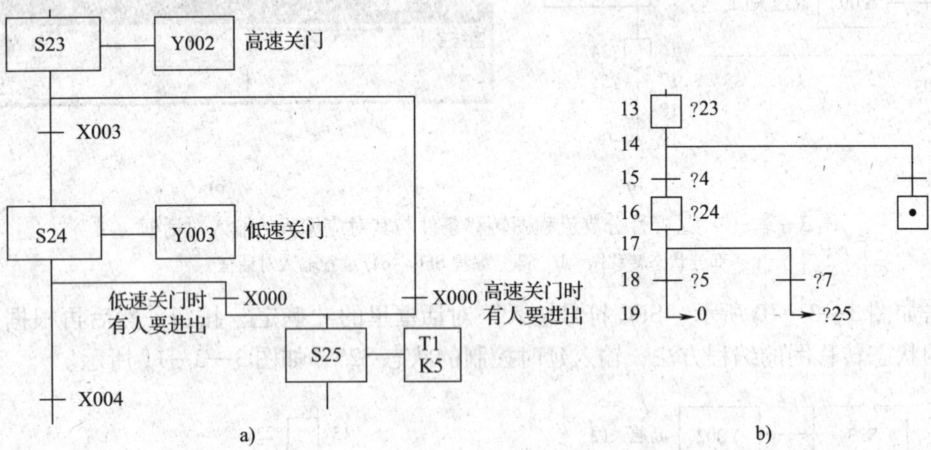

图 3—3—13　高、低速关门期间有人进出的状态转移图和对应的画面

a）部分 SFC　b）编程 SFC

④ 关门期间（无论是低速关门，还是高速关门）检测到有人进出时，都会停止关门，并延时 0.5 s，进入重新高速开门的状态转移图的输入方法是：将光标移动到图 3—3—13 画面中的第 3 列、第 17 行，输入转移条件“8”；然后跳到高速开门的状态 S20，就可得到完整的玻璃自动平移门的选择序列结构的状态转移图（SFC），如图 3—3—14 所示。

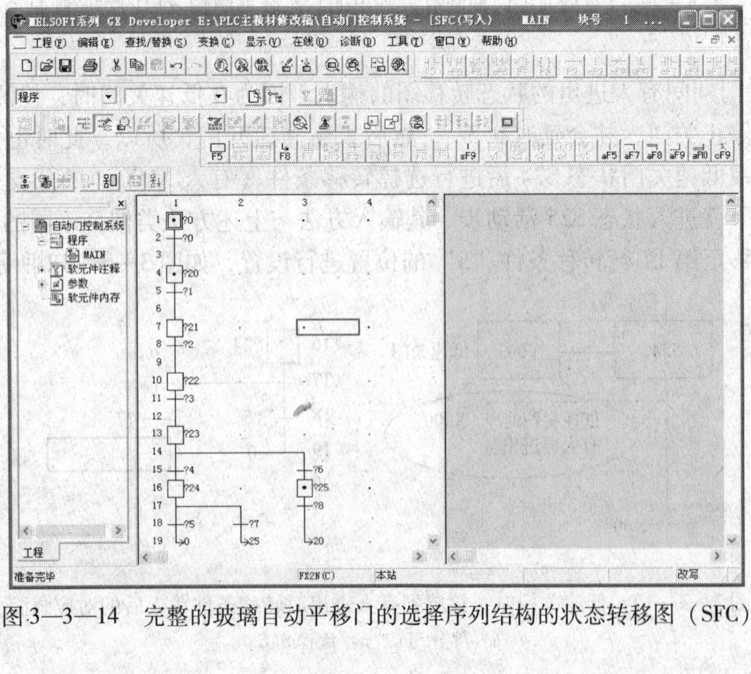

图 3—3—14　完整的玻璃自动平移门的选择序列结构的状态转移图（SFC）

（4）状态转移图（SFC 块）各步及转移条件对应的梯形图的输入

根据图 3—3—7 所示的状态转移图，将自动门控制系统各状态步和转移条件流程图以及所对应的梯形图归纳见表 3—3—3。并通过本课题任务 2 中所学的梯形图的输入方法，对应输入各状态步和转移条件的梯形图，梯形图输入完毕后再进行状态转移图（SFC 块）向梯形图的转换。

表 3—3—3　　状态转移图（SFC 块）各步及转移条件对应的梯形图

<table>
<tr><th>功能</th><th>流程图</th><th>梯形图</th></tr>
<tr><td>自动门红外感应器 SQ1（X000）检测到有人</td><td>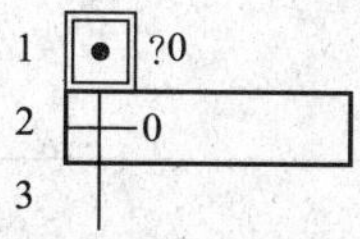
</td><td>
</td></tr>
<tr><td>自动门高速开门（Y000 置 ON）</td><td>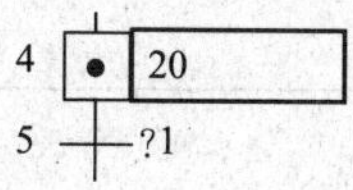
</td><td>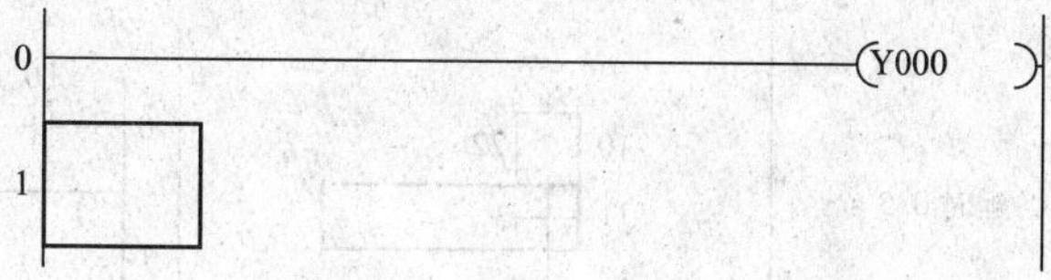
</td></tr>
<tr><td>自动门碰到减速开关 SQ2（X001）</td><td>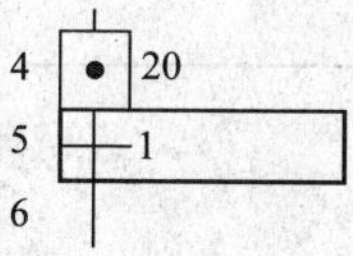
</td><td>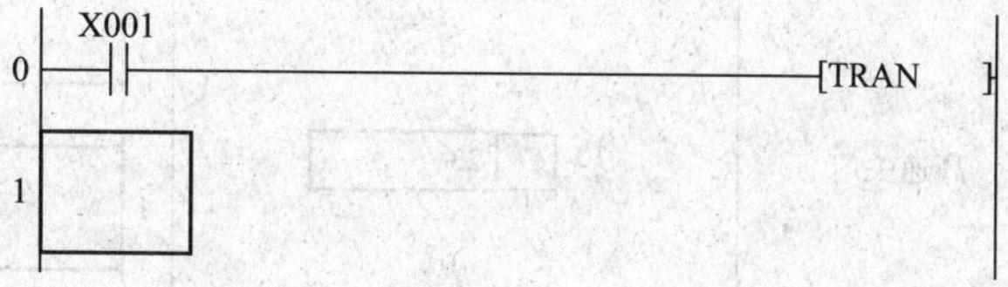
</td></tr>
<tr><td>减速开门</td><td>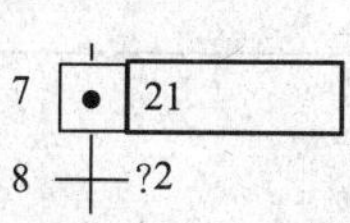
</td><td>
</td></tr>
</table>

续表

功能	流程图	梯形图
输入碰到极限开关 SQ3（X002），自动门停下，并进入延时控制状态	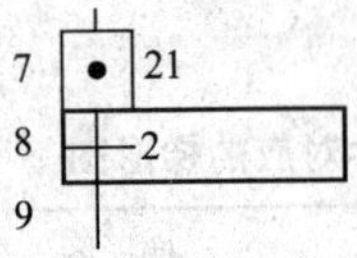	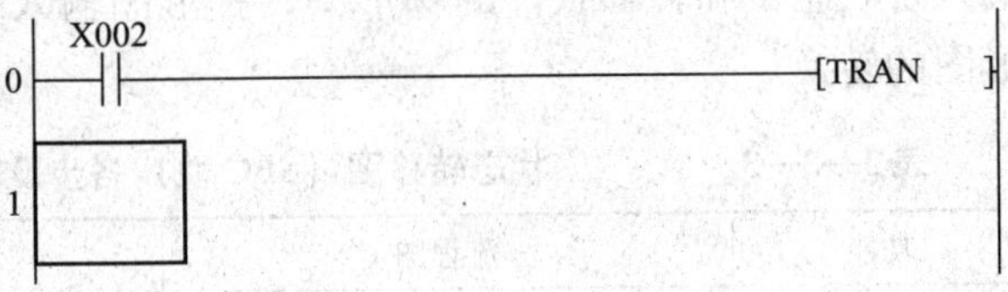
延时控制	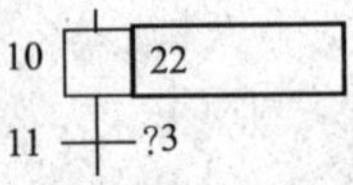	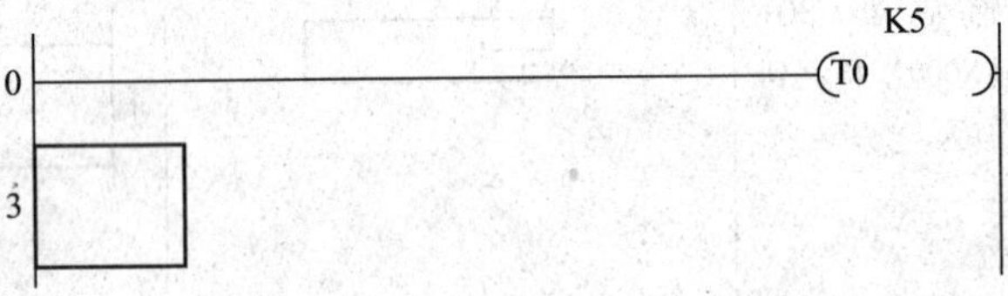
延时 0.5 s	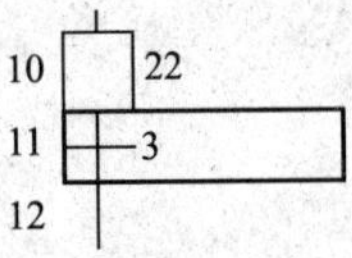	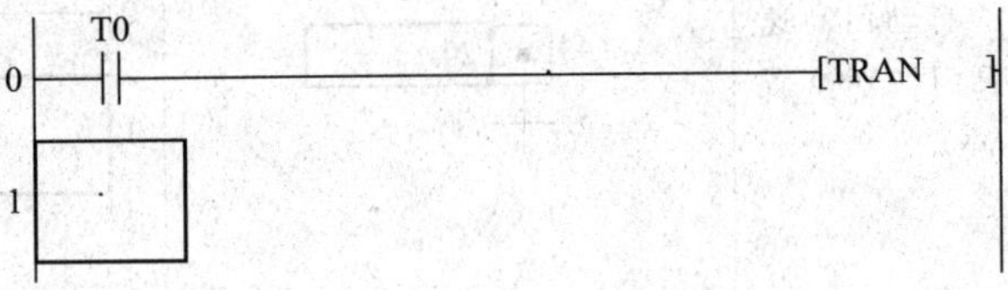
高速关门	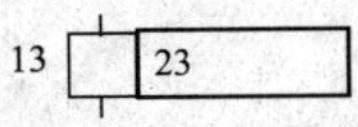	
高速关门无人进出时，碰到减速关门开关 SQ4（X003）	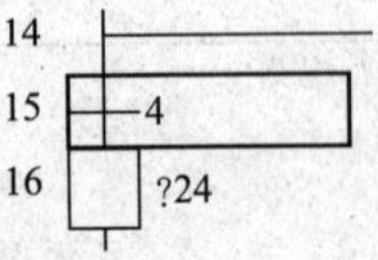	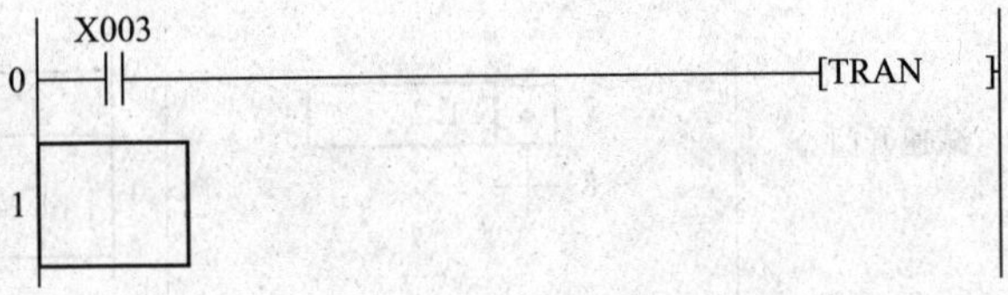

续表

功能	流程图	梯形图
减速关门	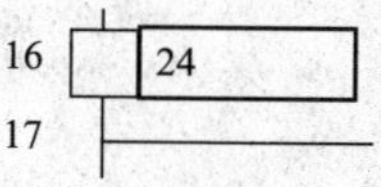	
减速关门碰到极限开关SQ5（X004）	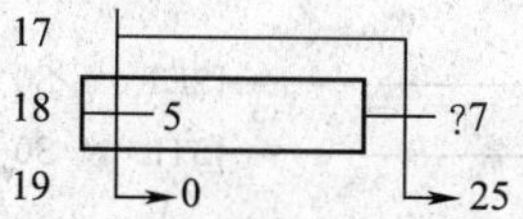	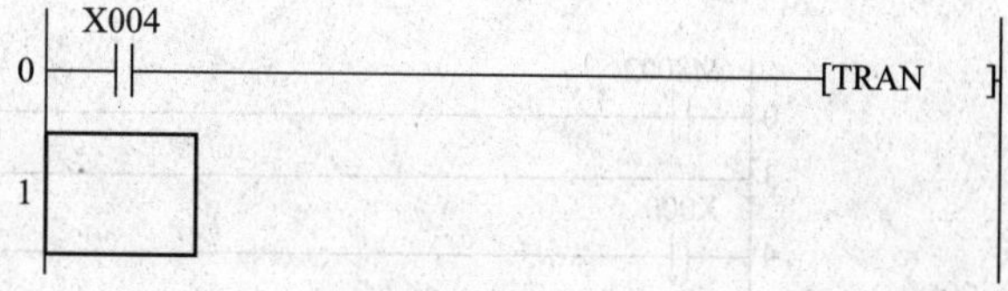
高速关门时如检测到有人进出，输入检测有人	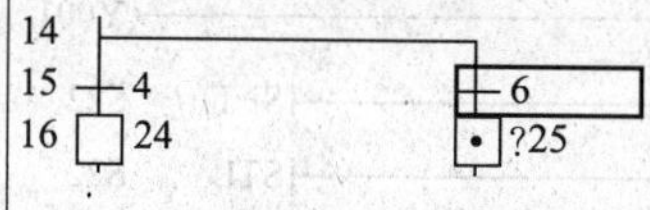	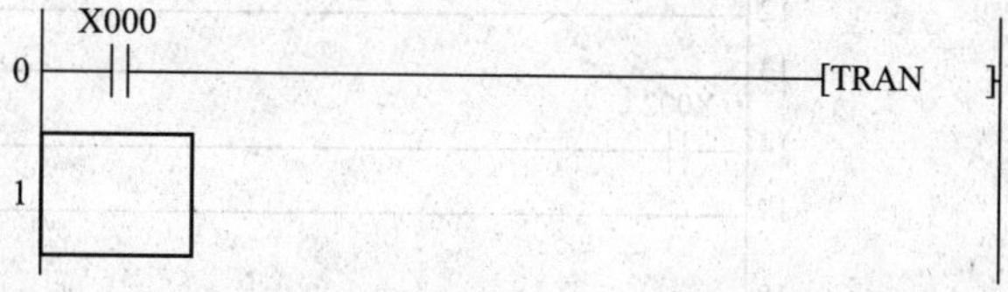
低速关门时检测到有人进出	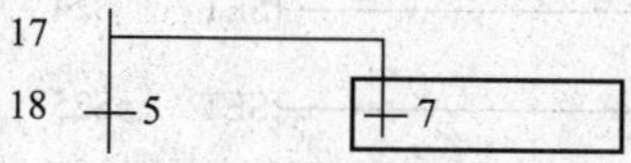	
无论是高速关门还是低速关门时检测到有人进出，都会停止关门，并延时0.5 s控制	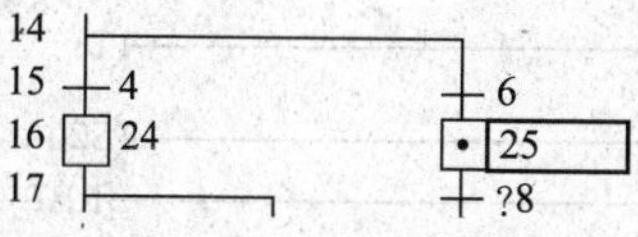	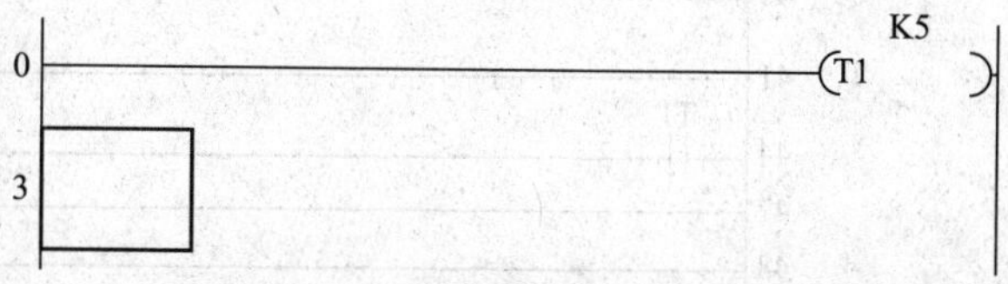

续表

功能	流程图	梯形图
延时 0.5 s 后，转入高速开门	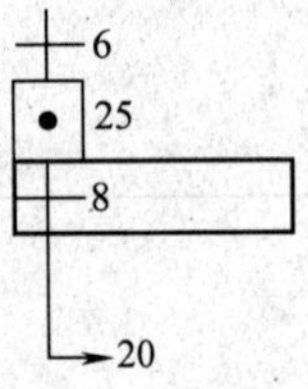	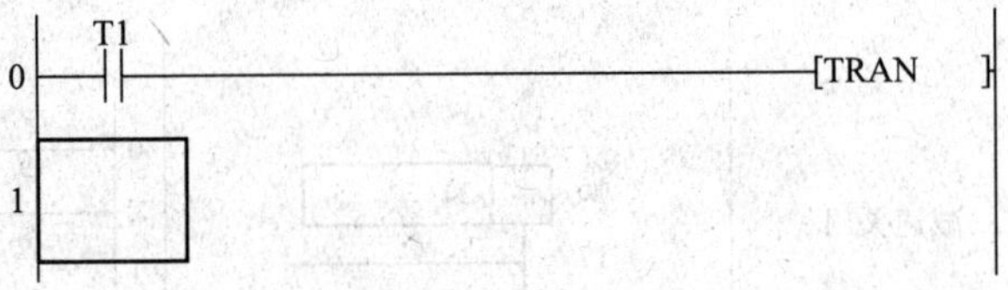

（5）状态转移图向梯形图的转换

运用本课题任务 2 中介绍的方法，利用状态转移图转换成梯形图，转换出的完整梯形图如图 3—3—15 所示。

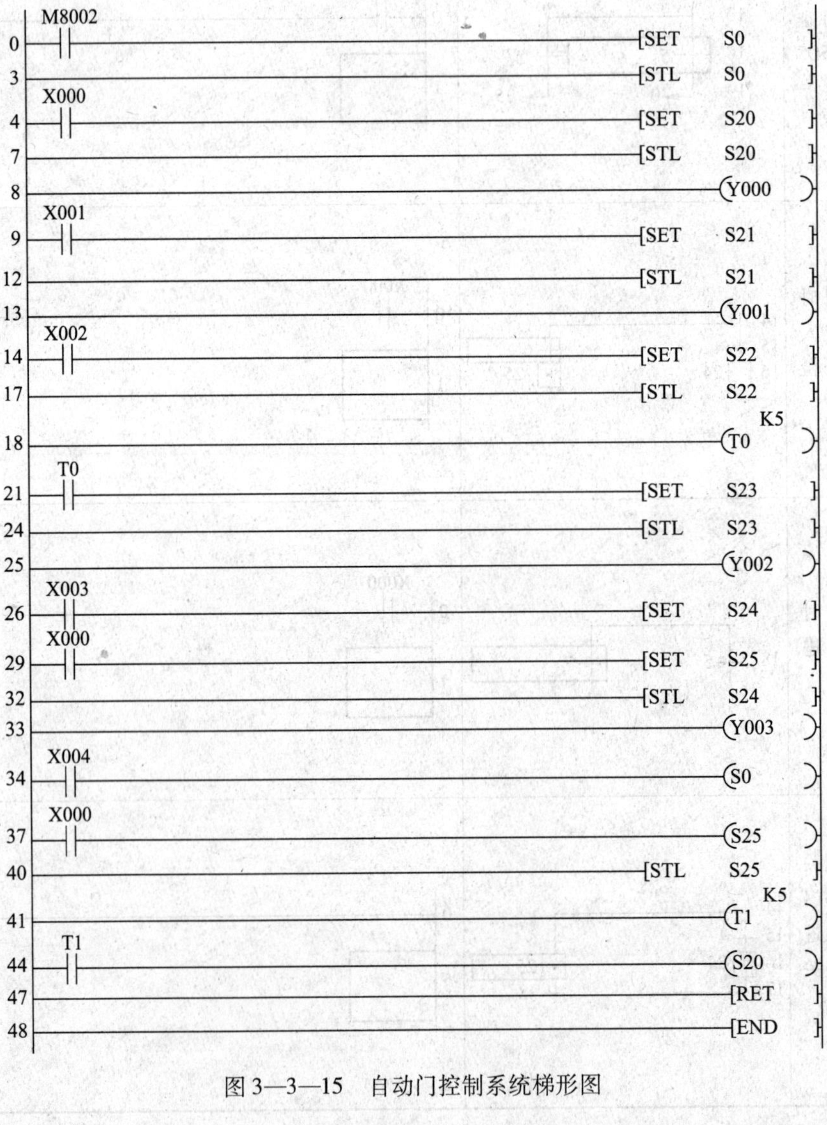

图 3—3—15　自动门控制系统梯形图

（6）由梯形图向指令表的转换

单击快捷工具栏中的“梯形图/列表切换”“”图标，即可将梯形图转换为指令表，如图 3—3—16 所示。

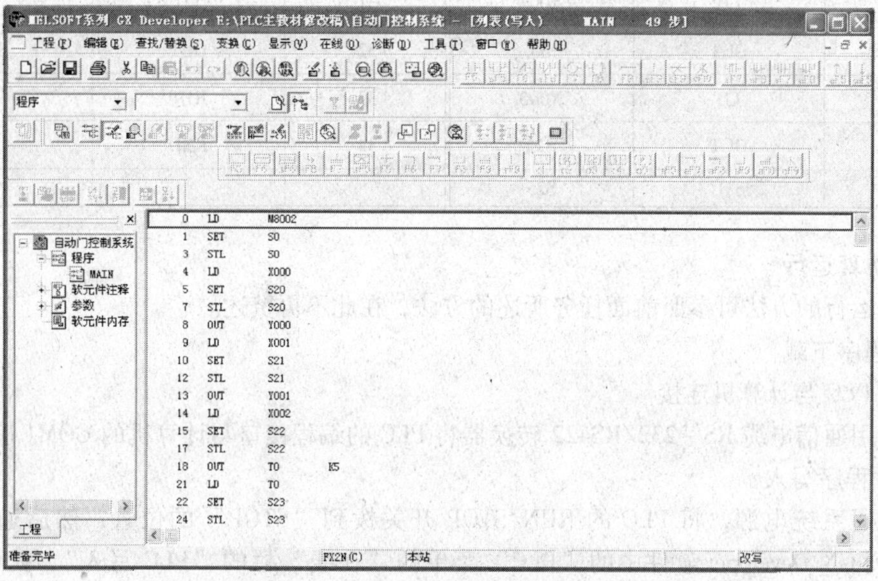

图 3—3—16　由梯形图转换成指令表的画面

通过由梯形图向指令表的转换，可以得到本任务 PLC 系统控制的完整的步进顺控指令表，见表 3—3—4。

表 3—3—4　　**自动门控制系统步进顺控指令表**

步序	指令语句	元素	步序	指令语句	元素
0	LD	M8002	12	SET	S22
1	SET	S0	13	STL	S22
2	STL	S0	14	OUT	T0 K5
3	LD	X000	15	LD	T0
4	SET	S20	16	SET	S23
5	STL	S20	17	STL	S23
6	OUT	Y000	18	OUT	Y002
7	LD	X001	19	LD	X003
8	SET	S21	20	SET	S24
9	STL	S21	21	LD	X000
10	OUT	Y001	22	SET	S25
11	LD	X002	23	STL	S24

续表

步序	指令语句	元素	步序	指令语句	元素
24	OUT	Y003	30	OUT	T1 K5
25	LD	X004	31	LD	T1
26	OUT	S0	32	OUT	S20
27	LD	X000	33	RET	
28	OUT	S25	34	END	
29	STL	S25			

2. 仿真运行

仿真运行的方法可参照前面任务所述的方法，在此不再赘述。

3. 程序下载

（1）PLC 与计算机连接

用专用通信电缆 RS－232/RS422 转换器将 PLC 的编程接口与计算机的 COM1 串口连接。

（2）程序写入

先接通系统电源，将 PLC 的 RUN/STOP 开关拨到“STOP”的位置，然后通过 MELSOFT 系列 GX Developer 软件中的“PLC”菜单的“在线”栏的“PLC 写入”，就可以把仿真成功的程序写入 PLC 中。

五、线路安装与调试

1. 安装、接线

根据图 3—3—5 所示的 I/O 接线图，在模拟实物控制配线板上进行元器件及线路安装。

（1）检查元器件

据表 3—3—1 配齐元器件，检查元器件的规格是否符合要求，并用万用表检测元器件是否完好。

（2）固定元器件

固定好本任务所需的元器件。

（3）配线安装

据配线原则和工艺要求，进行配线安装。

（4）自检

照接线图检查接线是否无误，再使用万用表检测电路的阻值是否与设计相符。

2. 通电调试

（1）经自检无误后，在指导教师的指导下，方可通电调试。

（2）先接通断路器 QF1 和 QF2，将 PLC 的 RUN/STOP 开关拨到“RUN”的位置，然后通过计算机上的 MELSOFT 系列 GX Developer 软件中的“监控/测试”监视程序的运行情况，再按照表 3—3—5 所列的操作步骤进行操作，观察系统运行情况并做好记录。如出现故障，应立即切断电源，分析原因、检查电路或梯形图，排除故障后，方可进行重新调试，直到系统功能调试成功为止。

表 3—3—5　　程序调试步骤及运行情况记录表

操作步骤	操作内容	观察内容	观察结果	思考内容
第一步	SQ1 检测有人	接触器 KM1、KM2、KM3、KM4		分析、理解 PLC 的工作过程
第二步	按下 SQ2			
第三步	按下 SQ3			
第四步	按下 SQ4			
第五步	按下 SQ5			
第六步	当高速关门时按下 SQ1			
第七步	当低速关门时按下 SQ1			

操作提示

在进行自动门控制系统的梯形图程序设计、上机编程、模拟仿真及线路安装与调试的过程中，时常会遇到如下问题：

问题：进行选择序列结构状态转移图（SFC）转换成梯形图设计时，对于初学者来说，普遍最容易犯的错误是将选择分支线画成双实线，如图 3—3—17 所示。

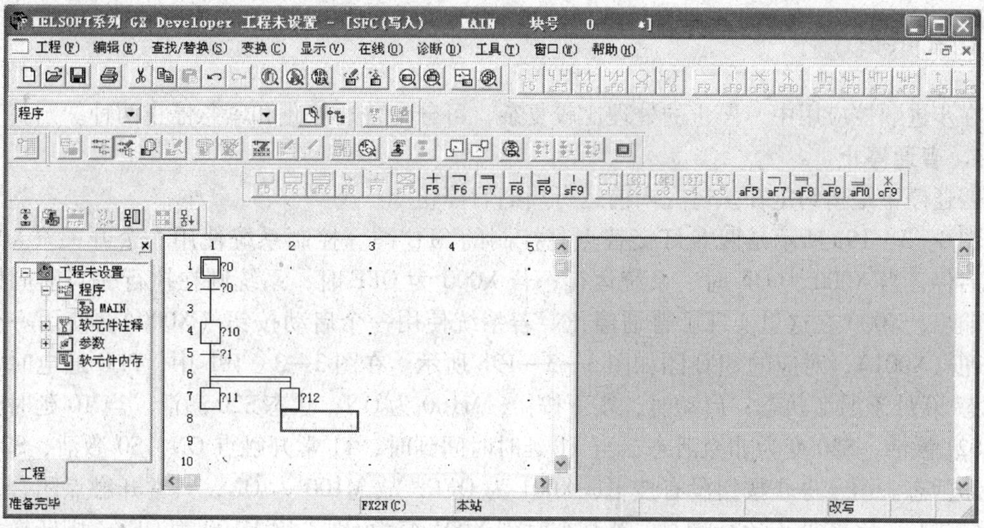

图 3—3—17　选择性分支的错误画法

后果及原因：进行选择序列结构状态转移图（SFC）转换成梯形图的设计时，如果将选择分支线画成双实线，将变成并行性序列结构状态转移图，达不到选择性控制的目的。

预防措施：进行选择序列结构状态转移图（SFC）转换成梯形图的设计时，应将选择分支线画成单实线，如图 3—3—18 所示。

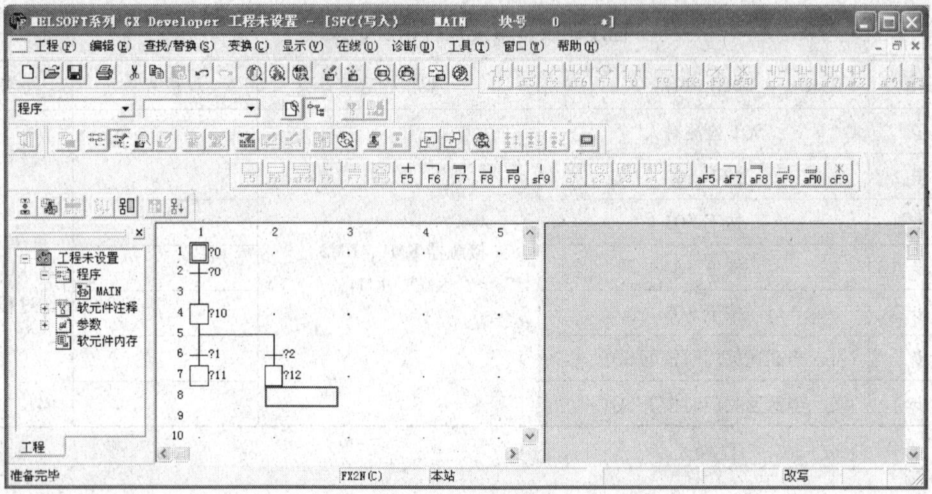

图 3—3—18　选择性序列分支的正确画法

任务测评

对任务实施的完成情况进行检查，并将结果填入任务测评表，参见表 3—2—9。

知识拓展

在步进顺控应用中，停止的处理比较复杂，可分为普通停止和紧急停止两种。

1. 普通停止

普通停止是指约定在执行完当前运行周期后停止。

图 3—3—19a 所示是两盏灯交替点亮控制的 SFC 图。控制系统使用一个开关（X000）控制启停，当 X000 为 ON 时，系统运行；若 X000 为 OFF 时，系统则在执行完当前周期后停止输出，X000 在这里实现了普通停止。若系统使用一个启动按钮（X000），使用一个停止按钮（X001），对应的 SFC 图如图 3—3—19b 所示。在图 3—3—19b 中，PLC 通电时，初始状态 S0 处于激活状态；启动时，按下按钮，M100 为 ON，状态 S20 激活。当 T0 延时时间到，S21 激活，S20 变为非激活态；当 T1 延时时间到时，T1 常开触点 ON，S0 激活，S21 变为非激活态。由于停止按钮没有按下，X001 为 OFF，故 M100 为 ON，其常开触点闭合，转换正常进行，系统处于运行状态。若某个时刻 X001 变为 ON，故 M100 为 OFF，则转换条件不能成立，系统不能正常转换，在执行完当前周期后停止，为普通停止。

2. 紧急停止

紧急停止是指约定立即结束当前系统的运行，所有状态复位。紧急停止一般使用保持型输入元器件，如开关、带保持功能的按钮等，并且一般使用常闭触点。在图 3—3—19b 例子中添加了一个紧急停止按钮（带保持），接在输入 X002 上，使用常闭触点，其 SFC 图如图 3—3—20 所示。当 X002 为 OFF 时，除初始状态 S0 外，其他状态都复位，实现了紧急停止。

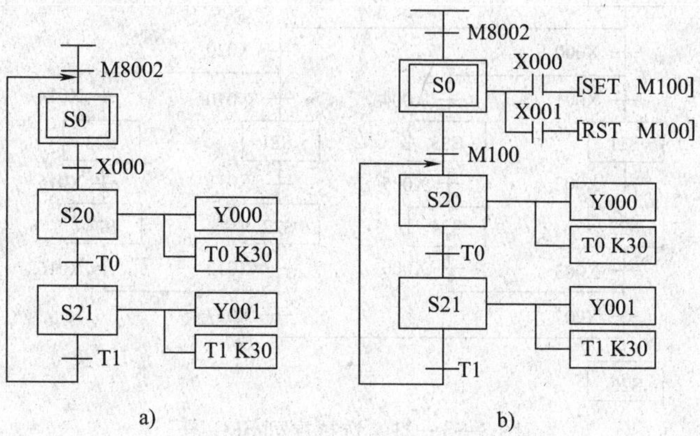

图 3—3—19　普通停止的处理

a）普通停止 SFC 图 1　b）普通停止 SFC 图 2

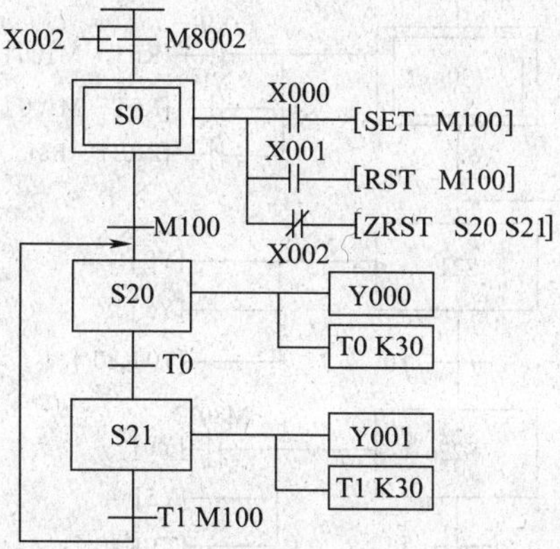

图 3—3—20　紧急停止的处理

巩固与提高

一、填空题（将正确的答案填在横线空白处）

1. 有一些分支、汇合组合的状态转移图，它们连续地直接从汇合线移到下一个分支线，而没有中间状态，不能直接编程，处理时可插入____________，之后的状态转移图就可以进行编程了。

2. 在分支、合并的处理程序中，不能用_____、_____、_____、_____、________指令。

3. 在采用选择序列合并编程时，同一状态继电器的 STL 触点只能在梯形图中使用____次。串联的 STL 触点的个数不能超过________次，也就是说，一个并行序列中的序列数不能超过________个。

二、分析题

1. 化简图 3—3—21 所示的 SFC，并将其转换成步进梯形图和指令表。

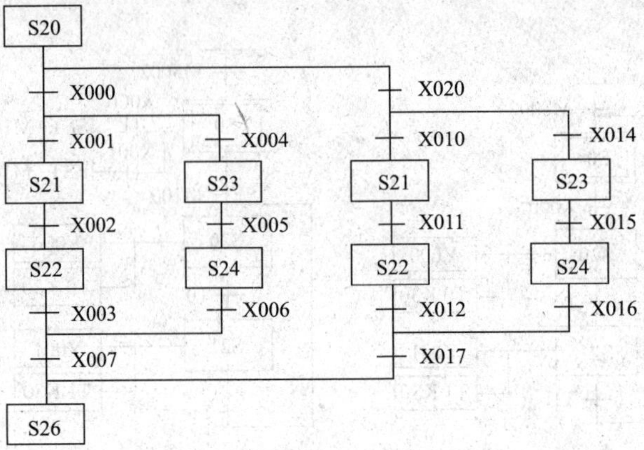

图 3—3—21　选择序列 SFC 图

2. 用以转换为中心的 SFC 编程方法对如图 3—3—22 所示的状态转移图进行梯形图转换。

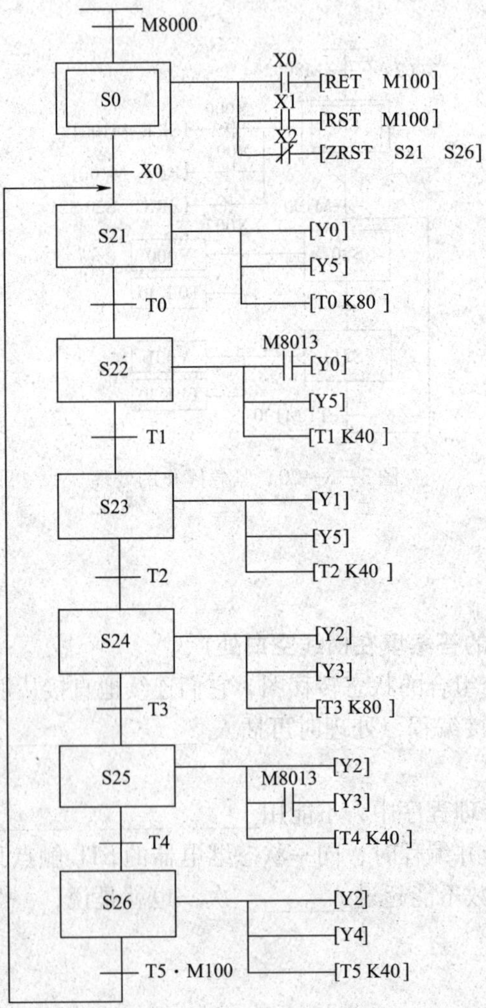

图 3—3—22　状态转移图

三、技能题

1. 题目：用选择性序列结构编程方法设计带式运输机的控制，并进行安装与调试

有一带式运输机装置主要由 3 台传送带运输机带 1、带 2 和带 3 组成，每台传送带运输机分别由各自的电动机 M1、M2 和 M3 所驱动，各台运输机之间有着密切的关系，其控制要求如下：

（1）传送带运输机装置启动运行时，按下启动按钮后，首先启动运行带 3；经过 5 s 的延时，带 2 自动启动运行；再经 5 s 的延时，带 1 自动启动运行。

（2）传送带运输机装置停止时的过程与启动相反。按下停止按钮后，先停止带 1，延时 5 s 后带 2 自动停止，再过 5 s 后带 3 自动停止。

（3）当传送带运输机装置中的任意一台传送带运输机发生故障时，该台传送带运输机前面的输送带运输机会立即停止工作，而该台传送带运输机后面的传送带运输机必须依次延时 5 s 停止运行。例如，M2 发生故障，则 M1、M2 立即停止，而 M3 在 M2 停止运行 5 s 后停止运行。

2. 设计要求

（1）写出输入/输出元器件与 PLC 地址通道分配表。

（2）画出 PLC 接线图。

（3）画出带式运输机的状态转移图。

（4）设计出完整的梯形图。

（5）写出指令表。

（6）将程序输入 PLC 机。

（7）模拟调试。

3. 考核内容

（1）PLC 接线图设计

1）PLC 输入/输出接线图正确。

2）PLC 电源接线图、负载电源接线图完整。

（2）程序设计

1）输入/输出元器件与 PLC 地址对照表符合被控设备实际情况及 PLC 数据范围。

2）状态转移图、梯形图及指令表正确。

（3）程序输入及模拟调试

1）能正确地将所编程序输入 PLC。

2）按照被控设备的动作要求进行模拟调试，达到设计要求。

（4）工时定额

120 min。

4. 评分标准

评分标准参见表 3—2—9。

任务4　十字路口交通灯控制

学习目标

知识目标：

掌握并行序列结构状态转移图（SFC）的画法，并会通过状态转移图进行步进顺序控制的设计。

能力目标：

能根据控制要求画出状态转移图，并能灵活地将以转换为中心的状态转移图转换成梯形图，实现十字路口交通灯控制系统的程序设计。

工作任务

图 3—4—1 所示是一十字路口交通灯示意图。本任务的主要内容就是：用 PLC 顺序控制设计法中的并行序列结构编程方法进行十字路口交通信号灯控制系统的设计。

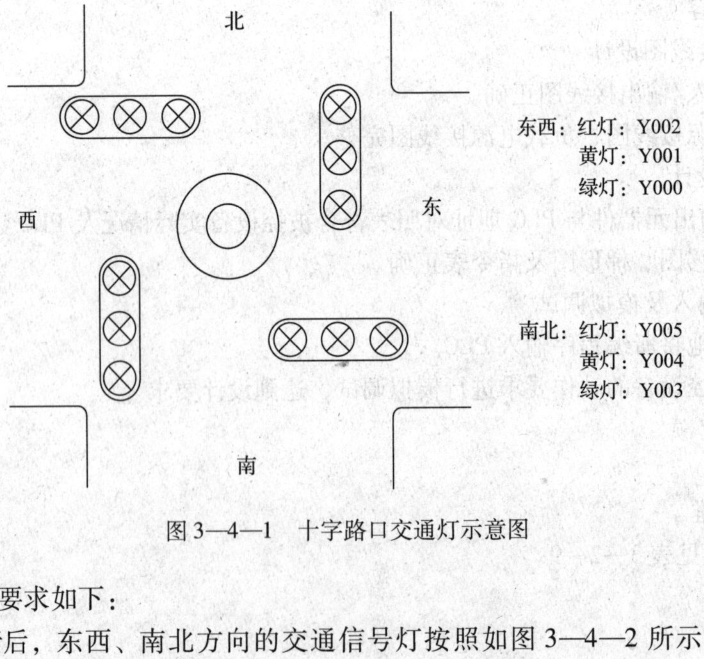

图 3—4—1　十字路口交通灯示意图

本任务控制要求如下：

当 PLC 运行后，东西、南北方向的交通信号灯按照如图 3—4—2 所示的时序图运行，东西方向的绿灯亮 8 s，闪动 4 s 后熄灭，接着黄灯亮 4 s 后熄灭，红灯亮 16 s 后熄灭；与此同时，南北方向的红灯亮 16 s 后熄灭，绿灯亮 8 s，闪动 4 s，接着黄灯亮 4 s 后熄灭，如此循环下去。

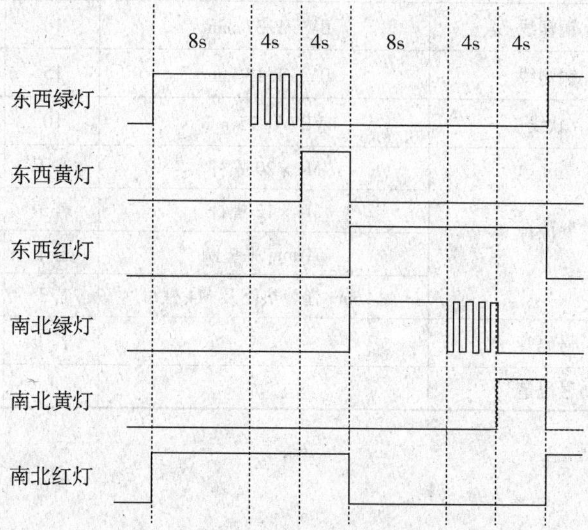

图 3—4—2　交通信号灯控制的时序图

任务准备

实施本任务教学所使用的实训设备及工具材料可参考表 3—4—1。

表 3—4—1　　**实训设备及工具材料**

序号	分类	名称	型号规格	数量	单位	备注
1	工具	电工常用工具		1	套	
2	仪表	万用表	MF－47 型	1	块	
3	设备器材	编程计算机		1	台	
4		接口单元		1	套	
5		通信电缆		1	条	
6		可编程序控制器	FX2N－48MR	1	台	
7		安装配电盘	600 mm×900 mm	1	块	
8		导轨	C45	0.3	m	
9		低压断路器	Multi9 C65N D20	1	只	
10		熔断器	RT28－32	6	只	
11		接线端子	D－20	20	只	
12		指示灯	24 V（红色）	2	只	
13		指示灯	24 V（黄色）	2	只	
14		指示灯	24 V（绿色）	2	只	

续表

序号	分类	名称	型号规格	数量	单位	备注
15	消耗材料	铜塑线	BV1/1. 37 mm^2	10	m	主电路
16		铜塑线	BV1/1. 13 mm^2	15	m	控制电路
17		软线	BVR7/0. 75 mm^2	10	m	
18		紧固件	M4×20 螺杆	若干	只	
19			M4×12 螺杆	若干	只	
20			ϕ4 mm 平垫圈	若干	只	
21			ϕ4 mm 弹簧垫圈及 M4 螺母	若干	只	
22		号码管		若干	m	
23		号码笔		1	支	

任务分析

通过对上述控制要求的分析可知，本任务的十字路口交通灯的控制是一个典型的由时间控制的顺序运行的循环过程，可以使用多种方法实现控制要求。本任务将通过并行序列结构状态转移图的编程方法完成十字路口交通灯控制系统的编程设计。

相关知识

一、并行序列结构形式的顺序功能图

顺序过程进行到某步，该步后面有多个分支，而当该步结束后，若转移条件满足，则同时开始所有分支的顺序动作；当全部分支的顺序动作同时结束后，汇合到同一状态，这种顺序控制过程的结构就是并行序列结构。

并行序列也有开始和结束之分。并行序列的开始称为分支，并行序列的结束称为合并。图 3—4—3a 所示为并行序列的分支。它是指当转换实现后将同时使多个后续步激活，每个序列中活动步的进展将是独立的。为了区别于在本课题任务 3 中介绍过的选择序列顺序功能图，强调转换的同步实现，水平线用双线表示，转换条件放在水平线双线之上。如果步 3 为活动步，且转换条件 c 成立，则 4、6、8 三步同时变成活动步，而步 3 变为不活动步；步 4、6、8 被同时激活后，每一序列接下来的转换将是独立的。

图 3—4—3b 所示为并行序列的合并。用双线表示并行序列的合并，转换条件放在双线之下。当直接连在双线上的所有前级步 5、7、9 都为活动步，步 5、7、9 的顺序动作全部执行完成后，且转换条件下 d 成立，才能使转换实现。即步 10 变为活动步，而步 5、7、9 同时变为不活动步。

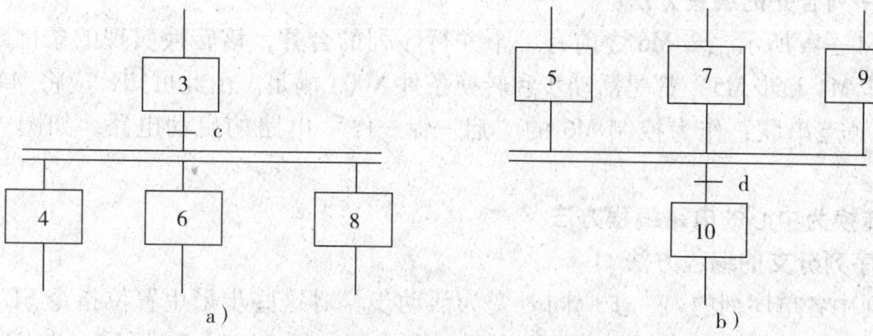

图 3—4—3　并行序列结构

a）并行序列的分支　b）并行序列的合并

二、用“启—保—停”电路实现的并行序列的编程方法

1. 并行序列分支的编程方法

并行序列中各单序列的第一步应同时变为活动步。对控制这些步的“启—保—停”电路使用同样的启动电路，就可以实现这一要求。如图 3—4—4a 所示，步 M1 之后有一个并行序列的分支，当步 M1 为活动步并且转换条件满足时，步 M2 和步 M3 同时变为活动步，即 M2 和 M3 应同时名为 ON，如图 3—4—4b 所示。步 M2 和步 M3 的启动电路相同，都为逻辑关系式 M1 × X001。

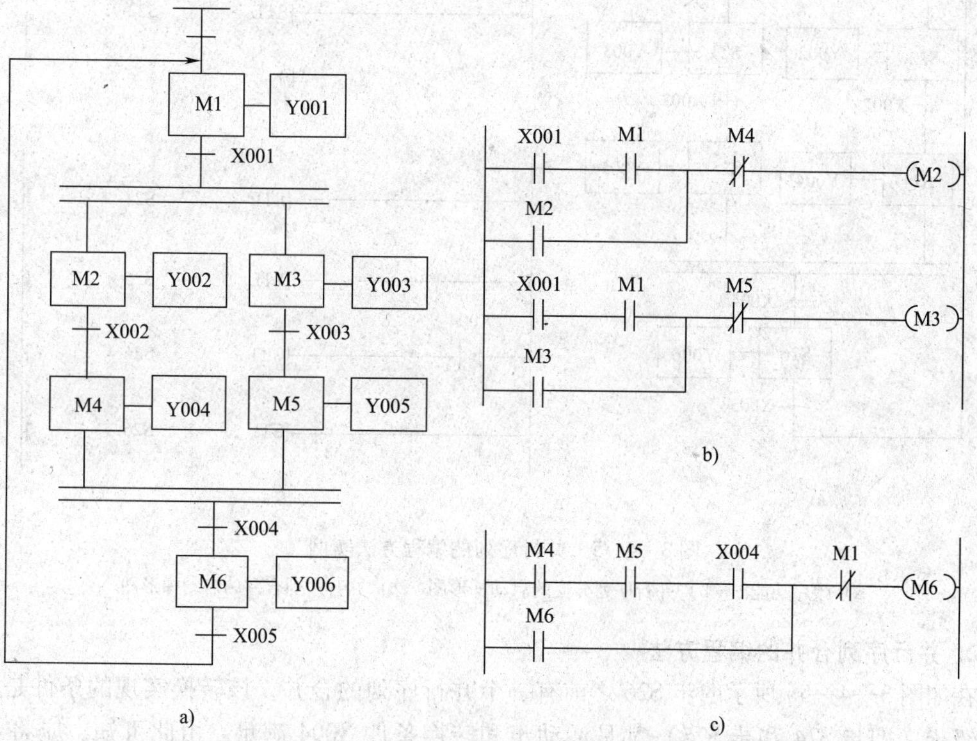

图 3—4—4　并行序列的编程方法实例一

a）顺序功能图　b）并行序列分支的启动梯形图　c）并行序列合并的启动梯形图

2. 并行序列合并的编程方法

如图 3—4—4a 所示，步 M6 之前有一个并行序列的合并，该转换实现的条件是所有的前级步（即步 M4 和步 M5）都是活动步和转换条件 X004 满足。由此可知，应将 M4、M5 和 X004 的常开触点串联，作为控制 M6 的“启—保—停”电路的启动电路，如图 3—4—4c 所示。

三、以转换为中心的电路编程方法

1. 并行序列分支的编程方法

并行序列中各单序列的第一步应同时变为活动步。对这些步采用置位指令 SET 和步进开始指令 STL 及状态继电器 S，就可以实现这一要求。如图 3—4—5a 所示，步 S21 之后有一个并行序列的分支，当步 S21 为活动步并且转换条件满足时，步 S22 和步 S23 同时变为活动步，即 S22 和 S23 应同时名为 ON，如图 3—4—5b 所示，步 S22 和步 S23 的启动电路相同。

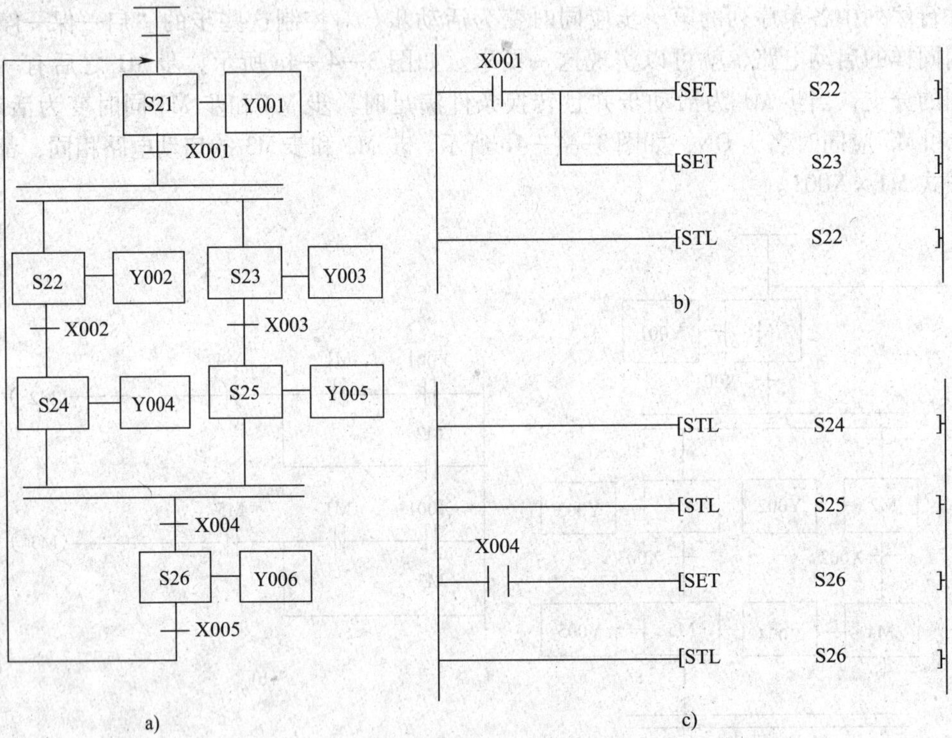

图 3—4—5　并行序列的编程方法实例二

a）顺序功能图　b）并行序列分支的启动梯形图　c）并行序列合并的启动梯形图

2. 并行序列合并的编程方法

在如图 3—4—5a 所示的步 S26 之前有一个并行序列的合并，该转换实现的条件是所有的前级步（即步 S24 和步 S25）都是活动步和转换条件 X004 满足。由此可知，应将 S24、S25 作为控制 S26 的步进开始，当转换条件 X004 得到满足就使得 S26 变为活动步，如图 3—4—5c 所示。

四、并行序列编程法的基本编程原则

从上述的并行序列分支的编程方法和并行序列合并的编程方法可知，在并行序列中，编程的原则与前面任务介绍的选择序列编程的原则基本一样，也是先进行状态转换处理，然后处理动作。在状态转换处理中，先集中处理分支，然后处理分支内部状态转换，最后集中处理合并。

任务实施

一、分配输入点和输出点，写出 I/O 通道地址分配表

根据上述控制要求，可确定 PLC 不需要输入点，有 6 个输出点，其 I/O 通道分配表见表 3—4—2。

表 3—4—2　　I/O 通道地址分配表

输入			输出		
元件代号	作用	输入继电器	元件代号	作用	输出继电器
			HL1	东西绿灯	Y000
			HL2	东西黄灯	Y001
			HL3	东西红灯	Y002
			HL4	南北绿灯	Y003
			HL5	南北黄灯	Y004
			HL6	南北红灯	Y005

二、画出 PLC 接线图（I/O 接线图）

十字路口交通灯的 PLC 接线图如图 3—4—6 所示。

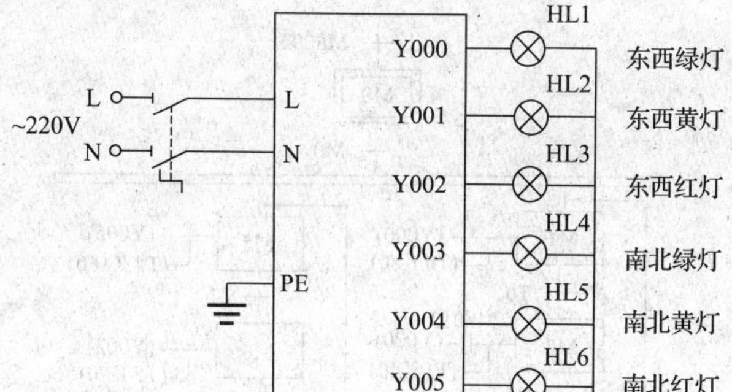

图 3—4—6　十字路口交通灯的 I/O 接线图

三、程序设计

根据 I/O 通道地址分配表及任务控制要求分析，画出本任务控制的状态转移图，并写出

指令语句表，再转换成对应的梯形图。

1．状态转移图的编制

（1）列出十字路口交通灯东西方向和南北方向控制状态表

根据本任务的控制要求和如图 3—4—2 所示的时序图，可以列出表 3—4—3 和表 3—4—4 的交通灯运行控制状态表。

表 3—4—3　　交通灯东西方向控制状态表

东西方向	状态 1	状态 2	状态 3	状态 4
交通灯状态	绿灯亮	绿灯闪	黄灯亮	红灯亮
编程元件	M1	M2	M3	M4
编程元件	S21	S22	S23	S24

表 3—4—4　　交通灯南北方向控制状态表

南北方向	状态 1	状态 2	状态 3	状态 4
交通灯状态	绿灯亮	绿灯闪	黄灯亮	红灯亮
编程元件	M5	M6	M7	M8
编程元件	S25	S26	S27	S28

（2）编制状态转移图

从表 3—4—3 和表 3—4—4 中可以看到，东西方向和南北方向两个方向交通灯是在满足配合关系的前提下独立并行工作的。其中东西方向交通灯的状态转换规律为：绿灯亮→绿灯闪→黄灯亮→红灯亮，然后循环；与此同时，南北方向交通灯的状态转换规律为：红灯亮→绿灯亮→绿灯闪→黄灯亮，然后循环。

两个方向的交通灯是并行工作的，可以分别作为一个分支，根据表 3—4—3 和表 3—4—4，可以采用单序列结构和并行序列分支的编程方法，绘制出系统的基于 M 的顺序功能图和基于 S 的顺序功能图，如图 3—4—7 所示。

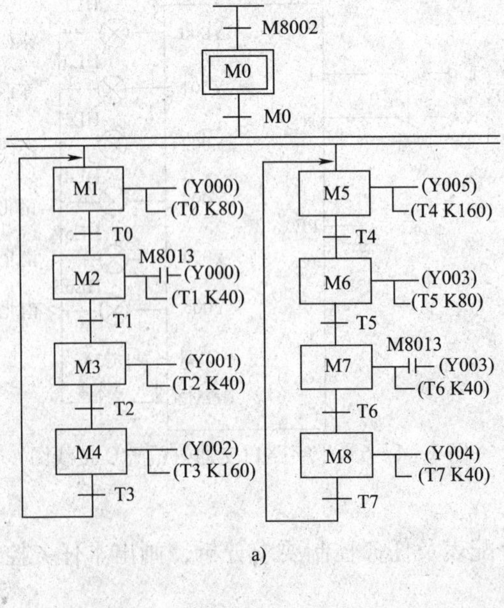

a)

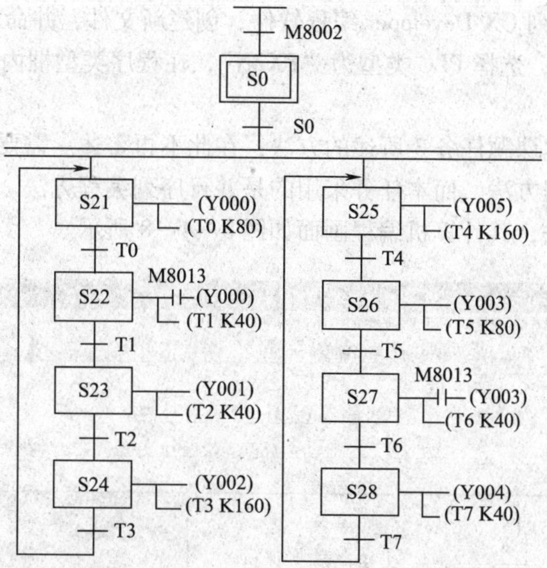

b)

图 3—4—7　交通灯控制的 SFC 图

a）基于 M 的并行 SFC 图　b）基于 S 的并行 SFC 图

提示

需要说明的是，上述的 SFC 中只有并行分支，没有合并，这在实践中是可以的。如果严格按照并行序列 SFC 的结构进行设计，可以在两个序列之后添加一个空状态用来作为合并的目标状态，合并后的转换条件可以使用该状态元件的普通常开触点，或者使用“=1”无条件转换。

2. 指令表

根据如图 3—4—7 所示的状态转移图，运用并行序列的指令编写方法，读者自行编写指令语句，不再赘述。

3. 梯形图

根据如图 3—4—7 所示的顺序功能图，将其转换为梯形图，读者自行转换，不再赘述。

四、程序输入及仿真运行

1. 程序输入

本任务的程序输入有 3 种方法，即梯形图输入法、指令表输入法和状态转移图输入法。读者可根据自己的习惯采用不同的输入法。在进行步进顺序控制编程设计时，一般都是采用状态转移图输入法，因为采用状态转移图输入法，用 STL 指令设计复杂系统梯形图时更能体现其优越性。

（1）工程名的建立

启动 MELSOFT 系列 GX Developer 编程软件，创建新文件，并命名为“十字路口交通灯的并行序列结构控制”，选择 PLC 类型为“FX2N”，在程序类型框内选择“SFC”。

（2）程序输入

输入方法可参照本课题任务 3 所述的方法，在此不再赘述。需要说明的是，任务 3 采用的是选择序列结构编程方法，而本任务采用的是并行序列编程方法。因此，在程序输入时采用并行分支双实线画法，其计算机编程画面如图 3—4—8 所示。

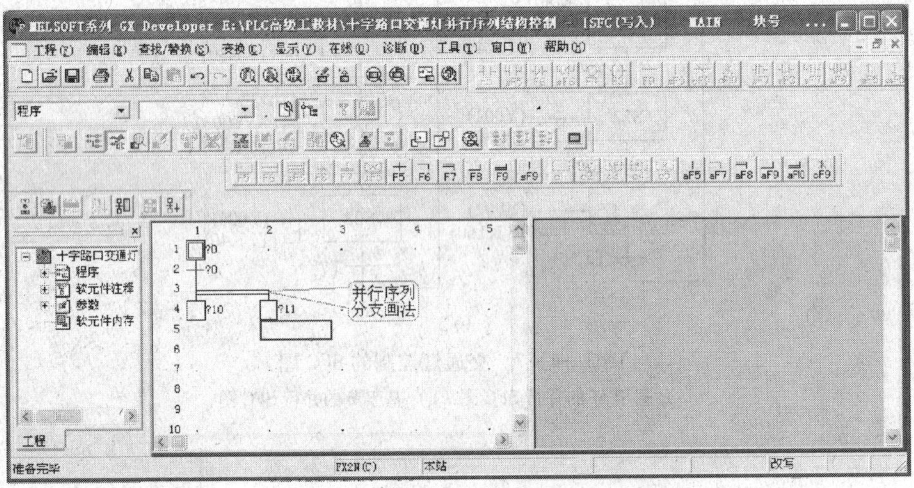

图 3—4—8　并行序列分支编程画面

本任务的 SFC 程序输入完毕后的画面如图 3—4—9 所示。

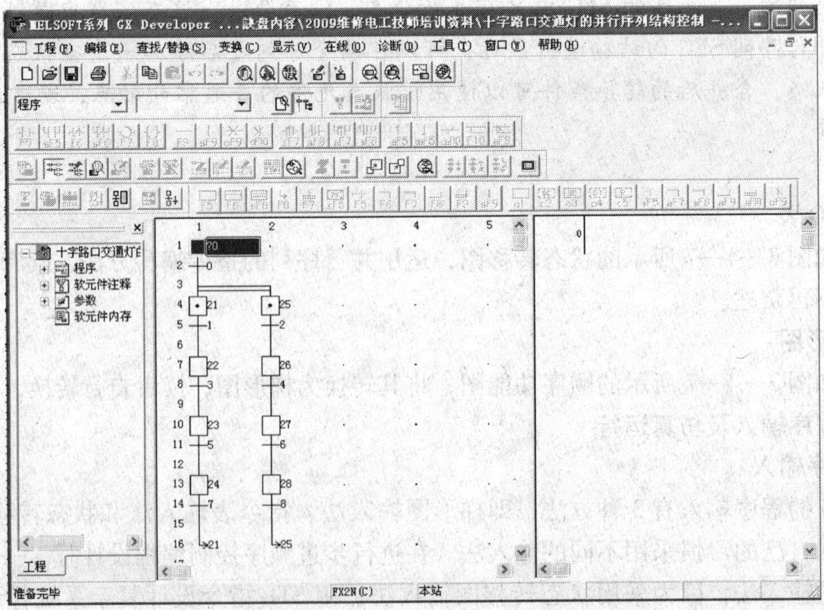

图 3—4—9　十字路口交通灯的并行序列结构控制完整的 SFC 画面

2. 仿真运行

仿真运行的方法可参照前面任务所述的方法，在此不再赘述。

3. 程序下载

(1) PLC 与计算机连接

使用专用通信电缆 RS－232/RS422 转换器将 PLC 的编程接口与计算机的 COM1 串口连接。

(2) 程序写入

先接通系统电源，将 PLC 的 RUN/STOP 开关拨到"STOP"的位置，然后通过 MELSOFT 系列 GX Developer 软件中的"PLC"菜单的"在线"栏的"PLC 写入"，就可以把仿真成功的程序写入 PLC 中。

五、线路安装与调试

1. 安装、接线

根据图 3—4—6 所示的 I/O 接线图，在如图 3—4—10 所示模拟实物控制配线板上进行元器件及线路安装。

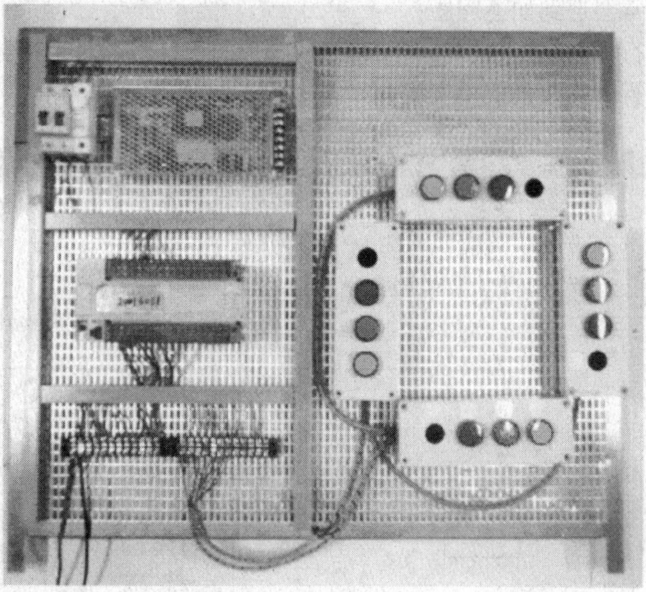

图 3—4—10　十字路口交通灯模拟实物控制配线板

(1) 检查元器件

根据表 3—4—1 所列配齐元器件，检查元器件的规格是否符合要求，并用万用表检测元器件是否完好。

(2) 固定元器件

固定好本任务所需元器件。

(3) 配线安装

根据配线原则和工艺要求，进行配线安装。

（4）自检

对照接线图检查接线是否无误，再使用万用表检测电路的阻值是否与设计相符。

2. 通电调试

（1）经自检无误后，在指导教师的指导下，方可通电调试。

（2）先接通系统电源开关 QS，将 PLC 的 RUN/STOP 开关拨到“RUN”的位置，然后通过计算机上的 MELSOFT 系列 GX Developer 软件中的“监控/测试”监视程序的运行情况，同时观察指示灯 HL1、HL2、HL3、HL4、HL5 和 HL6 的亮灯情况并做好记录。如出现故障，应立即切断电源，分析原因、检查电路或梯形图，排除故障后，方可进行重新调试，直到系统功能调试成功为止。

操作提示

在进行十字路口交通灯控制系统的梯形图程序设计、上机编程、模拟仿真及线路安装与调试的过程中，时常会遇到如下问题：

问题：在将并行序列结构状态转移图转换成梯形图设计时，对于初学者来说，普遍最容易犯的错误是将并行分支线画成单实线，如图 3—4—11 所示。

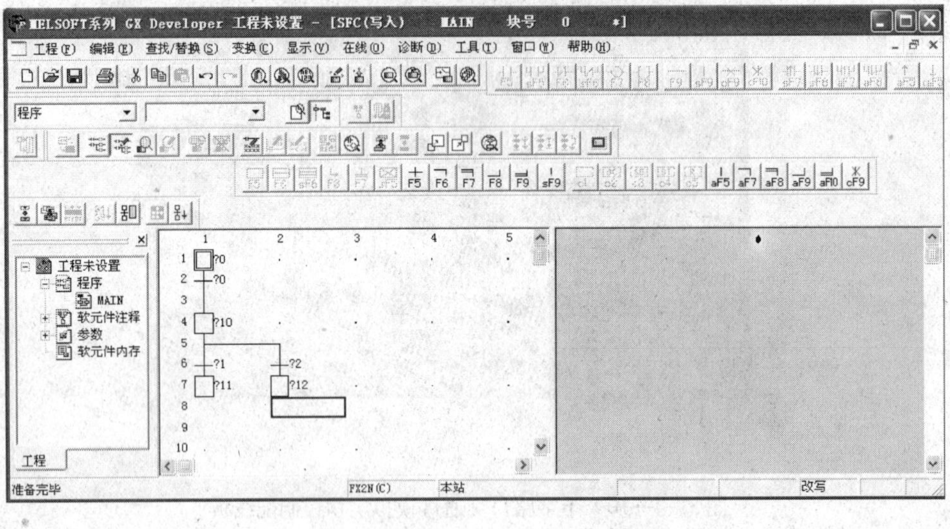

图 3—4—11　并行性分支的错误画法

后果及原因：在将并行序列结构状态转移图转换成梯形图进行设计时，如果将并行分支线画成单实线，将变成选择性序列结构状态转移图，达不到并行性控制的目的。

预防措施：在将并行序列结构状态转移图转换成梯形图进行设计时，应将并行分支线画成双实线，如图 3—4—12 所示。

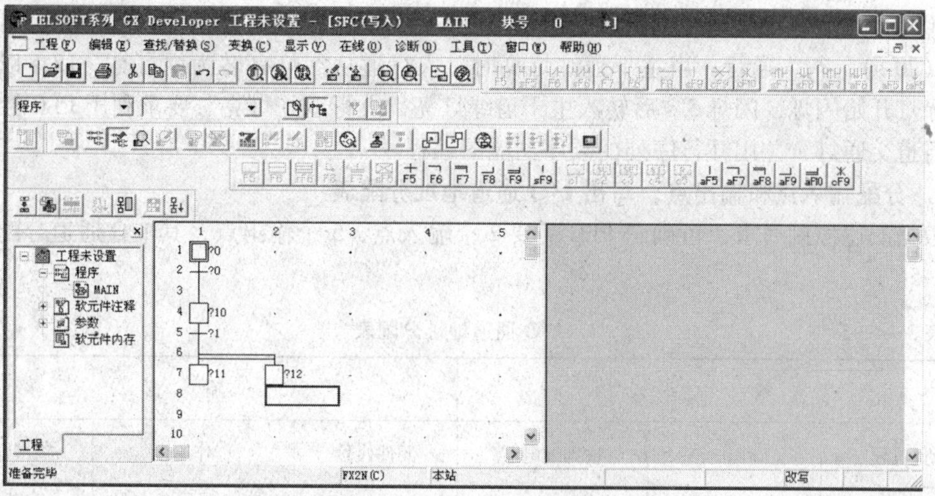

图 3—4—12　并行性分支的正确画法

任务测评

对任务实施的完成情况进行检查，并将结果填入任务测评表，参见表 3—2—9。

知识拓展

在道路交通管理上有许多按钮式人行道交通灯，如图 3—4—13 所示。在正常情况下，

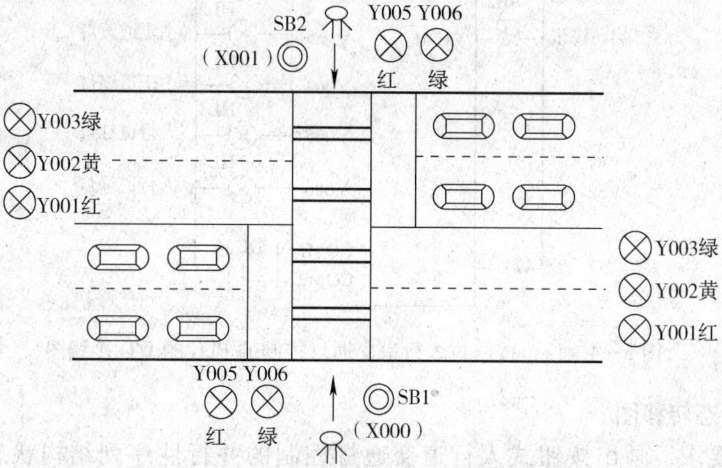

图 3—4—13　按钮式人行道交通灯示意图

汽车通行，即 Y003 绿灯亮，Y005 红灯亮；当行人想过马路，就按按钮。当按下按钮 X000（或 X001）之后，主干道交通灯将从绿灯亮（5 s）→绿灯闪（3 s）→黄灯亮（3 s）→红灯亮（20 s），行人通行；当主干道红灯亮时，人行道从红灯亮转为绿灯亮，15 s 以后，人行道绿灯开始闪烁，闪烁 5 s 后转入主干道绿灯亮，人行道红灯亮。要求利用 PLC 控制按钮式人行道交通灯，并用并行序列的顺序功能图编程。

1．分配输入点和输出点，写出 I/O 通道地址分配表

根据上述控制要求，可确定 PLC 需要 2 个输入点，5 个输出点，其 I/O 通道分配表见表 3—4—5。

表 3—4—5　　I/O 通道地址分配表

输　入			输　出		
元件代号	作用	输入继电器	元件代号	作用	输出继电器
SB1	启动按钮	X000	HL1	主干道红灯	Y001
SB2	启动按钮	X001	HL2	主干道黄灯	Y002
			HL3	主干道绿灯	Y003
			HL4	人行道红灯	Y005
			HL5	人行道绿灯	Y006

2．画出 PLC 接线图（I/O 接线图）

PLC 接线图如图 3—4—14 所示。

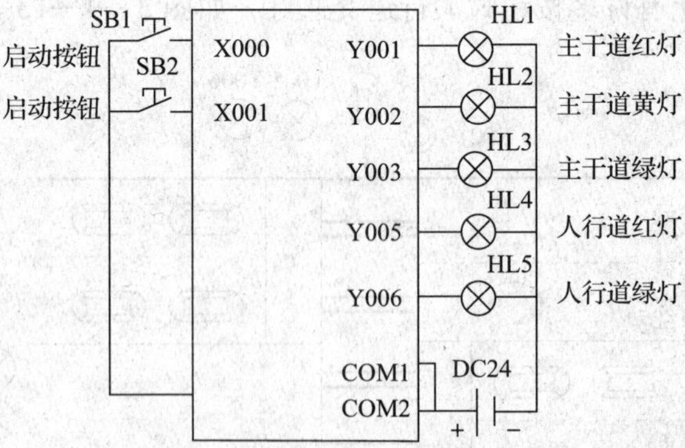

图 3—4—14　按钮式人行道交通灯控制的 PLC 的 I/O 接线图

3．画出状态转移图

根据控制要求，画出按钮式人行道交通灯控制的并行性序列结构状态转移图，如图 3—4—15所示。

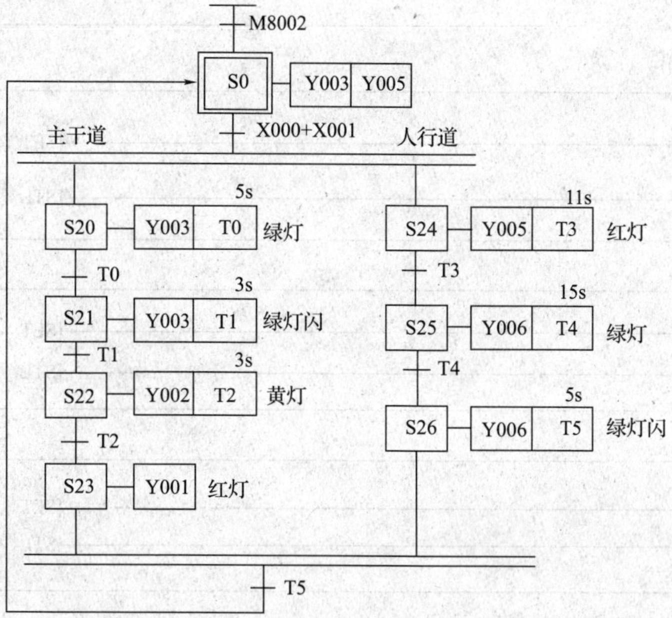

图 3—4—15　按钮式人行道交通灯控制的状态转移图

4. 梯形图

根据状态转移图，画出梯形图如图 3—4—16 所示。

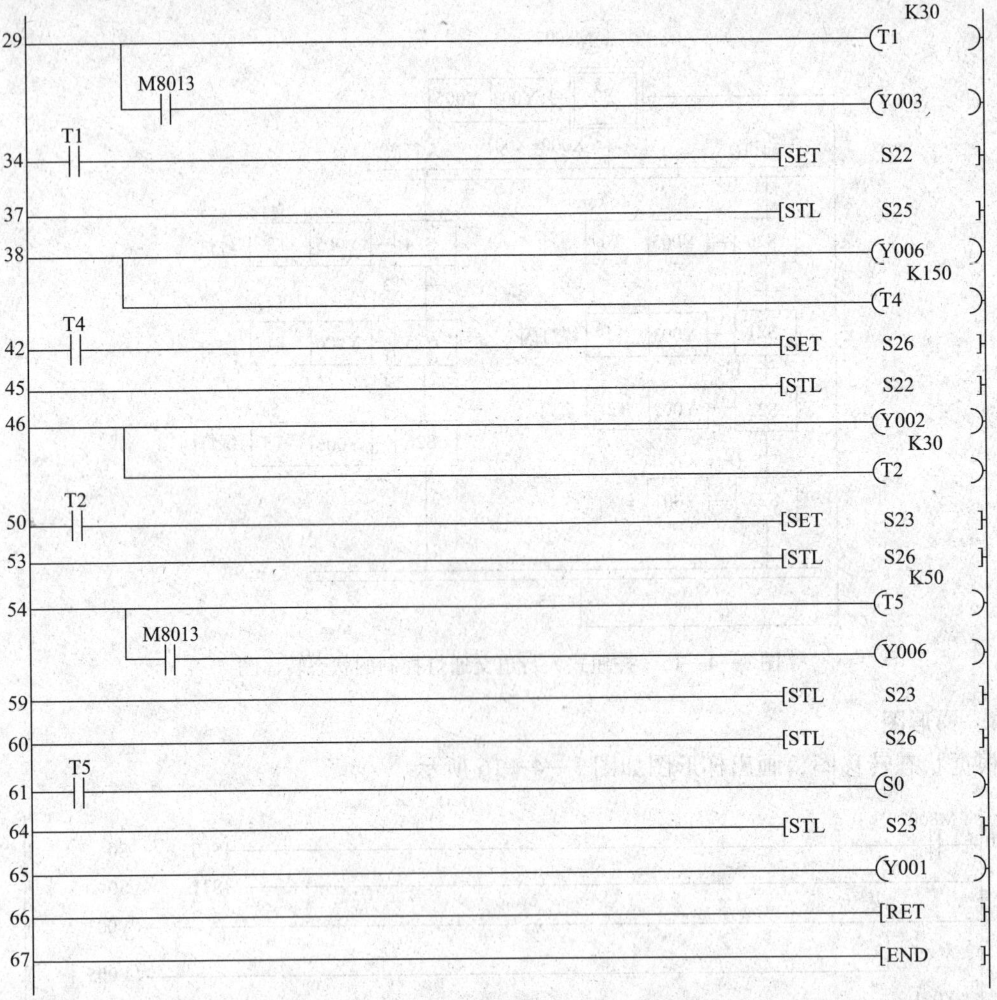

图 3—4—16 按钮式人行道交通灯控制梯形图

巩固与提高

一、填空题（将正确的答案填在横线空白处）

1．顺序过程进行到某步，若该步后面有多个分支，而当该步结束后，若________满足，则同时开始________分支的顺序动作；若全部分支的顺序动作同时结束后，汇合到________状态，这种顺序控制过程的结构就是并行序列结构。

2．并行序列也有开始和结束之分。并行序列的开始称为________，并行序列的结束称为________。

3．JUMP 跳转指令________（能，不能）在主程序、子程序和中断程序之间相互跳转。

4．在并行序列中，编程的原则与选择序列编程的原则基本一样，也是先进行________处理，然后处理动作。在状态转换处理中，先集中处理________，然后处理分支内部状态转换，最后集中处理________。

二、简答题

1. 步进指令编程中，最常见的结构类型有哪几种？

2. FX2N 系列 PLC 中，用于步进控制的状态寄存器有哪几种分类？

三、分析题

如图 3—4—17 所示的 SFC 图是否正确？如有错误，试将错误的流程改正。

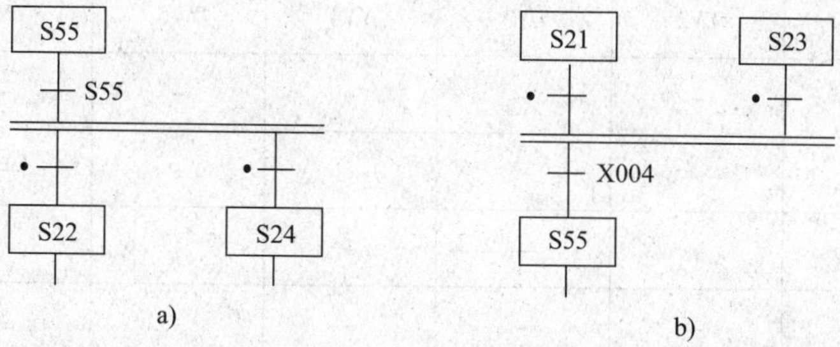

图 3—4—17　SFC 图

四、技能题

1. 题目：用并行性序列结构编程方法进行钻孔专用机床的程序设计，并进行安装与调试

2. 控制要求

钻孔专用机床结构及工作循环示意如图 3—4—18 所示。图中左、右动力头主轴电动机均为 Y90S－4，进给运动由液压驱动，液压泵电动机为 3 kW，电磁阀通、断情况见表 3—4—6。

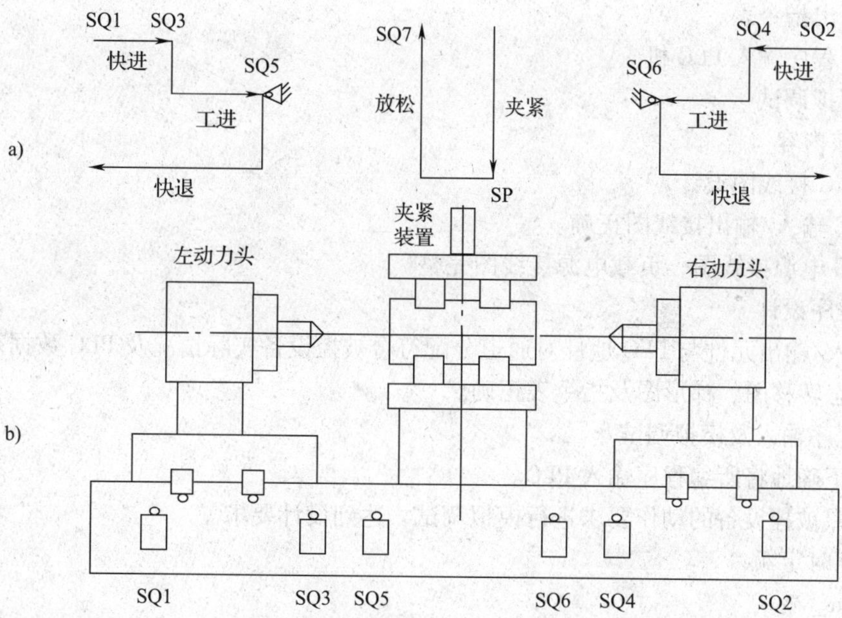

图 3—4—18　钻孔专用机床结构及工作循环示意图

a）工作循环　b）钻孔示意

机床的工作循环为：先启动液压泵，按启动按钮后夹紧工件→左、右动力头同时快进并启动主轴→转入工件加工→碰挡铁停留→分别快退→松开工件停主轴，如此实现半自动循环。任选一种可编程序控制器（PLC）对该机床进行控制。

表 3—4—6　　　　电磁阀通、断情况表

工序	左动力头			右动力头			夹紧装置
	YV1	YV2	YV3	YV4	YV5	YV6	YV7
上、下料	-	-	-	-	-	-	-
快进	+	-	-	+	-	-	+
工进	+	+	-	+	+	-	+
停留	-	-	-	-	-	-	+
快退	-	-	+	-	-	+	-

3. 设计要求

（1）写出输入/输出元器件与 PLC 地址通道分配表。

（2）画出 PLC 接线图。

（3）画出钻孔专用机床的状态转移图。

（4）设计出完整的梯形图。

（5）写出指令表。

（6）将程序输入 PLC 机。

（7）模拟调试。

4. 考核内容

（1）PLC 接线图设计

1）PLC 输入/输出接线图正确。

2）PLC 电源接线图、负载电源接线图完整。

（2）程序设计

1）输入/输出元件与 PLC 地址对通道分配符合被控设备实际情况及 PLC 数据范围。

2）状态转移图、梯形图及指令表正确。

（3）程序输入及模拟调试

1）能正确地将所编程序输入 PLC。

2）按照被控设备的动作要求进行模拟调试，达到设计要求。

（4）工时定额

120 min。

5. 评分标准

评分标准参见表 3—2—9。

任务5　机械手物料传送和分拣装置控制系统

学习目标

知识目标：

1. 了解光机电一体化装置的结构及各组成部分的用途和工作原理。
2. 掌握基本指令和步进顺控指令的综合应用。

能力目标：

能根据控制要求，灵活应用基本控制指令和步进顺控指令，完成机械手物料传送和分拣装置控制系统的程序设计，并通过仿真软件采用软元件测试的方法，进行仿真。

工作任务

在生产过程中，有时需要对不同的材质或不同颜色、不同形状的工件进行分拣，然后再将它们送到不同位置进行加工或包装。能够按照要求完全输送、搬运和分拣的设备，称为物料分拣设备。图3—5—1所示是某机械手物料传送和分拣模拟装置，设备主要部件名称如图3—5—2所示。

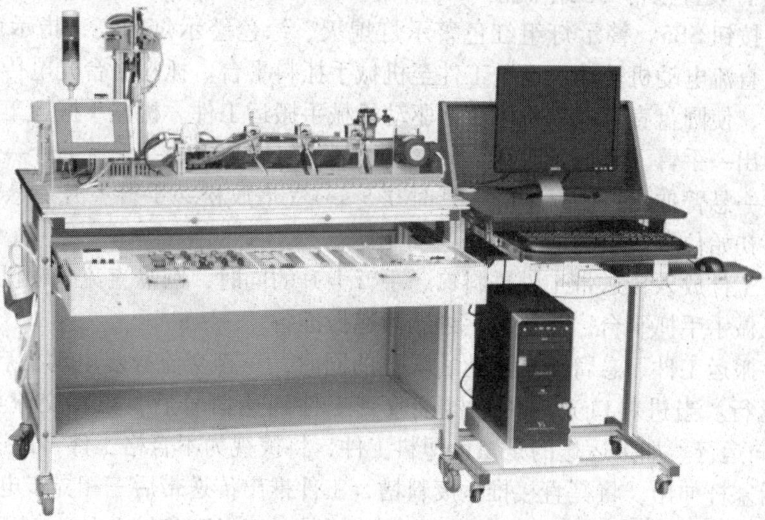

图3—5—1　机械手物料传送和分拣模拟装置

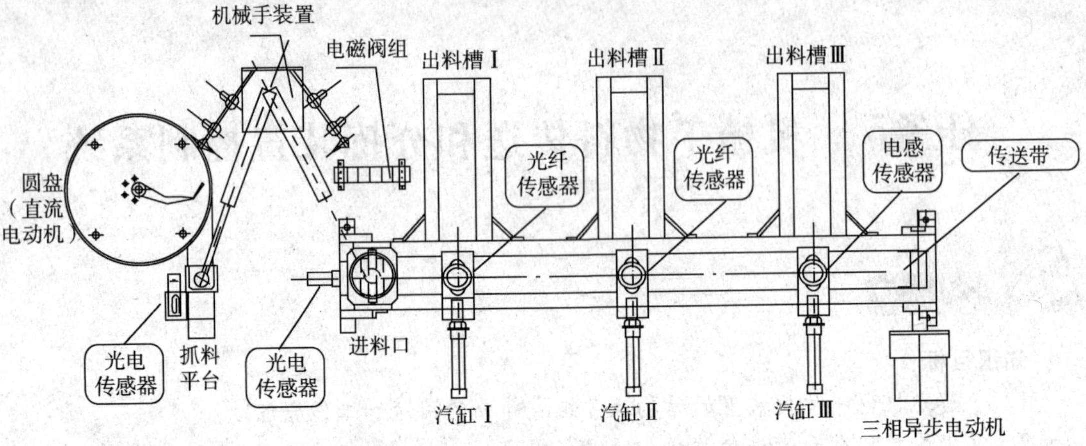

图 3—5—2　设备各主要部件名称（俯视图）

该设备由供料装置、机械手搬运装置及物料传送带和分拣装置组成。供料装置将圆盘内的工件送到机械手抓料平台，通过机械手搬运，放入分拣装置的传送带进料口。分拣装置能将合格的工件（金属工件和白色塑料工件）进行“清洗”和分类包装，将不合格的工件（黑色塑料工件）直接推入废料槽。

1. 任务控制要求

（1）设备启动前状态

设备在运行前应检查各部件是否在初始位置，是否能按要求运行。初始位置要求：机械手停在左限位，悬臂汽缸、手臂汽缸的活塞杆缩回，气爪处于松开状态，3 个负责分拣的汽缸的活塞杆均处于缩回状态。各部件符合上述要求后，警示灯组红色警示灯闪亮，指示设备已进入准备启动状态；如不符合初始位置要求，设备不能启动。

（2）设备各装置正常的工作流程

按下启动按钮 SB5，警示灯组红色警示灯熄灭、绿色警示灯闪亮，指示设备正在运行中。同时圆盘直流电动机转动，运送工件至机械手抓料平台。抓料平台光电传感器检测到工件到达信号后，使圆盘直流电动机停止并驱动机械手搬运工件。机械手搬运工件的动作顺序如下：悬臂伸出→手臂下降→延时 0.5 s→气爪夹紧→延时 0.5 s→手臂上升→悬臂缩回→机械手向右旋转→悬臂伸出→手臂下降→延时 0.5 s→气爪放松→手臂上升→悬臂缩回→机械手向左旋转→初始位置。

机械手将工件放入传送带工件进料口、手臂上升的同时，圆盘直流电动机转动，运送下一个工件至机械手手抓平台，为机械手继续搬运做准备。

在机械手搬运工件、悬臂汽缸到达右限位的同时，三相交流异步电动机启动，以 15 Hz 的频率正向运行。当进料口光电传感器接收到工件到达信号后，三相交流异步电动机以 30 Hz频率正向运行。如果运送的是黑色塑料工件，将被视为不合格工件，运送到汽缸Ⅰ处，汽缸Ⅰ处的活塞杆伸出，将其直接推入废料槽，工件推出传送带后三相异步电动机停止。如果运送的是金属和白色塑料工件，将被视为合格工件，运送到汽缸Ⅱ处，三相交流异步电动机改为以 20 Hz 的频率正向运行。两种工件必须运送到“清洗”，完成后金属工件由汽缸Ⅲ的活塞杆伸出，将其推入金属包装槽；如果是白色塑料工件，“清洗”完成后三相交流异步电动机以 20 Hz 的频率反向运行，运送到汽缸Ⅱ处，汽缸Ⅱ处的活塞杆伸出，将其直接推入白色塑料包装槽，工件推出传送带后三相交流异步电动机停止。

当任何一条合格工件包装槽内装满 3 个工件时需要包装，时间为 30 s。白色塑料工件包装时指示灯 HL4 亮，金属工件包装时指示灯 HL5 亮。包装结束后，指示灯熄灭，将工件取走后，计数自动归零。

注意：正在包装的时候禁止合格工件推入包装槽，如果有合格工件到达，需要推入时，必须等包装完成后才可推入。

为保证设备的正常运行，分拣装置有工件在传送带上时，机械手悬臂汽缸的活塞杆不能伸出搬运工件。等工件推出后，机械手继续运行。

（3）设备的正常停止

设备运行过程中按下 SB6，圆盘直流电动机立即停止，机械手将完成当前工件的搬运后回到初始位置停止，分拣装置须完成传送带上工件的分拣后才能停止。停止后，绿色警示灯熄灭，红色警示灯闪亮。

（4）紧急情况的处理

设备运行过程中，如果出现紧急情况需要立即停止设备时，可按下急停开关。按下急停开关后，所有装置都停止运行，绿色指示灯熄灭，指示灯 HL6 每秒闪亮 2 次，蜂鸣器鸣叫。急停开关复位后，指示灯 HL6 由闪亮变为常亮、蜂鸣器停止鸣叫。如要启动设备，再按下启动按钮 SB5，指示灯 HL6 熄灭，绿色警示灯闪亮，设备接着急停时的工作顺序运行。

2. 需要完成的工作任务

（1）画出机械手物料传送和分拣模拟装置的电气控制电路图，并按照电气控制电路图连接电路。

（2）编写 PLC 控制机械手物料分拣模拟装置工作程序，设置变频器参数。

（3）运行调试程序，到达机械手物料分拣模拟装置的工作要求。

任务准备

实施本任务教学所使用的实训设备及工具材料可参考表 3—5—1。

表 3—5—1　　实训设备及工具材料

序号	分类	名称	型号规格	数量	单位	备注
1	工具	电工常用工具		1	套	
2	仪表	万用表	MF－47 型	1	块	
3	设备器材	编程计算机		1	台	
4		接口单元		1	套	
5		通信电缆	F	1	条	
6		可编程序控制器	FX2N—48MR	1	台	
7		光机电一体化装置	亚龙 YL—235A	1	套	

任务分析

通过对上述控制要求分析可知，本任务是步进顺控指令的综合编程设计。有关步进顺序控制单序列结构、选择序列结构和并行序列结构的编程方法在前面的任务中已作介绍，本任务的重点是将这 3 种编程方法进行综合应用。另外，由于该任务控制的设备装置是典型的光机电一体化装置，因此，在进行本次任务的编程设计前，必须首先了解光机电一体化装置的结构及各组成部分的用途和工作原理，然后才能实现对机械手物料传送和分拣模拟装置控制程序的设计。

相关知识

一、供料装置

机械手物料传送和分拣模拟装置的供料装置主要由放料圆盘、驱动圆盘转动的直流电动机、物料支架和出料口传感器等几部分组成。图 3—5—3 所示是机械手物料分拣模拟装置的供料装置的结构示意图。

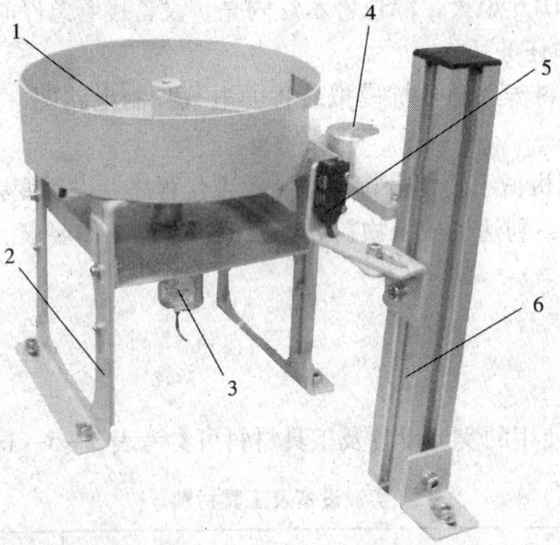

图 3—5—3　机械手物料分拣模拟装置的供料装置的结构示意图

1—放料圆盘　2—调节支架　3—直流电动机

4—物料支架　5—出料口传感器　6—物料检测支架

1. 放料圆盘

圆盘中放有金属物料、白色非金属物料和黑色非金属物料 3 种物料。

2. 驱动圆盘转动的直流电动机

电动机采用 24 V 直流减速电动机，转速 6 r/min，用于驱动放料圆盘旋转。

3. 物料支架

将物料有效定位，并确保每次只上一个物料。

4. 出料口传感器

物料检测为光电漫反射型传感器，主要为 PLC 提供一个输入信号，如果运行中，光电传感器没有检测到物料并保持若干秒，则应让系统停机，然后报警。

二、机械手搬运装置

整个机械手搬运装置能完成 4 个自由度动作，手臂伸缩、手臂旋转、手爪上下、手爪松紧。其主要由手爪提升汽缸、磁性传感器、气动手爪、旋转汽缸、接近传感器、伸缩汽缸和缓冲器等几部分组成。图 3—5—4 所示是机械手搬运装置的结构示意图。

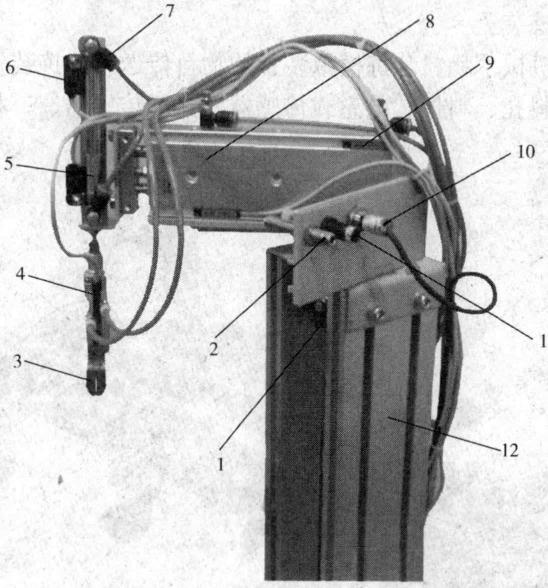

图 3—5—4　机械手搬运装置的结构示意图

1—旋转汽缸　2—非标螺钉　3—气动手爪　4—手爪磁性开关 Y59BLS

5—手爪提升汽缸　6—磁性开关 D－C73　7—节流阀　8—伸缩汽缸

9—磁性开关 D—Z73　10—左右限位传感器　11—缓冲阀　12—安装支架

1. 手爪提升汽缸

提升汽缸采用双向电控气阀控制。

2. 磁性传感器

用于汽缸的位置检测。检测汽缸伸出和缩回是否到位，为此在前点和后点上各一个，当检测到汽缸准确到位后将给 PLC 发出一个信号。在应用过程中棕色线接 PLC 主机输入端，蓝色线接输入的公共端。

3. 气动手爪

抓取和松开物料由双电控气阀控制，手爪夹紧磁性传感器有信号输出，指示灯亮，在控制过程中不允许两个线圈同时得电。

4. 旋转汽缸

执行机械手臂的正反转，由双电控气阀控制。

5. 接近传感器

机械手臂正转和反转到位后，接近传感器信号输出。在应用过程中棕色线接直流 24 V 电源“+”，蓝色线接直流 24 V 电源“-”，黑色线接 PLC 主机的输入端。

6. 伸缩汽缸

机械手臂伸出、缩回，由电控气阀控制。汽缸上装有两个磁性传感器，检测汽缸伸出或缩回位置。

7. 缓冲器

旋转汽缸高速正转和反转时，起缓冲减速作用。

三、物料传送和分拣装置

图 3—5—5 所示是机械手物料分拣模拟装置的物料传送和分拣装置的结构示意图。其主要由落料口传感器、落料孔、料槽、电感式传感器、光纤传感器、三相异步电动机和推料汽缸等几部分组成。

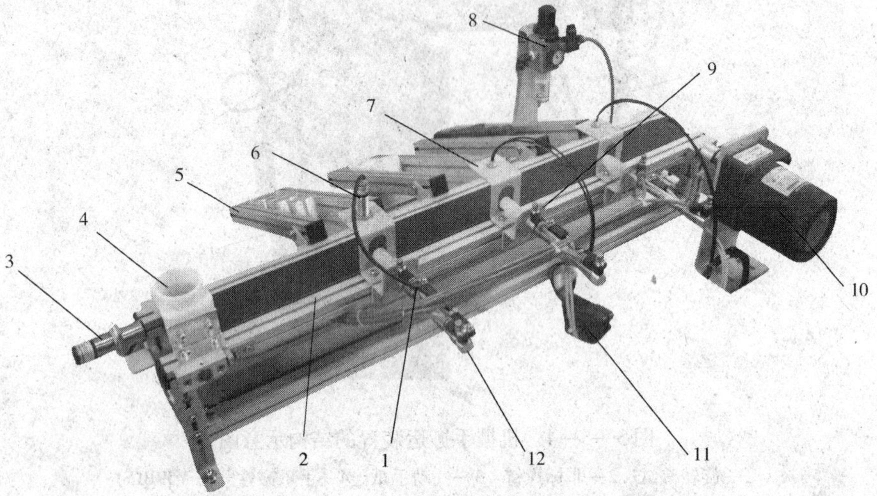

图 3—5—5　机械手分拣模拟装置的物料传送和分拣装置的结构示意图

1—磁性开关 D－C73　2—传送分拣机构　3—落料口传感器　4—落料孔

5—料槽　6—电感式传感器　7—光纤传感器　8—过滤调压阀　9—节流阀

10—三相异步电动机　11—光纤放大器　12—推料汽缸

1. 落料口传感器

检测是否有物料到传送带上，并给 PLC 一个输入信号。

2. 落料孔

物料落料位置定位。

3. 料槽

放置物料。

4. 电感式传感器

检测金属材料，检测距离为 3 ~ 5 mm。

5. 光纤放大器

用于检测不同颜色的物料，可通过调节光纤放大器来区分不同颜色的灵敏度。

6. 三相异步电动机

驱动传送带转动，由变频器控制。

7. 推料汽缸

将物料推入料槽，由电控气阀控制。

四、气动原理

气动是“气压传动与控制”或“气动技术”的简称。气动技术是以压缩空气为工作介质进行能量传递或信号传递的工程技术，是实现各种生产控制、自动控制的手段之一。

1. 气动系统的构成

一个完整的气动系统由能源部件、控制元件、执行元件和辅助装置等四部分组成。

用规定的图形符号来表征系统中的元件、元件之间的连接、压缩气体的流动方向和系统实现的功能，这样的图形称为气动系统图或气动回路图，如图 3—5—6 所示。

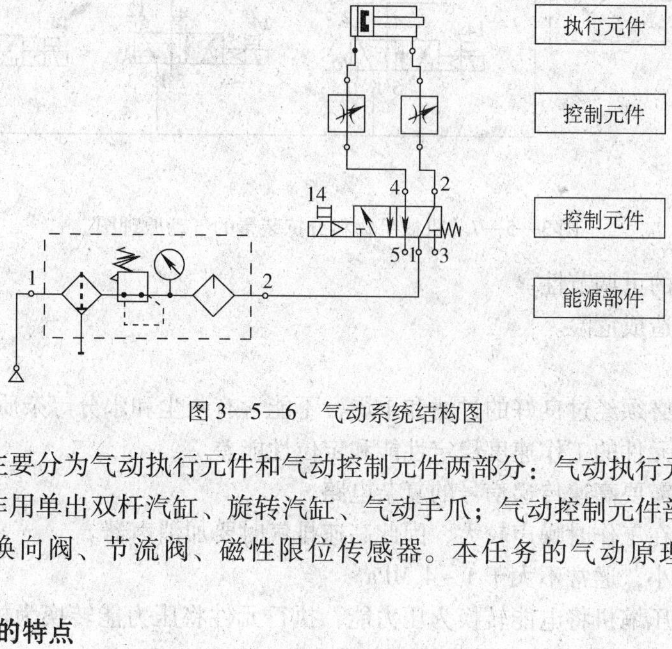

图 3—5—6　气动系统结构图

本装置气动主要分为气动执行元件和气动控制元件两部分：气动执行元件部分有双作用单出杆汽缸、双作用单出双杆汽缸、旋转汽缸、气动手爪；气动控制元件部分有单控电磁换向阀、双控电磁换向阀、节流阀、磁性限位传感器。本任务的气动原理图如图 3—5—7 所示。

2. 气动系统的特点

20 世纪 80 年代以来，自动化技术得到迅速发展。自动化实现的主要方式有机械方式、电气方式、液压方式和气动方式等。与其他传动及控制方式相比，气动方式主要有以下特点：

（1）优点

1）气动介质是空气，用量不受限制，压缩空气可进行远距离输送，在极端温度下仍能保证可靠工作，不需要昂贵的防爆设施，系统中泄漏出的介质不会造成污染。

2）气动部件结构简单，价格便宜。

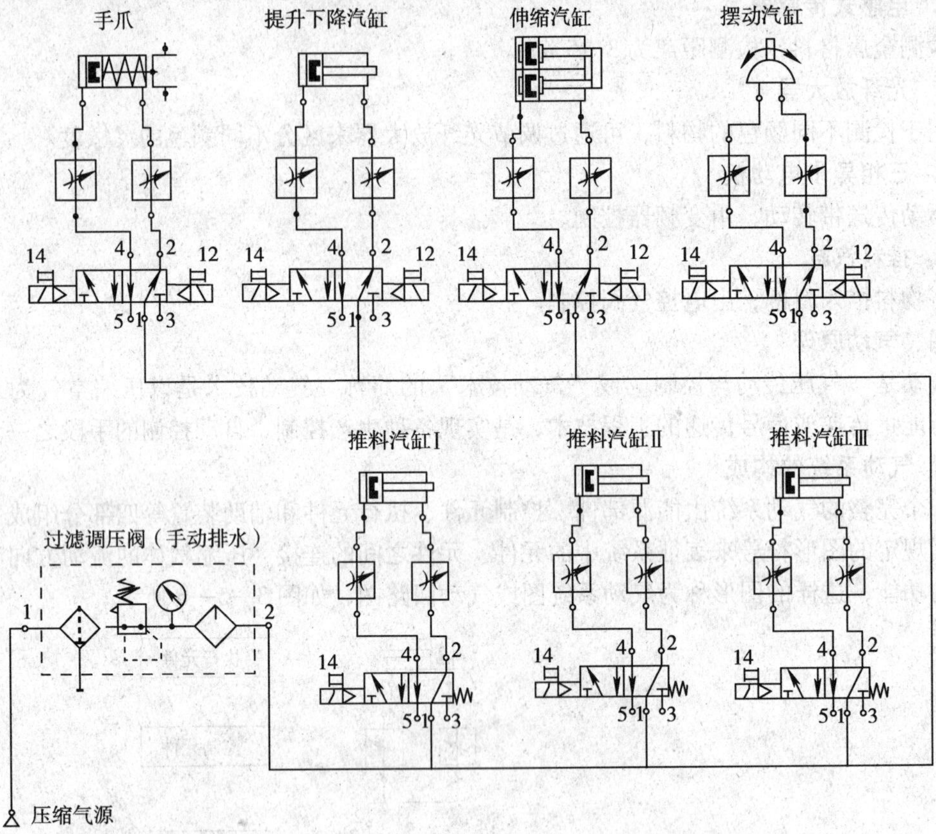

图 3—5—7　机械手物料分拣装置的气动原理图

3）具有良好的可调节性。

4）过载不会造成危险。

（2）缺点

1）压缩空气必须经过良好的过滤和干燥，不能含有灰尘和水分等杂质。

2）气动执行元件的工作速度稳定性能和定位性能差。

3）不适用于需要高速传递信号的复杂电路。

4）气动元件在工作时噪声较大，因此高速排气时要加消声器。

5）输出压力小，通常不大于 1 ~4 MPa。

6）使用空气压缩机将电能转换为压力能，执行元件将压力能转换为机械能，能量转换环节多，能量损失大，整个气动系统的效率低。

五、汽缸电控阀的使用

汽缸的正确运动使物料分到相应的位置，只要交换进、出气的方向就能改变汽缸的伸出（缩回）运动，汽缸两侧的磁性开关可以控制汽缸是否已经运动到位。图 3—5—8 所示是汽缸结构示意图。

1. 双向电控阀

双向电控阀用来控制汽缸进气和出气，从而实现汽缸的伸出、缩回运动。电控阀内装的

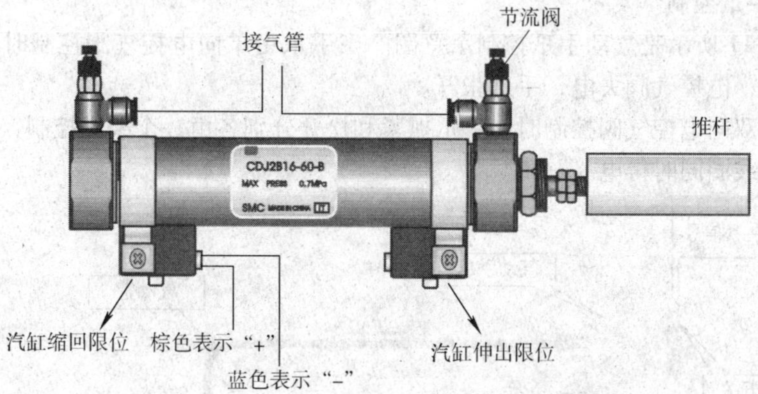

图 3—5—8　汽缸结构示意图

红色指示灯有正、负极性，如果极性接反了也能正常工作，但指示灯不会亮。图3—5—9所示是双向电磁阀结构示意图。

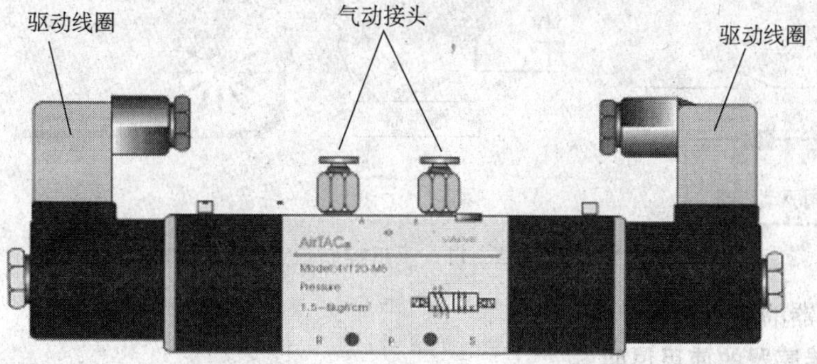

图 3—5—9　双向电磁阀结构示意图

2. 单向电控阀

单向电控阀用来控制汽缸单方向运动，实现汽缸的伸出、缩回运动。与双向电控阀区别在双向电控阀初始位置是任意的，可以随意控制两个位置，而单控阀初始位置是固定的，只能控制一个方向。图 3—5—10 所示是单向电磁阀结构示意图。

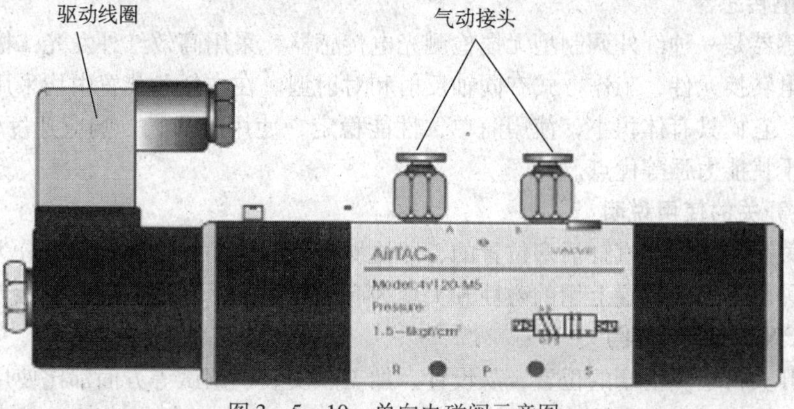

图 3—5—10　单向电磁阀示意图

3. 气动手爪控制

图 3—5—11 所示是气动手爪控制示意图。当手爪由单向电控气阀控制时，电控气阀得电，手爪夹紧；电控气阀失电，手爪张开。

当手爪由双向电控气阀控制时，手爪抓紧和松开分别各由一个线圈控制，在控制过程中不允许这两个线圈同时得电。

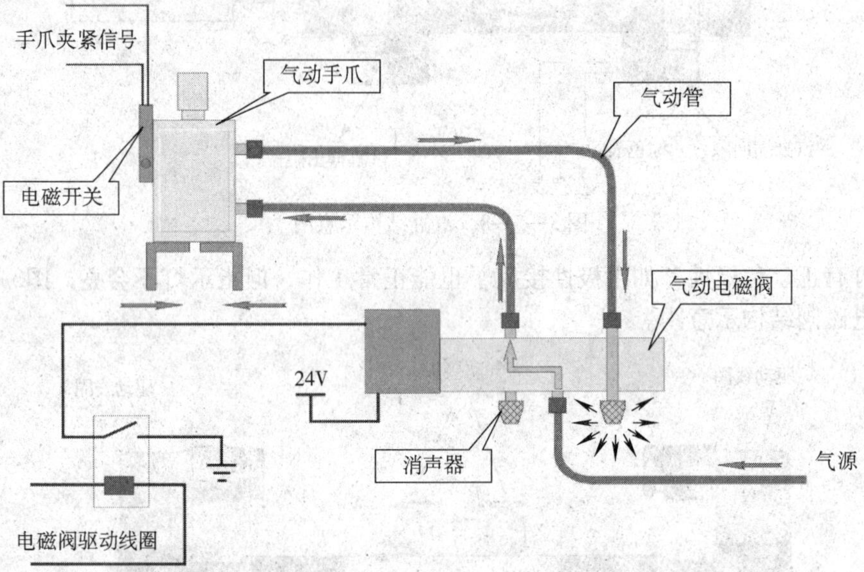

图 3—5—11　手爪控制示意图

六、传感器的应用说明

1. 常用传感器的使用说明

（1）电感式接近传感器

电感式接近传感器由高频振荡、检波、放大、触发及输出电路等组成。振荡器在传感器检测面产生一个交变电磁场，当金属物料接近传感器检测面时，金属中产生的涡流吸收了振荡器的能量，使振荡减弱直至停滞。振荡器的振荡及停振这两种状态转换为电信号通过整形放大器转换成二进制的开关信号，经功率放大后输出。

（2）光电传感器

光电传感器是一种红外调制型无损检测光电传感器，采用高效红外发光二极管、光敏三极管作为光电转换元件，工作方式有同轴反射和对射型。在本任务装置中均采用同轴反射型光电传感器，它们具有体积小，使用简单，性能稳定，使用寿命长，响应速度快，抗冲击，耐振动，抗干扰能力强等优点。

2. 磁性开关的使用说明

磁性开关是用来检测汽缸活塞位置的，即检测活塞的运动行程的。它可分为有触点式和无触点式两种。本任务装置上用的磁性开关均为有触点式的，它是通过机械触点的动作进行开关的通（ON）、断（OFF）。

用磁性开关来检测活塞的位置，从设计、加工、安装、调试等方面都比使用其他限位开关方式简单、省时。其触点接触电阻小，一般为 50 ~ 200 mΩ；但可通过电流小，过载能力较差，只适合低压电路。

磁性开关响应快，动作时间为1.2 ms。耐冲击，冲击加速度可达300 m/s^2，无漏电电流存在。其使用注意事项如下：

（1）安装时，不得让开关受过大的冲击力，如将开关打击、抛扔等。

（2）不要把控制信号线与电力线（如电动机供电线等）平行并排在一起，以防止磁性开关的控制电路由于干扰造成误动作。

（3）磁性开关的连接线不能直接接到电源上，必须串接负载，且负载绝不能短路，以免开关烧坏。

（4）带指示灯的有触点磁性开关，当电流超过最大允许电流时，发光二极管会损坏；若电流在规定范围以下，发光二极管会变暗或不亮。

（5）安装时，开关的导线不能随汽缸运动，不仅仅是导线易断，而且应力加在开关内部，开关内部元件可能损坏。

（6）磁性开关不能用于有磁场的场合，这会造成开关的误动作，或者使内部磁环减磁。

（7）DC24V 带指示灯的开关是有极性的，其导线颜色茶色线为“+”，蓝色线为“-”。本任务装置中所用到的均为 DC24V 带指示灯有触点开关。

七、机械手物料传送和分拣模拟装置的电气电路说明

1. 电气电路组成

本装置电气部分主要由电源模块、按钮模块、可编程序控制器（PLC）模块、变频器模块、三相异步电动机、接线端子排等组成。所有的电气元件均连接到接线端子排上，通过接线端子排连接到安全插孔，由安全接插孔连接到各个模块，结构为拼装式，各个模块均为通用模块，可以更换，能完成不同的项目控制，扩展性较强。图3—5—12所示为本任务装置电气部分的各个模块外形图。

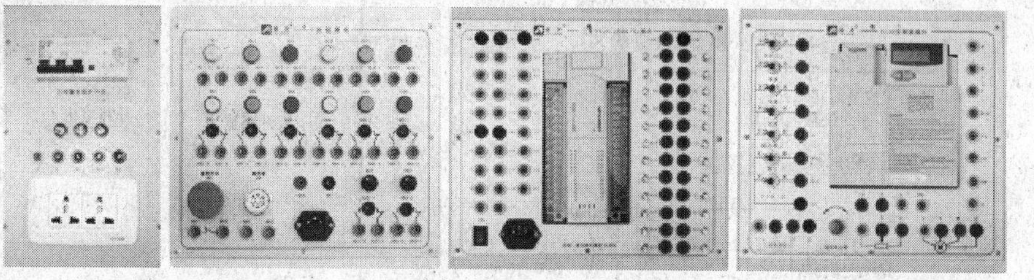

a) b) c) d)

图3—5—12 机械手物料传送和分拣模拟装置电气部分的各个模块外形图

a）电源模块 b）按钮模块 c）PLC模块 d）变频器模块

（1）电源模块

电源模块主要由三相电源总开关（带漏电和短路保护）、熔断器和单相电源插座三部分组成。其中三相电源总开关是本任务装置的总电源控制，而单相电源插座用于模块电源连接和给外围设备提供电源，模块之间电源连接采用安全导线连接。

（2）按钮模块

按钮模块提供了多种不同功能的按钮和指示灯（DC24V）、急停按钮、转换开关、蜂鸣器等。所有接口采用安全插口连接。内置开关电源（24 V/6 A一组，12 V/2 A一组）为外

部设备工作提供电源，其中指示灯共有绿色和红色两种颜色；引出线 5 根，其中并在一起的两根粗线是电源线（红线接“+24”，黑红双色线接“GND”），其余三根是信号控制线（棕色线用于控制信号公共端，如果将控制信号线中的红色线和棕色线接通，则红灯闪亮；将控制信号线中的绿色线和棕色线接通，则绿灯闪亮）。

（3）PLC 模块

采用三菱 FX2N－48MR 继电器输出，所有接口采用安全插口连接。

（4）变频器模块

采用三菱 E540－0.75 kW 型变频器模块控制电动机驱动传送带，所有接口采用安全插口连接。

2．变频器操作

（1）变频器的接线端子

变频器的接线端子功能图如图 3—5—13 所示。

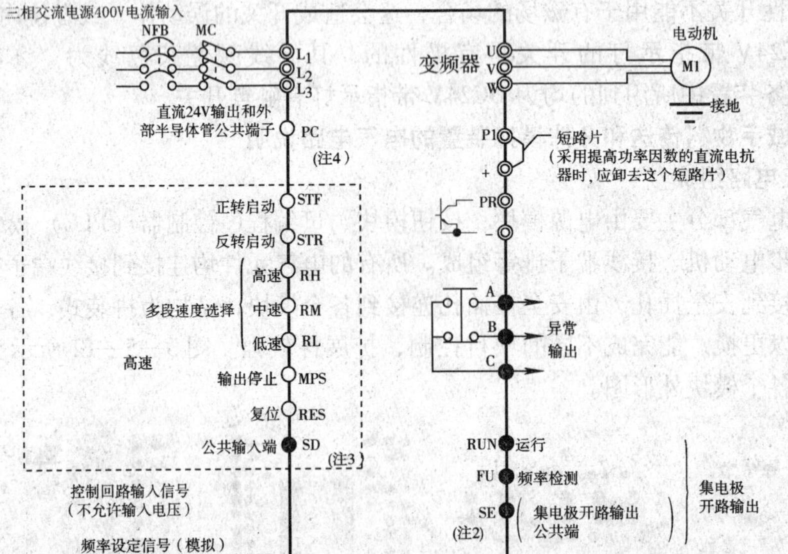

注：1. 频率设定器操作频率高的情况下，应使用2W1kΩ的旋钮电位器。

2. 使端子SD和SE绝缘。

3. 端子SD和端子⑤ 是公共端子，不要接地。

4. 端子PC–SD之间作为直流24V的电源使用时，应注意不要让两端子间短路，一旦短路会造成变频器损坏。

图 3—5—13　变频器的接线端子功能图

（2）变频器操作面板的说明

1）变频器操作面板键的名称如图 3—5—14 所示。

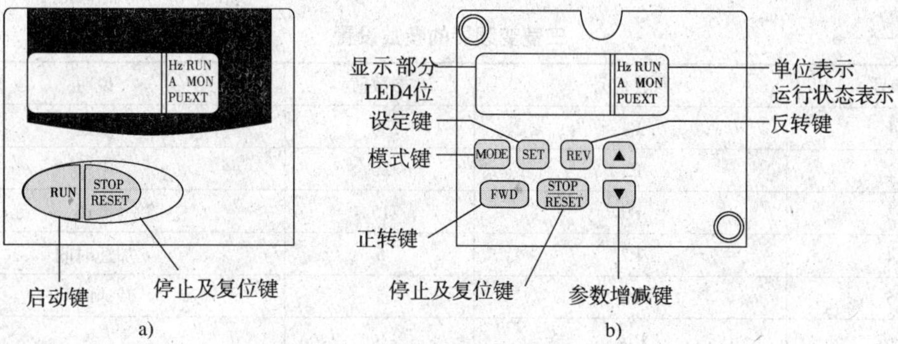

图 3—5—14　变频器的操作面板键的名称

a）面板　b）打开盖板

2）变频器操作面板上各功能键的说明见表 3—5—2。

表 3—5—2　变频器操作面板上各功能键的说明

按键	说　明
RUN 键	正转运行指令健
MODE 键	可用于选择操作模式或设定模式
SET 键	用于确定频率和参数的设定
▲/▼ 键	①用于连续增加或降低运行频率。按下这个键可以改变频率 ②在设定模式中按下此键，则可连续设定参数
FWD 键	用于给出正转指令
REV 键	用于给出反转指令
STOP RESET 键	①用于停止运行 ②用于保护功能，动作输出停止时复位变频器

3）变频器操作面板上的单位表示或状态表示说明见表 3—5—3。

表 3—5—3　变频器操作面板上的单位表示或状态表示说明

单位或状态	说　明
Hz	表示频率时，灯亮 （Pr. 52“操作面板/PU 主显示数据”为“100”时，有灯闪亮或常亮出现）
A	表示电流时，灯亮
RUN	变频器运行时灯亮。正转时灯常亮；反转时灯闪亮
MON	监视模式时灯亮
PU	PU 操作模式时灯亮
EXT	外部操作模式时灯亮

（3）三菱变频器参数设置

三菱变频器的参数设置见表 3—5—4。

表 3—5—4　　三菱变频器的参数设置

序号	参数代号	参数值	说明
1	P4	30	高速
2	P5	20	中速
3	P6	15	低速
4	P7	5	加速时间
5	P8	5	减速时间
6	P14	0	
7	P79	2	电动机控制模式
8	P80	默认	电动机的额定功率
9	P82	默认	电动机的额定电流
10	P83	默认	电动机的额定电压
11	P84	默认	电动机的额定频率

任务实施

一、分配输入点和输出点，写出 I/O 通道地址分配表

根据控制要求，使用 4 个二位五通双控电磁阀分别驱动机械手的 4 个汽缸，使用 3 个二位五通单控电磁阀分别驱动 3 个负责推料的汽缸。

1. 根据动作过程确定输入点数。所用检测传感器占用的输入点数为 18 个，启动、停止和急停需要输入点数 3 个，共计 21 个输入点。

2. 根据工作过程和气动系统图，可以确定完成生产线工件分送系统所需要的输出点。

（1）圆盘直流电动机运行，需要 1 个输出点。

（2）机械手动作有机械手悬臂伸出、缩回，手臂上升、下降，手爪抓紧、松开，机械手左摆、右摆，共需要 8 个输出点。

（3）汽缸推送工件动作有汽缸Ⅰ、汽缸Ⅱ、汽缸Ⅲ动作，共需要 3 个输出点。

（4）输送带输送机运行有正反转运行 2 个输出点；高、中、低速运行，变频器需要 3 个输出点，共计 5 个输出点。

（5）指示灯包括白色塑料包装指示灯、金属包装指示灯、紧急停止指示灯、红色指示灯、绿色指示灯和蜂鸣器共 6 个输出点。

由以上分析可知，完成机械手传送和分拣物料控制需要占用 PLC 的输出点数共 23 个。

3. 列出 PLC 输入/输出地址分配表，见表 3—5—5。

表 3—5—5　　I/O 通道地址分配表

输入地址		输出地址	
启动按钮 SB5	X000	驱动悬臂伸出	Y000
停止按钮 SB6	X001	驱动悬臂缩回	Y001
悬臂汽缸前限位传感器	X002	驱动手臂下降	Y002
悬臂汽缸后限位传感器	X003	驱动手臂上升	Y003
手臂汽缸下限位传感器	X004	驱动机械手向右旋转	Y004
手臂汽缸上限位传感器	X005	驱动机械手向左旋转	Y005
旋转汽缸左限位传感器	X006	驱动汽爪夹紧	Y006
旋转汽缸右限位传感器	X007	驱动汽爪放松	Y007
手爪汽缸夹紧限位传感器	X010	圆盘直流电动机	Y010
抓料平台光电传感器	X011	汽缸Ⅰ推出	Y011
输送带进料口光电传感器	X012	汽缸Ⅱ推出	Y012
位置Ⅰ光纤传感器	X013	汽缸Ⅲ推出	Y013
汽缸Ⅰ前限位	X014	白色塑料包装指示灯 HL4	Y014
汽缸Ⅰ后限位	X015	金属包装指示灯 HL5	Y015
位置Ⅱ光纤传感器	X016	紧急停止指示灯 HL6	Y016
汽缸Ⅱ前限位	X017	蜂鸣器	Y017
汽缸Ⅱ后限位	X020	三相交流异步电动机正转运行	Y020
位置Ⅲ光纤传感器	X021	三相交流异步电动机反转运行	Y021
汽缸Ⅲ前限位	X022	三相交流异步电动机高速运行	Y022
汽缸Ⅲ后限位	X023	三相交流异步电动机中速运行	Y023
急停开关 QS	X024	三相交流异步电动机低速运行	Y024
		红色警示灯	Y025
		绿色警示灯	Y026

二、画出 PLC 接线图（I/O 接线图）

根据控制要求和地址分配表画出本任务控制的 PLC 接线图，如图 3—5—15 所示。

三、程序设计

从控制要求分析可知，本任务的装置具有以下功能：供料、搬运、区分合格与不合格工件、清洗、包装、分拣、急停、报警、三相交流异步电动机以 3 种速度及正、反转运行。

1. 程序设计思路

从本任务的控制要求分析可知，本任务装置中的基本动作都是顺序控制，因此在设计动作时可以采用基本指令实现的动作控制法，也可以采用三菱 PLC 的步进梯形图指令控制法，作为设计导向。

2. 系统程序的编写

（1）机械手程序的编写

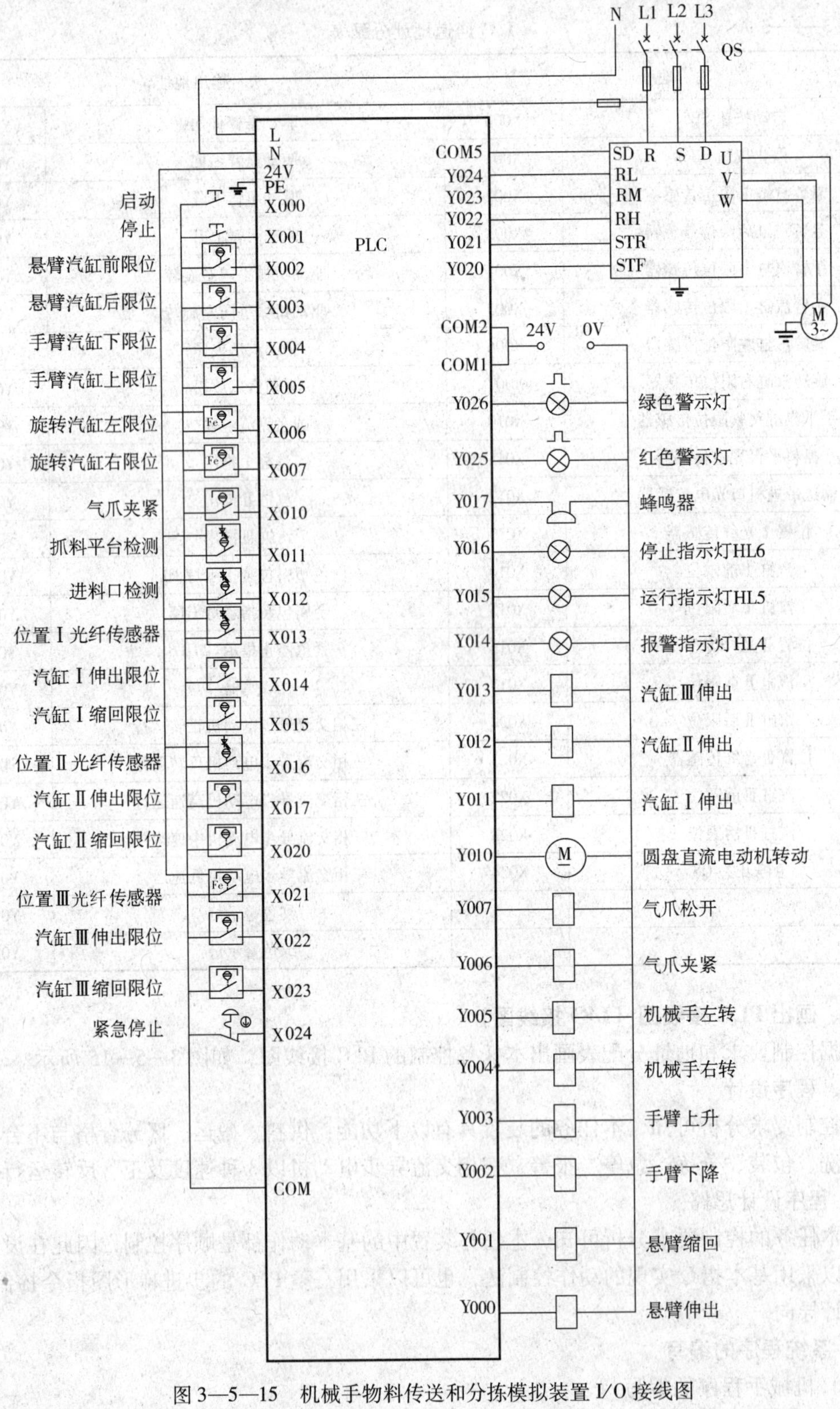

图 3—5—15　机械手物料传送和分拣模拟装置 I/O 接线图

确认该系统的各个部件在原位时，按下启动按钮，接通一个 PLC 的内部辅助继电器（自锁）作为系统开始运行第一个动作的状态标志，此状态标志用于控制圆盘直流电动机的启动和停止。用这个状态标志与抓料平台的物料检测信号串联，作为下一个动作的触发条件，并用下一个动作去复位上一个动作的状态标志。依照这样的规律设计机械手的其余动作，整个机械手动作的顺序功能图如图 3—5—16 所示，其控制程序梯形图如图 3—5—17 所示。

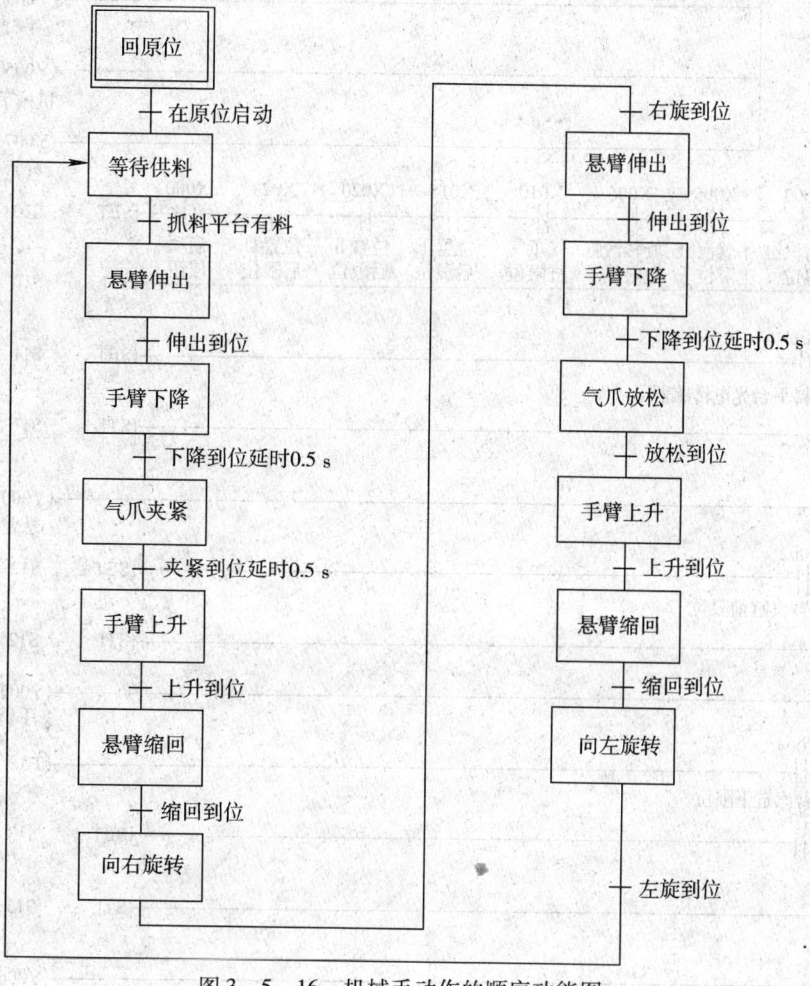

图 3—5—16　机械手动作的顺序功能图

（2）传送带送料分拣部分程序的编写

从任务控制要求分析可知，传送带送料分拣工作是在机械手右转到位后，传送带输送机启动并低速运行；当传送带进料口有工件到达信号，传送带输送机会正向高速运行。此时有 3 种流程方式进行送料分拣。

1）若为黑色不合格工件，运送到位置Ⅰ直接推入废料槽。

2）若为金属工件，运送到位置Ⅱ后传送带输送机正向中速运行，到达位置Ⅲ停止并延时 3 s，然后推入包装槽。

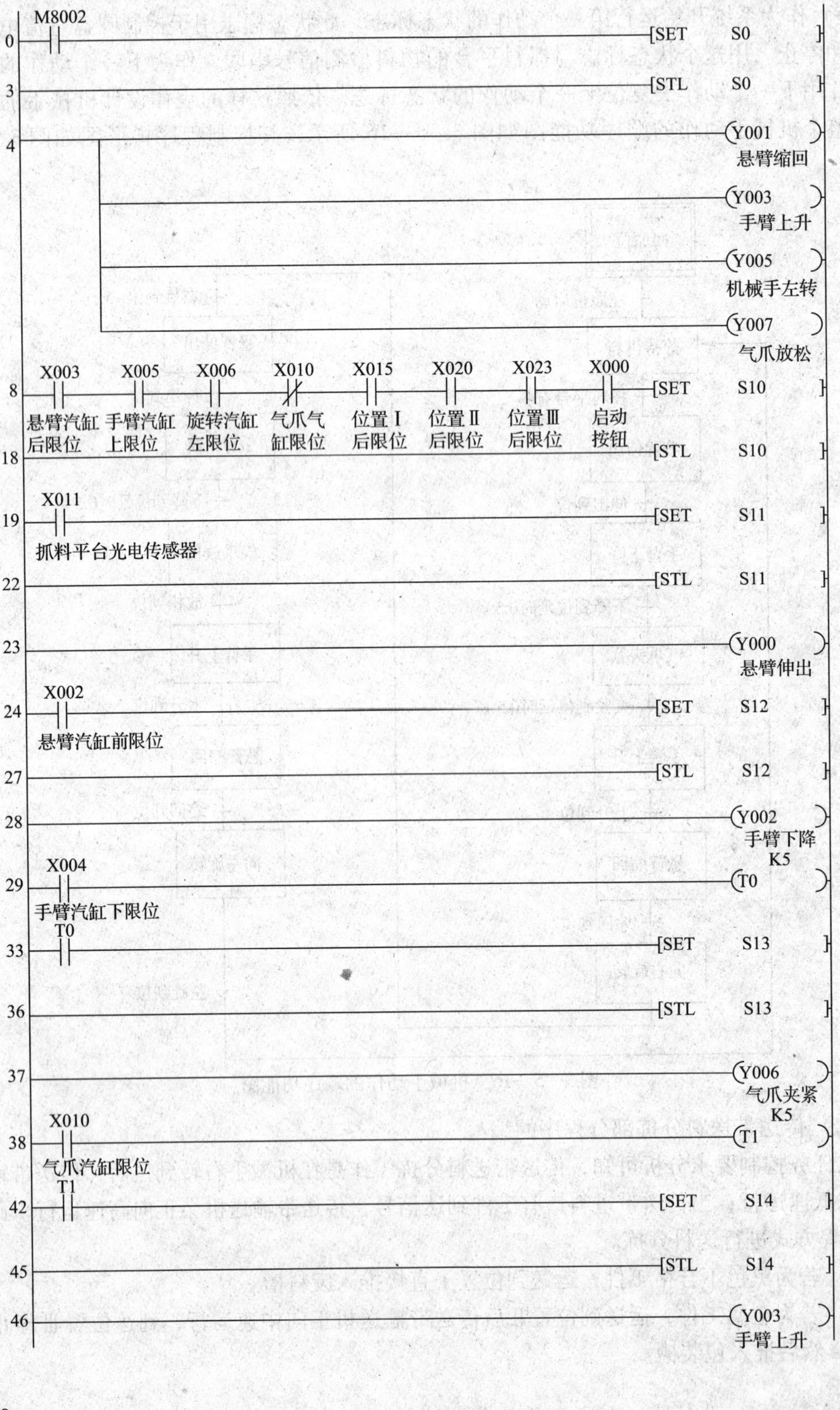
M8002
SET S0
STL S0
Y001 悬臂缩回
Y003 手臂上升
Y005 机械手左转
Y007 气爪放松
X003 悬臂汽缸后限位
X005 手臂汽缸上限位
X006 旋转汽缸左限位
X010 气爪气缸限位
X015 位置Ⅰ后限位
X020 位置Ⅱ后限位
X023 位置Ⅲ后限位
X000 启动按钮
SET S10
STL S10
X011 抓料平台光电传感器
SET S11
STL S11
Y000 悬臂伸出
X002 悬臂汽缸前限位
SET S12
STL S12
Y002 手臂下降
X004 手臂汽缸下限位
K5
T0
SET S13
STL S13
Y006 气爪夹紧
X010 气爪汽缸限位
K5
T1
SET S14
STL S14
Y003 手臂上升

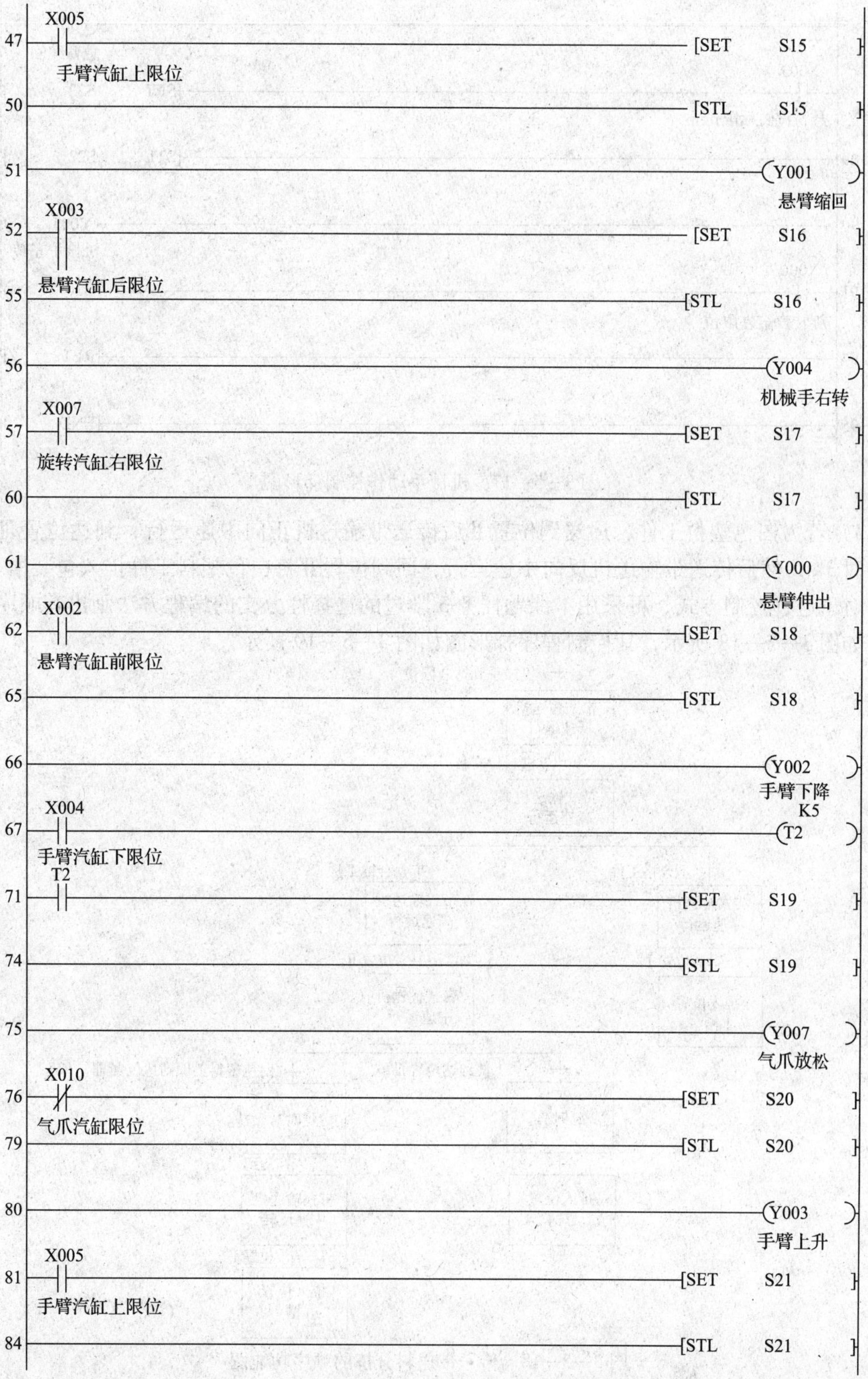
X005
47
[SET S15]
手臂汽缸上限位
50
[STL S15]
51
Y001
悬臂缩回
X003
52
[SET S16]
悬臂汽缸后限位
55
[STL S16]
56
Y004
机械手右转
X007
57
[SET S17]
旋转汽缸右限位
60
[STL S17]
61
Y000
悬臂伸出
X002
62
[SET S18]
悬臂汽缸前限位
65
[STL S18]
66
Y002
手臂下降
X004
67
K5
T2
手臂汽缸下限位
T2
71
[SET S19]
74
[STL S19]
75
Y007
气爪放松
X010
76
[SET S20]
气爪汽缸限位
79
[STL S20]
80
Y003
手臂上升
X005
81
[SET S21]
手臂汽缸上限位
84
[STL S21]

图 3—5—17　机械手动作控制梯形图

3）若为白色塑料工件，运送到位置Ⅱ后传送带输送机正向中速运行，到达位置Ⅲ停止并延时 3 s，然后传送带输送机反向中速运行，回到位置Ⅱ将白色塑料工件推入包装槽。

对于这种控制方式，可采用本课题任务 3 学过的选择性分支的编程方法画出其顺序功能图，如图 3—5—18 所示，其控制程序梯形图如图 3—5—19 所示。

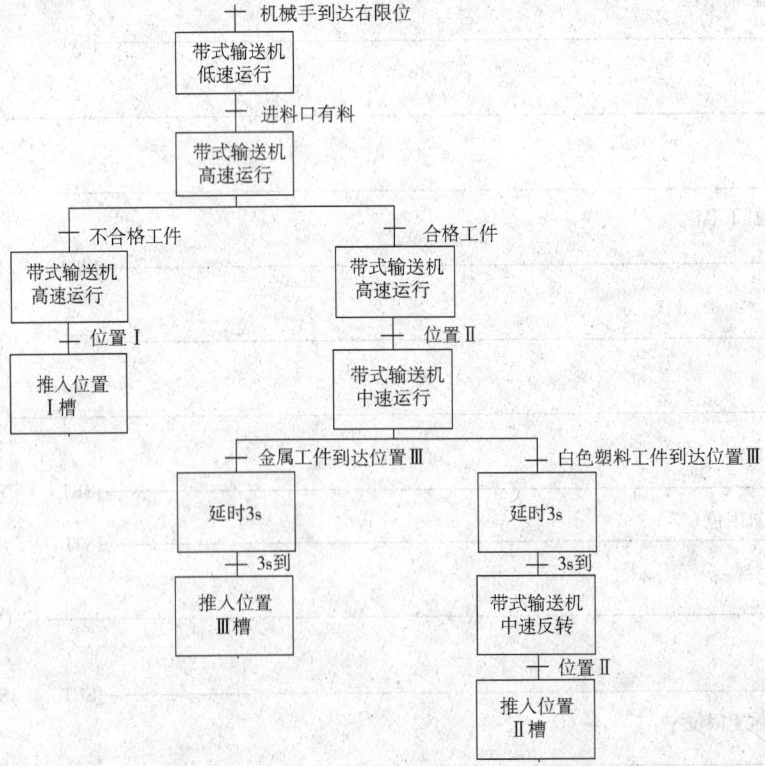

图 3—5—18　传送带送料分拣的顺序功能图

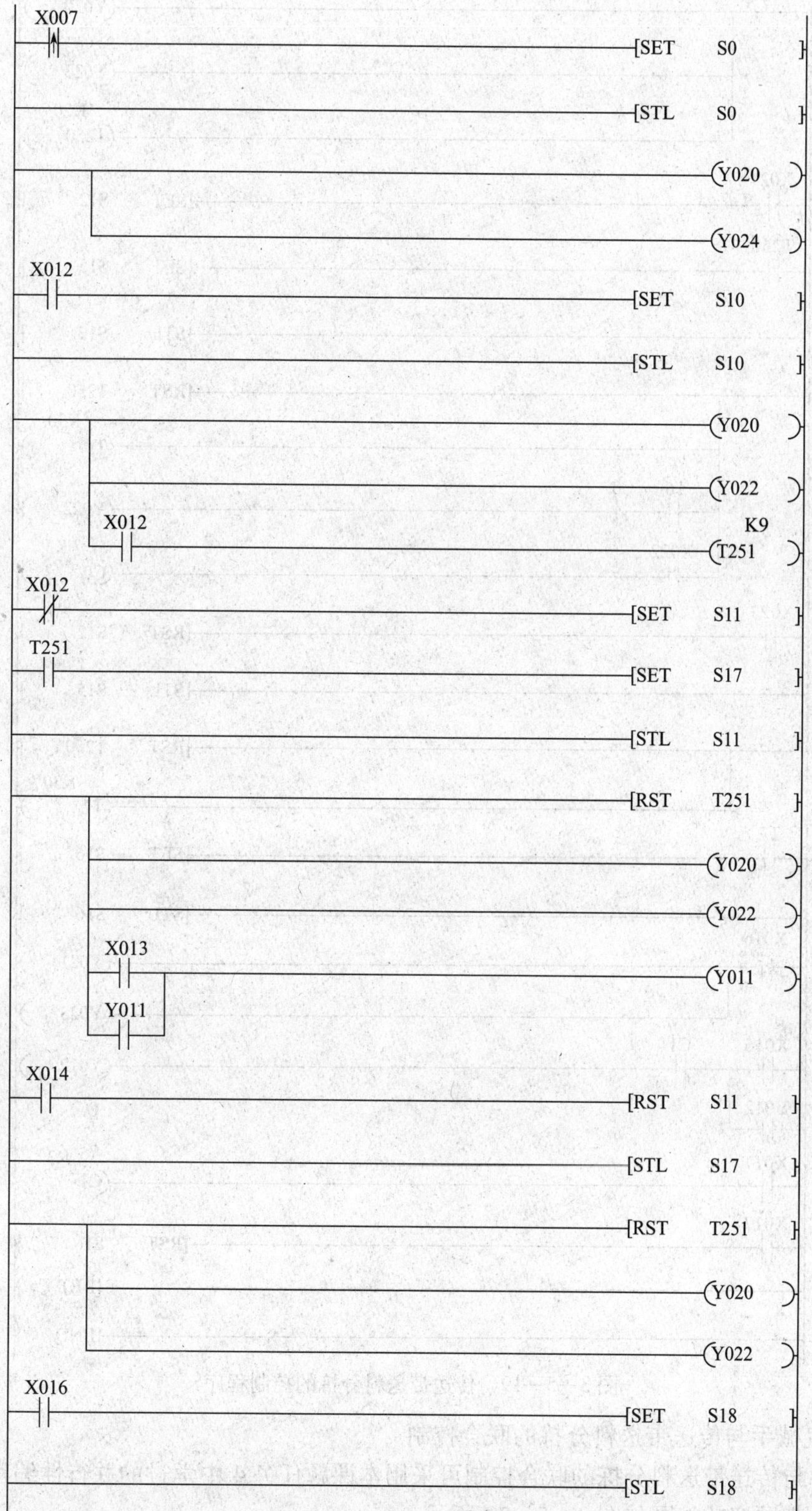
X007
[SET S0]
[STL S0]
Y020
Y024
X012
[SET S10]
[STL S10]
Y020
Y022
X012
K9
T251
X012
[SET S11]
T251
[SET S17]
[STL S11]
[RST T251]
Y020
Y022
X013
Y011
Y011
X014
[RST S11]
[STL S17]
[RST T251]
Y020
Y022
X016
[SET S18]
[STL S18]

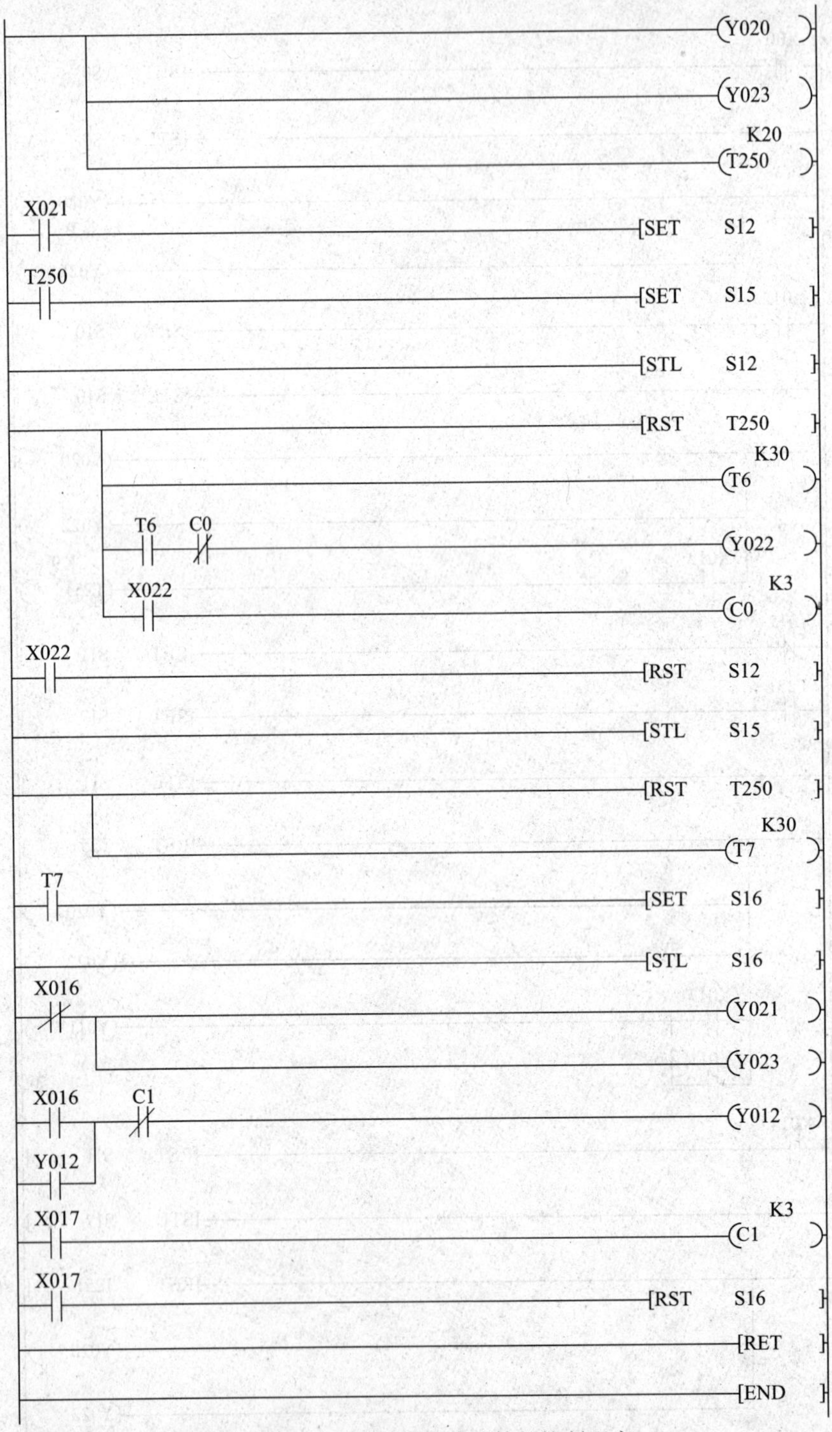

图 3—5—19　传送带送料分拣的控制程序

（3）机械手与传送带送料分拣的联合控制

机械手与传送带送料分拣的联合控制可采用本课题任务 4 中学过的并行性编程方法进行编程设计，其顺序功能图如图 3—5—20 所示。

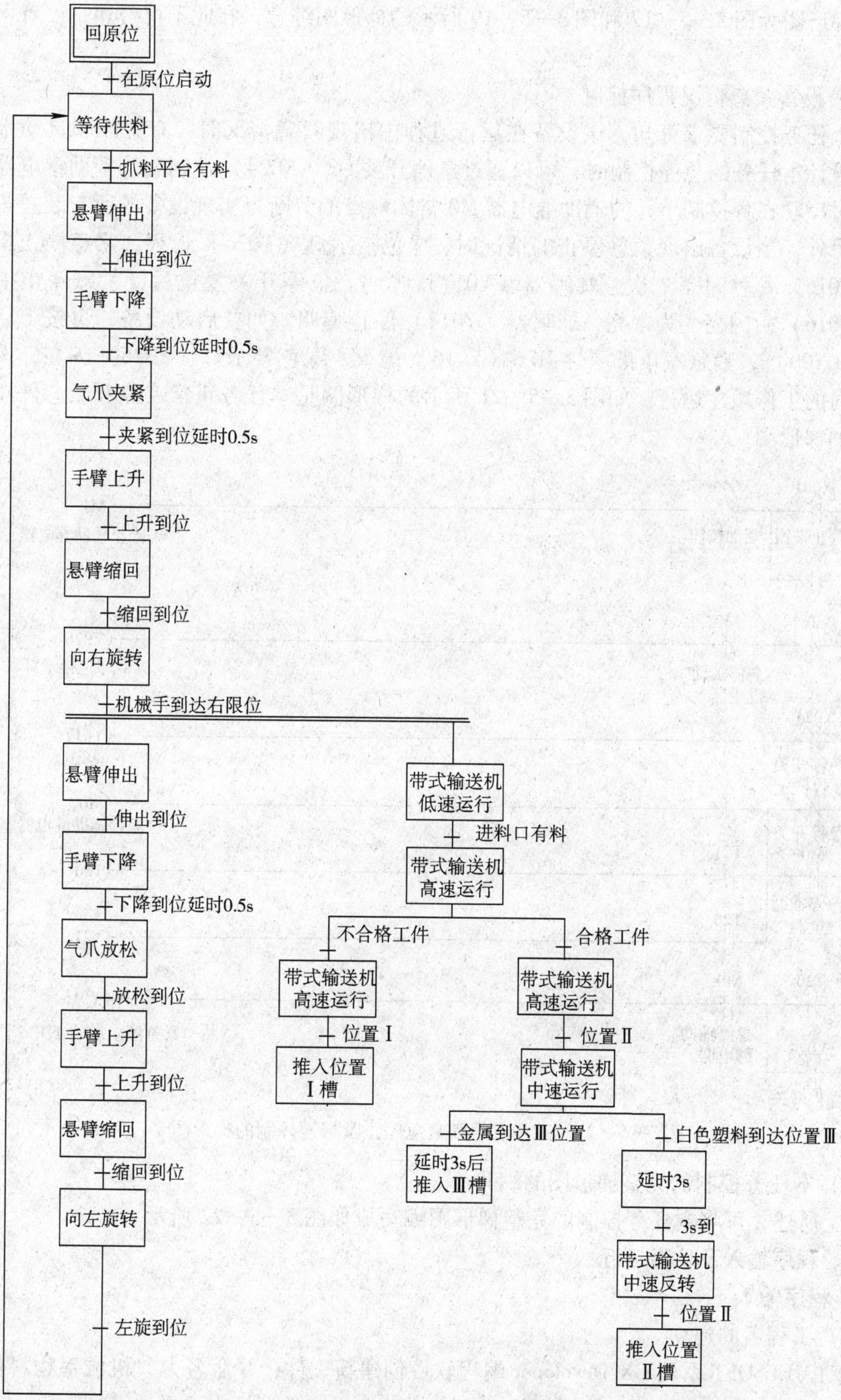

图 3—5—20　机械手与传送带送料分拣的联合控制的顺序功能图

其梯形图为图 3—5—17 和图 3—5—19 所示的梯形图综合，在此不再赘述，读者可自行编写。

（4）设备紧急情况程序控制

从本任务控制要求可知，该设备在运行过程中出现紧急情况时，有急停和自动报警控制。在设计本任务的急停控制时，可以通过急停开关 QS（X024）控制急停辅助继电器 M0，然后通过串联在各控制单元的辅助继电器 M0 常闭触点的分断来实现设备的所有装置都停止运行。另外，当设备出现紧急停止的情况时，绿色指示灯（Y026）熄灭，紧急停止指示灯 HL6（Y016）每秒闪亮 2 次，蜂鸣器（Y017）鸣叫。急停开关复位后，紧急停止指示灯 HL6（Y016）由闪亮变为常亮，蜂鸣器（Y017）停止鸣叫。如要启动设备，再按下启动按钮 SB5（X000），紧急停止指示灯 HL6（Y016）熄灭，绿色警示灯（Y026）闪亮，设备接着急停时的工作顺序运行。如图 3—5—21 所示的梯形图是本任务正常启停和紧急停止及报警控制的梯形图。

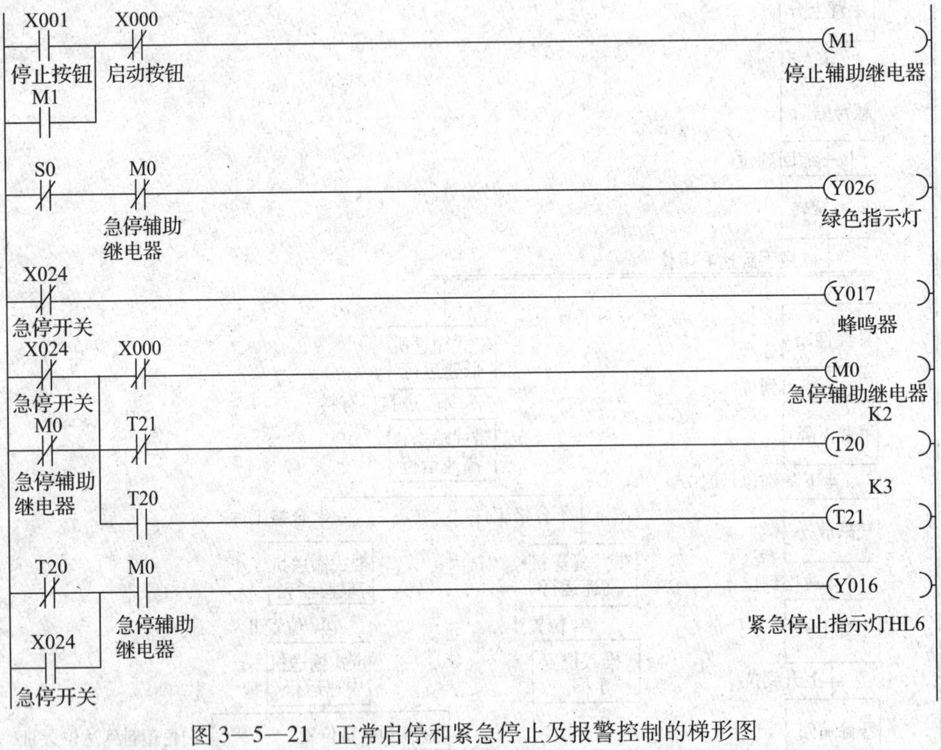

图 3—5—21　正常启停和紧急停止及报警控制的梯形图

（5）本任务控制的完整梯形图的编写

综上所述，可将本任务控制的完整梯形图编写成如图 3—5—22 所示。

四、程序输入及仿真运行

1．程序输入

（1）工程名的建立

启动 MELSOFT 系列 GX Developer 编程软件创建新文件，并命名为“机械手物料传送和分拣模拟装置控制”，选择 PLC 类型为“FX2N”，在程序类型框内选择“SFC”。

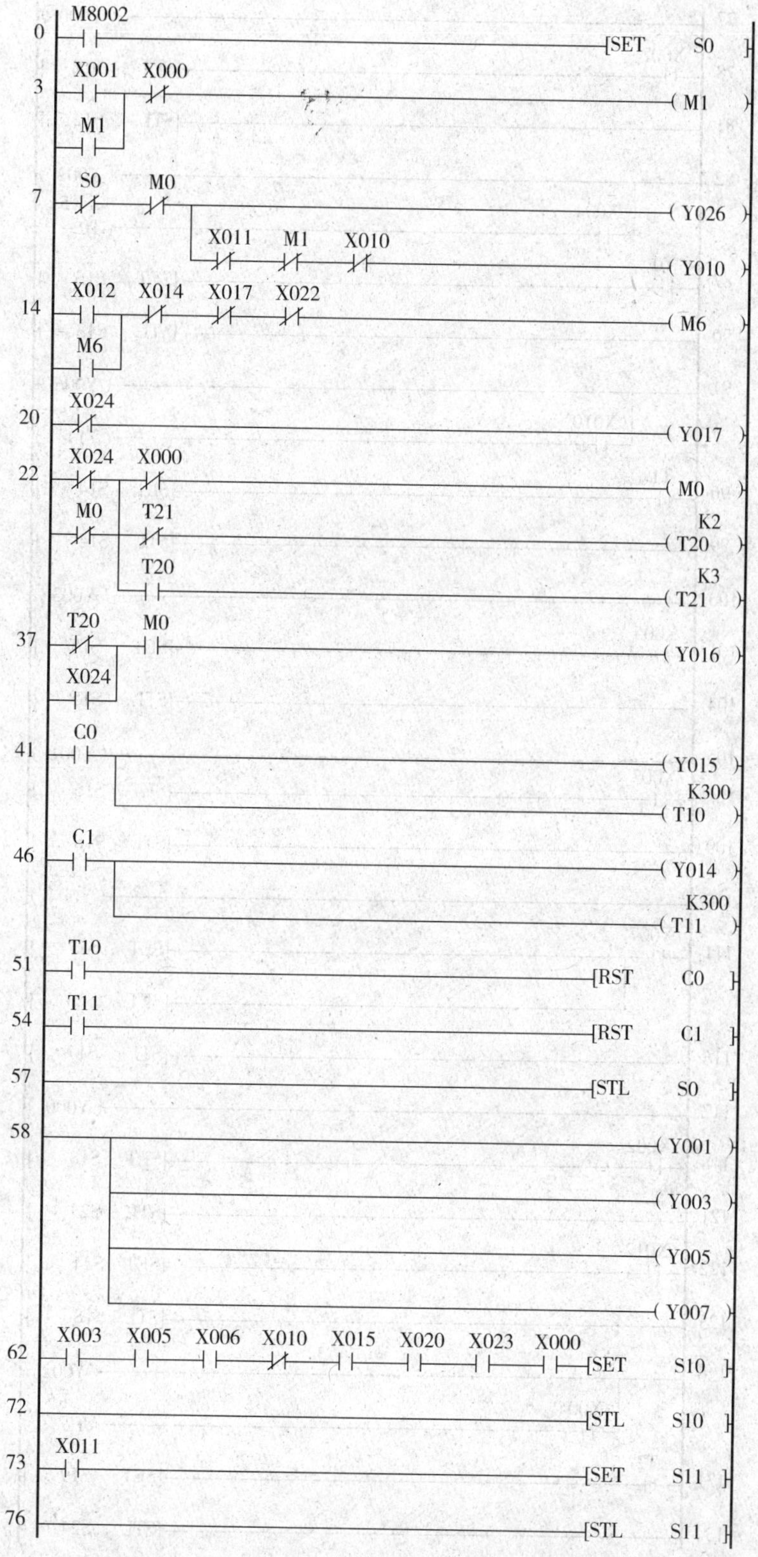
0 M8002 [SET S0]
3 X001 X000 (M1)
M1
7 S0 M0 (Y026)
X011 M1 X010 (Y010)
14 X012 X014 X017 X022 (M6)
M6
20 X024 (Y017)
22 X024 X000 (M0)
M0 T21 K2 (T20)
T20 K3 (T21)
37 T20 M0 (Y016)
X024
41 C0 (Y015)
K300 (T10)
46 C1 (Y014)
K300 (T11)
51 T10 [RST C0]
54 T11 [RST C1]
57 [STL S0]
58 (Y001)
(Y003)
(Y005)
(Y007)
62 X003 X005 X006 X010 X015 X020 X023 X000 [SET S10]
72 [STL S10]
73 X011 [SET S11]
76 [STL S11]

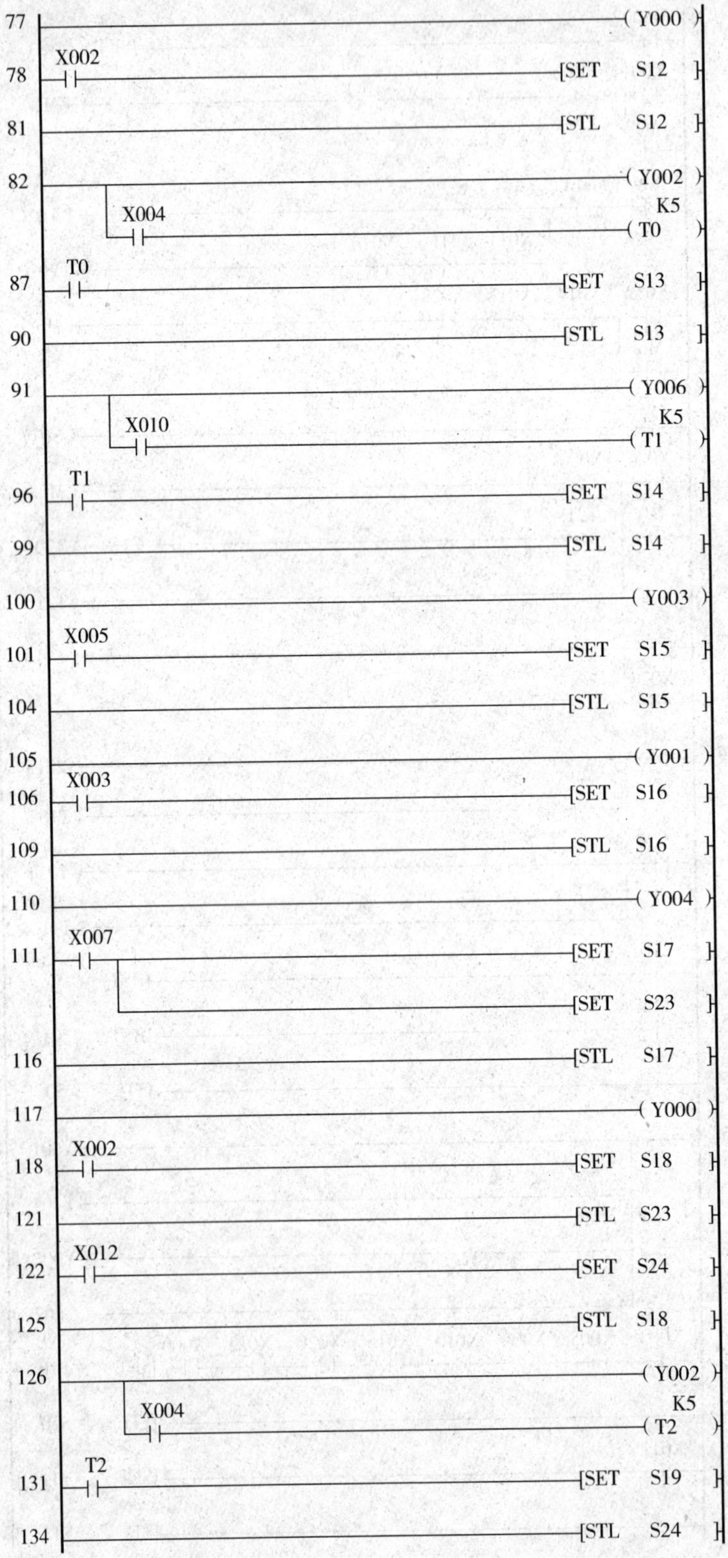
77
(Y000)
78
X002
[SET S12]
81
[STL S12]
82
(Y002)
X004
K5
(T0)
87
T0
[SET S13]
90
[STL S13]
91
(Y006)
X010
K5
(T1)
96
T1
[SET S14]
99
[STL S14]
100
(Y003)
101
X005
[SET S15]
104
[STL S15]
105
(Y001)
106
X003
[SET S16]
109
[STL S16]
110
(Y004)
111
X007
[SET S17]
[SET S23]
116
[STL S17]
117
(Y000)
118
X002
[SET S18]
121
[STL S23]
122
X012
[SET S24]
125
[STL S18]
126
(Y002)
X004
K5
(T2)
131
T2
[SET S19]
134
[STL S24]

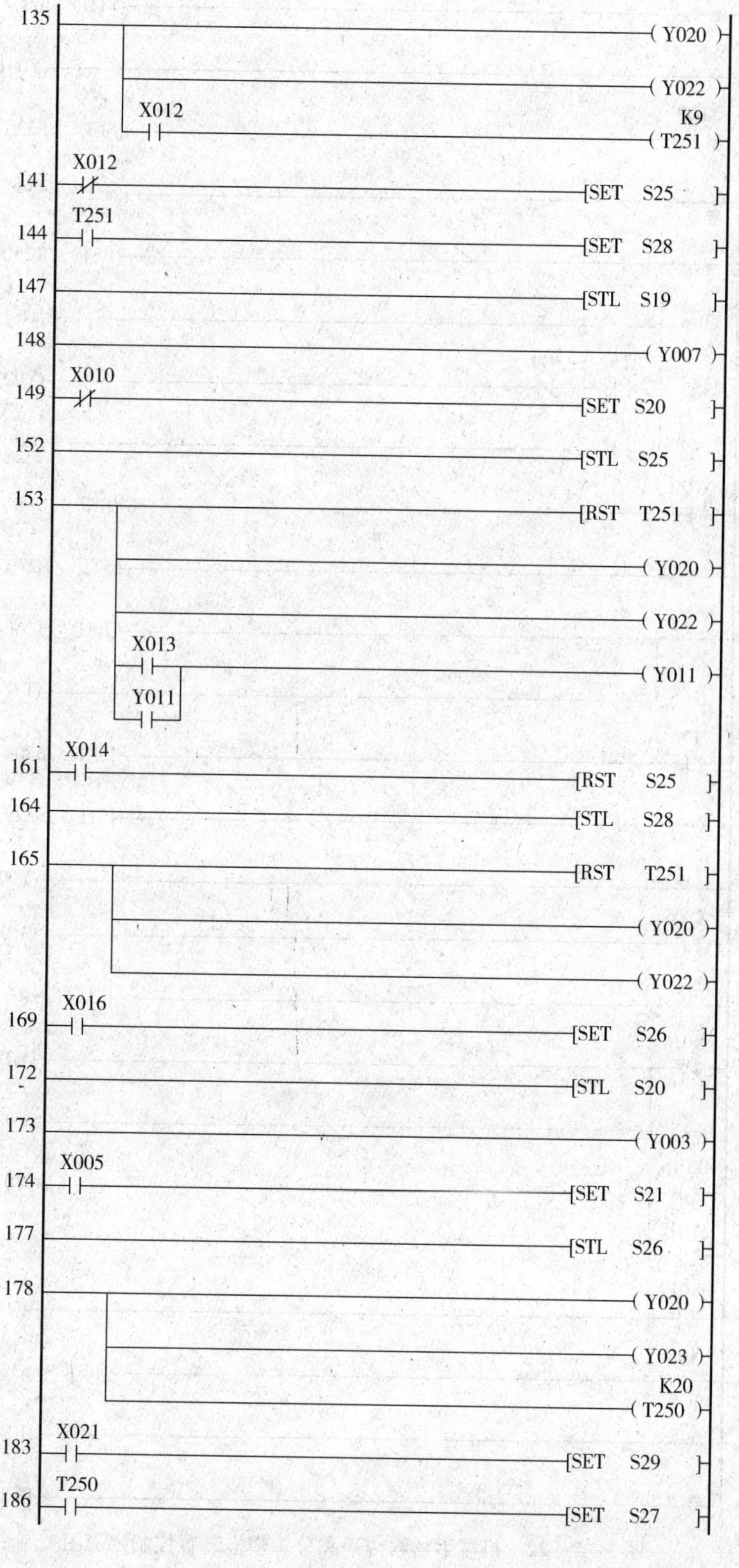
135
Y020
Y022
X012
K9
T251
141
X012
SET S25
144
T251
SET S28
147
STL S19
148
Y007
149
X010
SET S20
152
STL S25
153
RST T251
Y020
Y022
X013
Y011
Y011
161
X014
RST S25
164
STL S28
165
RST T251
Y020
Y022
169
X016
SET S26
172
STL S20
173
Y003
174
X005
SET S21
177
STL S26
178
Y020
Y023
K20
T250
183
X021
SET S29
186
T250
SET S27

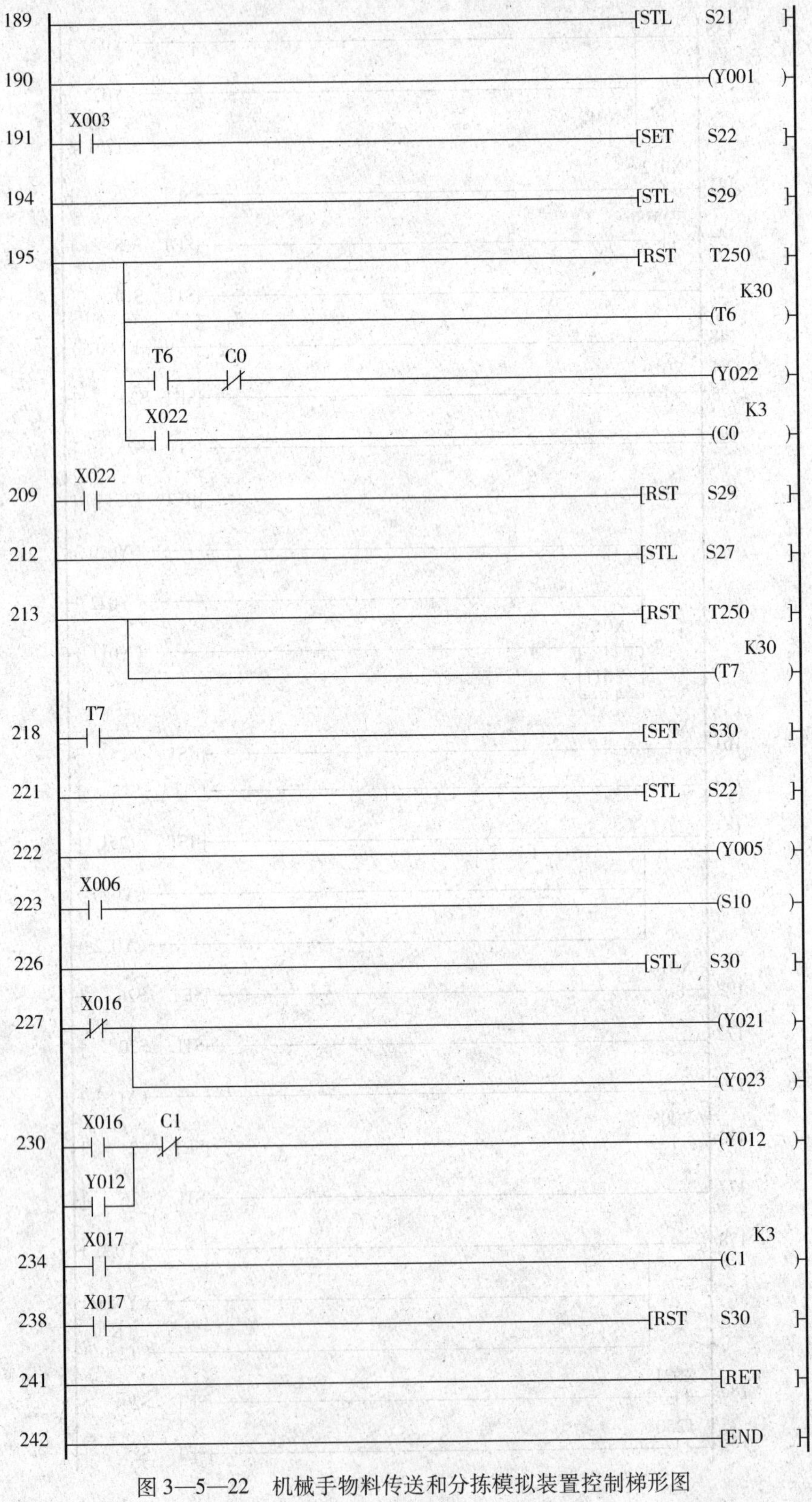

图 3—5—22　机械手物料传送和分拣模拟装置控制梯形图

（2）程序输入

输入方法可参照前面任务所述的方法，在此不再赘述。

2. 仿真运行

仿真运行可参照前面任务所述的方法，读者自行进行仿真，在此不再赘述。

3. 程序下载

（1）PLC 与计算机连接

使用专用通信电缆 RS－232/RS422 转换器将 PLC 的编程接口与计算机的 COM1 串口连接。

（2）程序写入

先接通系统电源，将 PLC 的 RUN/STOP 开关拨到“STOP”的位置，然后通过 MELSOFT 系列 GX Developer 软件中的“PLC”菜单的“在线”栏的“PLC 写入”，就可以把仿真成功的程序写入到 PLC 中。

五、线路安装与调试

1. 选择元件

根据图 3—5—12 所示的模块选择所需要的元件。

2. 安装电路

选择出所需要的元件后，然后根据如图 3—5—15 所示的 I/O 接线图，进行线路安装。从接线的准确性、速度和美观等方面考虑，其接线标准和接线流程如下：

（1）接线要求

连接导线型号、颜色正确；电路各连接点连接可靠、牢固，外露铜丝最长不能超过 2 mm；接入接线排的导线都需要编号，并套好号码管；号码管长度应一致，编号工整、方向一致；同一接线端子的连接导线最多不能超过 2 根。

（2）接线流程

1）从线架上取下黑色的连接线，将圆盘直流电动机蓝色接地线、信号灯上的蓝色接地线、电磁阀的黄色接地线在安装平台的接线排上通过并联进行连接，再引到电源接地线；磁性开关的蓝色接地线以及三线制传感器的蓝色接地线在安装平台的接线排上通过并联方式进行连接，再引到电源接地线。将信号灯的棕色正电源线、三线制传感器上的棕色电源线通过并联进行连接，再引到 PLC 的 DC24V 电源接线端上。

2）对按钮模块上需要使用的元器件和 PLC 模块上的相关接线进行连接。将按钮模块上需要使用的启动按钮、停止按钮、急停开关等控制元件上的上端黑色端子通过并联连接到 PLC 输入的 COM 点上；电源指示灯、启动指示灯、蜂鸣器等元器件的一端、PLC 输入点的 COM 点以及工作台上接地线并联到 0 V 上，将电源指示灯一端和安装平台上的相线端、输出点的 COM 点并联到 +24 V 上；然后将电源模块上的三相电连接到变频器上，变频器上的 U、V、W、接地线连接到传送带输送机的三相交流异步电动机上；最后从线架上取下黄色和绿色的连接线，根据编程时使用的输入/输出口地址分配表分别连接好。线接好后，把多余的线放回线架上。

3. 变频器的参数设置

（1）列出需要设置的变频器参数

根据传送带输送机能以 15 Hz、20 Hz、30 Hz 的 3 种频率运行，得出需要设定的变频器参数及相应的参数值，见表 3—5—6。

表 3—5—6　　需要设置的变频器参数

序号	参数代号	参数值	说明
1	P4	30 Hz	高速
2	P5	20 Hz	中速
3	P6	15 Hz	低速
4	P79	2 Hz	电动机控制模式（外部操作模式）

（2）接通变频器电源

由于变频器负载电路已连接好，如果在接通电源时未将控制回路输入端断开，则变频器可能会输出信号使三相交流异步电动机运行，从而造成危险，因此需要先将控制回路输入端都置于断开位置，再接通变频器电源。电源接通后，变频器电源指示灯亮，此时才可打开变频器操作面板前盖进行参数设置。

（3）恢复出厂设置

由于变频器已被使用过，变频器上的某些参数被修改过，但不知道是哪些参数被修改，因此在设置变频器参数前一般先将其参数恢复至出厂设置。

（4）参数设置

按照变频器参数设定模式的操作方法，依次按表 3—5—6 列出的需要设置变频器参数。所有参数设置完成后，再逐一进行检查，以确认设置是否有效。在确认变频器参数设置正确后，再将变频器设置为频率监视模式。

4. 通电调试

（1）经自检无误后，在指导教师的指导下，方可通电调试。

（2）先接通系统电源开关 QS，将 PLC 的 RUN/STOP 开关拨到“RUN”的位置，然后通过计算机上的 MELSOFT 系列 GX Developer 软件中的“监控/测试”监视程序的运行情况，再按照任务控制要求进行操作，观察系统运行情况并做好记录，填写表 3—5—7。如出现故障，应立即切断电源，分析原因、检查电路或梯形图，排除故障后，方可进行重新调试，直到系统功能调试成功为止。

表 3—5—7　　完成工作任务记录表

工 作 项 目	完成情况
连接的电路是否正确	
连接的气路是否正确	
编写的程序中初始位置是否符合工作任务要求	
初始位置符合工作任务要求后，红色指示灯是否会闪亮	

续表

工 作 项 目	完成情况
按下启动按钮后，红色指示灯是否会闪亮	
按下启动按钮后，绿色指示灯是否会闪亮	
在机械手搬运过程中按下停止按钮，机械手是否立即停止	
当机械手悬臂到达右限位时，传送带输送机是否启动	
传送带输送机进料口有工件到达，三相交流异步电动机能否高速运行	
传送带上有工件，机械手是否会继续搬运	
传送带上工件推出后，三相交流异步电动机是否会高速运行	
三相交流异步电动机高速运行时按下停止按钮，是否立即停止	
三相交流异步电动机低速运行时按下停止按钮，是否立即停止	
黑色工件能否推入废料槽	
白色塑料工件能否在电感传感器下停止	
白色塑料工件包装时，HL4 指示灯是否会亮	
金属工件包装时，HL5 指示灯是否会亮	
包装时，有没有工件被推入正在包装的出料斜槽	
按下急停开关，报警装置是否会报警	
报警装置是否符合工作任务要求	
急停开关复位后，没有按下启动按钮，设备能否接着运行	

想一想

如果本任务的机械手物料传送和分拣模拟装置在工作过程中突然停电，应如何处理机械手上夹持的工件？如何处理正在“清洗”的工件？如何处理在出料斜槽中的工件？

任务测评

对本任务实施的完成情况进行检查，并将结果填入任务测评表，参见表 3—2—9。

知识拓展

一、理论知识拓展

PLC 控制系统应有异常处理程序，用来作为 PLC 的种种异常情况及出错处理。具体处理有错误报警、错误控制、状态记录、标志位使用、故障预测与预防和故障或错误诊断。此外，为了更加可靠，有的还可做冗余或容错配置处理。

1. 出现错误时报警

在有的 PLC 控制系统中，使用了 3 级错误报警系统。1 级错误报警设置在控制现场各控制柜面板，采用信号指示灯指示设备正常运行和错误情况，当设备正常运行时对应的指示灯亮，当该设备运行有故障时，指示灯闪烁；2 级错误报警设置在中心控制室大屏幕监视器上，当设备出现错误时，有共享显示错误标志，工艺流程图上对应设备的指示灯闪烁，历史事件表中将记录出现过的 2 级错误；3 级错误报警在中心控制室信号箱内，当设备出现错误时，信号箱将用声、光报警方式提示工作人员及时处理错误。在故障或出错报警的同时，做好故障记录是必要的，也可与状态记录一起编程。

2. 出现错误时的控制

一旦系统出错，除了报警、记录，立即要考虑的是对出错或故障性质、严重程度的判断。一旦确认是严重故障，应有应急处理机制或程序去处理故障，以确保人身及设备安全，特别是人身安全。

一般而言，可将与机器有关的危险隔离，主动或被动地将它封住，或者在探测到危险时终止过程，这是唯一能把握并尽量避免伤亡、同时优化生产过程的机会。这里最简单的方法是设备紧急停止运行，或使 PLC 禁止输出等。总之，应在程序中考虑这些措施，确保出现故障时能及时加以控制。

3. 状态记录

飞机失事，第一件事是想方设法找到“黑匣子”，因为它记录着飞机的飞行数据，有了它就容易查找、判断出事的原因。PLC 运行也有自己的“黑匣子”，那就是 PLC 的数据区；而且这个数据区现在已相当大，只要编有相应的 PLC 运行情况数据记录，就可把它存储在这个数据区中。

值得注意的是，这里讲的状态不仅是故障，还可以是系统运行负荷情况，以及在不同负荷下的运行时间、系统的重要性能特性等。一旦 PLC 控制系统出现故障，就可从该数据区找出这个记录，分析这个记录，这对故障判断、定位都将有很大的帮助。

4. 故障预测与预防

修理设备最原始的方法是坏了修，不坏不修。但对重要设备来说，长期不修，一旦突然坏了，给生产带来的损失将是很大的，为此采用了计划预修。设备使用时间长了，不管坏不坏，都应强行修理，这可以减少突然损坏给生产带来的损失。但这样一来，资源不能得到充分利用，最好的办法是故障预测与预防。用传感器不断监测设备的工作状态参数，并记入 PLC 的数据区；再由 PLC 实时判断，可视情况对可能的故障进行预测或提示维护，或提示停机修理，以做必要预防。对机械设备，一般检查轴承噪声及润滑油变脏的时间。一般来说，噪声变大、润滑油变脏时间缩短，是需要维修的征兆。事实上，只要做了有关配置，用PLC程序完全有可能实现这种故障预测及预防。这样既可充分利用资源，又不会因设备突然损坏给生产带来损失。

5. 故障或错误诊断

故障或错误诊断是对已出故障或错误的定性与定位，为排除故障、纠正错误提供依据。为此，需在计算机上建立故障或错误诊断知识库、运行系统监视与诊断程序。PLC在现场监视系统工作，实时监测系统状态，采集与存储有关数据。必要时，两者联机、通信，PLC把采集及存储的有关数据传送给计算机，计算机处理这些数据，并存入数据库。一旦系统出现故障，知识库即可根据数据库的规则及推理机制，对故障进行实时诊断。

二、技能拓展

在本任务控制程序中增添报警功能。

1. 报警要求

（1）无料报警

当圆盘直流电动机转动15 s，抓料平台处的物料检测传感器仍未检测到工件到来，表明圆盘中无料，则报警指示灯按2.5 Hz的频率闪亮2次、常亮2 s的方式闪烁报警，系统不能启动，提醒操作人员加料。加料后，设备需重新启动，启动后报警灯灭。

（2）机械手动作超时报警

设机械手每一步动作不超过5 s，如任何一步动作超过5 s没有完成，报警指示灯以2.5 Hz的频率闪亮4次、常亮2 s的方式闪烁报警，如果报警5 s后动作还没有完成，则系统立即停机。

2. 报警功能控制程序的编写

报警控制不宜将其放在步进状态中，可以根据工作的要求和设备的具体工作情况，采用经验编程法或者使用独立的步进过程编写专用的报警程序。

值得注意的是，如果采用经验编程法处理程序，则要避免出现双线圈输出。

（1）无料报警程序的编写

编写无料报警程序时需要注意的是：无料的条件是圆盘直流电动机转动15 s，抓料平台传感器没有发出工件到达信号。报警时停止的是圆盘直流电动机和循环信号，动作不受影响的是分拣和搬运。2.5Hz即0.4 s闪亮1次，因为是固定频率的闪烁，所以闪亮两次可用定时器。当然也可用计数器，用计数器时需要用报警灯信号的下降沿作为计数。图3—5—23所示为无料报警控制梯形图。

（2）机械手动作超时报警程序的编写

机械手动作超时报警程序可以利用PLC扫描周期的时间差来完成，将这段计时程序放在输出程序的上方，这样机械手每一步动作可以切断一次超时时间，如果任何一步动作完成没有来得及切断这个时间，则证明此步动作超时，T0的触点将动作输出报警信号。报警指示灯程序的实现方法与工作异常报警一样，只是闪烁的次数有所变化，这里不再赘述。机械手超时报警控制梯形图如图3—5—24所示。

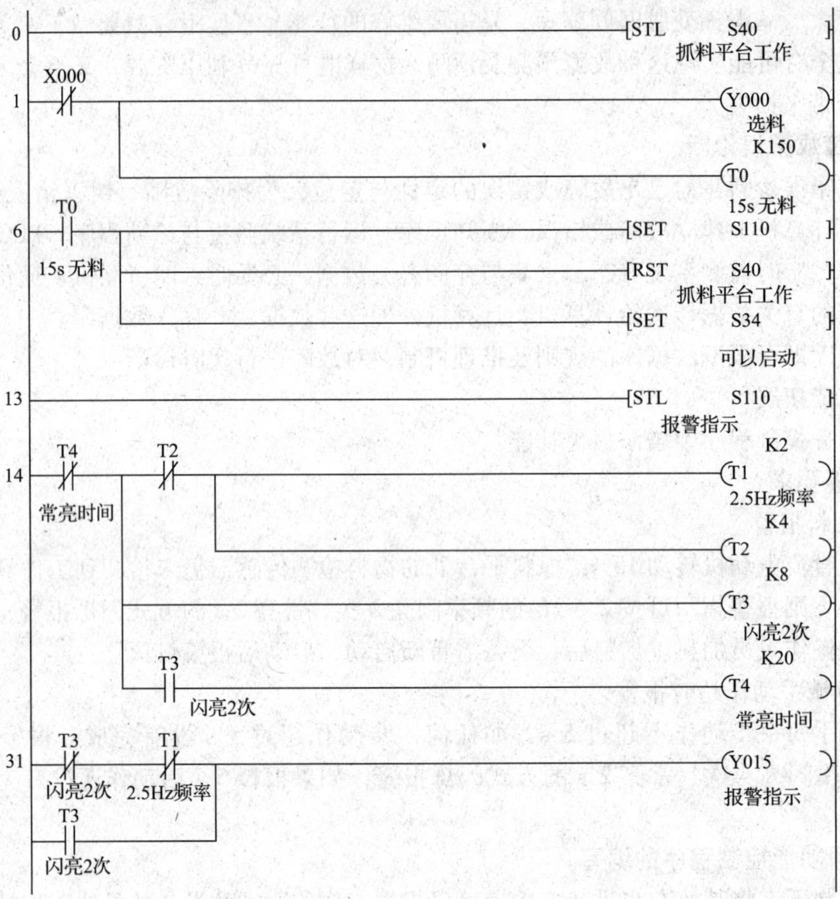

图 3—5—23　无料报警控制梯形图

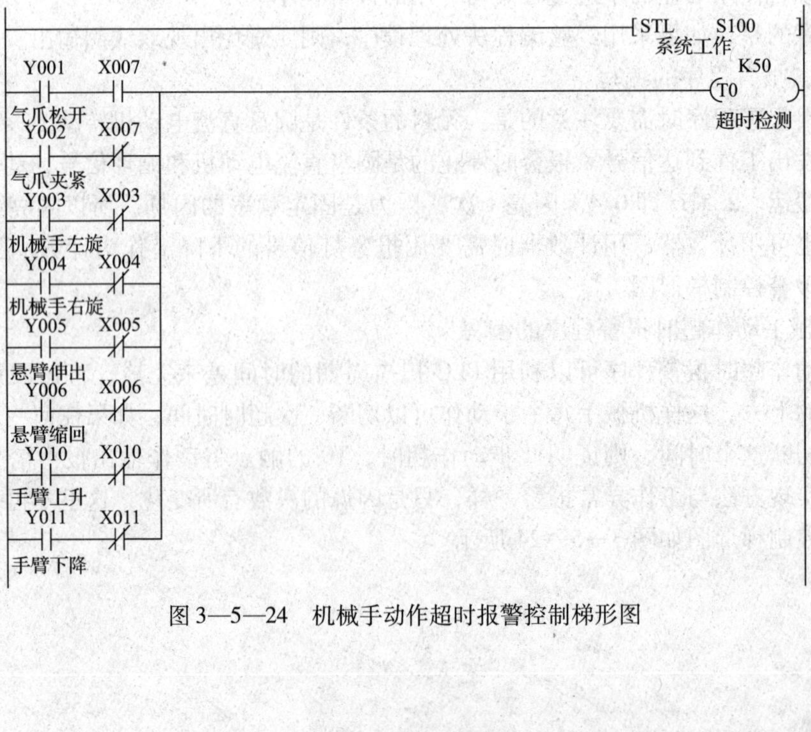

图 3—5—24　机械手动作超时报警控制梯形图

巩固与提高

一、填空题（将正确的答案填在横线空白处）

1. 变频器是一种利用电力半导体的________作用将工频电源的________变换成另一种________的电能控制装置。

2. 在进行变频器主电路电源和电动机与变频器的连接时，电源必须接到变频器的______端子，绝对不能接到______端子。

3. 在 FR－E500 型变频器的控制回路接线端子中，STF 表示______，STR 表示______。

4. 在 FR－E500 型变频器的控制回路接线端子中，MRSF 表示______，RES 表示______。

5. 在 FR－E500 型变频器的主电路接线端子中，R、S、T 表示______。

6. 在 FR－E500 型变频器操作面板上 RUN 表示________键，MODE 表示________。

7. FR－E500 型变频器在监视模式下，监视器显示运转中的指令时，EXT 指示灯亮表示________操作；PU 指示灯亮，表示______操作；EXT 和 PU 灯同时亮，表示______和________操作组合方式。

8. 光电传感器（光电开关）是通过把______的变化转换成______信号的变化来实现检测的。

9. 光纤式光电传感器是利用________进行信号传输。

10. 直流三线制传感器有棕色、蓝色和黑色 3 根连接线，其中棕色线接直流电源的________极，蓝色线接直流电源的________极，黑色线为________线，且接 PLC 的________端。

11. 一个完整的气动系统由________、________、________和________四部分组成。

12. 当工作过程需要根据当时条件的不同转移到不同的状态时，要选用________分支结构。选择性分支在________处的转换条件不能相同，并且转换的条件应在______中。

二、判断题（在下列括号内，正确的打“√”，错误的打“×”）

1. 一旦从 STL 内的母线写入 LD 或 LDI 指令后，对不需要触点的指令就不能再编写。（　　）

2. 在 STL 的母线中，可以直接使用 MPS、MRD、MPP 指令。（　　）

3. 在中断程序与子程序中，不能使用 STL 指令。（　　）

4. 在画顺序功能图时，两个步绝对不能直接连接，必须用一个转换条件将它们分开。（　　）

5. 在画顺序功能图时，若工作方式是连续循环工作，应从最后一步返回到下一个工作周期开始运行的第一步。（　　）

6. 由于双线圈电磁换向阀的两个线圈不能同时闭合，因此，从安全角度考虑，对同一电磁换向阀的两个线圈都应在程序上加一个连锁保护。（　　）

三、设计题

某生产线上的搬运机械手要将在位置 A 处的工件搬运到位置 B 进行下一个工序的加工。在启动前或正常停止后，机械手必须停留在原位，也就是初始位置。机械手的初始位置是：机械手的悬臂汽缸停留在左限位，悬臂汽缸和手臂汽缸的活塞杆均缩回，汽缸处于松开状态。

当接通机械手的工作电源，按下启动按钮 SB5，机械手将按以下动作顺序搬运工件：悬臂汽缸活塞杆伸出→伸出到前限位→传感器接到信号后手臂汽缸活塞杆伸出→伸出到下限位后延时 0.5 s 汽爪夹紧→再延时 0.5 s→手臂汽缸活塞杆缩回→缩回到上限位，传感器接到信号后旋转汽缸驱动机械手右转→右转到右限位，传感器接到信号后悬臂汽缸活塞杆伸出→伸出到前限位→传感器接到信号后手臂汽缸活塞杆伸出→伸出到下限位，延时 0.5 s 气爪松开→机械手臂的活塞杆缩回→缩回到上限位，传感器接到信号后悬臂汽缸活塞杆缩回→缩回到后限位，传感器接到信号后旋转汽缸驱动机械手左转→返回到初始位置，机械手完成搬运工作的一个循环。

不按下停止按钮 SB6，机械手将按上述动作流程连续自动地搬运工作；如果按下停止按钮 SB6，机械手在完成当前工件的搬运后，回到初始位置停止。

试根据上述机械手搬运工件的动作要求，画出顺序功能图和梯形图。